广西畜禽遗传资源志
（2024年版）

王国利　刘瑞鑫　主编

中国农业出版社

北京

编　委　会

主　任：黄智宇

副主任：韦　波　　钟志坚　　罗　军　　吴晓丹　　王国利

委　员：黄明光　　秦汉荣　　韦凤英　　兰干球　　苏家联　　郑　威

　　　　蒋钦杨　　杨秀荣　　刘瑞鑫

编　写　人　员

主　编：王国利　　刘瑞鑫

副主编：黄明光　　韦凤英　　兰干球　　苏家联　　郑　威　　蒋钦杨

　　　　杨秀荣　　秦汉荣

参　编（按姓氏笔画排序）：

万火福	王英群	韦科龙	文崇利	方奕雄	邓廷贤
邓祝新	卢　维	卢丽枝	卢慧林	冯务玲	许春荣
孙俊丽	李　斌	李　毅	李治培	李美珍	李梓茜
李敏玲	李隆雷	李道劲	杨祝良	杨福剑	肖　聪
肖正中	吴　强	邱泽群	何莉莉	邹乐勤	陈宝剑
陈智武	罗世嫦	周俊华	胡军军	钟华配	洪绍锋
秦黎梅	袁　虹	袁天梅	莫常信	贾银海	卿珍慧
唐　希	唐燕飞	黄　超	黄永欢	黄芝洲	黄华汉
梁　辛	梁　晶	梁金逢	覃仕善	粟永春	曾令湖
谢炳坤	蒙智吁	潘天彪	魏　莎		

当今，生物科技发展日新月异，畜禽遗传资源的保护与利用已成为推动农业现代化、保障国家粮食安全和促进农村经济发展的重要基石。随着农业农村部第三次全国畜禽遗传资源普查的深入进行，广西壮族自治区以其独特的地理优势和丰富的生物多样性，成为这一宏伟工程中不可或缺的重要一环。《广西畜禽遗传资源志（2024年版）》的编纂与出版，不仅是对广西乃至全国畜禽遗传资源普查成果的一次全面总结，更是对我国畜禽种业振兴战略实施的有力支撑。

《广西畜禽遗传资源志（2024年版）》的出版，深刻体现了广西壮族自治区党委、政府积极响应国家种业振兴行动号召的政治自觉和责任担当。在全球种业竞争日益激烈的背景下，该书的问世为国家种业安全提供了坚实的数据支撑和科学依据，彰显了广西在维护国家种质资源安全、推动种业自主创新方面的决心与行动。同时，本书的编写过程，也是一次对全区畜牧行业从业人员知识结构的更新与提升。通过参与普查、资料整理与撰写，广西畜牧科技工作者不仅加深了对本地畜禽遗传资源的认识，还学习掌握了先进的遗传评估、保种选育技术，有助于培养一支懂技术、善管理、敢创新的人才队伍，为本地畜禽产业发展提供更加坚实的人才保障。

书中详尽记录的30个地方畜禽遗传资源品种、16个培育品种、4个引入品种、3个蜜蜂品种及6个新发现的遗传资源，不仅丰富了广西乃至全国的畜禽遗传资源库，更为畜牧业的可持续发展提供了宝贵的遗传材料。这些资源的合理开发与利用，将极大地促进畜牧业产业结构的优化升级，推动绿色、高效、循环的现代畜牧业体系建设。与此同时，该书对畜禽遗传资源进行了系统的分类、评价与分析，不仅揭示了广西畜禽遗传资源的科学价值与独特性，更为后续的科研创新提供了丰富的素材和方向。

广西作为多民族聚居区，各民族在长期的生产生活实践中形成了独特的畜禽养殖文化。该书通过对这些传统养殖文化的挖掘和记录，不仅丰富了人们对当地民俗风情的认识，也为青少年提供了一个了解家乡历史文化的窗口，促进了优秀传统文化的传承与发展。从更广阔的视野来看，该书的编纂与发布，为国内外同行搭建了一个展示广西畜禽遗传资源、交流最新科研成果、探讨合作机会的平台。通过这一窗口，广西的畜禽遗传资源将走向世界，吸引更多国际关注与合作，共同推动全球畜禽遗传资源的保护与可持续发展。

该书的成功出版，离不开一支由区内知名专家、学者组成的专业调研编写团队的辛勤付出。他们克服重重困难，深入基层一线，用严谨的科学态度和无私的奉献精神，确保了志书内容的权威性、准确性和实用性，展现了新时代农业科技工作者的良好风貌。

总之，该书的问世，是广西乃至全国农业领域的一件大事、喜事。它不仅是一项重要的科研成果，更是一部承载着历史记忆、凝聚着集体智慧、展望未来发展的经典之作。有理由相信，随着这部志书的广泛传播与应用，我国的畜禽遗传资源保护与利用事业必将迎来更加辉煌的明天。

广西壮族自治区农业农村厅

2024 年 11 月

系统谋划　全面推进
奋进种业新征程

农业种质资源是保障国家粮食安全和重要农产品有效供给的战略性资源，是农业科技原始创新与现代种业发展的物质基础。畜禽遗传资源是生物多样性的重要组成部分，是畜牧业可持续发展的物质基础，事关国民经济发展和社会安全大局。地方畜禽遗传资源是不可再生的珍贵自然资源，同时也是国家重大战略性基础资源。了解和保护畜禽遗传资源对于种业振兴、畜牧业高质量发展、满足人类多样化需求具有重要意义。

（一）

广西地处低纬度，北回归线横贯中部，南临热带海洋，北接南岭山地，西延云贵高原。地形上属云贵高原向东南沿海丘陵过渡地带，具有四周高中间低、形似盆地、山地多、平原少的特点。在太阳辐射、大气环流和地理环境的共同作用下，形成了热量丰富、雨热同季，降水充沛、干湿分明，日照适中、夏长冬短的气候特征。充足的水热资源为各种植物生长提供了有利条件，丰富的饲料资源和相对封闭的自然环境造就了广西独特的畜禽遗传资源。

广西地方畜禽遗传资源主要分布区域为桂西北山区，其他地区较少，呈相对收缩集中趋势。广西先后于1979—1983年和2004—2008年开展了两次全区性畜禽遗传资源调查。第一次调查初步摸清了自治区大部分地区的畜禽遗传资源家底，1987年出版了《广西家畜家禽品种志》，收录地方畜禽品种23个、引入品种8个。农业部于2002年启动了第二次全国畜禽遗传资源调查，2004年6月广西、广东、福建、辽宁作为试点率先开始调查，至2008年5月初步完成。第二次调查在摸底调查基础上查清了1979年以来广西畜禽遗传资源的消长变化，于2017年出版了《广西畜禽遗传资源志》，收录了广西地方畜禽品种31个、培育品种（配套系）8个、引入品种18个、蜜蜂品种4个。

随着工业化城镇化进程加快、气候环境变化以及畜牧业生产方式的转变，地方畜禽遗传资源群体数量、分布、种质特征等也处于变化中，地方品种消失风险加剧。为了摸清全国畜禽遗传资源状况，农业农村部于2021年启动了第三次全国畜禽遗传资源普查，按照"全国统一领导、地方分级负责、各方共同参与"的原则，各省（自治区、直辖市）业务部门组成畜禽遗传资源普查工作领导小组。广西第三次全国畜禽遗传资源普查工作办公室设在广西壮族自治区畜禽品种改良站，在自治区农业农村厅的领导下具体组织开展全区的畜禽遗传资源普查工作；各市、县设立相应的普查工作办公室，负责具体工作。2021年7月底普查工作全面铺开，至2021年12月30日，广西全区各级普查工作办公室共派出普查人员19 009人，对全区14个市114个区县1 264个乡镇（街道）16 476个行政村实行全覆盖，对所有畜禽、蜂和蚕品种实行全覆盖，进行了畜禽遗传资源入户普查。2022年1月至2023年4月，对全区42个（有5个配套系为2018年以后审定通过，不需重新测定；东山猪测定由湖南省负责；蚕另行安排）畜禽（含蜂）进行了生产性能测定，实测畜禽体尺、体重3 012头（匹、只），其中家畜1 186头，家禽1 826只；屠宰测定畜禽1 917头（匹、只），其中黄牛30头，水牛41头，猪144头，山羊60只，马22匹，鸡1 260只，鸭240只，鹅60只，天峨六画山鸡60只；测定了820只鸡的肉品质，检测了900个鸡蛋的品质；完成了27个地方品种、16个配套系、4个引进品种、1个蜜蜂遗传资源的系统情况调查，系统调查各项指标均得到了较好完成，取得了大量第一手材料，基本摸清了广西地方畜禽遗传资源的生物学特性及生态适应性、分布情况、保种情况、开发利用情况等，向第三次全国畜禽遗传资源普查工作办公室（全国畜牧总站）提交了48份调查报告和照片资料。

在入户普查过程中，各地发现了一些疑似畜禽遗传新资源，自治区农业农村厅组织开展了初步评估工作，初步评定8个拟申报新资源：南丹梅花山猪、东兰黑山猪、七百弄鸡、峒中矮鸡、上思大路鸡、龙爪鸡、玉林黑鸭、全州文桥鸭，本书也做了收录。至本书出版时，上思大路鸡、七百弄鸡已通过国家畜禽遗传资源委员会的审定，正式列入国家畜禽遗传资源品种名录，其余6个新资源正在等待国家畜禽遗传资源委员会的审定。

广西引入和饲养外来品种历史悠久，本书也收录了部分在广西比较有特色的引入品种：摩拉水牛、尼里-拉菲水牛、地中海水牛、隐性白羽鸡。

（二）

国家畜禽遗传资源实行分级保护，"十三五"以来国家进一步重视畜禽遗传资源保护与开发利用，出台和完善了畜禽遗传资源保护相关法律法规、扶持政策。同时，国家高度重视畜禽遗传资源保护体系建设，出台了多项相关政策，包括《种业振兴行动方案》《国务院办公厅关于加强农业种质资源保护与利用的意见》《关于保护种业知识产权打击假冒伪劣套牌侵权营造种业振兴良好环境的指导意见》《农业农村部关于做好农业种质资源库建设工作的通知》《国家畜禽良种联合攻关计划（2019—2022年）》《全国畜禽遗传改良计划（2021—2035年）》等重要文件，明确构建国家级畜禽种质资源库、区域级基因库、保种场保护区三道保护屏障。

广西畜禽遗传资源保护工作起步较晚。2002年8月，广西壮族自治区水产畜牧兽医局制定发布了《广西地方畜禽品种资源保护计划和保护措施》，首次颁布了《广西壮族自治区畜禽品种资源保护名录》，对13个地方畜禽品种进行重点保护：陆川猪、东山猪、环江香猪、巴马香猪、富钟水牛、隆林黄牛、隆林山羊、德保矮马、霞烟鸡、广西三黄鸡、南丹瑶鸡、东兰乌鸡、合浦鹅。2009年3月，广西壮族自治区水产畜牧兽医局第一次对《广西壮族自治区畜禽遗传资源保护名录》进行修订，列入保护名录的品种18个：陆川猪、环江香猪、巴马香猪、东山猪、隆林猪、德保猪、广西三黄鸡、霞烟鸡、南丹瑶鸡、靖西大麻鸭、右江鹅、富钟水牛、西林水牛、涠洲黄牛、南丹黄牛、隆林山羊、都安山羊、百色马（德保矮马）。2011年第二次修订《广西壮族自治区畜禽遗传资源保护名录》，27个地方品种列入：陆川猪、环江香猪、巴马香猪、东山猪、隆林猪、德保猪、广西三黄鸡、霞烟鸡、南丹瑶鸡、龙胜凤鸡、广西乌鸡、广西麻鸡、靖西大麻鸭、广西小麻鸭、龙胜翠鸭、融水香鸭、右江鹅、狮头鹅（合浦鹅）、富钟水牛、西林水牛、涠洲黄牛、南丹黄牛、隆林黄牛、隆林山羊、都安山羊、德保矮马、天峨六画山鸡。结合第二次调查结果，农业部于2014年2月公布了《国家级畜禽遗传资源保护名录》，广西共有陆川猪、环江香猪、巴马香猪、德保矮马、龙胜凤鸡5个品种入选。2023年12月29日，广西壮族自治区农业农村厅公布最新的《广西壮族自治区畜禽遗传资源保护名录（2023年版）》，27个地方品种列入：巴马香猪、德保猪、桂中花猪、华中两头乌猪（东山猪）、两广小花猪（陆川猪）、隆林猪、香猪（环江香猪）、隆林牛、南丹牛、涠洲牛、富钟水牛、西林水牛、都安山羊、隆林山羊、德保矮马、广西麻鸡、广西三黄鸡、广西乌鸡、龙胜凤鸡、霞烟鸡、瑶鸡、广西小麻鸭、靖西大麻鸭、龙胜翠鸭、融水香鸭、右江鹅、天峨六画山鸡。

2012年12月，广西壮族自治区水产畜牧兽医局《关于印发地方畜禽遗传资源保种方案的通知》印发了包括龙胜凤鸡保种方案在内的18个地方畜禽品种保种方案。2011—2016年，广西壮族自治区水产畜牧兽医局共考核确认了4批次共31家自治区级保种场、保护区、基因库。2018年自治区农业厅重新考核确定了23个自治区级畜禽遗传资源保种场、3个自治区级畜禽遗传资源保护区和2个自治区级畜禽遗传资源活体基因库。2021—2022年，广西壮族自治区农业农村厅先后两次考核认定了两批共23个自治区级农业种质（畜禽）资源保护单位，其中陆川县良种猪场、巴马原种香猪农牧实业有限公司、环江毛南族自治县环江香猪原种保种场、德保矮马研究所、龙胜县宏胜禽业有限公司成功通过国家级农业种质资源保护单位复核，继续获得国家级两广小花猪（陆川猪）保种场、国家级巴马香猪保种场、国家级香猪（环江香猪）保种场、国家级德保矮马保种场、国家级龙胜凤鸡保种场资格。

（三）

畜禽遗传资源保护既是维护生物多样性的需要，也是开发利用的需要，地方畜禽遗传资源具有优良的特性，是培育畜禽新品种（配套系）不可缺少的素材。2009年3月，由南宁市良凤农牧有限责任公司培育的"良凤花鸡"通过了国家级新品种（配套系）审定，获得了农业部颁发的新品种证书，成为广西第一个通过国家级审定的畜禽新品种（配套系）。至2022年底，广西通过国家畜禽遗传资源委员会审定的畜禽新品种（配套系）有16个：良凤花鸡（2009年）、金陵麻鸡（2009年）、金陵黄鸡（2009年）、凤翔青脚麻鸡（2011年）、凤翔乌鸡（2011年）、龙宝1号猪（2013年）、桂凤二号黄鸡（2014年）、金陵花鸡（2015年）、黎村黄鸡（2016年）、鸿光黑鸡（2016年）、参皇鸡1号（2016年）、鸿光麻鸡（2018年）、金陵黑凤鸡（2019年）、金陵麻乌鸡（2021年）、园丰麻鸡2号（2021年）、富凤麻鸡（2022年）。

2021年以来广西持续加大地方畜禽遗传资源保护资金投入，2021—2023年累计投入畜禽遗传资源保护资金1 000多万元。

畜禽遗传资源是动态变化的资源。为保护和开发利用这些宝贵的资源，自2020年以来，自治区农业农村厅每年都组织开展全区性的种畜禽质量监管工作，既是贯彻实施《中华人民共和国畜牧法》、保护生物多样性的需要，也是促进广西畜牧业可持续发展的需要。

（四）

《广西畜禽遗传资源志（2024年版）》是在广西第三次全国畜禽遗传资源普查的基础上编撰完成的，共收录广西地方品种30个：猪7个［两广小花猪（陆川猪）、香猪（环江香猪）、巴马香猪、桂中花猪、东山猪、隆林猪、德保猪］、黄牛3个（隆林牛、南丹牛、涠洲牛）、水牛2个（富钟水牛、西林水牛）、马2个（德保矮马、百色马）、山羊2个（隆林山羊、都安山羊）、鸡8个（广西三黄鸡、广西麻鸡、瑶鸡、霞烟鸡、广西乌鸡、龙胜凤鸡、上思大路鸡、七百弄鸡）、鸭4个（靖西大麻鸭、广西小麻鸭、融水香鸭、龙胜翠鸭）、鹅1个（右江鹅）、特禽1个（天峨六画山鸡）；培育品种（配套系）16个：良凤花鸡、金陵麻鸡、金陵黄鸡、凤翔青脚麻鸡、凤翔乌鸡、龙宝1号猪、桂凤二号黄鸡、金陵花鸡、黎村黄鸡、鸿光黑鸡、参皇鸡1号、鸿光麻鸡、金陵黑凤鸡、园丰麻鸡2号、金陵麻乌鸡、富凤麻鸡；引入品种4个：摩拉水牛、尼里－拉菲水牛、地中海水牛、隐性白羽鸡；蜜蜂品种3个：华南中蜂、大蜜蜂、小蜜蜂；特色资源（新资源）6个：南丹梅花山猪、东兰黑山猪、峒中矮鸡、龙爪鸡、玉林黑鸭、全州文桥鸭。

本书系统地阐述了每个地方畜禽遗传资源的品种名称及类型，原产地、中心产区及分布，产区自然生态条件，气候类型，品种来源及发展，体形外貌、体尺和体重、生产性能，饲养管理，品种保护和资源开发利用现状，品种评价和展望。新品种配套系记载了品种名称、分布，培育单位和参加培育单位，品种来源及发展，体形外貌、成年体尺体重、生产性能，品种推广利用情况，品种评价和展望。引入品种阐述了品种名称及类型，原产国及在我国的分布情况，品种来源及发展，体形外貌、体尺体重、生产性能，饲养管理，品种推广利用情况，品种评价和展望。特色资源记载了品种名称及类型，原产地、中心产区及分布，产区自然生态条件，品种来源及发展，体形外貌、体尺和体重、生产性能，饲养管理，品种保护和资源开发利用现状，品种评价和展望。每个地方品种、新品种配套系、引入品种、蜜蜂品种均配有彩色照片。

本书所涉及的畜禽遗传资源普查实施年限为2021—2023年，新品种配套系涉及时间跨度为2009—2022年。志书中数据多为2021年普查、2022年性能测定数据，个别沿用第二次调查数据或申报新品种配套系审定时的数据。

该书适合作为广西畜牧工作者的参考工具书，凝聚了广大参与普查和性能测定的专家、全区普查员的集体智慧和劳动成果，为广西制定畜禽遗传资源保护和开发利用规划、发展特色畜牧业提供了科学依据。

由于时间紧、任务重、机构改革等，至本书出版时许多专家、普查员的工作单位已有了变动，部分专家已退休。在此，谨向为编写工作提供支持与帮助的各级领导、单位和个人，特别向参与一线普查的广大畜牧工作者表示衷心感谢！

本书编写过程中，虽经多次补充和反复修改，但限于资料、条件和水平，缺点和不妥之处在所难免，衷心希望广大读者批评指正。

《广西畜禽遗传资源志（2024 年版）》编委会

2024 年 11 月

目录 Contents

四、引入品种

五、蜜蜂品种

六、新发现遗传资源

七、附　　录

一、家畜地方品种

广西畜禽遗传资源志（2024年版）

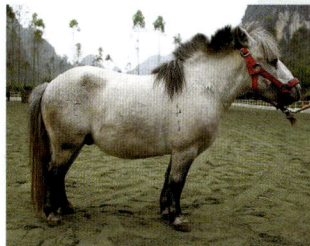

陆川猪

一、一般情况

（一）品种名称及类型

陆川猪（Luchuan pig）是两广小花猪的典型代表类群，因产于广西陆川县而得名，属于肉用型地方猪品种。

（二）原产地、中心产区及分布

陆川猪原产于广西壮族自治区陆川县，分布于陆川县周边地区的公馆猪、福绵猪等，也统称为陆川猪。2021年普查结果表明，陆川县大桥、乌石、清湖、良田、滩面、横山、马坡和温泉等乡镇为中心产区，原中心产区镇之一的古城镇存栏群体不足千头，已经不属于中心产区。陆川猪群体规模大，2021年普查结果表明广西、广东西部地区和雷州半岛等地均有分布。广西境内有分布的区域包括南宁市的兴宁区、青秀区、江南区、经济技术开发区、西乡塘区、良庆区、邕宁区、武鸣区、隆安县、马山县、上林县、宾阳县和横州市，柳州市的柳南区、柳江区、柳城县、融安县、融水苗族自治县和三江侗族自治县，桂林市的临桂区、灵川县、永福县和荔浦市，梧州市的龙圩区、苍梧县和藤县，北海市的海城区、银海区、铁山港区和合浦县，防城港市的上思县和东兴市，钦州市的钦南区、钦北区、灵山县和浦北县，贵港市的港北区、港南区、覃塘区、平南县和桂平市，玉林市的玉州区、福绵区、容县、陆川县、博白县、兴业县和北流市，百色市的右江区、田阳区、田东县、德保县、凌云县、乐业县、田林县、西林县和隆林各族自治县，贺州市的八步区、平桂区和昭平县，河池市的金城江区、宜州区、南丹县、天峨县、凤山县和东兰县，来宾市的兴宾区、忻城县、象州县、武宣县、金秀瑶族自治县和合山市，崇左市的江州区、扶绥县、宁明县、龙州县和天等县等共77个县市区。分布数量最多是玉林市（能繁母猪121 634头，能繁公猪778头），其次是北海市（能繁母猪77 569头，能繁公猪88头），再次是钦州市（能繁母猪48 146头，能繁公猪247头）。分布数量最少的是桂林市（能繁母猪70头，能繁公猪2头）。第一次遗传资源普查数据表明两广小花猪的中心产区在陆川、玉林、合浦、高州、化州、吴川、郁南等地。在广西分布于相邻的浔江、西江流域南部的玉林、梧州等地区，与前两次普查结果相比，2021年的普查结果表明陆川猪分布区域进一步扩大，中心产区县仍然是玉林市陆川县。

（三）产区自然生态条件

陆川县位于北纬21°53′—22°33′，东经110°4′—110°27′，全县总面积1 551km²，地处广西东南丘陵山区，以低坡度的丘陵为主，其中坡度在25°以下的地区占73.27%。云开大山系的勾漏山余脉分东西两线延伸入境，构成东西两侧较高的峡谷走廊，最高的谢仙嶂（792m）坐落在县中部，形成了中部较高，南北较低的拱背形地势。南北纵长78km，东西宽32km，东西两侧的高大山脉形成了对动物防疫有利的天然屏障。

陆川属南亚热季风气候，气候温和。最低温度－0.1℃，最高温为38.7℃，年平均温度为21.7℃。陆川光照充足，年平均日照时数达1 760.6h，光热资源充足。受海洋季风影响大，年平均降水量1 943mm，平均相对湿度80%。充沛的降水，孕育了陆川的九洲江、米马河、沙湖河、清湖河、低阳河、榕江河六条主要河流，还有众多的溪流，水质清澈，水源物理属性良好。

陆川土地肥沃，水田土壤有壤土、沙壤土、黏壤土；旱地土壤主要是杂沙赤红土、赤沙土、赤壤土；山地土壤主要为赤红壤。土壤pH平均为5.4，偏酸，有机质含量在0.5%～2.0%，富含磷石、镁、腐殖质等，土层深厚，透气保水性好。

陆川的粮食作物以水稻为主，甘薯、芋头次之，另外还有玉米、粟、豆类等；经济作物主要有甘蔗、花生、黄红麻、木薯、茶叶、淮山药等。

二、品种来源、形成与发展

（一）品种形成及历史

陆川猪历史悠久。华南汉墓和广州南郊出土的汉代陶猪就具有"头短、体圆、耳小直立"的特点，与陆川猪形象和体态十分相似，结合汉唐时代的《高州府志》"猪亦曰花猪，农家养之"记载，中国著名畜牧学家张仲葛在《中国猪品种志》书中认为陆川猪源于2 000多年前的汉代（张仲葛，1982，1986）。在明万历己卯（1580年）始编的《陆川县志》中也有关于陆川猪的记载。1973年，中国农业科学院在广东顺德召开全国猪选种育种会议，确定陆川猪为全国优良地方品种。

原产区以种植双季稻为主，农副产品丰富，用于喂猪的主要是米糠、统糠、花生麸、木薯、甘薯，还有酿酒后的酒糟，做豆腐、腐竹剩余的豆渣，加工米粉后的粉渣等。青绿多汁饲料种类繁多，如甘薯藤、芋头苗、南瓜、萝卜、白菜、椰菜、苦荬菜、牛皮菜、水花生等，分布广，四季常青，资源丰富，品质良好，为陆川猪的培育与发展提供了良好的物质基础条件。

产区群众有丰富的选种经验。留种母猪多为产仔多、母性好的母猪后代，并以"犁壁头、锅底肚、钉子脚、单脊背、绿豆乳、燕子尾"为优，注重被毛花色边缘整齐、对称，禁忌养白尾、黑脚、鬼头（额部无白斑或白毛）猪。选公猪则要求"狮子头、豹子眼、皖鱼肚、竹筒脚"。当地群众素有养猪的传统习惯，把养猪作为一项主要家庭副业，饲养管理较精细，选种、用料、喂法都有讲究。除在小猪阶段用黄豆浆拌大米煮粥饲喂外，主要用陆川客家人习俗"捞水饭"的米汤拌以碎米、米糠、木薯、甘薯、甘薯藤、芋头苗、瓜菜等饲喂，蛋白质和矿物质缺乏，由于饲料中富含糖分，加之当地气温较高，猪只新陈代谢旺盛，早熟易肥，躯体矮小，骨骼纤细；同时饲料（包括青粗料）全部煮熟、温热稀喂，特别是当地人喜爱吃捞水饭，常用营养丰富的粥、米汤喂猪，猪日饲三餐，圈养、不放牧，不受日晒雨淋，在这种稳定的饲养条件下，猪只吃得饱、睡得好、运动少，长得毛稀、皮薄、肉嫩。经过世世代代的定向选育、自然环境和饲养管理的影响，形成了今天的陆川猪。

（二）群体数量及变化情况

依据第三次全国畜禽遗传资源普查结果，2021年底广西境内陆川猪群体数量为35.233 3万头（能繁母猪26.648 1万头，能繁公猪0.169 1万头）。

根据2005年12月调查，陆川县境内成年陆川猪能繁母猪2.60万多头，配种公猪125头；根据陆川县农业农村局统计，2015年、2016年、2017年和2018年底陆川猪存栏分别为5.94万头、6.34万头、6.90万头和6.90万头。受非洲猪瘟疫情影响，2019年底陆川猪存栏量仅为2.31万头。2020年存栏恢复到5.80万头，全年饲养量27.40万头，占陆川全县生猪总饲养量的18.38%。根据2021年普查数据，陆川县境内存栏陆川猪5.80万头，其中能繁母猪3.54万头、种公猪548头。公猪用于人工授精的约占10%，每头公猪年可配母猪100～500头；用于杂交改良母猪1.42万多头，用于纯繁的母猪2.12万头。县外分布区的陆川猪母猪85%以上用作杂交母本。

2015年以来，陆川县每年销往外地的陆川猪约10万头，乳猪8万～12万头。2021年销售陆川猪约33.92万头（其中公猪16.26万头、母猪17.66万头），乳猪17万～20万头。

三、体型外貌

（一）体型外貌特征

陆川猪头短，中等大小，颊和腭下肥厚，嘴中等长，鼻梁平直，面微凹或平直，额较宽，有Y形或菱形皱纹，中间多有白毛，俗称"三点头"。耳小，直立略向外平伸。颈短，与头肩结合良好。脚矮、腹大、体型深宽，体长与胸围基本相等，整个体型特点是矮、短、肥、宽、圆。胸较深。背腰宽，多数凹陷，腹大似船常拖地。大腿欠丰满，尾根粗高，尾较细。四肢粗短健壮，有很多皱褶；前肢直立，后肢稍弯曲，多呈卧系，蹄较宽，质地坚实。全身被毛稀短细软，毛色呈一致性的黑白花，其中头、耳、前颈、背、腰、臀及尾为黑色，额中间多有白色，其他部位，如后颈、肩、胸、腹及四肢等部位均为白色，在黑白交界处有一条3～5cm白毛黑皮的浅灰色带。2021年普查发现，陆川猪乳头数少的为6～7对，多则8～10对，乳头间距较宽，乳房结构合理，乳腺发育良好（图1、图2）。

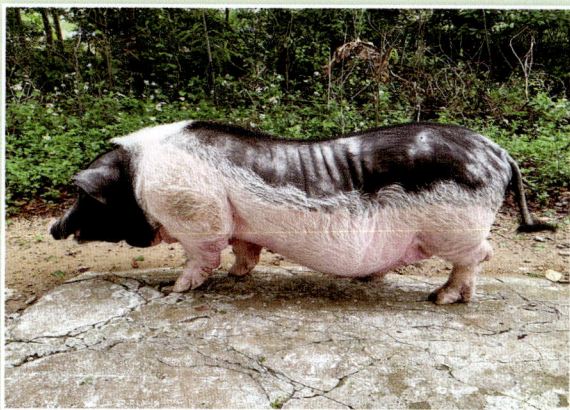

图1 陆川猪公猪

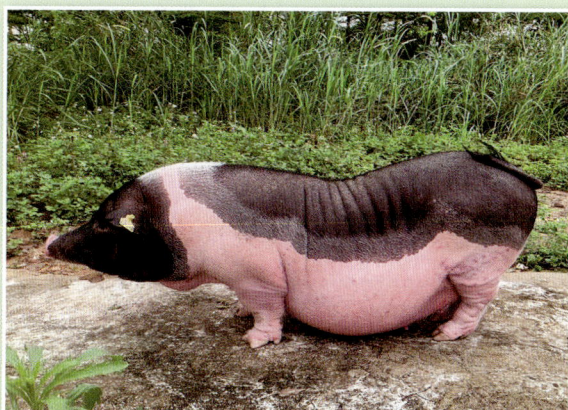

图2 陆川猪母猪

（二）体尺和体重

2022年陆川县良种猪场测定人员在陆川县良种猪场测定了22头成年公猪和50头三胎以上的成年母猪体重、体尺，结果见表1和表2。

表1和表2数据显示，陆川猪体长与胸围相近；1980—1981年测定的公、母猪体尺、体重均高于2006年及2022年测定数据，这与当时测定猪的年龄偏大有关。2022年与2006年比较，公猪体长相近，但体高、体重较大，胸围较小；母猪体尺较小，但体重稍大。

表1 陆川猪公猪体尺及体重

年份	数量（头）	月龄	体高（cm）	体长（cm）	胸围（cm）	体重（kg）
1980—1981	6	成年	62.00	124.33	122.50	130.96
2006	40	33.20±1.63	54.83±0.81	110.8±1.55	107.2±2.03	78.52±0.52
2022	22	32.64±7.91	57.43±5.05	111.16±9.62	101.10±10.01	83.82±15.98

注：2022年测定时间：2022年5—8月；测定地点：陆川县大桥镇大塘坡村陆川县良种猪场；测定单位：陆川县良种猪场、中山大学、广西大学。

表2 陆川猪母猪体尺及体重

年份	数量（头）	月龄	体高（cm）	体长（cm）	胸围（cm）	体重（kg）
1980—1981	159	成年	55.07	125.30	113.62	112.12
2006	150	37.20±1.07	53.72±0.81	111.73±0.37	107.43±0.43	78.52±0.52
2022	50	3.76±0.87[a]	51.59±1.99	104.38±5.80	99.79±5.79	83.82±15.98

注：2022年测定时间：2022年5—8月；测定地点：陆川县大桥镇大塘坡村陆川县良种猪场；测定单位：陆川县良种猪场、中山大学、广西大学。[a]胎次。

四、生产性能

（一）生长性能

陆川县良种猪场测定人员于2022年2月从陆川县良种猪场三胎以上母猪产下的后代中随机选取32头仔猪（阉公猪和母猪各16头）进行生长发育的测定。断奶后所用配合饲料每千克含消化能13.0MJ、粗蛋白（CP）含量为14.35%，生长性能结果见表3。表3结果表明，公、母仔猪初生重为0.61kg，43日龄断奶重5.78～6.14kg，这与2001年初生重0.57～0.61kg，40～45日龄断奶重6.34kg相似。

表3　陆川猪生长发育性能

项目	公	母
数量（头）	16	16
初生重（kg）	0.61±0.07	0.61±0.06
断奶日龄（d）	43	43
断奶重（kg）	5.78±0.44	6.14±0.58
保育期末日龄（d）	90	90
保育期末重（kg）	14.79±1.36	16.27±0.70
120日龄体重（kg）	18.69±1.69	19.9±1.03
达适宜上市体重日龄（d）	300	300

注：测定时间：2022年1—4月；测定地点：陆川县大桥镇大塘坡村陆川县良种猪场；测定单位：陆川县良种猪场、中山大学、广西大学。

（二）育肥性能

2022年4—10月，陆川县良种猪场测定人员从三胎以上母猪产下的后代中随机选取90日龄小猪32头。采用自配全价饲料进行育肥试验，配合饲料每千克含消化能13.0MJ、粗蛋白含量为14.35%，结果见表4。表4结果表明，陆川猪早期增重较快，后期缓慢，生长拐点在8月龄。2022年陆川猪日增重与1978—1980年的数据相似但料重比较高。与2000—2001年测定的结果相比，2022年陆川猪的日增重有所下降，每千克增重消耗配合料和消化能变化不大。

（三）屠宰性能

2022年10月，中山大学、广西大学、陆川县良种猪场等单位共同开展屠宰性能测定，屠宰数量为阉公猪10头及母猪10头，屠宰个体来源于陆川县良种猪场育肥测定结束的测定猪。测定结果见表5，2022年测定猪宰前活重与1984年基本相同，胴体重、屠宰率和脂率也基本相同，但2022年测定的平均背膘厚明显降低，眼肌面积、瘦肉率和皮厚明显增高。与2006年数据相比，2022年测定猪宰前活重提高了约10kg，瘦肉率、屠宰率、骨率、皮厚没有明显差异，但眼肌面积明显增高，背膘厚也有所变大。

表4 陆川猪育肥性能

年份	性别	数量（头）	试验期（d）	始重（kg）	末重（kg）	日增重（g）	料重比
1978—1980	—	6	245	11.3	87.0	309.0	4.22
2000—2001	—	8	160	11.5	75.62	400.8	4.32
2000—2001	—	8	205	15.6	103.75	430.0	4.51
2022	公	16	185	18.7±1.7	77.2±9.9	316.2±54.0	4.45±0.16
	母	16	185	19.9±1.0	71.5±8.0	278.9±44.8	4.65±0.28

注：测定时间：2022年4—10月；测定地点：陆川县大桥镇大塘坡村陆川县良种猪场；测定单位：陆川县良种猪场、中山大学、广西大学。

表5 陆川猪不同时期屠宰性能比较

指标	1984	2006	2022
样本数（头）	13	16	20
宰前体重（kg）	75	65.0±2.81	75.72±7.91
胴体重（kg）	50.69	44.67±1.78	50.79±4.74
胴体长（cm）	—	—	80.15±3.77
平均背膘厚（mm）	59.0	32.40±1.20	35.27±3.91
6～7肋处皮厚（mm）	3.8	4.40±0.20	4.68±0.42
眼肌面积（cm²）	16.54	15.61±0.77	20.43±2.83
屠宰率（%）	67.59	68.72±1.63	67.08±2.67
瘦肉率（%）	33.1	41.37±0.65	41.61±1.21
脂率（%）	40.18	37.35±0.99	40.09±2.05
骨率（%）	—	8.51±0.26	8.41±1.00
皮率（%）	—	11.79±0.35	9.91±1.61

注：测定时间：2022年10月22日；测定地点：广西神龙王农牧食品集团有限公司屠宰场；测定单位：陆川县良种猪场、中山大学、广西大学、陆川县畜牧站、陆川县动物疫控中心。

（四）肉质性能

2022年10月，中山大学、广西大学、陆川县良种猪场等单位共同开展肉质性能测定，样品来自屠宰性能测定的个体，结果见表6。2022年肉质测定表明，陆川猪肉色评分和肉色测定值分别达到3.85和40.5，处于正常的肉色范围。我国地方猪种的失水率一般为10%～20%，陆川猪肌肉失水率仅为9.39%，处于地方猪种的失水率的下限，表明陆川猪肉有较强的系水能力。2022年测定的肌内脂肪含量为4.09%，明显低于1984年和2006年测定的肌内脂肪含量。

表6 陆川猪肉质性能

年份	1984	2006	2022
肉色评分	—	—	3.85±0.37
肉色	—	—	40.50±3.65
pH_1	—	—	6.07±0.18
pH_{24}	—	—	5.44±0.23
失水率（%）[a]	—	—	9.39±3.22
大理石纹	—	—	2.80±0.77
肌内脂肪含量（%）	8.27	7.75	4.09±1.23
嫩度（N）	—	—	49.98±5.67

注：测定时间：2022年10月22日；测定地点：广西神龙王农牧食品集团有限公司屠宰场；测定单位：陆川县良种猪场、中山大学、广西大学、陆川县畜牧站、陆川县动物疫控中心。[a]失水率采用压力法进行测定。

（五）繁殖性能

2022年5—9月，中山大学和陆川县良种猪场开展陆川猪繁殖性能测定。从陆川县良种猪场能繁母猪群体中随机抽取50头母猪（1～5胎）统计其繁殖性状数据。同时把2017—2022年初产母猪和经产母猪的繁殖性状数据分别统计，结果分别见表7和表8。

表7 陆川母猪繁殖性能

测定项目	1984	2001	2022
窝数（窝）	363	558	50
胎次（胎）	—	—	2.32±0.96
窝总产仔数（头）	12.26	12.76±0.02	12.32±1.52
窝产活仔数（头）	—	—	12.02±1.50
窝均死胎数（头）	—	—	0.32±0.68
初生窝重（kg）	—	7.79±0.01	6.92±0.91
平均初生重（kg）	0.62	0.57±0.01	0.58±0.04
断奶日龄（d）	60	40～45	43.20±0.61
窝均断奶数（头）	9.27	11.45±0.01	11.30±1.15
平均断奶窝重（kg）	—	—	67.74±6.87
平均断奶体重（kg）	7.41	6.34	6.00±0.30
断奶成活率（%）	75.61	89.70±0.07	94.01±5.26

注：测定时间：2022年5—9月；测定地点：陆川县大桥镇大塘坡村陆川县良种猪场；测定单位：陆川县良种猪场、中山大学、广西大学。

表8　陆川猪公猪及初产母猪和经产母猪群体繁殖性能

性别	公	母
性成熟日龄（d）	90	150
初配日龄（d）	150	180
初配体重（kg）	20～30	30～40
利用年限（年）	5	6
妊娠期（d）	—	114
发情周期（d）	—	21
初产窝产仔数（头）	—	10.6
初产窝产活仔数（头）	—	10.4
初产初生窝重（kg）	—	5.83
经产窝产仔数（头）	—	12.75
经产窝产活仔数（头）	—	12.43
经产初生窝重（kg）	—	7.19
经产断奶日龄（d）	—	43
经产断奶仔猪数（头）	—	11.68
经产断奶窝重（kg）	—	70.04
经产仔猪成活率（%）	—	93.97

注：测定时间：2022年5—9月；测定地点：陆川县大桥镇大塘坡村陆川县良种猪场；测定单位：陆川县良种猪场、中山大学、广西大学。

陆川猪是一个早熟品种，小公猪21日龄即有爬跨行为，2月龄睾丸组织中有精子细胞，3月龄已有少量成熟精子；5.5月龄母猪有少量卵子产生和排出。陆川猪公猪性成熟日龄为90d，初配日龄为150d，利用年限为5年。陆川猪母猪性成熟日龄为150d，初配日龄为180d，初产窝产仔数平均为10.6头，初产窝产活仔数平均为10.4头，经产窝产仔数平均为12.75头，经产窝产活仔数平均为12.43头。2022年与1984年比，母猪总产仔数没有变化。2022年与2001年比，母猪窝总产仔数少了0.44头，窝均断奶数和平均初生重没有差异但断奶成活率大幅度提高，说明猪场对母猪的管理水平在不断提高。

五、饲养管理

（一）传统饲养方式

20世纪60—70年代以前，传统养殖方式是圈养，主料多以大米、米糠及薯类为主，青料以甘薯藤、苦荬菜、猪婆菜为主。日粮是将青料煮熟后按一定的比例加入大米、米糠等稀喂。此外，还有用洗米水、酒糟、豆渣、黄豆粉、油渣、剩饭剩菜等加上饲料捣碎煮熟，做成潲水喂猪，日粮标准难以统一，日饲三餐。

（二）传统＋现代农村散养方式

在传统的日粮中按一定的比例加玉米、麦麸、豆粕及添加剂，使日粮营养趋向平衡，提高养殖效益。具体做法是：先把甘薯藤或菜叶切碎，放在锅里加水烧开后加入20%～30%的玉米粉，麦麸和米糠添加的比例各为10%左右，搅拌后降至常温即可饲喂。可用全价小猪料代替黄豆浆，也有部分农户用小猪料加粥、麦麸、米糠等来喂猪。

（三）规模养殖场陆川猪的饲养管理

陆川猪规模养殖场全部采用圈养的饲养方式，日粮营养是成品或自配全价饲料，青饲料补充饲喂，应用全进全出、分阶段、仔猪早期补料、哺乳期人工给温、投喂干料或湿料等新技术，采用母猪定位栏和保育猪网床等设备，提高了生产效益。

（四）陆川猪的林下放养模式

利用林荫空间资源，在大山中放养陆川猪，此种原生态放养模式的主要做法是母猪分娩前1个月和小猪体重达30kg后，均放养在自然生态林中，不建围栏，任其自由在林中活动，觅食青草、树叶、野生块根类植物等。在林中较平坦的缓坡地上每隔200～300m搭建能容纳150头猪的简易棚作为人工投料点。放养的猪只每天早晚两次人工投喂甘薯藤、米糠、块根植物等，提供清洁的山泉水。疫病防治以中草药为主，不使用抗生素药物和添加剂，肉猪放养体重达75kg以上出栏（图3、图4）。

图3　陆川猪群体

图4　保种场的陆川猪群体

六、品种保护与资源开发利用现状

（一）保种现状

陆川县采用保种场与保种区（点）相结合的办法对陆川猪品种资源进行保护。陆川县良种猪场是国家级陆川猪保种场，建于1972年，是陆川猪的重要活体保种和纯种繁育基地。保种场2022年存栏陆川猪母猪195头、公猪15头，血统6个。规划中的第2个国家级陆川猪保种场2022年启动建设，设计活体保种规模300头，公猪12头，血统6个，目前已完成基础建设，正待验收。2000年初，陆川县水产畜牧局、各乡镇畜牧兽医站对乌石、大桥、良田、清湖、古城五大保种区进行造册登记；2019年增加了陆川县猪协农牧有限公司、陆川县陆宝公司、广西喜得乐农牧有限公司、陆川县滩面南园农民专业合作社等四家保种点。根据陆川猪保种选育的要求，建立猪群档案，制定了《陆川猪保种区管理办法》和《陆川猪保种选育技术操作规程》。保种场、保种点与保种区严格按照陆川猪标准选留种猪，对符合标准的种猪建立档案，发给种猪合格证，并定期进行检查鉴定和评比，保证种猪质量。

（二）资源开发利用现状

产区群众自20世纪60年代以来广泛利用陆川猪为母本，长白猪、杜洛克猪为父本进行经济杂交。据陆川县良种猪场2000年记录统计，长白猪×陆川猪杂种一代比陆川猪初生重提高36.19%，饲料利用率提高21.6%，胴体瘦肉率提高9.14个百分点。20世纪80年代开始到现在，陆川县乃至玉林市、贵港市各县存栏的猪，80%以上是长白猪×陆川猪或杜洛克猪×陆川猪杂种猪，广西的其他县市和海南，广东的西部地区、雷州半岛等地广大农村群众大量饲养长白猪×陆川猪或杜洛克猪×陆川猪杂种猪。据统计，从1990年起，原玉林辖区8个县，每年销往广东、海南的长白猪×陆川猪杂种猪苗都在600万头以上。

龙宝1号猪是广西扬翔农牧有限公司用陆川猪作为亲本精心培育的配套系猪，龙宝1号猪易饲养，耐粗饲，适合农家传统饲料喂养。经产母猪平均每窝产仔12.3头，头均初生重1 300g，30日龄断奶重10kg，90日龄头均重45kg，150日龄可达到90kg以上。龙宝1号商品猪屠宰率达80%左右，瘦肉率达50%以上。

陆川县相继出台了《关于发展陆川母猪生产的决定》《关于加快畜牧水产业发展的决定》《关于发展陆川猪生产的决定》和《关于大力鼓励干部职工离岗创办实业暂行办法》等一系列政策，加快陆川猪产业化发展。陆川县通过实施品牌战略，培育龙头企业，年销售陆川猪各类加工产品金额累计已达2.6亿多元，2022年陆川猪品牌经评估达32.55亿元。

七、对品种的评价和展望

陆川猪是一个优良的地方品种，饲养历史悠久、性能独特、数量较多、分布广阔、久负盛名，具耐热性好、耐粗饲，早熟易肥，个体较小，皮薄、骨细、肉质优良等优点，但其生长速度慢，泌乳不高，饲料利用率较低，脚矮身短，背腰下陷，腹大拖地，臀部欠丰满。

今后应通过本品种选育，改进饲料配方和饲养管理方法，保持其优良经济性状；同时，充分利用陆川猪与长白猪、杜洛克猪杂交后代的杂种优势，进行商品生产。

八、附录

（一）参考文献

《中国家畜家禽品种志》编委会，《中国猪品种志》编写组，1986. 中国猪品种志［M］. 上海：上海科学技术出版社：

49–52.

国家畜禽遗传资源委员会，2011．中国畜禽遗传资源志·猪志［M］．北京：中国农业出版社：246–249.

陆川县地方志编纂委员会，2002．陆川县志［M］．北京：方志出版社.

张仲葛，1980．我国猪种的形成及其发展［J］．北京农业大学学报（8）：45–62.

邹醒月，柳禄灵，丁鹏等，2021．地方品种猪肉品质及其膳食营养论述［J］．猪业科学，38（4）：58–62.

（二）调查和编写人员情况

1. 参与性能测定的单位和人员

陆川县良种猪场：莫常信、李米婷。

中山大学：童献。

2. 主要撰稿人员及单位

陆川县良种猪场：莫常信。

陆川县农业农村局：谢栋光、程夏强。

环江香猪

一、一般情况

（一）品种名称及类型

环江香猪（Huanjiang xiang pig）是我国珍稀小型猪种，因其主要分布于广西壮族自治区环江毛南族自治县而得名。环江香猪属脂肪型的小型猪，是我国香猪品种中重要的地方类群。

（二）原产地、中心产区及分布

环江香猪原产于广西壮族自治区环江毛南族自治县明伦镇、东兴镇、川山镇、龙岩乡、驯乐苗族乡等乡镇，其中以明伦镇为中心产区。2021年第三次全国畜禽遗传资源普查结果表明，除了玉林市、梧州市和北海市没有分布外，该品种在广西其他各市均有分布，其中分布数量最多是河池市环江毛南族自治县（存栏16 320头，其中能繁母猪4 603头，能繁公猪371头）；其次是柳州市的柳城县、融安县、融水苗族自治县（存栏3 879头，其中能繁母猪870头，能繁公猪96头），河池市金城江区（存栏299头，其中能繁母猪56头，能繁公猪8头）；分布最少的分别是防城港市（存栏19头，位于防城港市上思县叫安镇）和百色市（存栏7头，其中百色市右江区四塘镇存栏能繁母猪6头，百色市德保县敬德镇存栏能繁母猪1头）。与前两次畜禽遗传资源调查结果相比，该品种分布区域扩大明显。

（三）产区自然生态条件

环江香猪原产地环江毛南族自治县位于广西西北部、河池市东北部，地理位置为北纬24°44′—25°33′，东经107°51′—108°43′。环江毛南族自治县地处广西西北云贵高原与广西中部岩溶平原过渡的斜坡地带，属高丘石山地区，全县海拔在1 000～1 700m，是典型的喀斯特地貌，并成功录入世界自然遗产名录。

环江毛南族自治县属亚热带季风气候，年平均气温20.3℃，气候温和，雨水充沛、日照充足、冬暖夏凉、雨热同季。无霜期290d。全年可照时数4 422h，全年太阳辐射量413.36kJ/cm²。年平均降水量1 750mm，且年降水量约70%集中在4—9月。

境内主要有大环江、小环江、中洲河和打狗河四条河，全县河流总长度631.3km，水资源丰富。境内自然土壤有红壤、黄红壤、黄壤、棕色石灰土、黑色石灰土五个土壤亚类。

全县森林覆盖率达72%，植被以针、阔叶混交天然次生林的常绿阔叶林为主，全县主要农作物有水稻、玉米、甘薯、豆类等，并有名扬区内外的香牛、香猪、香米、香鸭、香菇等"五香"特产，自然资源较为丰富，为环江香猪的饲养提供了充足的营养。

二、品种来源及发展

（一）品种形成的历史

环江毛南族自治县明伦镇、龙岩乡、驯乐苗族乡等乡镇，地处九万大山腹地，属环江毛南族自治县的边远高地，大部分是海拔500～800m的峰丛洼地，土石山区交通闭塞，山高路遥。环江香猪是长期饲养在这种交通闭塞的喀斯特地貌山区，经过长期的闭锁繁殖而形成的优良地方品种。

环江香猪历史悠久，具有体型小、皮薄肉嫩、骨细、早熟、肉质优良等特点。始自明朝直至清朝，历代当地官府均把香猪作为贡品进贡朝廷，也被当地达官贵人作为互相馈赠的珍贵礼品。在民间，凡款待贵客、馈赠亲友均以香猪作为最珍贵的佳肴和礼品。在民国二十六年（公元1937年）出版的《宜北县志》就有将香猪作为礼品用于交际、婚嫁聘礼等地方风俗的文字记载。《宜北县志·第二编·社会》的"风俗"记载，"聘礼：除规定财礼外，过聘之日，男家备猪仔一只、鸡二只、鸭二只、香菌、茶叶、盐、糖、面、果，各成包，名曰水礼，先由媒人通知女家，约定日期，男家之父或母邀请族内数人同伴赠送往女家""交际：父母亲殁时，发出讣闻，亲友闻知，同来吊唁，抽银制送挽幛、挽屏、挽联及办猪、鸡、果品、香诸陈设宴奠祭""季节供品：四月初八日为乌饭节，家家……以供家神，并备猪仔，祭三界公爷，以望禾苗丰熟""六月初二祭后稷雷王等庙会，每人集银一、二毫买猪仔、酒饭祭供，祈求神保佑，五谷丰登"。上述记载中的"猪"和"猪仔"，以及《宜北县志》《宜北县物产图》的"香猪"，指的就是环江香猪。中华人民共和国成立初期，物资较为匮乏，生长较为缓慢的环江香猪一度退出市场。改革开放以后，人民群众对于猪肉品质的需求日益高涨，环江香猪饲养量也不断得到提高，环江香猪于1986年被列入《中国猪品种志》。

（二）群体数量及变化情况

环江香猪存栏数2002年为7.45万头，2003年为7.71万头，2004年为9.0万头，2005年为9.66万头，2021年第三次全国畜禽遗传资源普查结果表明，广西壮族自治区境内环江香猪存栏2.306 7万头（能繁母猪0.683 2万头，能繁公猪0.059 1万头），其中集中饲养数量0.086 5万头，散养饲养数量2.220 2万头，品种分布在广西全境的11个市。2022年广西河池市环江毛南族自治县环江香猪存栏数量为1.632万头，占广西存栏总数的70.75%。2018年环江毛南族自治县环江香猪出栏37.67万头，存栏11.5万头，其中母猪存栏2.36万头。受非洲猪瘟疫情的影响，2019年底环江香猪存栏仅0.394 6万头，其中母猪存栏0.098 5万头。2021年全县出栏香猪1.60万头，年末能繁母猪存栏0.56万头。

三、体型外貌

（一）体型外貌特征

环江香猪体型外貌特点是体型矮小而短，全身被毛黑色；头大，额平，有3～5条横纹；耳小而薄、略向两侧平伸或上竖；颈短而粗，嘴筒短小，背长，背腰下凹；后躯较丰满，臀部斜尻，四肢矮小但较为粗壮，前肢端正，立系，后肢稍向前踏，蹄坚实。其中母猪乳头一般5～6对，少数7对，且排列整齐，发育良好（图1、图2）。

图1 环江香猪公猪

图2 环江香猪母猪

（二）体尺和体重

2022年7月，环江毛南族自治县环江香猪原种保种场测定了3～4胎，妊娠2个月环江香猪母猪50头、24～36月龄公猪20头［平均（32.25±4.56）月龄］的体尺、体重，结果见表1。2005年公猪体重、体尺都小于2022年，这主要与2005年测定公猪年龄较小（6月龄）有关。2005年成年母猪体重和胸围也明显小于2022年，这与保种场选育工作和营养水平的提高有密切关系。

表1 环江香猪成年猪体重、体尺

年份	性别	数量（头）	体重（kg）	体高（cm）	体长（cm）	胸围（cm）
2022	公	20	87.84±8.01	63.74±2.17	109.91±5.19	106.25±4.02
	母	50	97.40±8.40	62.01±3.20	111.64±5.96	111.81±6.00
2005	公	34	43.94±0.72	47.44±0.29	92.78±0.62	80.76±0.51
	母	163	72.90±1.77	52.47±0.45	110.06±0.85	100.00±0.92

注：测定时间：2022年7月；测定地点：河池市环江毛南族自治县明伦镇吉祥村虎榜屯；测定单位：环江毛南族自治县环江香猪原种保种场、广西大学。

四、生产性能

（一）生长性能

从保种场三胎以上母猪产下的后代中随机抽取30头小猪，断奶到保育结束饲喂保育前期料［营养指标为CP 17%，消化能（Digestible energy，DE）14.0MJ/kg，粗纤维（Crude fiber，CF）4.5%，赖氨酸（Lysine，Lys）1.3%，钙（Calcium，Ca）0.4%～1.2%，总磷（Total phosphorus，TP）0.4%～1.0%］和保育后期料（营养指标为CP 15%，DE 13.8MJ/kg，CF 4.5%，Lys 1.2%，Ca 0.4%～1.2%，TP 0.4%～1.0%），保育结束后喂小猪料（营养指标为CP 13.5%，DE 13.5MJ/kg，CF 5%，Lys 0.8%，Ca 0.5%～1.2%，TP 0.3%～0.8%），测定其生长性能，结果如表2所示。

表2　环江香猪生长发育情况

性别	数量（头）	初生重（kg）	断奶日龄（d）	断奶重（kg）	保育期末日龄（d）	保育期末重（kg）	120日龄体重（kg）
公	15	0.6	30	3.59±0.12	80	10.90±0.14	18.91±0.25
母	15	0.6	30	3.62±0.09	80	10.65±0.24	18.65±0.32
均值	—	0.6	30	3.61±0.11	80	10.78±0.23	18.78±0.31

注：测定时间：2022年6月；测定地点：河池市环江毛南族自治县明伦镇吉祥村虎榜屯；测定单位：环江毛南族自治县环江香猪原种保种场、广西大学。

（二）育肥性能

2022年，环江香猪保种场从三胎以上母猪产下的后代中随机抽取30头育肥猪（阉公猪15头，母猪15头）进行育肥性能测定，育肥试验开始日龄为100d，结束日龄为180d。饲料为玉米豆粕型全价日粮（营养指标为CP 13.5%，DE 13.5MJ/kg，CF 5%，Lys 0.8%，Ca 0.5%～1.2%，TP 0.3%～0.8%）及牧草，每日全价料饲喂量为体重的2.9%左右，每日每头猪牧草饲喂量约0.5kg。结果如表3所示。表3结果表明，100～180日龄育肥猪平均日增重为189.13g，料重比为3.47∶1，说明环江香猪育肥性能较低，生长速度缓慢，饲料利用率低。

表3　环江香猪育肥性能测定结果

年份	性别	数量（头）	日龄	始重（kg）	末重（kg）	日增重（g）	料重比
	阉公	15	100～180	14.47±0.57	29.77±0.51	191.25±9.31	3.45
2022	母	15	100～180	14.78±0.49	29.75±0.58	187.13±10.90	3.49
	平均	—	100～180	14.63±0.54	29.76±0.54	189.13±10.16	3.47

注：测定时间：2022年10月；测定地点：河池市环江毛南族自治县明伦镇吉祥村虎榜屯；测定单位：环江毛南族自治县环江香猪原种保种场、广西大学。

（三）环江香猪屠宰性能和肉质性能

环江香猪原种保种场随机抽取环江香猪360日龄育肥猪20头进行屠宰性能测定和肉质测定，结果见表4和表5。表4结果表明，公、母猪平均屠宰率为70.28%，阉公猪平均屠宰率小于母猪；公、母猪平均瘦肉率为46.64%，母猪平均瘦肉率比阉公猪低。表5结果表明环江香猪肉色平均评分为3.60，母猪肌内脂肪含量明显高于阉公猪。

表4　环江香猪屠宰性能

项目	阉公	母	平均
数量（头）	10	10	—
屠宰日龄（d）	360	360	360
宰前体重（kg）	55.24±4.45	61.38±11.15	58.31±8.85
胴体重（kg）	38.15±4.57	43.81±9.56	40.98±7.85
胴体长（cm）	67.50±2.62	67.40±2.91	67.45±2.70
平均背膘厚（mm）	28.84±6.90	38.03±6.93	33.44±8.22
6～7肋处皮厚（mm）	5.46±0.87	5.01±1.10	5.24±0.99
眼肌面积（cm²）	21.80±3.94	18.80±5.15	20.30±4.73
屠宰率（%）	69.06±2.96	71.38±3.40	70.28±3.28
瘦肉率（%）	47.39±2.38	45.89±3.50	46.64±3.02
脂率（%）	26.47±5.31	31.74±4.95	29.11±5.68
皮率（%）	14.7±1.80	12.8±1.40	13.75±1.86
骨率（%）	11.43±2.61	9.66±1.33	10.55±2.21
肋骨数（对）	14.00±0.00	14.10±0.57	14.05±0.39

注：测定时间：2022年12月；测定地点：河池市环江毛南族自治县城关镇屠宰场；测定单位：环江毛南族自治县环江香猪原种保种场、广西大学。

表5　环江香猪肉质测定结果

项目	阉公	母	平均
数量（头）	10	10	—
屠宰日龄（d）	360	360	360
宰前体重（kg）	55.24±4.45	61.38±11.15	58.31±8.85
肉色评分	3.45±0.44	3.75±0.54	3.60±0.50
肉色测定	41.06±4.50	40.87±4.37	40.97±4.32
pH_1	6.33±0.24	6.39±0.18	6.36±0.21

（续）

项目	阉公	母	平均
pH$_{24}$	3.06±1.00	6.02±0.15	4.54±0.13
滴水损失（%）	3.06±1.00	3.53±1.38	3.30±1.20
大理石纹评分	1.80±0.79	2.70±0.79	2.25±0.90
肌内脂肪含量（%）	1.60±0.65	2.63±1.50	2.12±1.24
嫩度（N）	58.11±8.82	61.84±6.860	59.98±7.93

注：测定时间：2022年12月；测定地点：河池市环江毛南族自治县城关镇屠宰场；测定单位：环江毛南族自治县环江香猪原种保种场、广西大学。

（四）繁殖性能

环江香猪性早熟，后备母猪一般3月龄以后开始发情，适配期为5～6月龄，体重25～30kg，母猪利用年限9～10年，优秀者可利用10年以上，初产母猪窝产活仔猪5～7头，育成率91.8%，经产母猪窝产活仔猪7～12头，育成率96.8%。小公猪70日龄可用于配种，适配期4～5月龄，体重15kg左右，公猪使用年限为2～3年，超过3年的极少见。本次普查随机抽取50头胎次为3～4胎的成年母猪，共统计其50窝繁殖成绩，结果见表6。结果表明，与1981年对比，总产仔数提高了2.14头，与2006年普查结果相比，环江香猪窝产活仔数提高了1.77头，初生窝重明显变大。

表6　环江香猪母猪繁殖性能

项目	年份		
	1981	2006	2022
窝数	—	31	50
胎次	2胎及以上	—	3.20±0.40
窝总产仔数（头）	8.10±0.1	—	10.24±1.06
窝产活仔数（头）	—	8.29±0.36	10.06±0.98
初生窝重（kg）	4.76±1.50	4.28±0.20	6.25±0.49
平均初生重（kg）	—	0.57±0.02	0.62±0.03
平均断奶日龄（d）	60	—	30.00±0.00
平均断奶窝重（kg）	—	—	32.53±2.41
平均断奶仔数（头）	7.3	—	9.96±0.88
平均断奶体重（kg）	3.62	—	3.27±0.08
断奶成活率（%）	—	—	99.01±2.66

注：测定时间：2022年6—10月；测定地点：河池市环江毛南族自治县明伦镇吉祥村虎榜屯；测定单位：环江毛南族自治县环江香猪原种保种场。

五、饲养管理

环江香猪饲养粗放，易于管理。规模以上养殖场和专业养殖户采用圈养方式，产区农户惯于采用圈养放养结合的饲养方法。

环江香猪的饲料以青饲料为主，精、粗饲料为辅，采用传统熟喂方式，即把精、粗饲料与青饲料一同用锅煮熟成粥状饲喂，一天喂2～3餐。空怀母猪饲喂青饲料占日粮的70%～80%，精饲料占10%～15%，粗饲料占10%～15%。青饲料包括甘薯藤、芭蕉芋茎叶、野甘蓝、牛皮菜、青麻叶、沙树叶、野茼蒿、车前草等。精饲料主要有稻米、玉米、黄豆、木薯粉等。粗饲料主要是直出糠及其他农副产品。配种期的种公猪及妊娠期的母猪增加饲喂精饲料，一般增至日粮的20%左右。哺乳母猪一般都加喂米浆或豆浆。哺乳仔猪生后20d开始补料，初喂稀粥或豆浆，随后加喂些细米糠和青饲料直至断乳。近年来部分群众给哺乳仔猪补料时会加些乳猪全价配合料。

环江香猪由于生长在交通闭塞的喀斯特地貌山区及林区环境中，性情暴躁、活泼好动，因此环江香猪的栏舍建设要比普通猪的栏舍高。总的来说，环江香猪饲养管理要求不高，规模及规模以下养殖场均可饲养（图3、图4）。

图3 环江香猪群体

图4 环江香猪生活环境

六、品种保护与资源开发利用现状

（一）保种现状

2001年在中心产区明伦镇吉祥村建立环江香猪原种保种场。2008年环江香猪原种保种场被列入国家级畜禽品种资源保护场。2019—2020年，共建立5个环江香猪保种点。2022年5个保种点有基础群种母猪360头，种公猪36头。环江香猪2000年列入《国家畜禽品种资源保护名录》。

（二）资源开发利用现状

环江香猪产业作为环江毛南族自治县农业支柱之一，发展有一定基础：2002年发布了地方标准《环江香猪》（DB45/T 47—2002），2003年获国家原产地地理标志注册认证，2010年获得地理标志证明商标注册认证。2022年全县有8家肉产品加工企业，年香猪加工生产能力达100万头，主要产品有冷冻白条猪、烤全猪、腊全猪、香猪肉干等。

七、品种评价和展望

环江香猪是在特定的自然地理、气候条件，独特的民族风情，粗放型的饲养管理等因素的综合作用下，在长期自然选择和人工选择条件下形成的原始小型猪种，具有群体遗传纯合度较高，近交不退化，饲养管理条件要求较低的特点。环江香猪皮薄骨细，肉质具有不腥不腻、鲜嫩芳香、营养丰富等优秀的特性，是加工特色优质猪肉产品的良好原料。由于体型矮小，遗传纯合度较高，可以经过实验动物化转变成实验动物的优秀猪种。今后要加强品种保护和选育，有针对性地进行开发利用。

八、附录

（一）参考文献

广西家畜家禽品种志编辑委员会，1987. 广西家畜家禽品种志［M］. 南宁：广西人民出版社：58-61.

国家畜禽遗传资源委员会，2011. 中国畜禽遗传资源志·猪志［M］. 北京：中国农业出版社：337-340.

李志修，覃玉成，等，1937. 宜北县志［M］. 台北：成文出版社.

覃水平，卢维，2022. 环江香猪饲养管理技术［J］. 中国畜牧业，608（17）：71-72.

韦必群，谭向鹏，覃江红，等，2022. 环江香猪品种资源保护工作存在的困难及建议［J］. 中国畜牧业，608（17）：51-52.

钟会通，1997. 环江香猪生产现状及发展潜力探讨［J］. 广西畜牧兽医，13（1）：40-41.

（二）调查和编写人员情况

1. 参与性能测定的单位和人员

环江毛南族自治县环江香猪原种保种场：蒙智吁、梁世理。

广西大学：梁晶。

2. 主要撰稿人员及单位

环江毛南族自治县环江香猪原种保种场：蒙智吁、梁世理。

巴马香猪

一、一般情况

（一）品种名称及类型

巴马香猪（Bama xiang pig），俗称"冬瓜猪""芭蕉猪"。1982年该品种录入《广西家畜家禽品种志》时被正式命名为巴马香猪。该品种属于肉用型猪。

（二）原产地、中心产区及分布

巴马香猪原产于广西壮族自治区巴马瑶族自治县。第三次全国畜禽遗传资源普查结果表明，有巴马香猪分布的县区包括南宁市的兴宁区、经济技术开发区、西乡塘区、良庆区、邕宁区、武鸣区、隆安县、马山县、上林县、宾阳县和横州市，柳州市的柳城县、融安县、融水苗族自治县和三江侗族自治县，桂林市的阳朔县、灵川县、资源县和荔浦市，梧州市的藤县，北海市的铁山港区，防城港市的港口区和东兴市，钦州市的钦南区、钦北区和灵山县，贵港市的港南区、覃塘区、平南县和桂平市，玉林市的陆川县、博白县、兴业县和北流市，百色市的田东县、德保县和田林县，贺州市的八步区、平桂区和昭平县，河池市的金城江区、天峨县、凤山县、东兰县、罗城仫佬族自治县、巴马瑶族自治县和大化瑶族自治县，来宾市的兴宾区、忻城县、象州县、武宣县和金秀瑶族自治县及崇左市的江州区、扶绥县、宁明县和凭祥市。分布数量最多是河池市（群体数量26 397头），其次是南宁市（群体数量4 273头），再次是百色市（群体数量2 546头），分布数量最少的是梧州市（群体数量13头）。

2021年普查结果表明，巴马香猪分布在广西14个市56个区县，分布区域广泛，但中心产区县仍然是巴马瑶族自治县（群体数量25 749头，其中能繁母猪5 876头，能繁公猪257头）。原中心产区为巴马瑶族自治县巴马、百林、那桃、燕洞4个乡（镇），但按能繁种猪数量划分，2 021普查结果表明中心产区为巴马（能繁母猪2 620头，能繁公猪73头）、西山（能繁母猪1 285头，能繁公猪37头）、甲篆（能繁母猪602头，能繁公猪26头）、东山（能繁母猪363头，能繁公猪51头）、百林（能繁母猪490头，能繁公猪14头）和凤凰（能繁母猪223头，能繁公猪22头）6个乡（镇），那桃和燕洞乡已经不是中心产区。

（三）产区自然生态条件

巴马瑶族自治县位于北纬23°51′—24°23′，东经106°51′—107°23′，地处广西西北部，境内岩溶地形与丘陵交错，地势西北高，东南低，略呈倾斜状。北部为大石山区。中部、南部大多为土坡和石山。全县海拔在435～689m。巴马属南亚热带至中亚热带季风气候区，年平均气温在19.7～20.4℃，西部的那社和所略的平均气温比南部的百林低2℃；冬季极端最低气温在海拔较高的所略乡，夏季高温在南部的那桃、百林等地。1月气温最低，平均气温为11.4℃，大部分地区没有严冬，平均无霜期360d。日照充足，年平均日照时数1 557.9h。境内雨量充沛，平均降雨日数150～165d，各地年降水量在1 170～1 780mm。境内集雨面积在40km²以上的河流有12条。巴马境内土壤有水稻土、红壤土、黄壤土、石灰（岩）土、红色石灰土、紫色土、冲积土等7种类型。土壤富含硒元素。粮食作物以玉米为主，水稻次之，另外种植有甘薯、大豆、绿豆、赤小豆、花生、芋头等；经济作物有甘蔗、木薯、蔬菜、食用菌、芭蕉芋、油茶、火麻等。丰富多样的饲料资源为巴马香猪的饲养提供了物质保证，形成了以青饲料为主的饲养方式。

二、品种来源及发展

（一）品种形成的历史

巴马香猪传说系野猪驯化而成，历史上产区群众逢年过节，遇红白喜事，均宰杀小香猪或用小香猪请客送礼。由于产区交通不便及"不借种"的观念影响，当地群众多采用留子配母的配种方式进行繁殖，一般母猪产后10d左右，从本窝仔猪中选择一头小公猪留作种用，其余的全部去势，待母猪发情配种后再将所留小公猪去势。后备母猪也从同窝仔猪中选留。这种子配母或同胞间交配的近亲繁殖方式，已世代相袭数个世纪，加之长期的自然选择造就了遗传性能稳定的地方猪品种。当地苗族群众称巴马香猪为"别玉"，壮族群众称之为"牡"，汉族群众称之为"冬瓜猪"或"芭蕉猪"。由于其骨细皮薄、肉质细嫩，外地人食之，感觉其肉味鲜香，逐渐传名为"香猪"。1982年该品种载入《广西家畜家禽品种志》时正式命名为巴马香猪；2000年，巴马香猪被列入《国家级畜禽品种资源保护名录》；2001年巴马香猪列入国家种质资源保护计划；2005年10月巴马香猪被认定为首批国家地理标志保护产品；2006年1月巴马香猪商标成功注册。

（二）群体数量及变化情况

从20世纪50年代末至80年代，随着交通条件的不断改善和人们对生猪产量的片面追求，香猪在市场上的竞争力减弱，导致群众逐渐放弃饲养香猪而引进体型大和生长快的外来猪种，纯种巴马香猪群体数量严重萎缩。1981年全县仅有香猪母猪126头；1982年建立巴马香猪省级保种场；1993年后巴马香猪数量逐步回升，2000年存栏母猪增加到6 600头。全县2003年全年饲养的巴马香猪群体数量高达31万多头，其中能繁母猪3.86万头，后备母猪1万多头；成年及后备种公猪630头，2003年底存栏8万多头。2003年底统计，用于与外来品种公猪进行商品杂交的繁殖母猪约3万头，占母猪总数的61.73%，占能繁母猪数的77.56%。2005年底存栏10.3万头。第三次全国畜禽遗传资源普查结果表明，2021年巴马瑶族自治县内登记的巴马香猪群体数量为38 260头（散养30 029头，集中饲养8 231头），其中能繁母猪10 037头，种公猪620头；与2005年相比，2021年存栏数大幅度下降。

三、体型外貌

（一）体型外貌特征

巴马香猪体型小。头轻小，嘴细长，颈短粗，多数猪额平、无皱纹，少量个体眼角上缘有两条平行浅纹。耳小而薄、直立、稍向外倾，颈短粗，体躯短，背腰稍凹，腹较大、下垂而不拖地，臀部不丰满，四肢细短，前肢直立，后肢多卧系。乳房细软不甚外露，乳头一般5～8对，排列匀称、多为"品"字形。毛色为两头黑、中间白（两头乌），即从头至颈部的1/3～1/2和臀部为黑色，额有白斑或白线，也有少部分个体额无白斑或白线。鼻端、胸腹及四肢为白色，躯体黑白交界处有2～5cm宽的黑底白毛灰色带，群体中约10%的个体背腰部分布有大小不等的黑斑。成年母猪被毛较长；成年公猪被毛及鬃毛粗长，似野猪（图1、图2）。

图1　巴马香猪公猪

图2　巴马香猪母猪

（二）体尺和体重

2022年巴马原种香猪农牧实业有限公司在巴马瑶族自治县巴马镇练乡村苗屯巴马香猪保种场测定了50头母猪和20头公猪的体尺、体重。结果见表1和表2。与2004年数据比，2022年公猪体高、体长、胸围和体重分别增大了81.7%、60.9%、49.6%和180.1%；母猪体高、体长、胸围和体重分别增大了35.9%、52.8%、38.0%和156.2%。

表1　巴马香猪公猪体尺及体重

年份	数量（头）	月龄	体高（cm）	体长（cm）	胸围（cm）	体重（kg）
2004[a]	27	27.73±8.77	40.87±1.94	75.28±2.36	76.56±3.24	34.80±1.66
2022	20	44.47±7.91	74.27±2.25	121.16±4.93	114.54±6.81	97.49±8.12

注：测定时间：2022年10—11月；测定地点：巴马瑶族自治县巴马镇练乡村苗屯国家级巴马香猪保种场；测定单位：巴马原种香猪农牧实业有限公司、广西大学。
[a]数据引自《中国畜禽遗传资源志·猪志》，2004数据来自中心产区5个乡镇7个村屯农户养殖的公猪体尺、体重测量。

表2　巴马香猪母猪体尺及体重

年份	数量（头）	月龄	体高（cm）	体长（cm）	胸围（cm）	体重（kg）
2004[a]	171	40.88±1.14	42.97±0.53	82.75±0.92	83.40±3.24	41.59±0.82
2022	50	6.94±2.85[b]	58.41±1.24	126.47±11.83	115.09±10.12	106.55±22.56

注：测定时间：2022年10—11月；测定地点：巴马瑶族自治县巴马镇练乡村苗屯国家级巴马香猪保种场；测定单位：巴马原种香猪农牧实业有限公司、广西大学。
[a]数据引自《中国畜禽遗传资源志·猪志》。2004数据来自中心产区5个乡镇7个村屯农户养殖的母猪体尺、体重测量。[b]胎次。

四、生产性能

（一）生长性能

2021年11月在巴马香猪保种场从三胎及以上母猪产下的后代中随机选取30头仔猪（阉公猪和母猪各15头）进行生长发育的测定。断奶后饲喂全价配合饲料，营养水平为DE 13.79MJ/kg、CP 16.5%，生长性能结果见表3。2003年巴马瑶族自治县畜牧局测定的初生重为0.463～0.465kg，2022年测定数据比2003年降低超过30g；2022年28日龄断奶重4.33～4.41kg，2003年巴马瑶族自治县畜牧局测定60日龄断奶重为6.67～7.08kg。

表3　巴马香猪公猪、母猪的生长性能

性别	公	母
数量（头）	15	15
初生重（kg）	0.43±0.09	0.43±0.08
断奶日龄（d）	28.73±0.80	28.73±0.96
断奶重（kg）	4.41±0.39	4.33±0.33
保育期末日龄（d）	88	88
保育期末重（kg）	12.21±0.43	12.39±0.37
120日龄体重（kg）	18.49±0.54	18.51±0.58

注：测定时间2022年3月；测定地点：巴马瑶族自治县巴马镇练乡村苗屯国家级巴马香猪保种场；测定单位：巴马原种香猪农牧实业有限公司、广西大学。

（二）育肥性能

2021年11月至2022年11月在巴马香猪保种场测定了15头母猪和15头公猪的育肥性能。育肥期间营养水平为前期全价饲料CP 15%，DE 13.16MJ/kg，CF 7%，Lys 1%，Ca 0.5%，P 0.45%，后期全价饲料CP 13%，DE 13.21MJ/kg，CF 8%，Lys 0.85%，Ca 0.4%，P 0.4%。育肥时间在104d左右，结果见表4。2004年，巴马香猪保种场对6头巴马香猪进行92d育肥试验［始重（4.83±0.20）kg，末重（31.89±1.05）kg］，发现日增重为294g，2022年的日增重比2004年的低。

表4　巴马香猪公猪、母猪的育肥性能

性别	数量（头）	起测日龄（d）	起测体重（kg）	结测日龄（d）	结测体重（kg）	耗料量（kg）	日增重（g）	料重比
公	15	88.53±2.53	11.00±0.84	246.60±12.80	41.59±1.64	192.36±3.75	193.52±14.77	6.29±0.12
母	15	88.67±1.88	11.45±0.80	238.40±44.32	41.17±2.30	192.36±3.75	198.49±23.84	6.47±0.12

注：测定时间2021年11月至2022年11月；测定地点：巴马瑶族自治县巴马镇练乡村苗屯国家级巴马香猪保种场；测定单位：巴马原种香猪农牧实业有限公司、广西大学。

（三）屠宰性能

2022年10月在巴马香猪保种场屠宰测定了10头母猪和10头阉公猪。结果见表5。与2004年屠宰性能测定结果相比，宰前活重、胴体重、胴体长、平均背膘厚和眼肌面积显著增加，皮厚明显下降，但瘦肉率、脂率没有明显差异。

表5　巴马香猪屠宰性能

测定年度	1984	2004	2022		
性别	—	公、母平均值	公	母	公、母平均值
数量（头）	3	14	10	10	—
屠宰日龄（d）	—	240	238.9±2.18	239.5±2.17	239.2±2.14
宰前活重（kg）	35	31.4±1.39	39.99±1.14	39.29±1.66	39.64±1.43
胴体重（kg）	23.4	21.1±0.14	25.65±0.79	25.10±1.18	25.38±1.02
胴体长（cm）	48	55.5±0.83	70.30±1.34	69.10±1.79	69.70±1.66
肩部最厚处背膘厚（mm）	—	—	31.21±2.26	29.86±2.42	30.54±2.38
最后肋骨处背膘厚（mm）	—	—	21.77±1.04	20.30±1.84	21.04±1.64
腰荐结合处背膘厚（mm）	—	—	20.24±1.08	19.26±1.41	19.75±1.32
平均背膘厚（mm）	29.0	19.50±0.80	24.39±1.04	23.14±1.70	23.77±1.51
6～7肋处皮厚（mm）	1.30	3.35±0.10	2.38±0.39	2.59±0.14	2.49±0.30

（续）

测定年度	1984	2004	2022		
眼肌面积（cm²）	10.78	14.6±0.67	21.21±1.87	19.77±1.81	20.49±1.94
皮率（%）	—	11.5±0.53	11.07±1.46	11.44±0.92	11.26±1.2
骨率（%）	—	9.5±0.24	13.30±0.53	13.54±0.42	13.42±0.48
脂率（%）	48.29	24.1±0.16	28.08±0.82	28.03±1.18	28.06±0.99
瘦肉率（%）	35.26	50.2±0.83	47.55±0.95	46.98±1.55	47.27±1.28
屠宰率（%）	66.86	67.20±0.72	64.14±1.15	63.88±0.83	64.03±0.98
肋骨数（对）	—	—	14.00±0.00	14.00±0.00	14.00±0.00

注：测定时间2022年12月；测定地点：巴马瑶族自治县巴马镇练乡村苗屯国家级巴马香猪保种场；测定单位：巴马原种香猪农牧实业有限公司、广西大学。

[a] 数据引自《中国畜禽遗传资源志·猪志》。

（四）肉质性能

2022年10月巴马原种香猪农牧实业有限公司测定了平均日龄（239.2±2.14）d的育肥猪共20头（母猪10头，阉公猪10头）的肌肉品质。结果见表6。肌肉品质定结果表明，巴马香猪肉色评分为3.53，滴水损失仅1.38%，肌内脂肪含量4.95%，说明巴马香猪具有良好的肌肉品质。

表6　巴马香猪公猪、母猪的肌肉品质

性别	公	母	公、母平均值
数量（头）	10	10	—
肉色评分	3.55±0.50	3.50±0.53	3.53±0.50
肉色测定值	45.57±6.69	45.71±5.60	45.64±6.00
pH$_1$	6.34±0.18	6.33±0.16	6.34±0.17
pH$_{24}$	5.76±0.13	5.79±0.12	5.78±0.13
滴水损失（%）	1.45±0.33	1.30±0.24	1.38±0.29
大理石纹评分	3.40±0.46	3.35±0.47	3.38±0.46
肌内脂肪含量（%）	4.99±1.10	4.91±0.77	4.95±0.93
嫩度（N）	56.63±10.68	44.69±7.55	50.66±9.90

注：测定时间2022年12月；测定地点：巴马瑶族自治县巴马镇练乡村苗屯国家级巴马香猪保种场；测定单位：巴马原种香猪农牧实业有限公司、广西大学。

（五）繁殖性能

2019年10月至2022年10月巴马原种香猪农牧实业有限公司测定了51头母猪的繁殖性能，结果见表7。据巴马瑶族自治县畜牧局2003年调查结果显示，母猪平均窝产仔数10.07头，窝产活仔数9.5头，初生窝重4.95kg，50～60日龄断奶猪成活数8.32头，60日龄断奶仔猪重公猪平均6.67kg、母猪平均7.08kg。2022年测定结果显示，平均窝产仔数、窝产活仔数比2003年调查结果均略有降低，初生窝重下降较多。巴马香猪性成熟早，29～30日龄公猪睾丸精曲细管中已出现精子。公猪72日龄、母猪110日龄达到性成熟，公猪76日龄、母猪159日龄配种。母猪发情周期18.7d，妊娠期113.36d。

表7　巴马香猪母猪繁殖性能

胎次	头胎	二胎	三胎及以上	合计
数量（头）	3	9	39	51
平均窝产仔数（头）	10.22±1.92	9.00±1.00	9.87±1.79	9.74±1.77
窝产活仔数（头）	9.44±1.42	8.33±0.58	9.21±1.45	9.07±1.41
死胎（头）	0.78±0.83	0.67±0.58	0.67±1.20	0.68±1.10
初生窝重（kg）	4.27±0.67	4.23±0.93	4.33±0.54	4.31±0.57
断奶日龄（d）	30.11±1.17	28.67±1.15	30.03±1.61	29.79±1.54
断奶成活数（头）	9.00±1.32	8.33±0.58	8.97±1.25	8.86±1.22
断奶窝重（kg）	38.71±4.70	35.57±2.97	39.08±3.70	38.44±3.87
断奶成活率（%）	95.53±5.32	100.00±0.00	97.91±5.47	98.14±5.34

注：测定时间2022年4—10月；测定地点：巴马瑶族自治县巴马镇练乡村苗屯国家级巴马香猪保种场；测定单位：巴马原种香猪农牧实业有限公司。

五、饲养管理

参见陆川猪的传统、传统＋现代农村散养和规模养殖场的饲养管理方式（图3、图4）。

图3　保种场定位栏饲养的巴马香猪

图4　巴马香猪保种场全景

六、品种保护与资源开发利用现状

（一）保种现状

国家级巴马香猪保种场位于巴马瑶族自治县巴马镇练乡村苗屯，2011年开工建设，2022年底保种规模为成年公猪22头，2.5岁成年种母猪127头，3～7岁种母猪115头，6～12月龄种母猪120头。共6个家系，采用各家系等数留种法进行留种，采用现代化的生猪养殖技术进行饲养管理。目前没有建立巴马香猪保护区。主产区重点覆盖在巴马、西山、甲篆、东山、百林和凤凰6个乡（镇）。

（二）资源开发利用现状

对巴马香猪基因组进行了测序，同时完成了初步的组装，并应用巴马香猪基因组进行组装变异检测分析。基因组组装数据分析结果为巴马香猪提供了第一个全面的基因组图谱，并为进一步研究SNP、Indel、SV和CNV对猪多样性和表型变化的影响提供了基础。以巴马香猪为母本，与大白猪进行杂交，对巴马香猪的背膘厚和眼肌面积有一定的改良作用；淮猪与巴马香猪杂交对巴马香猪的繁殖性能和屠宰性能有一定的改良效果。

广西大学王爱德等从1987年开始，以广西巴马香猪作为原始材料，采用闭锁繁育方法，历经近20年时间，选育出16世代优异的实验用小型猪品系——广西巴马小型猪。该品系遗传纯合度高、遗传性能稳定，具有典型的"两头乌"毛色特征及矮小体型，24月龄平均体重母猪为40～55kg，公猪仅为30～40kg。

广西壮族自治区2002年发布了《巴马香猪》地方标准（DB45/T 53—2002），2005年发布了《原产地域产品　巴马香猪》地方标准（DB45/ 214—2005）。巴马香猪2006年列入《国家畜禽遗传资源保护名录》。

七、品种评价和展望

巴马香猪是在长期近亲交配与当地饲养条件影响下形成的小型猪种，以肉味香浓著称于世。其遗传性能稳定、耐粗饲、抗病力强。巴马香猪乳猪和60日龄断奶仔猪肉均无奶腥味或其他腥臊异味，皮薄而软、味甘而微香，是制作烤乳猪和腊全猪的上乘原料。巴马香猪还是育种研究和培育医学实验动物的良好素材。

八、附录

（一）参考文献

敖维平，刘燕东，杨建新，等，2021. 巴马香猪杂交后代胴体品质效果分析［J］. 中国猪业，16（4）：89-92.

巴马瑶族自治县人民政府，巴马瑶族自治县县志编纂委员会，2016．巴马年鉴2016［M］．南宁：广西人民出版社：152．

国家畜禽遗传资源委员会，2011．中国畜禽遗传资源志·猪志［M］．北京：中国农业出版社：246-249．

李吉要，朱梦悦，朱树娇，等，2018．淮猪与巴马香猪杂交后代的繁殖性能和屠宰性能测定［J］．河南农业科学，47（10）：121-124．

王爱德，2004．广西巴马小型猪的选育研究［J］．中国比较医学杂志，14（3）：1．

Zhang L，Huang Y，Si J，et al.，2018．Comprehensive inbred variation discovery in Bama pigs using de novo assemblies［J］．Gene，679：81-89．

（二）调查和编写人员情况

1. 参与性能测定的单位和人员

巴马原种香猪农牧实业有限公司：满书通。

广西大学：梁晶、陈奎蓉。

2. 主要撰稿人员及单位

广西大学：梁晶、兰干球。

东山猪

一、一般情况

（一）品种名称及类型

东山猪（Dongshan pig）因原主产于广西壮族自治区全州县东山瑶族乡，故名为东山猪，是华中两头乌的一个类群，属于肉用型的地方猪种。

（二）原产地、中心产区及分布

东山猪原产于全州县东山瑶族乡。根据2021年第三次全国畜禽遗传资源普查结果，广西壮族自治区境内有分布的包括桂林、柳州、防城港、贵港、贺州等5个市。其中，桂林市的阳朔县、灵川县、全州县、兴安县、永福县、灌阳县、资源县、恭城瑶族自治县、荔浦市，柳州市的融安县，防城港市的上思县，贵港市的覃塘区，贺州市的八步区等共13个县（市）均有分布。分布数量最多是桂林市（能繁母猪3 490头，能繁公猪77头），其次是防城港市（能繁母猪53头，能繁公猪1头），再次是贺州市（能繁母猪43头，能繁公猪1头）；分布数量最少的是贵港市（能繁母猪1头，能繁公猪0头）和柳州市（能繁母猪2头，能繁公猪0头）。2021年普查数据表明中心产区县是全州县，全州县境内中心产区乡镇位于东山瑶族乡、才湾镇、大西江镇、蕉江瑶族乡和全州镇；绍水镇、龙水镇、石塘镇、咸水镇、文桥镇、庙头镇各镇存栏能繁母猪均少于50头，各镇均仅存栏公猪1头；白宝乡、凤凰镇、安和镇、枧塘镇、两河镇、永岁镇和黄沙河镇已经没有能繁公猪。

（三）产区自然生态条件

全州县南部、西北部及东南部高山环绕，地势较高，西南和东北部地势较低平，中部为丘陵地带，湘江由南西往北东流，纵贯县境，两岸形成了狭长的丘陵盆地。平均海拔200m左右，中心产区东山瑶族乡海拔680m左右。产区处于北纬25°29′—26°23′，东经110°37′—111°29′。全州县气候为亚热带湿润性季风气候，无霜期长、四季分明。光线充足，年平均气温17.8℃，年平均日照1 488.7h；雨量充沛，年平均降水量1 519.4mm，雨季集中在4—8月，年平均相对湿度78%；年无霜期平均299d。农作物以水稻为主，其他为玉米、大豆、小麦、甘薯等，其次是旱芋、荞麦、燕麦、高粱等。野生饲料多达40余种。

二、品种来源及发展

（一）品种形成的历史

从事东山瑶族历史文化研究多年的盘福东教授（瑶族，广西桂林博物馆研究员，广西民俗学会理事，研究方向为民族历史与文化。）在《东山瑶社会》中写道："东山猪始养于明初，由放养到圈养"。东山瑶族乡由于地处山区，山多耕地少，交通闭塞，先民们主要靠采撷野菜（果）、捕猎为生，捕获回来的野猪宰杀后吃不完，放置久了又易变质发臭。为了保证食物供给，减少捕猎劳动，只好圈养起来，有些先民们就采用留子配母或兄妹相配的方式，近亲繁殖，在选育中经长期实践总结出"两头乌，狮子头，蒲扇耳，杆子腰，包袱肚，粽粑脚，锥子尾"标准。由于长期的定向选育、自然环境和饲养管理的影响，形成了具有耐寒、耐粗饲、体质强壮、抗病力强、瘦肉较多的猪种。20世纪50年代末期，当地畜牧部门经群体择优，定为本地良种。

（二）群体数量及变化情况

据1980—1981年统计，华中两头乌繁殖母猪达25万余头，其中东山猪约占23.3%，繁殖母猪约5.8万头。2004年主产区全州县存栏东山猪母猪6万头、公猪150头（13个血统），2003年中心产区东山瑶族乡存栏母猪2 000余头、公猪30头。据全州县畜牧局的统计数据，2010年全县东山猪饲养量21.65万头，母猪存栏2.13万头，种公猪42头，年出栏肉猪8.5万头，后备母猪6万头。2015年全县东山猪饲养量10.4万头，母猪存栏1.22万头，种公猪35头，年出栏肉猪4.7万头，后备母猪2.64万头。第三次全国畜禽遗传资源普查结果表明，2021年底广西境内东山猪群体数量为5 959头，其中能繁母猪3 590头，能繁种公猪80头。中心产区县全州县东山猪存栏仅3 170头左右，其中能繁母猪存栏约1 196头、种公猪31头，年开展纯种繁殖约240窝次，繁殖东山猪约4 500头；而中心产区乡东山瑶族乡2021年仅存栏能繁母猪596头，种公猪8头，与2003年数据相比，东山瑶族乡东山猪群体数量严重下降。

东山猪在全州县能繁母猪达到1 000头以上，公猪为30头以上。因此，依据《家畜遗传资源濒危等级评定》（NY/T 2995）评定，东山猪品种资源濒危等级处于较低危险等级。

三、体型外貌

（一）体型外貌特征

东山猪头部清秀，中等大小。嘴筒平直，耳大小适中下垂，额部有皱纹。根据调查统计，面宽、嘴筒短、额部皱纹多、耳大者约占30%；面窄，嘴筒长、皱纹少、耳大者约占20%；面宽窄适中、嘴筒中等长短、额部皱纹适中、耳中等大者约占50%。背腰平直而稍窄，腹大而不拖地，臀部丰满。毛色以"四白二黑"为主，即躯干、四肢、尾帚、鼻梁及鼻端为白色，耳根后缘至枕骨关节之间区域及尾根周围部位为黑色，俗称"两头乌"。据2004年调查统计，东山瑶族乡的猪，"四白两黑"猪占89%，小花猪8%，大花猪3%；安和乡的猪，"四白两黑"猪占70%，花猪30%左右。东山猪体型高大结实，结构匀称（图1、图2）。

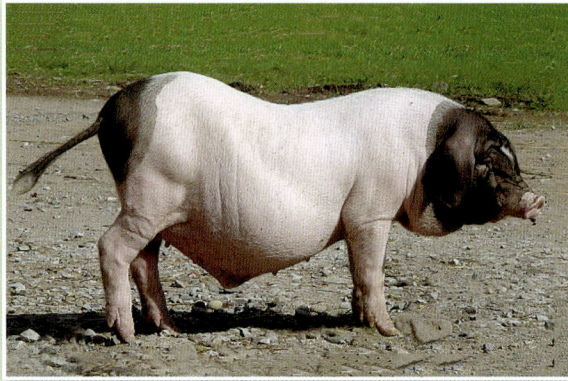

图1　东山猪公猪

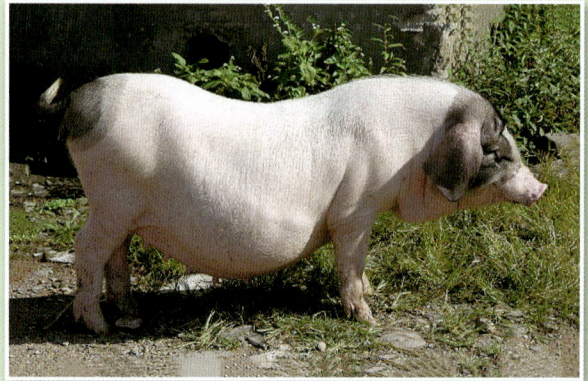

图2　东山猪母猪

（二）体尺和体重

根据《广西家畜家禽品种志》（1987年版）记载，东山猪成年公猪体重农村饲养为110kg，农场饲养为125kg；2006年调查时，19月龄公猪平均体长为112.74cm、胸围为91.81cm、体高为61.79cm，体重为63.88kg，见表1。第三次全国畜禽遗传资源普查东山猪的性能测定结果参考《中国畜禽蜂蚕遗传资源志·猪志》。

表1　东山猪公猪体尺及体重

测定年份	月龄	数量（头）	平均体高（cm）	平均体长（cm）	平均胸围（cm）	平均体重（kg）
1987	36	7	74.3	132.1	119.4	118.34
2006	19	37	61.79±7.06	112.74±13.97	91.81±13.34	63.88±25.48

东山猪性能测定结果

四、生产性能

（一）生长育肥性能

东山猪耐粗饲，在较低营养水平下，60日龄体重8kg的猪，饲养270d后，体重达70kg，日增重230g，每千克增重消耗精料2.18kg、青料4.42kg。若营养水平稍好，60日龄体重10kg的猪饲养310d后，每头增重115kg，平均日增重338g，每千克增重消耗精料1.48kg、青料3.13kg、粗料4.93kg。据桂林良丰农场两组猪的生长观察，每组15头，始重分别为10.75kg和11.5kg，试验240d，末重为84.75kg和86.7kg，平均日增重分别为308g和313g，每千克增重分别需消化能54.4MJ和55.2MJ，可消化蛋白质450g与408g。

（二）屠宰性能

240日龄育肥猪的屠宰测定结果（表2）表明，宰前平均活重为（75.01±14.73）kg；平均胴体重、屠宰率、瘦肉率分别为50.37kg、7.15%和41.23%。2022年东山猪屠宰测定结果参考《中国畜禽蜂蚕遗传资源志·猪志》。

表2　东山猪宰前体尺与屠宰性状

指标	1984	2006
宰前体长（cm）	—	110.4±10.5
宰前体高（cm）	—	58.1±4.1
宰前胸围（cm）	—	92.3±7.5
宰前活重（kg）	78.25	75.01±14.73
平均胴体重（kg）	55.40	50.37±12.40
屠宰率（%）	70.8	67.15±4.48
胴体长（cm）	68.64	78.3±5.4
眼肌面积（cm²）	17.13	18.67±4.485
5～6胸椎膘厚（cm）	—	3.67±0.75
十字部膘厚（cm）	—	2.89±0.63
平均膘厚（cm）	4.53	3.28±0.66
6～7肋皮厚（cm）	4.4	0.50±0.07
瘦肉率（%）	37.69	41.23±2.33
脂率（%）	34.5	35.67±3.58
骨率（%）	9.85	9.13±1.46
皮率（%）	9.0	13.45±1.99

（三）肉质性能

2006年对6—8月龄东山猪背最长肌营养成分测定结果见表3。

表3　东山猪背最长肌营养成分

热量（每百克样品中的含量，kJ）	水分（%）	干物质（%）	蛋白质（%）	脂肪（%）	灰分（%）
592±80.24	71.22±1.97	28.78±1.97	21.75±0.73	5.80±2.24	1.18±0.04

（四）繁殖性能

东山猪出生后3个月开始有性行为。据调查，公猪、母猪平均性成熟时间分别为（124.4±14.4）日龄和（143±20.7）日龄，公、母猪初配年龄分别为（180±15）日龄和（168.9±25.2）日龄。东山猪四季都可以发情，没有明显的发情季节。母猪发情周期为18～24d，平均为（20.67±1.24）d，平均妊娠期（115.18±2.42）d。母猪一般使用年限6～7年，少数10年左右；公猪一般使用年限2～4年。母猪繁殖性能统计结果见表4。

表4　东山猪母猪繁殖性能统计

项目	2006	1984	1981
调查数量（头）	127	35	642
窝产仔数（头）	11.32±2.30	10.1	11.2
初生重（g）	公824.3±41.7 母830.0±44.8	—	790
初生窝重（kg）	—	—	8.83
30日龄平均窝重（kg）	—	—	47.16
断奶日龄（d）	50～60	60	60
断奶窝重（kg）	—	—	99.25
断奶仔猪成活数（头）	10.84±1.79	8.7	—
仔猪成活率（%）	96.2±6.63		

五、饲养管理

东山猪的青料来源主要是野生饲料，如无毒的树叶、野菜、野草等，现在群众采用的达39种之多。精料有玉米、饭豆、甘薯、大麦、荞麦、粟、芋头等，农副产品有甘薯藤、芋头苗、菜类、茎蔓以及谷实的糠、壳、秸秆等。20世纪80年代以前群众养猪多采用旧式的猪栏，形式简陋、光线阴暗、地面潮湿、通风不良，食槽多用整块片石凿成。目前群众中猪舍有两种类型：一种是用野杂木做栏，栏的面积约5m²，单圈饲养，栏内设有食槽，通风光照较好，饲养管理较方便；另一种用青砖砌成，栏内有排粪沟，四周开有通风窗，坚固牢实，管理操作也较方便。一般仔猪产后7d自由外出运动，经受低温寒冷的锻炼，20～30日龄开始补料，每日给0.25～0.4kg的玉米碎粒，加少许饭豆或碎米，混合煮熟后再加10%左右的浓缩料喂养，产后30d开始逐步给以幼嫩青料。母猪常年舍饲，无运动习惯。刚分群的后备母猪，每日给玉米碎粒0.25kg，青料7kg左右，半月后精料相对减少，青料逐步增加到最大量。种母猪每天喂青料4～6kg，谷实0.2～0.5kg，糠0.25～0.55kg。产仔时除更换垫草外，每天还补给适量酒糟，以促进泌乳。公猪一般由专业公猪户喂养，平时饲养标准和后备母猪相同，配种时则补给适量精料和少量鸡蛋、生麸之类。东山猪的育肥采用阶段育肥法，先吊架子后催肥，断乳猪养至15kg左右时逐步增加青绿多汁饲料的喂量。出栏前1～2个月为催肥期，给予大量的玉米、甘薯等（图3、图4）。

图3　东山猪群体

图4　东山猪生长的自然环境

六、品种保护与资源开发利用现状

（一）保种现状

东山猪原种保种场位于全州县全州镇水南村，建于1983年8月，2004年开始扩建，当时有种母猪295头，种公猪25头。后来发展到存栏基础种母猪305头，种公猪25头，后备母猪100头，后备公猪10头，生产初具规模。全州县东山瑶族乡被规划为东山猪保种区，2003年有可繁殖母猪2 000头左右，公猪30余头，全年能向区内外提供16 000头优质种猪苗。2006年全州县加大了东山猪的保种工作力度，拨出专款2万元，扶持30户农户在白宝乡、东山瑶族乡两个乡建立东山猪保种区，并进行提纯复壮工作。2018年曾在石塘镇建立了新的东山猪保种场，但受非洲猪瘟的影响，该场已不复存在，东山猪的保护遭遇挫折。目前东山猪主要以家庭农场或农户养殖为主，尚未建立新的保种场。

（二）资源开发利用现状

全国畜牧总站畜禽牧草种质资源保存利用中心2001年对东山猪进行了27个微卫星DNA标记及8个血液蛋白质标记的分析，发现具有特有等位基因和/或优势等位基因S0228（276∶0.06）、SW951（125∶0.97）、S0002（198∶0.50）（括号里的数字分别是等位基因数量及频率），建议东山猪从华中两头乌中分离出来。

1989年当地有关部门就开始了东山猪品种标准的制定工作，广西壮族自治区质量技术监督局已公布了《东山猪》品种标准（DB45/T 239—2005），国家标准化管理委员会已准予标准备案并公布，于2005年10月31日实施。

七、品种评价和展望

东山猪具有体躯高大、生长发育较快、适应性好、抗病力强、耐粗饲、泌乳性能好、瘦肉较多、肉质鲜美等优点，适合开发生产烤乳猪、火腿、腊肉、风味肠等中高档肉制品，也是良好的二元杂交猪母本。但是与引进猪种比较，则瘦肉率低、生长慢、价格低，群众饲养积极性低，因此，饲养数量明显减小。自20世纪70年代开始，东山瑶族乡被列为东山猪保种区，建立了保种场，但由于投入有限，市场疲软等原因，导致东山猪保种难度仍很大。

八、附录

（一）参考文献

《东山瑶社会》编写组，2002. 东山瑶社会［M］. 南宁：广西民族出版社.

《中国家畜家禽品种志》编委会，《中国猪品种志》编写组，1986. 中国猪品种志［M］. 上海：上海科学技术出版社：75–76.

广西家畜家禽品种志编辑委员会，1987. 广西家畜家禽品种志［M］. 南宁：广西人民出版社.

国家畜禽遗传资源委员会，2011. 中国畜禽遗传资源志·猪志［M］. 北京：中国农业出版社：206–208.

（二）调查和编写人员情况

1. 参与性能测定的单位和人员

全州县畜牧技术推广站：唐智军、邓晓玲、唐昭成。

2. 主要撰稿人员及单位

广西农业职业技术大学：潘天彪。

全州县畜牧技术推广站：唐智军、邓晓玲。

桂中花猪

一、一般情况

（一）品种名称及类型

桂中花猪（Guizhong spotted pig）属中偏小型猪，为脂肪型猪种，因主要分布于广西中部而得名。

（二）原产地、中心产区及分布

桂中花猪原主要分布在广西中部的柳州、河池、南宁、百色四个地区及桂林地区永福等30多个县（市）。2021年普查发现，桂中花猪分布区域包括百色市的右江区、田东县、德保县、凌云县、靖西市和平果市，南宁市的良庆区、武鸣区、隆安县、马山县和横州市，河池市的金城江区、南丹县、天峨县和大化瑶族自治县，贵港市的平南县和桂平市，柳州市的融水苗族自治县，钦州市的钦南区、钦北区和灵山县，北海市的铁山港区，桂林市的永福县和荔浦市，防城港市的上思县，崇左市的江州区和宁明县及来宾市的兴宾区和象州县等共29个县市区。其中，分布数量最多是百色市（存栏能繁母猪7 506头、能繁公猪124头），其次为河池市（存栏能繁母猪2 232头、能繁公猪146头）和南宁市（存栏能繁母猪3 931头、能繁公猪10头）。平果市是百色市桂中花猪能繁公、母猪存栏最多的区域（存栏能繁母猪5 476头、能繁公猪86头），分布最少的是北海市（存栏能繁母猪4头，无能繁公猪）和来宾市（存栏能繁母猪6头，无能繁公猪）。2021年全自治区有桂中花猪2.01万头，其中能繁母猪1.42万头，种公猪306头，现中心产区为百色市的平果市太平、新安、海城和果化等4个乡镇，在该市的马头、新安、果化、太平、四塘、坡造、旧城、海城、凤梧、榜圩、黎明、同老等12个乡镇也有少量分布，以散养为主。

（三）产区自然生态条件

平果市总面积2 485km²，地势北高南低，南北低山丘陵，中部岩溶地貌。平果市地跨北纬23°12′—23°54′，东经107°53′—108°18′，产区海拔高度在76～934.6m。平果市气候宜人，属亚热带季风性气候，夏长冬短，光照较强，热量充足，雨量充沛，年平均气温21.5℃。平果市有大小河流36条，年径流量

13.6亿 m³，主要有右江、红水河两大水系。产区农作物以玉米、稻谷为主，其次是甘蔗、黄豆、木薯、花生、甘薯、饭豆、鳌豆等，一年两熟、产量稳定，能够提供农副产品作为饲料，为桂中花猪的饲养提供了物质条件。

二、品种来源、形成与发展

（一）品种形成及历史

平果桂中花猪养殖历史悠久，1949年前当地已有饲养，遍及全县。据《平果县志》记载：平果桂中花猪是属于本县的一个品种，分布在县内的黎明、榜圩、凤梧等公社。历史上该地区交通闭塞，群众养猪多为放养，饲料以喂玉米、野菜、野草、薯藤为主，蛋白质饲料较少，青料又多为水草或山上的沙树叶，饲养管理不够好，因而该品种对当地环境形成较强的适应性；母猪多数放牧饲养，猪仔从小到出卖都是放养，有充足的运动，因而体格健壮，耐粗饲，抗病力较强。在居住分散的地方，有些农户养母猪采用留子配母或兄妹相配等近亲繁殖。经过不断的自然选择和人工选择，形成了体质健壮、四肢坚实、抗病力强、耐粗饲、花色基本一致，遗传性能稳定的花猪品种。

（二）群体数量及变化情况

据1981年统计，整个产区约有桂中花猪成年母猪40余万头，而在三个主要产区县有桂中花猪母猪2.5万头，公猪560余头。之后由于引入外来猪种进行杂交改良，母猪数量逐年下降，2002年以后有所回升。2002年底，平果县全县存栏桂中花猪8.66万头，其中能繁母猪2.41万头，公猪118头；2003年底，全县存栏8.39万头，其中能繁母猪1.93万头，公猪129头；2004年底，全县存栏8.76万头，其中能繁母猪2.10万头，公猪135头；2005年底，全县存栏8.52万头，其中能繁母猪2.05万头，公猪138头。

20世纪60年代，平果县陆续引进了陆川猪、东山猪及国外的大白猪和长白猪等猪种进行杂交。2006年底，全县存栏8.32万头，其中能繁母猪2.01万头，公猪138头，用作杂交改良母本的1.40万头，占能繁母猪的69.65%。20世纪80年代以后，平果县及周边饲养的猪基本上都是以桂中花猪为母本、外来良种为父本的二元杂种或三元杂种猪。到2004年普查时，柳州市已经很少有纯种的桂中花猪，只有百色市平果县部分山区仍进行着桂中花猪的纯种繁殖和饲养。2021年全自治区有桂中花猪2.01万头，其中能繁母猪1.42万头，种公猪306头，主要分布百色市平果市，在南宁市、河池市等也一定数量分布。

三、体型外貌

（一）体型外貌特征

桂中花猪肤色以白色为主，黑毛与白毛之间有3～4cm的灰色带，黑底白毛，黑毛覆盖部分为黑底。毛色为黑白花色，头部、尾巴、臀部为黑色，背部大多数为黑色，也有少数个体为黑斑，肩部为白色，腹部和四肢都为白色，黑毛与白毛之间有3～4cm的灰色带，黑底白毛。头中等稍小，嘴筒直长，额部有2～3道皱纹，部分猪额头有流星状白毛。耳中等大，略长，两耳向上前伸。体长大于胸围，背微凹，臀稍微斜，腹大不拖地，骨骼粗壮结实，肌肉发育适中。乳头12～14个，排列整齐。四肢强健有力，正常卧系。体型大小中等，各部位发育匀称。成年公猪有较长的獠牙（图1、图2）。

图1 桂中花猪公猪

图2 桂中花猪母猪

（二）体尺和体重

1982年，调查组在融安、平果、崇左、龙州等县调查测量了桂中花猪的体重和体尺，2006年11月在平果县的太平、海城、新安等4个乡镇12个村20个屯测量了7头8月龄以上（24～36月龄）的公猪和182头母猪的体尺、体重；2022年6月广西农业职业技术大学在平果市太平镇的旺里、壮烈、巴乐等村对22头24～37月龄的桂中花猪公猪和52头2～8胎次的桂中花猪母猪进行体尺、体重的测量，结果见表1和表2。结果表明，2022年桂中花猪公猪体尺与1982年24月龄公猪体尺比较相近，但体重明显变小；与2006年数据相比，2022年公猪的体尺、体重明显增大。与1982年和2006年数据比，2022年桂中花猪母猪体尺、体重明显变小。

表1 桂中花猪公猪体尺、体重

年份	月龄	数量（头）	体高（cm）	体长（cm）	胸围（cm）	体重（kg）
1982[a]	6	3	38.0±1.0	71.0±3.6	67.3±9.7	30.8±6.1
	24	3	57.0±2.6	106.7±11.9	98.3±7.4	67.6±12.3
2006[b]	24～36	7	48.6±1.7	92.4±1.5	84.6±1.8	42.4±1.7
2022	29	22	52.2±2.2	105.2±0.6	94.6±0.8	58.3±9.2

注：2022年测定时间：2022年6月10日；测定地点：广西壮族自治区平果市太平镇旺里、壮烈、巴乐村；测定单位：广西农业职业技术大学。

[a]数据来自1982年在融安、平果、崇左、龙州等县调查测量的桂中花猪体尺、体重。[b]数据来自2006年11月在平果县的太平、耶圩、海城、新安4个乡镇12个村20个屯测量的7头8月龄以上（24～36月龄）公猪的体尺、体重。

表2 桂中花猪母猪体尺、体重

年份	年龄	数量（头）	体高（cm）	体长（cm）	胸围（cm）	体重（kg）
1982[a]	12月龄	42	52.6±5.8	99.9±12.9	98.0±12.2	65.1±17.2
	24月龄	86	55.4±5.8	113.7±12.0	105.2±14.0	77.8±17.3
2006[b]	24～36月龄	182	56.7±4.6	112.9±10.2	102.0±0.06	77.3±0.12
2022	3.6胎	52	50.4±1.3	107.5±0.4	98.8±5.9	67.9±3.4

注：2022年测定时间：2022年6月10日；测定地点：广西壮族自治区平果市太平镇旺里、壮烈、巴乐村；测定单位：广西农业职业技术大学。

[a]数据来自1982年在融安、平果、崇左、龙州等县调查测量的桂中花猪体尺、体重。[b]数据来自2006年11月在平果县的太平、耶圩、海城、新安4个乡镇12个村20个屯测量的182头8月龄以上（9～36月龄）母猪的体尺、体重。

四、生产性能

（一）生长性能

2022年11月，广西农业职业技术大学在平果市太平、海城两个乡镇测量了30头（阉公猪、母猪各半）桂中花猪的生长发育性能和达适宜上市体重日龄，测量结果见表3。

表3 桂中花猪生长发育测定结果

性别	数量（头）	初生重（kg）	断奶日龄（d）	断奶重（kg）	保育期末日龄（d）	保育期末重（kg）	120日龄体重（kg）	达适宜上市体重日龄（d）
公	15	0.39±0.05	33.20±4.68	3.17±0.99	63.20±4.68	8.81±1.56	32.72±4.66	238.20±4.68
母	15	0.39±0.04	34.27±4.91	3.80±0.85	64.27±4.91	9.29±1.73	33.16±3.34	239.27±4.91
平均	—	0.39±0.04	33.74±4.74	3.49±0.96	63.74±4.74	9.05±1.64	32.94±3.99	238.74±4.74

注：测定时间：2022年6月10日；测定地点：广西壮族自治区平果市太平镇壮烈村；测定单位：广西农业职业技术大学。

（二）育肥性能

2022年6月，广西农业职业技术大学从15头母猪的断奶仔猪（60日龄）中随机抽取30头小猪（阉公猪15头，母猪15头），进行单栏饲养，育肥起测日龄为63d，结测日龄为238d。从65～120日龄喂小猪全价日粮〔CP 14.5%，DE 13.25MJ/kg，CF 6.31%，Lys 0.85%，Ca 0.53%，P 0.46%〕，120～238日龄喂大猪全价日粮〔CP 12.0%，DE 12.45MJ/kg，CF 6.82%，Lys 0.52%，Ca 0.48%，P 0.38%〕，育肥结果如表4所示。表4结果表明，从63～238日龄阶段，阉公猪日增重达到452.19g，母猪日增重达到420.69g，阉公猪增重速度比母猪快。根据《广西家畜家禽品种志》（1987年版）记载，1982年在平果和融安2个县的农户进行饲养实验，按照营养水平的高低，分为高、中、低三组，高水平平均每头猪每天饲喂配合精料2kg，青饲料2kg；中等水平平均每头猪每天饲喂配合精料1.13kg，青饲料4kg；低水平平均每头猪每天饲喂配合精料0.84kg，青饲料4kg。高水平初始重13.2kg，饲喂140.5d后，末重100.00kg，增重86.80kg，平均日增重0.618kg，体增重1kg消耗精料3.23kg，青饲料3.23kg；中等水平初始重9.1kg，饲喂194.3d后，末重74.5kg，增重65.4kg，平均日增重0.336kg，体增重1kg消耗精料3.36kg，青饲料11.90kg；低水平初始重9.0kg，饲喂223.8d后，末重70.80kg，增重61.8kg，平均日增重0.276kg，体增重1kg消耗精料3.04kg，青饲料14.49kg。2022年测定的日增重明显高于中、低水平营养水平，但低于高营养水平，说明桂中花猪在高饲料营养水平下也能获得较高的生长速度。

表4　桂中花猪育肥性能

性别	数量（头）	育肥起测体重（kg）	育肥结测体重（kg）	育肥期耗料量（kg）	育肥期日增重（g）	料重比
公	15	8.81±1.56	87.94±4.57	338.38±21.63	452.19±28.31	4.27±0.07
母	15	9.29±1.73	82.91±6.38	317.10±31.14	420.69±36.66	4.31±0.06

注：测定时间：2022年6月15日至2022年11月30日；测定地点：广西壮族自治区平果市太平镇壮烈村；测定单位：广西农业职业技术大学。

（三）屠宰性能及肉品质

2022年6月，广西农业职业技术大学随机选取24头育肥猪（阉公猪12头，母猪12头）进行屠宰性能及肉品质的测定。63～150日龄育肥猪饲喂小猪全价料，日饲喂量为体重的2%，青饲料自由采食，150～238日龄育肥猪饲喂大猪全价料，全价料日饲喂量为体重的2%，青饲料自由采食。育肥至238日龄进行屠宰性能及肉品质测定，结果见表5和表6。在宰前体重相似条件下，2022年测定的屠宰率和眼肌面积与1982年屠宰结果相似，但胴体长、脂率和皮率都明显变大，瘦肉率也明显变低；与2006年屠宰测定的结果相比，2022年的宰前活重、胴体重和长度、屠宰率、平均背膘厚、眼肌面积及脂率等较大，而瘦肉率较低，皮厚、皮率及骨率没有明显差异。表6结果表明桂中花猪肌肉平均肉色评分为4.63±0.49，说明肉色鲜红，属于正常肉色。pH_1为6.77，滴水损失仅为2.07%，说明桂中花猪肌肉保水能力较强。2022年测定背最长肌的脂肪含量为4.39%，明显低于2006年测定的背最长肌脂肪含量（9.70%）。

表5　桂中花猪屠宰测定结果

测定项目	1982[a] 高	1982[a] 中	1982[a] 低	2006	2022 公	2022 母	2022 平均
屠宰数量（头）	3	3	2	15	12	12	24
宰前活重（kg）	65.3	73.9	87.2	66.2±16.7	83.4±4.1	79.3±5.2	81.4±5.0
胴体重（kg）	44.2	51.5	64.9	44.7±13.0	61.7±3.1	58.4±4.1	60.0±3.9
胴体长（cm）	72.5	72.8	72.8	68.8±1.1	79.6±2.4	79.4±1.6	79.5±2.0
肋骨数（对）	—	—	—	—	13.5±0.5	13.9±0.5	13.7±0.6
屠宰率（%）	67.7	69.7	74.4	67.5±2.6	74.0±1.5	73.6±1.2	73.7±1.3

（续）

测定项目	1982[a]			2006	2022		
	高	中	低		公	母	平均
瘦肉率（%）	35.5	38.1	39.3	38.2±4.8	34.5±1.3	35.4±2.6	35.0±2.1
平均膘厚（mm）	45	48	53	41.4±6.3	47.2±4.3	43.7±5.0	45.5±4.9
脂率（%）	36.2	35.5	33.1	39.9±5.7	44.5±2.3	43.0±2.8	43.7±2.6
皮率（%）	10.5	11.6	11.8	13.5±3.5	13.1±0.9	13.6±1.1	13.3±1.0
骨率（%）	10.2	8.4	9.3	8.4±1.3	8.0±0.7	8.0±0.6	8.0±0.7
眼肌面积（cm²）	17.9	16.0	19.6	17.5±4.2	18.6±2.3	19.4±2.2	19.0±2.2
皮厚（mm）	3.7	4.3	4.5	4.8±0.1	5.3±0.5	5.1±0.8	5.2±0.6

注：2022年测定时间：2022年12月9日；测定地点：广西壮族自治区南宁市广西农业职业技术大学畜牧研究院；测定单位：广西农业职业技术大学、广西大学。

[a] 数据来自1982年在融安、平果两县，按照饲养水平分高、中、低组进行桂中花猪的育肥性能和屠宰性能测定。

表6 桂中花猪肉质测定结果

测定项目	公	母	公、母平均值
肉色评分	4.67±0.49	4.58±0.51	4.63±0.49
肉色测定	—	—	—
pH₁	6.77±0.23	6.77±0.16	6.77±0.19
pH₂₄	5.66±0.18	5.58±0.16	5.62±0.17
滴水损失（%）	1.87±0.33	2.27±0.45	2.07±0.43
大理石纹评分	1.67±0.65	1.75±0.45	1.71±0.55
肌内脂肪含量（%）	5.25±1.60	3.52±1.44	4.39±1.73
嫩度（kg/cm²）	4.78±1.03	5.85±1.57	5.32±1.41

注：测定时间：2022年12月9日；测定地点：广西壮族自治区南宁市广西农业职业技术大学畜牧研究院；测定单位：广西农业职业技术大学、广西大学。

（四）繁殖性能

桂中花猪性成熟比较早，小公猪30～40d就有爬跨表现，小母猪一般4～5月龄，体重25～35kg即开始发情。农户饲养的公猪4月龄开始配种，24～36月龄就淘汰；母猪5～6月龄初配，36～60月龄淘汰，个别生产良好的母猪可利用到96月龄。母猪平均发情周期18.4d，发情持续期3.8d，妊娠期为114.4d。

2022年6—11月，广西农业职业技术大学在桂中花猪主产区平果市太平、海城2个乡镇对50头母猪个体进行繁殖性能测定，测量结果见表7。据1999年对24个乡镇2 012头桂中花猪母猪繁殖性能的调查，平均窝产仔数12.29头，窝产活仔猪数11.4头。据1982年柳州种畜场统计，34窝初产母猪平均窝产仔数11.6头，初生窝重7.3kg；54窝经产母猪平均窝产仔数12.5头，初生窝重7.9kg。与1982年和1999年调查数据比，2022年母猪繁殖性能明显下降。

表7 2022年桂中花猪繁殖性能测定结果

胎次	数量（头）	总产仔数（头）	活仔数（头）	死胎（头）	初生窝重（kg）	断奶日龄（d）	断奶成活数（头）	断奶窝重（kg）	断奶成活率（%）
1	8	11.00±1.69	10.88±1.81	0.13±0.35	4.46±1.12	33.50±4.24	10.00±1.77	37.71±8.00	91.91±9.39
2	5	10.40±1.67	10.40±1.67	0.00±0.00	4.52±0.96	37.40±4.62	10.00±1.00	39.14±2.61	96.15±6.89
3	9	10.56±1.51	9.78±1.56	0.78±1.72	4.17±0.58	33.33±6.00	8.89±2.03	35.77±9.53	90.90±10.16
4	3	11.33±2.08	11.33±2.08	0.00±0.00	4.83±1.55	31.00±2.65	10.67±2.31	37.30±14.73	94.17±5.69
5	10	11.00±1.15	10.60±1.35	0.40±0.97	4.18±0.64	34.10±5.20	10.00±1.49	31.54±14.62	94.33±7.73
6	2	12.00±0.00	10.50±2.12	1.50±2.12	4.90±1.41	30.00±2.83	10.50±2.12	37.65±17.75	100.00±0.00
7	13	10.92±1.50	10.15±1.57	0.77±1.24	4.32±0.90	34.23±4.99	9.62±1.80	37.25±16.82	94.77±5.44
平均		10.90±1.45	10.40±1.58	0.50±1.13	4.36±0.88	33.88±4.92	9.76±1.72	36.12±12.43	93.85±7.64

注：测定时间：2022年6—11月；测定地点：广西壮族自治区百色市平果市太平镇、海城镇；测定单位：广西农业职业技术大学。

五、饲养管理

平果市桂中花猪的饲养管理仍然很粗放，主要采取舍饲饲养方式，部分农户采用母猪圈养、仔猪放养的模式，所使用饲料配方为混合成品或半成品的饲料。母猪平时仍以玉米粉、米糠、青饲料为主，妊娠后期和哺乳时才增加精料，仔猪20d开始补料，仔猪价格高时用仔猪饲料，价格低时只喂给自配的玉米粉加黄豆等自家生产的农产品。

目前，桂中花猪的种公猪主要采用单栏饲养，每天喂料量2.0～3.0kg，并每天添喂青料1kg左右和适当运动，配种阶段可每天加喂1～2只鸡蛋。妊娠母猪日喂料量为1.5～2.0kg，妊娠前期1.5kg、妊娠后期2.0kg，每天喂青饲料1～2kg，产前30d单栏饲养。哺乳母猪产前3d开始减料，产后3d逐渐增加喂料，每天饲料喂量2.0～3.0kg，给予充足饮水和适当增加精料喂量。断奶前3～5d，适当减少母猪饲喂量，断奶后2～3d多喂青料，减少精料饲喂量，一般母猪断奶后3～10d发情配种。

哺乳仔猪在出生后，留3～5cm脐带进行断脐处理，放入保温池或保温箱内，第一周维持在30～32℃，第二周为28～30℃，断奶前25～28℃，仔猪分娩后2h内喂给初乳。仔猪产后3d注射铁制剂进行补铁，产后7～10d用乳猪料引食，仔猪15～20日龄将不留作种用的小公猪作去势处理。断奶仔猪断奶后继续喂乳猪料7～10d，逐步过渡到仔猪料，可选用优质仔猪全价饲料，或按比例配合的饲料：玉米60%、麦皮10%、豆粕24%、鱼粉2%、预混料4%。仔猪出生后3～4个月到初次发情前为后备猪阶段，日粮以每千克配合料含消化能11.72～12.5MJ、粗蛋白质12%～13%的水平为宜，喂量占其体重2.5%～3%；在体重30kg以后限量喂料，并加喂青饲料1kg，后备猪加强运动或放牧饲养。

育肥猪采用阶段育肥法：小猪阶段供给优质配合日粮，每千克饲料含消化能13～13.4MJ、粗蛋白质16%，保持氨基酸、矿物质和维生素平衡；中猪阶段不限量采食，每千克日粮含粗蛋白质15%，消化能12.25MJ；催肥阶段可在日粮中采用玉米、碎米、木薯、甘薯等作为催肥饲料，达到75kg以上出栏。也可采用直线育肥法：育肥开始前7～10d，进行合理分群、去势、驱虫、健胃和打防疫针；正式育肥期3～4个月（20～75kg），前期（20～50kg阶段）每千克日粮含粗蛋白质15%～16%、消化能13～13.4MJ，后期（51～75kg阶段）保持日粮中矿物质、氨基酸、维生素的平衡。饲喂方式采用精料湿喂，日喂前期1.2～2.3kg，后期2.3～3kg，青料可全株或切短或煮熟等方式饲喂，自由采食不限量，育肥猪75kg以后出栏（图3、图4）。

图3　桂中花猪群体　　　　　　　　　　　图4　桂中花猪生长的自然环境

六、品种保护与资源开发利用现状

（一）保种现状

尚未建立桂中花猪保护区和保种场，也未制定保种和利用的计划。靖西县畜牧水产局曾在1995—1997年间，有计划有步骤地从外地引进了13 765头桂中花猪后备母猪来取代本地混杂母猪群，建立了一批示范户，以示范户来带动群众饲养桂中花猪，得到了较好的效果。1982年该品种载入《广西家畜家禽品种志》，2017年编入《广西畜禽遗传资源志》，2018年列入农业农村部农产品地理标志保护。尚无关于桂中花猪的生化或分子遗传测定方面的报道。

（二）资源开发利用现状

在桂中花猪产区，主要以桂中花猪作为母本，外来猪种（长白猪、大白猪、杜洛克猪等）作父本进行二元杂交，杂交后代不仅保持了桂中花猪的肉品质，其生长速度也得到了很大提升，显示出了杂种优势。1995—1997年，靖西县畜牧水产局利用桂中花猪作为母本，长白猪作为父本进行杂交，用7头断奶的杂种一代进行育肥试验，平均始重（13.49±2.08）kg，育肥122d后，平均末重（91.57±7.97）kg，平均总增重（78.08±7.2）kg，平均日增重640g，平均料重比3.47∶1，屠宰率达到72.21%。

七、对品种的评价和展望

桂中花猪母性好、耐粗饲、抗病力强。桂中花猪肉具有高蛋白、低脂肪、低胆固醇、肉质鲜嫩、营养价值高等特点，是不可多得的优良品种。但目前桂中花猪受到混杂的威胁，数量在逐年减少，建议今后尽快建立桂中花猪的保种基地和保种区域，进一步做好保种与选育提高工作。

八、附录

（一）参考文献

广西家畜家禽品种志编辑委员会，1987. 广西家畜家禽品种志［M］. 南宁：广西人民出版社.

国家畜禽遗传资源委员会，2011. 中国畜禽遗传资源志·猪志［M］. 北京：中国农业出版社.

莫明文，赵开斌，1999. 靖西县引进桂中花猪更换多代混杂母猪的效果［J］. 广西畜牧兽医，15（2）：18-19.

平果县地方志编纂委员会，1996. 平果县志［M］. 南宁：广西人民出版社.

（二）调查和编写人员情况

1. 参与性能测定的单位和人员

广西农业职业技术大学：刘明君、陈钊。

平果市水产畜牧技术推广站：黄光金。

2. 主要撰稿人员及单位

广西农业职业技术大学：谢炳坤、陈宝剑、覃兆鲜。

隆 林 猪

一、一般情况

（一）品种名称及类型

隆林猪（Longlin pig）是广西优良的地方猪品种，因主产于隆林各族自治县而得名。隆林猪属华南猪类型，是肉用型品种。

（二）原产地、中心产区及分布

隆林猪原产于广西壮族自治区隆林各族自治县，2005年调查结果表明中心产区位于隆林的德峨、猪场、蛇场、岩茶、介廷等乡镇。此外，毗邻的西林县、田林县、乐业县也有少量分布。2021年第三次全国畜禽遗传资源普查结果表明中心产区位于克长、德峨、金钟山、猪场和革步等乡镇，蛇场、岩茶、介廷等乡已经不是中心产区。2021年普查结果表明，该品种主要分布在百色市的隆林、田林、乐业、凌云、西林、田东、德保和右江等县区，南宁市的马山、宾阳、隆安、横州和青秀等县（区、市），来宾市兴宾区和忻城县，柳州市的融安、柳城和柳江县（区），防城港市的上思县，贵港市的覃塘区；桂林市的荔浦市和河池市的金城江区和凤山县等地有少量分布。分布数量最多是隆林各族自治县（存栏12 609头），分布最少的是贵港市（存栏24头，位于贵港市覃塘区五里镇）和桂林市的荔浦市（存栏17头，其中青山镇14头，龙怀乡2头，马岭镇1头）。与前两次普查结果相比，该品种分布区域有所扩大；主要是受到2020年生猪价格高涨的影响，与老百姓养猪积极性得到大幅度的提高有关。

（三）产区自然生态条件

隆林各族自治县处于广西壮族自治区西北部，云贵高原东南边缘，地处云南、贵州、广西三省（自治区）交界处，北纬24°22′—24°59′，东经104°47′—105°41′，境内高山林立，坡陡谷深。地势南部高于北部，自西向东倾斜，南部的斗烘坡顶峰海拔1 950.8m，为该县最高海拔，东部沙梨河与南盘江汇合处海拔380m，为该县最低海拔。全县总面积35.53万hm²，耕地面积1.482万hm²，森林面积7.84万hm²。境内土地资源分为土山区和石山区两大类。土山区面积24.62万hm²，占总面积69.3%；石山区面积10.91万hm²，占总面积30.7%。土山区中的河谷阶地是水稻的主要产区，石山区土地开发利用局限性大。隆林各族自治县属低纬度、高海拔亚热带季风气候区，由于受地形的影响，县境各地降水量差异大，气温差异大。县政府所在地新州镇年平均气温19.1℃，平均降水量1 157.9mm。最高气温39.9℃，最低气温-3.1℃；无霜期290～310d，高寒山区的初霜期比温暖地区来得早些，终霜期结束较迟。隆林各族自治县境内河流属珠江流域西江水系，以金钟山山脉为南北分水岭，北侧属于南盘江水系，南侧属于右江水系。地表河有21条，其中注入南盘江水系的有15条，流入右江水系的有6条。全县土壤有红壤、黄壤、石灰岩土、冲积土等类型。隆林各族自治县盛产玉米，其次为稻、麦（荞麦、小麦）、高粱、大豆、豌豆、南瓜、甘薯。饲料资源丰富，群众养猪多以青、粗料为主，搭配少量精料，煮熟稀喂，不喂"隔夜肴"。

二、品种来源、形成与发展

（一）品种形成的历史

隆林各族自治县有着丰富的草地资源，草山草坡面积约8万hm²，占全县土地面积的60%，非常适宜于发展养殖业。隆林猪是在一定的自然地理环境和饲养条件下，经当地群众长期精心培育而成。隆林猪的养殖历史已有数百年，县志《西隆州志》记载，自清朝康熙五年（1666年）开始已经饲养马、牛、羊、猪、鸡、鸭等。在清朝道光年间，隆林猪已经是广西的"五虎猪"之一，闻名遐迩。产地聚居苗、瑶等少数民族，过去遇红事和白事有杀母猪祭祀的风俗。而且当地群众认为母猪养太久体重太大，吃料增多，并容易压死仔猪，所以对母猪仅养两三年就进行换种，因此每年淘汰的母猪较多，客观上起到了去劣的作用。另外，养母猪繁殖仔猪出售是当地群众的重要经济来源，因而，群众很重视种猪的选择，要求体型较大、身长、背腰平直、嘴短、鼻孔宽、耳大下垂、耐粗、耐寒、抗病力强。这样经过长期不断选优去劣，形成了今天的隆林猪。1986年，隆林猪被收录于《中国猪品种志》。

（二）群体数量及变化情况

据隆林各族自治县畜牧局统计，2002年底全县存栏隆林猪母猪1 025头、公猪15头，2003年底存栏隆林猪母猪417头、公猪40头，2004年底存栏隆林猪母猪931头、公猪15头，2005年上半年存栏隆林猪母猪750头、公猪15头。据第三次全国畜禽遗传资源普查结果，2021年底隆林猪在广西壮族自治区境内存栏群体数量12 609头（集中饲养数量1 666头，散养饲养数量10 943头），其中能繁母猪5 850头，种公猪358头。隆林猪分布在广西境内的8个市，主产区为隆林各族自治县，全县隆林猪存栏群体数量为7 475头，其中能繁母猪1 968头，能繁公猪211头。与2005年比，能繁种猪数量有明显提高。

三、体型外貌

（一）体型外貌特征

隆林猪头大小适中，耳大、下垂，脸微凹，嘴大稍翘，鼻孔大，口裂深，额略如狮头状，额中有鸡蛋大小白色旋毛。体型较大、身长。胸较深而略窄，背腰平直，腹大不及地，臀稍斜，四肢强健有力，后腿轻度卧系。被毛粗硬，鬃毛3～5cm，尾根低，尾长过飞节。毛色有"六白"（即额有白色星状旋毛，四脚与尾巴有白色毛，其余为黑色）、全黑、棕色和"花肚"（即腹部有白斑）4种。2006年调查164头母猪和4头公猪的毛色分布，六白占88.2%、花肚占11.23%、全黑占0.57%，乳头数8～14个。2022年在隆林各族自治县德峨镇龙英村那用屯隆林猪原种保种场调查50头成年母猪和20头成年公猪的毛色分布，六白占31.43%、花肚占32.85%、全黑占35.71%，有效乳头数12～14个，平均有效乳头数12.77个。六白占比较2006年调查下降明显，主要原因可能与2019年非洲猪瘟疫情造成群体数量严重下降，保种场重新引种组群过程中，六白种猪占比较小，繁殖后代比率低有关（图1、图2）。

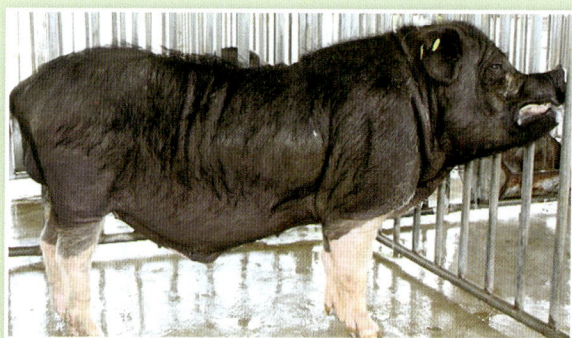

图1　隆林猪公猪

图2　隆林猪母猪

（二）体尺和体重

2022年在隆林各族自治县德峨镇龙英村那用屯隆林猪原种保种场测定了隆林猪3～6胎次成年母猪54头（平均胎次4.43±0.92，妊娠2个月）和成年公猪20头（平均月龄26.40±8.34）的体尺、体重，结果如表1。2022年测定数据与2006年和1984年的调查结果相比，公、母猪体尺和体重增大比较明显，这与测定年龄较大及保种场饲养隆林猪的营养水平提高有很大关系。

表1　隆林猪成年体尺、体重

年份	性别	数量（头）	体重（kg）ᶜ	体高（cm）	体长（cm）	胸围（cm）
2022	公	20	93.28±8.63	62.28±2.50	108.81±9.35	100.47±8.04
	母	54	100.30±9.30	62.17±5.32	115.74±5.60	108.68±7.18

年份	性别	数量（头）	体重（kg）c	体高（cm）	体长（cm）	胸围（cm）
2006	公	14	43.30±4.57	52.60±2.70	96.50±3.80	84.20±2.81
	母	159	68.40±1.90	59.10±0.51	112.00±1.02	98.50±0.96
1984	公a	15	75.50±2.21	58.80±1.53	102.30±0.97	97.90±1.36
	母b	19	52.90±2.67	52.80±0.70	97.60±1.73	87.40±1.91

注：2022年测定时间：2022年10—11月；测定地点：隆林各族自治县德峨镇龙英村那用屯隆林猪原种保种场；测定单位：广西红谷农业产业发展有限公司。

1984年数据引自《广西家畜家禽品种志》。1984年调查数据来源：a 隆林种猪场，12月龄；b 农村调查，年龄为成年；c 2006年和1984年体重按公式计算：体重＝（胸围×体长）/16 500。2006年调查，公猪（18.1±2.7）月龄，母猪（30.5±0.86）月龄。

四、生产性能

（一）生长性能

2022年从隆林猪原种保种场三胎以上母猪后代中随机抽取30头仔猪，断奶到保育结束饲喂保育料，保育期（30～72日龄）饲料营养水平：CP 17.5%，DE 13.79MJ/kg，Lys 1.25%，Ca 0.75%，TP 0.62%。73～120日龄饲喂小猪料，饲料营养水平：CP 16.0%，DE 13.38MJ/kg，Lys 0.95%，Ca 0.70%，TP 0.60%，测定其生长性能，结果如表2所示。表2数据表明隆林猪在保育期末到120日龄，日增重达到521.3g，生长速度比较快。

表2　隆林猪生长发育性能

性别	数量（头）	初生重（kg）	断奶日龄（d）	断奶重（kg）	保育期末日龄（d）	保育期末重（kg）	120日龄体重（kg）
公	15	0.73±0.08	30.97±0.52	6.64±0.25	71.80±0.41	18.79±0.68	44.11±9.89
母	15	0.67±0.07	30.33±0.72	6.54±0.32	71.87±0.35	18.36±0.67	43.27±2.81
平均	—	—	30.60±0.67	6.59±0.29	71.83±0.08	18.58±0.70	43.69±7.16

注：测定时间：2022年1—4月；测定地点：隆林各族自治县德峨镇龙英村那用屯隆林猪原种保种场；测定单位：广西红谷农业产业发展有限公司。

（二）育肥性能

2022年从隆林猪原种保种场三胎以上母猪后代中随机抽取隆林猪育肥猪30头（阉公猪15头，母猪15头）进行育肥性能测定，育肥试验开始日龄为25d，结束日龄为210d。按日常管理方法进行饲养管理，25～70日龄饲喂育肥前期料，前期料营养成分为DE 13.7MJ/kg、CP 17.0%、Lys 1.0%、Ca 0.75%和TP 0.65%；71～120日龄饲喂育肥中期料，中期料营养成分为DE 12.95MJ/kg、CP 15.0%、Lys 0.80%、Ca 0.65%和TP 0.6%；121～210日龄饲喂育肥后期料，育肥后期料营养成分为DE 12.90MJ/kg、CP 13.0%、

Lys 0.7%、Ca 0.55%和TP 0.45%。结果如表3所示。表3结果表明，25～210日龄育肥猪平均日增重为387.7g，料重比为4.42∶1。据《中国猪品种志》记载，20世纪80年代18头断奶隆林猪，进行120d的饲养试验，试验初重10.35kg，末重85.81kg，平均日增重628.8g，每千克增重消耗3.03kg混合料、1.19kg青饲料。与《中国猪品种志》所记载的数据比，2022年测定猪的生长速度及饲料利用率明显降低。

表3　隆林猪育肥性能

性别	数量（头）	育肥起测体重（kg）	育肥结测体重（kg）	育肥期耗料量（kg）	育肥期日增重（g）	料重比
公	15	6.0±0.6	81.8±3.4	326.2±7.9	410.0±16.5	4.30∶1
母	15	5.9±1.0	73.5±7.3	306.2±26.8	365.4±39.2	4.53∶1
平均	—	5.95±0.8	77.7±7.0	316.2±22.0	387.7±37.3	4.41∶1

注：测定时间：2022年1—4月；测定地点：隆林各族自治县德峨镇龙英村那用屯隆林猪原种保种场；测定单位：广西红谷农业产业发展有限公司。

（三）屠宰性能与肉质

2022年，隆林猪原种保种场随机抽取257～326日龄育肥猪20头进行屠宰性能测定和肉质测定。育肥猪在210d结束育肥后，采用限制饲喂的方法进行饲喂，饲喂模式为把育肥后期料与发酵牧草（皇竹草）按7∶3的比率混合后进行饲喂，日喂3次，吃饱为止。测定结果见表4和表5。表4结果表明，阉公猪宰前平均活重小于母猪；公、母猪平均屠宰率为70.4%，阉公猪屠宰率明显小于母猪；公、母猪平均瘦肉率为46.0%，阉公猪瘦肉率比母猪低1.0个百分点。与2006年数据比，2022年测定猪年龄较大，体重较重，眼肌面积明显变大，但瘦肉率没有明显差异。与1984年数据比，屠宰体重相近，但眼肌面积也明显增大，瘦肉率增高了4.4个百分点，屠宰率也提高了3.5个百分点。

表5结果表明隆林猪肉色评分为2.58，滴水损失仅为2.15%，肉质优良。母猪肌内脂肪含量明显高于阉公猪。

表4　隆林猪屠宰性能

项目	2022			2006	1984
	阉公猪	母猪	平均	平均	平均
数量（头）	10	10	—	20	2
屠宰日龄（d）	284.8±13.5	282.8±19.1	283.8±16.6	180～240	—
宰前体重（kg）	80.3±12.9	83.1±14.7	81.7±13.5	63.2±4.0	80.6
胴体重（kg）	53.3±8.1	61.6±11.2	57.5±10.4	45.6±3.1	53.9
胴体长（cm）	84.4±4.0	85.2±5.7	84.8±4.8	—	—
平均背膘厚（mm）	22.7±6.0	20.5±4.7	21.6±5.4	26.7±2.1	—
6～7肋处皮厚（mm）	4.6±1.0	4.6±0.4	4.6±0.7	3.3±0.3	6.5

项目	2022			2006	1984
	阉公猪	母猪	平均	平均	平均
眼肌面积（cm²）	29.3±6.2	42.3±7.2	35.8±9.3	17.1±1.2	16.8
屠宰率（%）	66.4±3.8	74.1±3.8	70.4±5.4	72.2±0.8	66.9
瘦肉率（%）	45.5±2.9	46.5±2.6	46.0±2.7	45.3±1.3	41.6
脂率（%）	32.3±2.6	32.9±2.7	32.6±2.6	33.4±1.8	34.1
皮率（%）	9.0±1.4	8.0±1.3	8.5±1.4	10.9±0.5	14.5
骨率（%）	13.2±2.1	12.5±1.4	12.9±1.8	10.1±0.4	9.2
肋骨数（对）	14.7±0.5	14.8±0.6	14.8±0.6	—	—

注：测定时间：2023年1月；测定地点：隆林各族自治县德峨镇龙英村那用屯隆林猪原种保种场；测定单位：广西红谷农业产业发展有限公司、广西大学。

表5　隆林猪肉质测定结果

项目	阉公猪	母猪	平均
数量（头）	10	10	—
屠宰日龄（d）	284.8±13.5	282.8±19.1	283.8±16.6
肉色评分	2.80±0.75	2.35±0.58	2.58±0.69
肉色测定	42.97±5.87	38.91±5.81	40.94±6.07
pH$_1$	6.42±0.26	6.29±0.34	6.36±0.30
pH$_{24}$	6.03±0.35	5.72±0.15	5.88±0.31
滴水损失（%）	2.08±0.63	2.22±0.99	2.15±0.81
大理石纹评分	2.40±0.86	2.35±0.75	2.38±0.69
肌内脂肪含量（%）	1.69±0.60	2.26±1.16	1.98±0.95
嫩度（N）	70.36±14.80	61.45±10.39	65.95±13.23

注：测定时间：2023年1月；测定地点：隆林各族自治县德峨镇龙英村那用屯隆林猪原种保种场；测定单位：广西红谷农业产业发展有限公司、广西大学。

（四）繁殖性能

隆林猪公猪性成熟日龄为120d，一般日龄为120～180d、体重40～70kg即可用于配种，利用年限约4年。母猪120～150日龄开始发情，初配日龄约180d，初配体重约65kg；头胎产活仔数8～9头，经产母猪窝产活仔猪10头左右，育成率96.0%，母猪利用年限5年。2009年广西扬翔地方猪创新研究院分析118窝隆林猪的产仔记录，窝总产仔数达9.11头。统计2018年初到2020年底隆林猪原种保种场2 130窝繁殖数据，平均窝产活仔数9.71头，平均窝重6.60kg。其中窝产10头活仔有451窝，占比21.17%；窝产11头活仔有327窝，占比15.35%；窝产9头活仔有400窝，占比18.78%；窝产15头活仔以上有123窝，占比5.77%。2022年随机抽取隆林猪原种保种场50头胎次为2～7胎的成年母猪，统计50窝繁殖成绩，结果见表6。2022年窝总产仔数、平均断奶活仔数和断奶成活率比2003年和1984年显著提高，这与保种场较高的选育工作水平和较好的饲养管理有密切关系。

表6 隆林猪繁殖性能

测定项目	1984	2003	2022
窝数	109	20	50
胎次	—	—	4.08±1.56
窝总产仔数（头）	8.16	8.97±0.49	10.76±0.98
窝产活仔数（头）	—	—	10.44±0.98
初生窝重（kg）	—	—	5.97±0.31
平均初生重（kg）	0.78	0.793	0.57±0.12
平均断奶日龄（d）	60	60	25.00±0.00
平均断奶窝重（kg）	—	—	56.71±4.94
平均断奶活仔数（头）	7.06	7.78±0.35	10.20±0.93
平均断奶体重（kg）	8.3	9.10	5.56±0.94
断奶成活率（%）	86.52	86.73	97.70±3.97

注：测定时间：2022年5—10月；测定地点：隆林各族自治县德峨镇龙英村那用屯隆林猪原种保种场；测定单位：广西红谷农业产业发展有限公司。

五、饲养管理

（一）传统饲养方式

在隆林的高寒山区，老百姓遵循传统饲养方式，以野菜、米糠、甘薯藤喂养。饲养以粗料为主，精料为辅，全部熟喂。精料主要是玉米、米糠。平时只喂少量精料，一般日喂两餐，部分日喂三餐。

（二）传统加现代农村散养方式和规模养殖场隆林猪的饲养管理

参见陆川猪的传统加现代农村散养方式和规模养殖场饲养管理方式。

（三）隆林猪的山上放养模式

选择适宜隆林猪生长的山地进行放养。在山上建造猪舍，猪舍设计注重隆林猪的生物学特性和行为习性，以使隆林猪在山上放养时感到舒适和自然。在山上放养时，以野菜、芭蕉、甘蔗、甘薯等为食。同时，根据隆林猪不同生长阶段所需的营养比例，科学配制饲料，以改善猪肉的品质和口感。在山上放养隆林猪时，注重防病，定期检查猪群健康状况。同时，采用保持猪舍卫生，规范饲养操作规程，合理使用兽药等措施以保障猪群健康（图3至图5）。

图3 隆林猪群体

图4 规模化养殖模式下隆林猪断奶仔猪群体

图5 隆林猪保种场全景

六、品种保护与资源开发利用现状

（一）保种现状

目前，已在隆林各族自治县德峨镇龙英村那用屯建立了隆林猪原种保种场，建立了保种选育体系。隆林猪原种保种场占地1.24hm^2，建筑面积3 928m^2，年存栏种母猪650头，后备母猪260头，能繁公猪12头（分别属于6个家系）。隆林猪分别收录在《中国猪品种志》《广西地方猪种志》和《中国国家畜禽遗传资源品种名录》中。

（二）开发利用

2016年，隆林猪获国家农产品地理标志登记保护。近年来，广西红谷农业产业发展有限公司以隆林猪为主要素材，进行了陆川猪×隆林猪、巴克夏猪×（陆川猪×隆林猪）和杜洛克猪×（陆川猪×隆林猪）三种杂交组合试验，发现杜洛克猪×（陆川猪×隆林猪）在繁殖性能和生长性能方面表现最好，平均窝产活仔数12.78头，平均日增重391g，年出栏杜洛克猪×（陆川猪×隆林猪）商品猪1万头以上。

53

七、品种评价和展望

　　隆林猪与华南、西南地方品种猪有较为相似的遗传组成，同时也形成了本品种一定的遗传独特性。隆林猪属华南地方猪品种中体型相对较大的一个品种。具有生长发育较快、适应性好、抗病力强、耐粗饲、泌乳性能好、瘦肉率较高等优点，肉脂比例符合当前市场需要，其肉质味美，易育肥，适合开发生产烤乳猪、火腿、腊肉、风味肠等中高档肉制品，可作为良好的二元杂交猪母本使用，具有一定的市场开发潜力。通过进一步深入研究种质特性和遗传特点，为地方猪产业链的发展提供可靠的数据和有价值的素材，可望在未来市场中占据更大的份额。

八、附录

（一）参考文献

陈清森，刘小红，陈瑶生，2011. 广西隆林猪种质特性及保护利用研究［J］. 中国畜牧杂志，47（18）：65-68.
国家畜禽遗传资源委员会，2011. 中国畜禽遗传资源志·猪志［M］. 北京：中国农业出版社.

（二）调查和编写人员情况

1. 参与性能测定的单位和人员

广西红谷农业产业发展有限公司：李隆雷。

隆林各族自治县畜牧品改站：龚天洋。

广西大学：梁晶。

2. 主要撰稿人员及单位

广西大学：兰干球。

广西红谷农业产业发展有限公司：李隆雷。

隆林各族自治县畜牧品改站：龚天洋。

德 保 猪

一、一般情况

（一）品种名称及类型

德保猪（Debao pig）因原产于广西壮族自治区德保县，全身被毛黑色，曾称为德保黑猪，后改名为德保猪。属肉用型地方品种猪。

（二）原产地、中心产区及分布

2021年第三次全国畜禽遗传资源普查结果表明，德保猪分布在百色市、柳州市、河池市、南宁市、贵港市、桂林市、来宾市和崇左市8个市共172个村或社区、居民区。这8个市存栏德保猪群体数量分别为1 946头、633头、210头、159头、14头、13头、8头和7头。分布数量最多是百色市德保县（群体数量1 342头，其中能繁母猪645头，能繁公猪32头），其次是柳州市柳江区（群体数量625头，其中能繁母猪111头，能繁公猪14头）；分布最少的分别是崇左市宁明县海渊镇（群体数量7头，其中能繁母猪7头，能繁公猪0头），来宾市金秀瑶族自治县忠良乡（群体数量5头，其中能繁母猪5头，能繁公猪0头），来宾市武宣县东乡镇（群体数量2头，其中能繁母猪2头，能繁公猪0头）和来宾市兴宾区陶邓镇（群体数量1头，其中能繁母猪1头，能繁公猪0头）。

根据1956年8月、1973年1月、1981年2—4月由广西壮族自治区猪种调查队、德保县畜牧水产局及兽医站的三次调查情况来看，德保猪遍布德保全县，以那甲镇、马隘镇、巴头乡为中心产区，其他乡镇及田阳区的巴别乡、五村镇、洞靖镇也有分布。2003年德保县畜牧水产局调查结果表明，德保猪主要分布在马隘、巴头、大旺三个乡。2021年第三次全国畜禽遗传资源普查结果表明，德保县马隘、巴头、那甲、燕峒、敬德、东陵6个乡镇为中心产区。

（三）产区自然生态条件

德保县位于北纬23°10′—23°46′，东经106°37′—107°10′，地处广西西南部，东面与田阳区、田东县交界，东南面与天等县相邻，西面与靖西市交界，北面与田阳区、右江区接壤，山地面积占总面积的

86.6%。地势西北高、东南低，西北谷地海拔一般600～900m，山峰海拔1000～1500m；东南谷地海拔240～300m，山峰海拔800～1000m。属南亚热带季风气候，冬无严寒，夏无酷暑，气候温凉，春秋分明。年平均气温19.5℃，无霜期为332d；年降水量1463mm，年蒸发量1438mm，平均相对湿度77%；年平均日照时数1554h，夏长冬短，夏湿冬干，雨热同期。其属于云贵高原东南边缘余脉，是广西西南岩溶石山区的一部分，地形地貌结构特殊复杂，喀斯特地形纵横交错，成土母质以石灰岩、砂页岩为主。农作物以玉米、水稻为主，一年两熟，小麦、荞麦次之，兼种高粱、木薯、甘薯等杂粮。野生饲料资源也极为丰富，为养猪提供了优良条件。

二、品种来源及发展

（一）品种形成的历史

德保猪的形成缺乏历史记载，根据几次调查了解，中心产区的七八十岁老农反映，这个品种早已被德保人民所喜爱，当地人们选择全身黑，体长，被毛稀疏，骨骼粗壮，前胸开张，后肢稍直，耳大而薄，额宽平，嘴筒粗，鼻孔大，乳头10个以上的仔猪当作自留种猪，由于山区交通不便，形成了闭锁繁殖的猪群，经过劳动人民漫长岁月的精心选育，才逐渐育成现在个体大、耐粗饲的地方猪品种。

（二）群体数量及变化情况

据第三次全国畜禽遗传资源普查结果，2021年底德保猪在广西壮族自治区境内存栏2990头（能繁母猪1486头，种公猪95头），其中集中饲养数量635头，散养饲养数量2355头，品种分布在广西境内的8个市。根据统计数据，20世纪80年代中期以前，德保猪一直是当地生猪生产的当家品种，随着外来良种猪的引进和猪品种改良技术推广，近二三十年来，由于养猪业重改良轻保种，德保猪品种资源迅速减少，有的乡（镇）已经消失。据德保县畜牧局调查统计，2002年底有能繁母猪747头，种公猪1头，群体总数853头；2003年底有能繁母猪510头，群体总数515头；2004年底有能繁母猪495头，群体总数495头；2005年底有能繁母猪397头，群体总数397头；到2006年上半年，德保猪的群体数量只有305头，公猪已无法发现。近年来，随着人民生活水平的提高，对高品质肉类食品的需求增加，加上政府高度重视，出台了一系列扶持政策，到2021年，主产区德保县德保猪群体数量增长到1342头，其中集中饲养635头，散养707头；全县存栏能繁母猪达到645头，能繁公猪32头。

依据《家畜遗传资源濒危等级评定》（NY/T 2995）评定，德保猪品种资源濒危等级处于较低危险等级。

三、体型外貌

（一）体型外貌特征

德保猪全身黑色，故又有德保黑猪之称。被毛长而粗硬，鬃毛长约5cm。德保猪头部直小、适中，少数短深。脸微凹，额头有明显皱纹，有的呈复式X形，有横行纹，也有菱形纹，额端平直。嘴筒圆，长短不一，上下颌平齐。耳小平直或稍下垂，少数耳大下垂。体大身长，胸深身宽，体质结实，结构匀称。背腰稍平直，腹大但不拖地，臀部丰满适中，稍向肩部倾斜。乳头细，排列整齐，乳头数6～7对。四肢短而强壮有力，肌肉发育适中，尾下垂，少数上卷，有尾帚。德保猪有两种类型；一种嘴长且平直，额头少皱纹，耳大下垂，体躯较大；另一种嘴短，额头、四肢多皱纹，耳稍垂，体躯较前者小（图1、图2）。

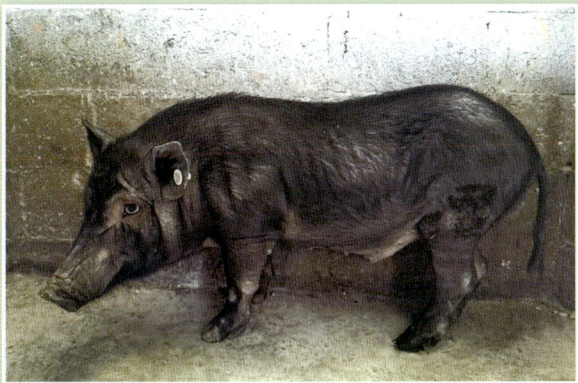

图1　德保猪公猪

图2　德保猪母猪

（二）体尺和体重

根据《广西家畜家禽品种志》（1987年版）记载，德保猪成年公猪的平均体长为101.1cm、胸围93.31cm、体高为56.7cm，体重为61kg，由于2006年调查时未发现成年纯种的德保公猪，故没有相关数据。根据2022年测定数据，20头平均26月龄公猪的平均体长为117.6cm、胸围88.0cm、体高为56.0cm，体重为91.7kg，见表1。

表1　德保猪公猪体尺和体重

年份	月龄	体高（cm）	体长（cm）	胸围（cm）	体重（kg）
1987	成年	56.7	101.1	93.31	61
2022	26.0±1.5	56.0±3.1	117.6±5.8	88.0±6.1	91.7±11.0

注：测定时间：2022年5月10日；测定地点：百色市德保县敬德镇中力村那坡屯德保猪原种保种场；测定单位：德保县盛沃黑猪保种繁育有限公司。

2003年12月德保县畜牧水产局分别对马隘、巴头、大旺三个乡的8个行政村调查测量了153头12月龄以上母猪的体尺和体重；2006年8月调查组分别对马隘、巴头、龙光三个乡的8个行政村调查测量了94头3胎以上母猪的体尺和体重；2022年5月测定人员测量了50头平均胎次4.5胎，妊娠2个月成年母猪的体尺和体重，结果见表2。表2数据表明，2022年测定成年母猪体重明显高于2006年，体长明显低于2006年但胸围大小相近。

表2　德保猪母猪体尺和体重

测定年度	年龄	数量（头）	平均体高（cm）	平均体长（cm）	平均胸围（cm）	平均体重（kg）
2003	1～2岁	28	53.4±12.2	83.9±6.3	104.6±22.6	63.2±19.6
2003	2～3岁	48	55.6±10.3	86.5±15.0	108.9±18.1	72.3±18.9
2003	3岁以上	77	58.5±9.7	89.9±16.0	113.8±9.6	80.8±16.9
2006	3胎以上	94	62.4±6.5	120.8±11.0	104.8±12.3	82.6±24.5
2022	3胎以上	50	60.3±3.4	112.5±5.4	106.7±6.0	90.3±6.6

注：测定时间：2022年5月10日；测定地点：百色市德保县敬德镇中力村那坡屯德保猪原种保种场；测定单位：德保县盛沃黑猪保种繁育有限公司。

四、生产性能

（一）生长性能

2022年6月，在德保县盛沃黑猪保种繁育有限公司猪场从母猪分娩的初生仔猪中随机抽取30头小猪（阉公猪15头，母猪15头），仔猪60日龄断奶。从断奶到保育结束阶段（75日龄）饲喂玉米豆粕型全价料及青饲料，饲喂方法为：80%全价料加20%青饲料混合饲喂；保育结束后至120日龄喂小猪全价料及青饲料，饲喂方法为70%全价料加30%青饲料混合饲喂，生长发育情况见表3。结果表明，从75～120日龄阶段，母猪生长发育比公猪快。

表3　德保猪生长发育情况

性别	数量（头）	初生重（kg）	断奶重（kg）	保育期末重（kg）	120日龄体重（kg）
公	15	0.36±0.05	9.57±0.35	13.41±0.31	18.95±0.93
母	15	0.51±0.05	9.01±0.34	12.15±0.42	26.94±2.14

注：测定时间：2022年5月10日；测定地点：百色市德保县敬德镇中力村那坡屯德保猪原种保种场；测定单位：德保县盛沃黑猪保种繁育有限公司。

（二）育肥性能

2022年6月，从15头母猪分娩体重相近断奶仔猪（55日龄）中随机抽取30头（阉公猪15头，母猪15头）进行单栏饲养，育肥起测日龄为60d，结测日龄为195d。从断奶（55日龄）到保育结束阶段（75日龄）饲喂保育全价日粮；保育结束后至120日龄喂小猪全价日粮，120～195日龄喂大猪全价日粮，育肥结果如表4所示。表4结果表明，60～195日龄阶段，阉公猪日增重达到467.3g，母猪日增重达到409.3g，阉公猪增重速度比母猪快。

根据《广西家畜家禽品种志》（1987年版）记载，在农村饲养环境下，饲喂玉米，小猪阶段，每天每头饲喂0.3kg；中猪阶段，每天每头饲喂0.4kg；大猪阶段，每天每头饲喂0.75kg，其中青饲料甘薯藤或野菜不限量，饲喂205d，18头肉猪初始重平均7.9kg，饲喂结束时55.2kg，平均日增重231g，每增重1kg

消耗玉米4.08kg，青饲料10.6kg。据1980年德保县畜牧站测试，4头肉猪初始重50.25kg，饲喂100d，每头增重47.62kg，平均日增重476g，每增重1kg消耗精料4.24kg，青料4.24kg。本次测定的日增重明显高于以前的报道，这与本次测定的饲养管理条件较好，饲料营养水平较高而且营养素较平衡有关。

表4　德保猪生长育肥性能

性别	数量（头）	育肥起测体重（kg）	育肥结测体重（kg）	育肥期日增重（g）	育肥期料重比
公	15	10.07±0.84	73.15±5.28	467.3±37.2	4.08±0.10
母	15	10.20±0.05	65.45±4.38	409.3±29.2	4.13±0.10

注：测定时间：2022年6—11月；测定地点：百色市德保县敬德镇中力村那坡屯德保猪原种保种场；测定单位：德保县盛沃黑猪保种繁育有限公司、广西大学。

（三）屠宰性能

2022年，随机选取20头育肥猪（阉公猪10头，母猪10头）进行屠宰性能测定。育肥猪从75～150日龄饲喂全价小猪料，全价料日饲喂量为体重的2%，青饲料自由采食；从150～360日龄饲喂全价大猪料，全价料日饲喂量为体重的2%，青饲料自由采食。育肥至360日龄后，用牧草在低营养水平条件下饲养2个月再进行屠宰性能测定，结果见表5。与2003年屠宰数据相比，屠宰率和脂率没有差异，但胴体长、骨率和瘦肉率明显提高，背膘厚明显降低。

表5　德保猪屠宰测定结果

测定年度	1980	2003	2022		
			公	母	平均
测定数量（头）	7	3	10	10	20
宰前活重（kg）	78.3±14.8	84.5±9.2	75.4±5.4	62.9±6.6	69.2±2.8
胴体重（kg）	56.1±13.6	62.5±8.3	56.1±4.51	45.9±4.5	51.0±6.8
屠宰率（%）	71.6±4.0	74.0±1.8	74.4±1.5	73.0±1.2	73.7±1.5
胴体长（cm）	70.6±3.1	70.5±0.7	84.8±2.9	80.1±3.7	82.5±4.04
背膘厚（mm）	40.9±1.4	46.1±0.1	30.9±5.2	26.4±4.5	28.7±5.3
皮厚（mm）	5.4±0.1	4.6±0.01	6.0±0.8	5.6±1.2	5.8±1.0
眼肌面积（cm²）	21.3±5.9	22.8±4.5	24.9±3.2	24.7±3.5	24.8±3.3
皮率（%）	15.4±0.7	12.9±2.3	12.1±2.2	11.6±1.9	11.9±1.7
骨率（%）	8.9±0.8	10.3±0.8	12.6±2.1	12.1±1.1	12.4±1.7
脂率（%）	37.1±3.5	29.2±3.1	31.1±2.5	29.1±2.8	30.1±2.8
瘦肉率（%）	37.6±2.9	32.9±1.5	44.3±1.9	47.3±2.2	45.8±2.5

注：测定时间：2022年12月；测定地点：广西壮族自治区百色市德保县城关镇德保县屠宰场；测定单位：德保县盛沃黑猪保种繁育有限公司、广西大学。

（四）肉质性能

2022年12月，对20头进行屠宰测定的德保猪进行肉品质的测定，结果见表6。结果表明，德保猪肌肉平均肉色评分为3.00，肉色测定值为41.99，说明肉色鲜红，属于正常肉色。pH_1为6.77，滴水损失仅为1.94%，说明德保猪肌肉保水能力较强。本次测定背最长肌脂肪含量较低，仅为1.89%，明显低于以前报道的6.9%。

表6　德保猪肉质测定结果

测定项目	公	母	公、母平均值
肉色评分	3.20±0.79	2.80±0.42	3.00±0.65
肉色测定	42.85±8.20	41.13±3.46	41.99±6.19
pH_1	6.77±0.23	6.77±0.16	6.77±0.19
pH_{24}	5.63±0.16	5.60±0.16	5.62±0.15
滴水损失（%）	1.84±0.41	2.04±1.10	1.94±0.81
大理石纹评分	3.35±0.57	2.20±0.79	2.78±0.98
肌内脂肪含量（%）	2.35±0.97	1.43±0.34	1.89±0.85
嫩度（N）	63.80±11.27	71.83±15.68	67.82±13.92

注：测定时间：2022年12月；测定地点：广西壮族自治区百色市德保县城关镇德保县屠宰场；测定单位：德保县盛沃黑猪保种繁育有限公司、广西大学。

（五）繁殖性能

德保猪是一个性早熟地方猪品种。从德保县畜牧水产局于2003年12月分别对马隘、巴头、大旺3个乡8个行政村的153头12月龄以上母猪的调查情况看，多数个体在5～6月龄开始发情，也有4月龄发情的，发情时平均体重25～35kg。小公猪出生后25～30d有爬跨同窝仔猪行为，一般养4个月便可配种。初配年龄较早，6月龄就可配种，多数在8月龄，体重40kg左右。德保猪发情周期的长短因年龄和营养状况不同而有所差异，一般为20～21d，发情持续3～4d。按农家习惯，多在发情第2天到第3天上午配种，受胎率可达90%以上。对153头妊娠母猪统计表明，多数妊娠天数为115～116d，妊娠天数范围在113～118d。据2002年和2003年调查558窝的统计数据，德保猪平均窝产仔数8.18头。初生窝重为8.83kg，仔猪平均初生重0.62kg，仔猪断奶重8.02kg。2022年调查了50窝，平均窝产仔数7.62头，平均初生重0.36kg，断奶成活率88.92%。与以前报道的数据比，2022年统计的德保猪初生重明显降低（表7）。

表7　德保猪繁殖性能

测定项目	1980	2003	2022
窝数（窝）	47	558	50
窝总产仔数（头）	8.04	8.18	7.62±2.18
窝产活仔数（头）	—	—	6.68±2.11

测定项目	1980	2003	2022
窝均死胎数（头）	—	—	0.92±1.19
初生窝重（kg）	—	8.83	2.38±0.69
平均初生重（kg）	0.62	0.62	0.36
窝均断奶数（头）	—	—	5.94±2.27
平均断奶窝重（kg）	—	—	59.31±22.92
平均断奶体重（kg）	—	8.02	9.98±0.48
断奶成活率（%）	90.8	88.60	88.92±27.23

注：测定时间：2022年1—12月；测定地点：广西百色市德保县敬德镇中力村那坡屯德保猪原种保种场；测定单位：德保县盛沃黑猪保种繁育有限公司。

五、饲养管理

德保猪养殖通常采取开放式或者半开放式的养殖栏舍。养殖密度推荐1头育肥猪占用1.5～2.0m² 为宜。养殖栏舍的适宜温度为15～20℃。仔猪30～35日龄断奶。断奶后继续喂教槽料5～7d，然后过渡到保育料。断奶7d内适当控制喂料量，少喂多餐。仔猪50～60日龄进行驱虫。出生后3～4个月到初次发情前为后备阶段，日粮能量水平11.72～12.55MJ/kg，粗蛋白质为12%～13%。饲喂量占其体重2.5%～3%。中午加喂青饲料1kg，后备猪加强运动或放牧饲养，定期称重。

育肥猪的饲养管理方法有两种，即阶段育肥法和直线育肥法。"阶段"育肥分成小猪、中猪和催肥三个阶段。小猪阶段供给优质配合日粮，饲料含消化能13～13.4MJ/kg、粗蛋白质16%；中猪阶段，自由采食，日粮粗蛋白质15%，消化能12.25MJ/kg；催肥阶段，在日粮中可用玉米、黄豆、碎米、木薯、甘薯等作为催肥饲料，催肥达到75kg以上出栏（图3、图4）。

图3　德保猪群体

图4　保种场圈养的德保猪小猪

直线育肥法：育肥开始前7～10d，进行合理分群、去势、驱虫、健胃和免疫有关疫苗。正式育肥期3～4个月（体重20～75kg），日粮水平：前期（体重20～50kg阶段）日粮含粗蛋白质15%～16%，消化能13～13.4MJ；育肥后期（体重51～75kg阶段）：保持日粮矿物质、氨基酸、维生素平衡。精料湿喂，前期1.2～2.3kg/d，后期2.3～3kg/d；青料可以全株、切短或煮熟等方式饲喂，自由采食不限量。夏天做好防暑降温，冬天做好防寒保暖，保持猪舍干燥通风，育肥猪75kg后出栏（图5、图6）。

图5　德保猪保种场远眺

图6　德保猪生长的自然环境

六、品种保护与资源开发利用现状

（一）保种现状

德保县盛沃黑猪保种繁育有限公司在广西壮族自治区百色市德保县敬德镇中力村那坡屯建立了德保猪原种保种场，该保种场2022年6月获批为第二批自治区级农业种质资源保护单位。目前该保种场德保猪群体规模为150头（种公猪30头，其中无亲缘关系种公猪9头，基础母猪120头，共9个家系）。

（二）资源开发利用现状

目前，德保猪的开发利用除了进行纯繁生产高端优质猪肉产品以外，也进行以德保猪为母本、外来瘦肉型猪为父本的二元商品猪的杂交生产。2019年，德保黑猪荣获国家农产品地理标志认证。目前，已授权4家农业新型经营主体使用"德保黑猪"地理标志规模化养殖。以广西德保红谷黑猪产业发展有限公司作为龙头企业，构建现代化畜禽养殖体系，大力发展肉制品深加工业务，创建德保黑猪现代特色农业示范区。

七、品种评价和展望

德保猪耐粗饲、抗病强、适应性广，母猪利用年限较长，产仔数、成活率高，是广西优良地方品种之一。德保猪皮厚，头、四肢均有皱纹，给屠宰加工带来一定困难，但只要进一步选育提高是可以克服的。与外国良种猪大白猪、长白猪、杜洛克猪等相比，德保猪的生长速度较慢，但和良种猪杂交后代的生长速度增长较为明显。

八、附录

（一）参考文献

陈家贵，2017. 广西畜禽遗传资源志［M］. 北京：中国农业出版社.

广西家畜家禽品种志编辑委员会，1987. 广西家畜家禽品种志［M］. 南宁：广西人民出版社.

秦谦涛，2020. 德保猪饲养管理技术［J］. 中国畜禽种业，16（10）：132.

谭冰冰，袁依依，杨日旺，等. 2023，德保猪的繁殖性能研究［J］. 黑龙江畜牧兽医（8）：43-47.

吴柱月，孙俊丽，廖玉英，2020. 广西家畜品种资源保护与利用［M］. 北京：中国农业科学技术出版社.

（二）调查和编写人员情况

1. 参与性能测定的单位和人员

德保县盛沃黑猪保种繁育有限公司：林金穆。

广西农业职业技术大学：陈宝剑。

广西大学：梁晶。

2. 主要撰稿人员及单位

广西大学：兰干球。

广西农业职业技术大学：陈宝剑。

德保县盛沃黑猪保种繁育有限公司：林金穆。

富钟水牛

一、一般情况

（一）品种名称及类型

富钟水牛（Fuzhong buffalo）原名富川水牛。属役肉兼用型品种。

（二）原产地、中心产区及分布

原产地在广西壮族自治区贺州市富川瑶族自治县、钟山县。此外，贺州市的平桂区、八步区、昭平县，桂林市的七星区、叠彩区、临桂区、阳朔县、平乐县、恭城瑶族自治县、永福县，柳州市的柳江区、柳城县、融安县，来宾市的兴宾区、武宣县、象州县，河池市的金城江区、罗城仫佬族自治县、南丹县、凤山县，百色市的平果市、田东县，南宁市的横州市、青秀区、西乡塘区、邕宁区、良庆区、马山县、上林县、宾阳县，崇左市的扶绥县、大新县、宁明县、龙州县，梧州市的龙圩区、苍梧县、藤县，贵港市的桂平市、港北区、港南区、覃塘区、平南县，玉林市的北流市、福绵区、陆川县、博白县，钦州市的钦南区、钦北区、浦北县、灵山县，北海市的铁山港区、合浦县，防城港市的上思县等地均有分布。广东省肇庆市的德庆县也有极少量分布（群体数量26头，其中种公牛3头、基础母牛17头）。

2021年第三次全国畜禽遗传资源普查结果显示，原产地富川（群体数量3 426头，其中种公牛102头、基础母牛2 125头）、钟山（群体数量1 063头，其中种公牛113头、基础母牛892头）两县群体数量共4 489头。广西境内存栏最多的是南宁市（群体数量7 329头，其中种公牛396头、基础母牛4 663头），其次是贺州市（群体数量6 179头，其中种公牛361头、基础母牛3 985头），再次是来宾市（群体数量5 752头，其中种公牛208头、基础母牛4 846头），最少的是百色市（群体数量65头，其中种公牛4头、基础母牛51头）。

（三）产地自然生态条件

富川瑶族自治县、钟山县位于广西壮族自治区东北部山区，地处湖南、广西、广东三省（自治区）交界的都庞、萌诸两岭余脉之间，富川、钟山两县介于北纬24°17′—26°47′，东经110°58′—111°32′。地形复杂多样，海拔200~1700m。地形主要有平原、丘陵、盆地、山地。

富川、钟山两县属亚热带季风气候。光热丰富，平均年日照时数1402.2~1573.6h。雨量充沛，正常年降水量为1500~1700mm。温凉合度，年平均温度19.1~19.7℃，年极端最高温度40.5℃，极端最低温度−4.1℃。无霜期长，平均为315~320d，时间跨越2—12月。寒暑适宜。夏长春短，季节分明；夏涝秋旱，雨水不均；春迟秋早，冬季霜雪；雨热同季，冬干春湿。

富川瑶族自治县、钟山县境内大小河流纵横交错，水资源丰富，主要河流有富江、白沙河、秀水河、思勤江、珊瑚河等，河流总长718km，两县内总流域面积为4833km²。土质以砂页岩或石灰岩形成的碳酸盐红黏壤土为主，pH 6.3~6.6，有机物质含量1.5%~2%。土质种类有水稻土、红壤土、黄壤土、石灰岩土、红色石灰土、紫色土、冲积土等。富川、钟山两县农作物以水稻为主，旱地作物有玉米、黄豆、花生、甘薯、木薯等，可生产大量的秸秆、花生藤等农副产品用于养牛；两县还有草山草地面积11.81万hm²，为水牛的养殖提供了丰富的饲料资源。

二、品种来源、形成与发展

（一）品种形成

富川、钟山两县均属于人少地多的地区，耕田种地是当地农民的主要收入来源，当地水田大多为低洼田，旱地又多为黏性土壤，体型较小的牛难以胜任耕作。据产区有关人士介绍，过去在产区有斗牛的习惯，逢年过节及会期，户与户、村与村之间，常相邀斗牛，斗胜者，牛主及全村均引以为荣。再者，富川、钟山两县在中华人民共和国成立前交通很不方便，木制大轮牛车是主要交通工具，水牛是交通运输的主要役畜，公牛可以拉超过1000kg，母牛可拉超过600kg；直至现在，考虑到运输成本及道路状况等因素，牛车仍是很多农户进行生产的主要运输工具。随着商品经济的不断深入，水牛由单纯的生产资料逐步向生活资料转变，如养母牛的农户以产犊牛出售作为主要收入；养公牛拉车者从2岁左右购入，在生长发育的过程中可供拉车，到6岁左右成年时大多作菜牛出售，然后又购回小公牛饲养，从中赚取差价。凡此种种原因，促使当地农民选留体格高大的公牛作为种公牛。长此以往，经过自然环境条件的影响和人为的选择，形成了今天体格高大、性能优良的富钟水牛。

（二）群体数量及变化情况

第三次全国畜禽遗传资源普查结果显示，富钟水牛在全国的存量为36488头，原产地（富川瑶族自治县、钟山县）富钟水牛4489头，其中能繁母牛3017头，种公牛215头。富钟水牛基本上以本品种纯繁为主，杂交改良数量很少，但随着经济发展和老百姓对良种水牛的认识加深，杂交数量也在缓慢增长。

据统计，2003年原产地富钟水牛的存栏量为120003头（其中富川59904头、钟山63099头）；2006年广西富钟水牛存栏总量为387224头，其中原产地富川、钟山两县为121172头；而2021年普查结果显示，原产地富川、钟山两县富钟水牛群体数量只有4489头，20年时间，原产区富钟水牛群体数量断崖式下降。

三、体型外貌

（一）体型外貌

1. 外貌特征

富钟水牛具有体型高大，粗糙紧凑，发育匀称，性情温驯，行动稳健等特点。躯体背腰宽阔平直，前躯宽大，肋骨开张，尻部短、稍倾斜，骨骼粗壮结实，肌肉发育丰满适中。公牛腹部紧凑，形如草鱼腹；母牛腹圆大而不下垂。无肩峰、无腹垂、脐垂，肋部皮肤及毛色逐渐淡化。公牛体格高大，前躯较发达；母牛则发育匀称，后躯较发达。被毛呈灰黑色和石板青，以灰黑色居多。被毛长短、密度适中，颈下有一条或两条新月形的白带，下腹、四肢内侧和腋部被毛均为灰白色，肤色为灰黑色。头大小适中，公牛前额宽平雄健，母牛略长，清秀。嘴粗口方，鼻镜宽大，灰黑色。眼圆有神，稍突，耳大灵活。公牛角较粗为龙门大角，母牛角细长向后弯如半月形。颈、肩、头颈与躯干结合良好，颈宽长适中，公牛颈粗短，母牛颈细长。胸宽深，肩宽平，肋骨开张良好。四肢粗壮，前肢正直，管粗而结实，后肢微弯曲。蹄圆大、蹄质坚实，黑色或灰黑色，蹄叉微开，部分牛蹄呈剪刀形。尾粗短不过飞节，呈圆锥形。母牛乳房质地柔软，乳头呈圆柱状，长2～4cm，距离较宽，左右对称，极少数牛有副乳。乳房绝大部分为粉红色，只有极少部分为黑褐色（图1、图2）。

图1　富钟水牛公牛　　　　　　　　　　图2　富钟水牛母牛

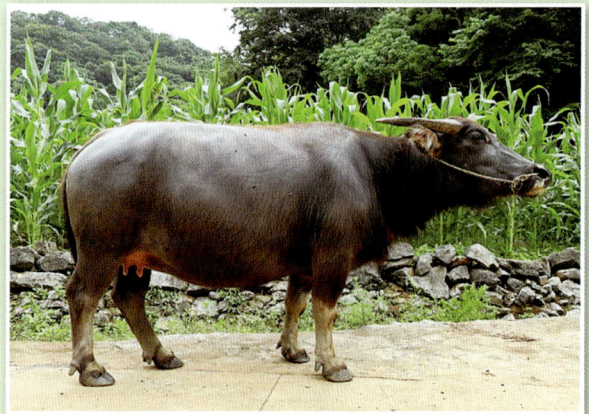

2. 体重和体尺

根据广西壮族自治区水牛研究所、富川瑶族自治县农业农村局、钟山县农业农村局2022年6—8月对14头成年公牛和47头成年母牛的体重、体尺进行测量，公牛平均体高为（130.1±2.9）cm，平均体重为（487.1±42.7）kg；母牛平均体高为（125.7±3.8）cm，平均体重为（467.2±84.5）kg。与第二次全国畜禽遗传资源调查数据对比，各项指标基本持平。详见表1。

表1　富钟水牛成年牛体重和体尺（2022）

性别	数量（头）	体高（cm）	十字部高（cm）	体斜长（cm）	胸围（cm）	腹围（cm）	管围（cm）	胸宽（cm）	体重（kg）
公	14	130.1±2.9	130.7±3.3	134.2±2.2	184.6±4.0	211.9±6.1	24.0±0.9	—	487.1±42.7
母	47	125.7±3.8	124.9±3.6	137.4±12.5	192.8±11.8	229.8±17.1	24.0±1.2	44.5±4.1	467.2±84.5

注：数值表示为均值 ± 标准差；2022年6—8月间在贺州市富川瑶族自治县、钟山县进行现场测定。

（二）生产性能

富钟水牛为肉役型水牛，一般不作乳用，其肉用性能一般，役用性能较好，但随着经济水平及社会的发展，目前已经很少作为役用。

1. 生长性能

根据广西壮族自治区水牛研究所、富川瑶族自治县农业农村局、钟山县农业农村局2022年6—10月对132头各生长阶段在自然放牧状态下的富钟水牛进行测量，经统计分析，富钟水牛初生重在18～26kg，18月龄体重在216～267kg。详见表2。

表2　品种生长发育性能

月龄	性别	数量（头）	体重（kg）
出生	公	12	23.4±1.6
	母	20	20.8±1.6
6月龄	公	14	105.4±7.0
	母	20	98.9±4.8
12月龄	公	13	163.9±10.5
	母	20	148.9±5.8
18月龄	公	13	251.0±8.7
	母	20	234.7±10.6

注：体重表示为均值 ± 标准差；2022年6—10月间在贺州市富川瑶族自治县、钟山县进行现场测定。

2. 育肥性能

2022年11月，广西壮族自治区水牛研究所在富川瑶族自治县和钟山县两地的农户牛群中选购了21头（公牛13头、母牛8头）富钟水牛，集中在钟山县某养殖场进行为期3个月的育肥试验，公牛平均日增重为（0.5±0.2）kg，母牛平均日增重为（0.5±0.3）kg。详见表3。

3. 屠宰性能及肉品质

2022年12月至2023年3月，广西壮族自治区水牛研究所在富川瑶族自治县和钟山县两地的牛市和农户的牛群中挑选购买了10头（公牛7头、母牛3头）富钟水牛进行屠宰测定（热胴体），所有牛只未经育肥。数据显示，公牛宰前活重（444.7±93.1）kg，胴体重（220.5±52.6）kg，净肉重（168.6±46.2）kg，屠宰率为（49.6±1.8）%，净肉率为（37.9±2.7）%；肉色评分为6.4±0.5，嫩度（8.7±1.4）kg/cm²，肌肉系水力（1.2±0.1）%。母牛宰前活重（403.3±88.0）kg，胴体重（188.5±48.2）kg，净肉重（140.8±39.2）kg，屠宰率为（46.7±2.8）%，净肉率为（34.9±2.3）%；肉色评分为6.3±1.2。嫩度（8.8±1.6）kg/cm²，肌肉系水力（1.1±0.1）%。与第二次全国畜禽遗传资源调查数据对比，各屠宰性能指标基本持平。详见表4、表5。

表3　品种育肥性能（2022）

性别	数量（头）	育肥开始月龄（月）	育肥时间（月）	初测体重（kg）	终测体重（kg）	日增重（kg）
公	13	23.2±5.1	3	248.2±68.3	293.5±77.1	0.5±0.2
母	8	23.8±2.8	3	247.6±48.9	289.9±72.4	0.5±0.3

注：初测体重、终测体重、日增重采用均值±标准差表示；育肥地点：贺州市钟山县同古镇同古村委兴隆村；育肥起始日期：2022年11月，育肥结束日期：2023年1月。

表4　品种屠宰性能（2022）

性别	数量（头）	屠宰月龄（月）	宰前活重（kg）	胴体重（kg）	净肉重（kg）	骨重（kg）	肋骨数（对）	眼肌面积（cm²）	屠宰率（%）	净肉率（%）	肉骨比
公	7	48.9±25.7	444.7±93.1	220.5±52.6	168.6±46.2	49.4±7.1	13	58.9±9.0	49.6±1.8	37.9±2.7	3.4±0.5
母	3	50.3±28.2	403.3±88.0	188.5±48.2	140.8±39.2	46.0±8.5	13	51.3±7.6	46.7±2.8	34.9±2.3	3.1±0.4

注：数值表示为均值±标准差；屠宰牛只为农户散养，单纯放牧未补饲，亦未经育肥。

表5　品种肉品质（2022）

性别	数量（头）	大理石花纹	肉色评分（分）	脂肪颜色	嫩度（kg/cm²）	pH	肌肉系水力（%）
公	7	1	6.4±0.5	1	8.7±1.4	6.1±0.1	1.2±0.1
母	3	1	6.3±1.2	1	8.8±1.6	6.1	1.1±0.1

注：数值表示为均值±标准差；屠宰牛只为农户散养，单纯放牧未补饲，亦未经育肥。大理石花纹、肉色、脂肪颜色用目测法与标准图对比进行评分，嫩度用剪切仪测定，pH用pH测定仪进行测定，肌肉系水力用滴水损失法测定。

4. 繁殖性能

根据广西壮族自治区水牛研究所、富川瑶族自治县农业农村局、钟山县农业农村局2022年6—10月对当地各村镇共82头放牧富钟水牛母牛进行走访调查，结合2018年广西壮族自治区水牛研究所开展富钟水牛遗传物质保存和遗传距离测定项目数据记录，母牛初情期24～28月龄，初配年龄28～32月龄，初产年龄38～44月龄，发情周期19～22d，妊娠期310～320d；季节性繁殖不明显，全年均可发情，但多集中在9月至翌年3月，产犊间隔380～400d，情期受胎率70%～78%，年总繁殖率75%～85%。公牛26～32月龄性成熟，32～36月龄初配；公牛采精量2～8mL，精子密度6亿～12亿个/mL，精子活力0.6～0.9。

四、饲养管理

富钟水牛的饲养管理一般终年以放牧为主，早晚补喂青草或稻草，土山土坡多的乡镇采取轮流群牧，牧地少的地区零星划地牵牧。农忙季节部分养牛户早晚补喂盐水、米糠等；冬季霜冻时舍饲饲喂稻草、花生藤等农副产品。母牛产仔20d内精心护理，进行牵养和加喂米糠、食盐。条件好的农户则加喂鸡蛋和少量玉米粉。

据历年资料统计，全县牛各类疫病总发病率不超过0.5%，多为体内外寄生虫。除个别年份极个别地方散发牛出血性败血症外，均未发现其他传染病（图3、图4）。

图3 放牧的富钟水牛

图4 富钟水牛生长的自然环境

五、品种保护与资源开发利用现状

（一）保护情况

2021年以前曾在富川瑶族自治县设立了富钟水牛保护区，但未建立保种场，未建立品种登记制度；主要依靠当地农民自繁自养进行遗传资源保护。

近20年来，富钟水牛由产地农户役用慢慢转向目前以肉用为主的养殖方式。近年来，除中心产区外，有部分富钟水牛和河流型水牛进行了杂交利用，在玉林市陆川县、梧州市藤县等地有专业化的杂交育肥场，在生长和生产性能方面都有所提高。

（二）资源开发利用现状

富钟水牛结构匀称，结实紧凑，性情温驯，行动稳健有力，繁殖性能尤为突出。母牛后躯发达，乳房结构良好，泌乳潜力较大，是较好的杂交改良母本。徐文文等利用微卫星分子标记对富钟水牛群体遗传结构和保种效果进行评估，在15个微卫星座位中，共检测到86个等位基因，发现这些位点可用于遗传多样性分析。邓继贤等采用聚丙烯酰胺凝胶电泳技术对196头富钟水牛的血清运铁蛋白和白蛋白的基因型、基因型频率进行分析，结果提示富钟水牛的遗传稳定性较好。马晓慧等采用PCR扩增、测序及生物信息学方法对富钟水牛mtDNA-D-loop序列的遗传多样性研究表明富钟水牛具有丰富的遗传多样性。李孟伟等报道了富钟水牛完整线粒体基因组序列。孙婷等对富钟水牛耐力和肌肉发育的选择机制进行基因组检测，利用ZHp、ZFst、π-Ratio和XP-EHH统计量对富钟水牛进行了阳性选择候选特征的识别，结果发现了一组与运动反应相关的通路和基因，为富钟水牛育种研究提供了数据参考。

六、对品种的评价和展望

富钟水牛结构匀称，体格粗壮，四肢强健，性情温驯，役用性能好，耐粗饲，抗病性强，适应性和抗逆性强，遗传稳定性好，长期放牧条件下，生长发育和繁殖性能良好，较能适应我国南方地区高温、高湿气候，能适应当地草场，是广西壮族自治区优良的地方水牛品种。但长期以来，富钟水牛缺乏科学、系统的保护和本品种选育，造成了主产区富钟水牛逐渐退化，个体间差异较大，生产性能下降。为了更好保护和发挥富钟水牛的品种优势，可在中心产区通过建立保护区、加强选种选配等技术措施，以提高富钟水牛的各项生长和生产性能。非中心产区母牛可适当与河流型公水牛进行杂交改良，进一步发展成为乳、肉兼用型水牛。

七、附录

（一）参考文献

陈家贵，2017. 广西畜禽遗传资源志［M］. 北京：中国农业出版社.

邓继贤，杨秀荣，何荆洲等. 广西沼泽型水牛血清蛋白多态性的研究［J］. 中国畜牧兽医，2011，38（12）：129-133.

广西家畜家禽品种志编辑委员会，1987. 广西家畜家禽品种志［M］. 南宁：广西人民出版社.

国家畜禽遗传资源委员会，2011. 中国畜禽遗传资源志·牛志［M］. 北京：中国农业出版社.

马晓慧，王自豪，贾鹏，等，2021. 西林水牛和富钟水牛mtDNA D-loop序列的遗传多样性研究［J］. 家畜生态学报，42（4）：19-22.

徐文文，许典新，唐善生，等，2016. 利用微卫星标记评估富钟水牛群体遗传多样性和保种效果［J］. 基因组学与应用生物学，35（12）：3389-3393.

Li MW，Lin Q，Wang YZ，et al.，2020. Identification and phylogenetic analysis of the complete mitochondrial genome of Fuzhong buffalo（Artiodactyla：Bovidae）［J］. Mitochondrial DNA Part B，5（1）：713-714.

Sun T，Huang GY，Wang ZH，et al.，2020. Selection signatures of Fuzhong Buffalo based on whole-genome sequences［J］. BMC genomics，21（1）：674.

（二）调查和编写人员情况

1. 参与性能测定的单位和人员

广西壮族自治区水牛研究所：文崇利、梁莎莎。

贺州市水产畜牧站：杨莉。

2. 主要编写人员

广西壮族自治区水牛研究所：文崇利、卢瑛、潘玉红。

西林水牛

一、一般情况

（一）品种名称及类型

西林水牛（Xilin buffalo），属役肉兼用型品种。

（二）原产地、中心产区及分布

原产地在广西壮族自治区百色市西林县。广西境内百色市的靖西市、田林县、平果市、右江区、乐业县、凌云县、隆林各族自治县、德保县、那坡县、田东县、田阳区；桂林市的荔浦市；柳州市的柳江区、柳城县、融安县、融水苗族自治县；来宾市的兴宾区、武宣县、忻城县；河池市的金城江区、宜州区、南丹县、凤山县、环江毛南族自治县、大化瑶族自治县、天峨县；南宁市的横州市、西乡塘区、邕宁区、良庆区、江南区、武鸣区、宾阳县、隆安县；崇左市的江州区、扶绥县、宁明县、龙州县、天等县；梧州的藤县；贵港市的桂平市、港北区、覃塘区、平南县；玉林市的北流市、福绵区、陆川县、博白县、容县；钦州市的钦南区、钦北区、浦北县、灵山县；北海市的铁山港区、合浦县；防城港市的上思县等地均有分布。

2021年第三次全国畜禽遗传资源普查结果显示，原产地西林县群体数量仅有305头（其中种公牛72头、基础母牛185头），而靖西市的群体数量却有10 362头（其中种公牛1 206头、基础母牛6 024头），远超西林县。广西境内存栏最多的是百色市（群体数量19 183头，其中种公牛2 492头、基础母牛10 123头），其次是南宁市（群体数量10 301头，其中种公牛744头、基础母牛7 474头），再次是来宾市（群体数量5 870头，其中种公牛303头、基础母牛4 913头），最少的是贺州市（群体数量4头，其中种公牛0头、基础母牛4头）。广东省肇庆市德庆县（群体数量48头，其中种公牛4头、基础母牛24头）、福建省漳州市的平和县（群体数量9头，其中种公牛1头、基础母牛4头）以及贵州省黔东南苗族侗族自治州的剑河县（群体数量5头，其中种公牛0头、基础母牛3头）也有极少量分布。

（三）产地自然生态条件

西林县属广西壮族自治区百色市管辖，位于北纬24°01′—24°44′，东经104°29′—105°36′，地处广西、云南、贵州三省（自治区）结合部，土地辽阔，全县总面积为3 020km²，全县平均海拔890m。

西林县属亚热带季风气候，雨热条件好，气候温和，年平均气温19.1℃（16～21℃），极端最高气温为39.1℃，极端最低气温-4.3℃；雨量充沛，年平均降水量为900～1 300mm；雨热同季，年平均相对湿度为76%，每年3月和4月分别增至80%和83%，9月后相对湿度降至68%左右；光热充足，平均日照1 400～1 800h，年均积温5 400～7 300℃·d，风向受季风气候影响，季节变化明显，年平均风速3.1m/s，最大风速达8m/s；冬无严寒，夏无酷暑，全年无霜期达340～360d。

全县境内河流纵横，清水江、南盘江流入县境北部，驮娘江横贯中部，南部有西洋江，山间溪水长流，构成全县灌溉系统较好的天然条件。加上水利设施、山塘水库及地头水窖配套较为完善，水资源丰富。境内溪河密布，有大水河溪295条，贯经县域长143km，水能开发量2.5万kW。南盘江、清水江、西洋江和驮娘江流量较大，四江共贯经县域长233km。地形地貌主要以土山为主。土质以砂页岩或石灰岩形成的碳酸盐红黏壤土为主，pH 6.2～6.7，有机物质含量1.6%～2%。土壤类型有水稻土、红壤、黄壤、石灰土、冲积土等五类。作物种类主要是水稻、玉米，其他的还有甘蔗、黄豆、花生、甘薯、木薯、小麦等，农副产品丰富。植被种类也很丰富，主要牧草有须芒草、野古草、扭黄茅、龙须草、马唐、刚秀竹、吊丝草与狗尾草等，覆盖率达79%。

二、品种来源、形成与发展

（一）品种形成

广西西部山区人民养牛历史悠久，据宋代《田西县志》记载，"饮酒及食牛、马、犬等肉""殷实遗嫁并胜，以使婢女、牛、马"。西林水牛产区属于高原山地，植被资源丰富，产区习惯用水牛耕田，自繁自养。由于当地水田土壤的黏性大，犁耙等耕作工具都很粗重，所以要选留大牛耕田。

在长期的生产和生活实践中，当地群众总结出一套选种经验：公牛要求雄性强（雄性特征明显，性欲强），"三大"（眼大，蹄圆大，尾根粗），四肢正；胸宽深，臀部肌肉丰满，身上旋毛以着生在肩胛者为佳。

由于自然生态环境条件的影响和当地社会经济活动，经过长期的自然选择和人工选择，不断去劣留优，逐步形成了今天体格高大、性能优良的西林水牛。

（二）群体数量及变化情况

1. 群体数量与种群结构

据2021年第三次全国畜禽遗传资源普查结果，西林水牛在全国的群体数量为52 228头，其中西林县、田林县、靖西市等主产区群体数量为19 488头，其中能繁母牛10 666头，种公牛2 564头。西林水牛的繁殖基本上以本品种纯繁为主，杂交改良数量很少。

2. 群体变化情况

2021年第三次全国畜禽遗传资源普查结果显示，西林水牛主要分布在西林县、靖西市及周边百色市所辖县、市、区。据百色市2011年统计资料显示，西林水牛存栏57 490头，其中能繁母牛23 290头，种公牛4 805头，不管是总存栏数还是能繁母牛数，2021年均比10年前都有大幅度的下降。而2004年第二次全国调查统计，仅西林、田林两县的西林水牛存栏数即达126 153头，17年间西林水牛存栏数下降了约85%。

三、体型外貌

（一）体型外貌

西林水牛体格健壮高大、结构紧凑、发育匀称，四肢发达、粗壮有力，身躯稍短，后躯发育略差。被毛较短，密度适中，基本以灰色为主，少数为灰黑色，另有少部分为全身白色。颈下胸前大部分有一条新月形白色冲浪带，有两条者极少。部分牛颈下咽喉部有一条新月形白带。下腹部、四肢内侧及腋部被毛均为灰白色。躯干部背腰平直，前躯宽大，肋骨开张，尻部稍短、斜尻。身躯较短，前躯发达，后躯发育较差，为役用体型。公牛腹部紧凑，形如草鱼腹；母牛腹圆大而不下垂。无肩峰、无腹垂、脐垂，肋部皮肤及毛色逐渐淡化。头部大小适中，头形长窄，公牛头粗重，母牛头清秀，略长。角根粗，大部分为方形，少数为椭圆形，角色为黑褐色；公牛角较粗，母牛角较细长。角形主要为小圆环、大圆环两种，其中以小圆环居多。嘴粗口方，鼻镜宽大、黑褐色居多，只有少数白色水牛的鼻镜为粉红色；下嘴唇白色，上嘴唇两侧各有约拇指大小白点一个（即常说的"三白点"）。眼圆有神，稍突。耳大而灵活，平伸，耳壳厚，耳端尖。母牛额宽平，公牛额稍突起。部分牛两眼眼睑下方有白点。头颈与躯干部结合良好，颈宽长适中。公牛颈较粗，母牛颈较细长。四肢粗壮，前肢正直，管粗而结实，后肢左右距离适中，大部分后肢弯曲呈微X状（飞节内靠）。蹄圆大，蹄壳坚实，蹄色黑褐色，蹄叉微开。除白牛外，四肢下部均有一小白块，即俗称的"白袜子"。母牛乳房不够发达，乳头呈圆柱状，长约3cm，距离较宽，左右对称。乳房绝大部分为粉红色，另有极少部分为黑褐色。公牛睾丸不大，阴囊紧贴胯下，不松垂。尾短而粗，达飞节上方，尾帚较小（图1、图2）。

图1　西林水牛成年公牛

图2　西林水牛成年母牛

（二）体尺和体重

2022年6月进行西林水牛品种资源普查时，对12头成年公牛和36头成年母牛进行了体尺、体重测定。公牛平均体高为129.75cm，体重491.2kg，最高为589kg；母牛平均体高为122.82cm，体重438.7kg，最高为590kg（妊娠中期）。西林水牛的体长指数、胸围指数、管围指数与第二次全国畜禽遗传资源调查数据对比，各项指数指标基本持平。与第二次全国畜禽遗传资源调查数据对比，多项指标均有较低水平增长。详见表1。

表1　西林水牛体尺、体重与体型指数

项目	体尺和体重	
性别	公	母
数量（头）	12	36
体高（cm）	129.75±4.03	122.82±4.50
十字部高（cm）	131.33±4.01	121.67±4.71
体斜长（cm）	140.33±3.37	133.50±8.73
胸围（cm）	199.17±5.61	189.56±7.73
腹围（cm）	228.83±4.51	224.14±12.83
管围（cm）	23.29±0.86	23.18±0.69
体重（kg）	497.17±121.16	438.67±68.44
体长指数（%）	108.15	108.70
胸围指数（%）	153.50	154.34
管围指数（%）	17.95	18.87

注：数值表示为均值 ± 标准差。2022年6月在百色市西林县、田林县进行现场测定。体长指数 ＝ 体斜长 ÷ 体高 ×100%；胸围指数 ＝ 胸围 ÷ 体高 ×100%；管围指数 ＝ 管围 ÷ 体高 ×100%。

四、生产性能

（一）生长性能

2022年开展西林水牛性能测定时现场测量，牛只均在自然放牧状态下饲养，西林水牛各阶段体重数据见表2。

（二）育肥性能

2022年8—11月间，广西壮族自治区水牛研究所在百色市的西林、田林两县对20头（公牛15头、母牛5头）平均（23.10±4.33）月龄的西林水牛在自然放牧的情况下进行体重测定。结果显示公牛和母牛的平均日增重均为（0.3±0.1）kg。详见表3。

表2 西林水牛各阶段体重

月龄	公		母	
	数量（头）	体重（kg）	数量（头）	体重（kg）
出生	11	24.44±1.30	20	21.74±1.80
6月龄	12	98.59±3.44	20	90.78±3.76
12月龄	13	145.08±6.98	20	135.07±9.20
18月龄	12	241.24±6.09	21	230.30±13.06

注：数值表示为均值±标准差。2022年9月在百色市西林县、田林县进行现场测定。

表3 品种生长性能（2022）

性别	数量（头）	开始月龄（月）	间隔时间（月）	初测体重（kg）	终测体重（kg）	日增重（kg）
公	15	22.4±4.4	3	207.8±41.9	234.5±41.6	0.3±0.1
母	5	25.0±3.9	3	244.5±30.8	274.5±22.9	0.3±0.1

注：自然放牧状态下进行称测；初测体重、终测体重、日增重采用均值±标准差表示；地点：百色市西林县、田林县；初测日期：2022年8月，终测日期：2022年11月。

（三）屠宰性能及肉品质

2023年2月25日广西壮族自治区水牛研究所选取放牧未经育肥的成年公牛8头〔（63.00±32.25）月龄〕、成年母牛2头〔（62.00±33.94）月龄〕进行屠宰测定，与第二次全国畜禽遗传资源调查数据对比，各屠宰性能指标无明显差别。西林水牛屠宰性能见表4。

表4 西林水牛屠宰性能

项目	公牛	母牛	平均
数量（头）	8	2	—
屠宰月龄（月）	63.00±32.25	62.00±33.94	62.8±30.61
宰前体重（kg）	436.63±114.70	361.00±97.58	421.50±110.94
胴体重（kg）	215.65±61.24	169.25±42.78	206.37±59.19
屠宰率（%）	49.39±2.94	46.88±0.85	48.89±2.77
净肉重（kg）	165.18±54.18	127.85±33.73	157.71±51.55
胴体净肉率（%）	76.60±4.48	75.54±0.86	75.38±3.96
净肉率（%）	37.83±3.03	35.42±0.21	37.35±2.78
肉骨比	3.7±0.95	3.55±0.07	3.67±0.84
眼肌面积（cm²）	53.5±10.97	30.00±11.31	48.80±14.35

注：数值表示为均值±标准差；屠宰牛只为农户散养，单纯放牧未补饲，亦未经育肥。

在屠宰测定的同时对西林水牛肉质进行了肉质评定，结果见表5：

表5　西林水牛肉质评定

项目	公牛	母牛
数量（头）	8	2
育肥形式	放牧/未育肥	放牧/未育肥
屠宰月龄（月）	63.00±35.25	62.00±33.94
肌肉大理石花纹评分	1	1
肉色评分（分）	6.00±0.76	6.00
肉色L	19.26±1.74	20.90±0.71
肉色a	29.63±5.86	33.60
肉色b	5.64±0.99	6.35±0.64
脂肪颜色	1.50±0.54	1.50±0.71
嫩度（kg/cm^2）	8.9±1.70	8.5±1.8
pH_0	6.14±0.11	6.10
pH_{24}	6.00±0.09	6.00
肌肉系水力（%）–滴水损失法	1.00	1.00
肌肉系水力（%）–加压法	1.14±0.05	1.15±0.07

注：数值表示为均值±标准差。屠宰牛只（8头公牛、2头母牛）为农户散养，单纯放牧未补饲，亦未经育肥。大理石花纹、肉色、脂肪颜色用目测法与标准图对比进行评分，嫩度用剪切仪测定，pH用pH测定仪进行测定，肌肉系水力用滴水损失法和加压法分别测定。

（四）繁殖性能

2022年8—12月广西壮族自治区水牛研究所、西林县农业农村局、田林县农业农村局组织普查员对当地各村镇共103头放牧西林水牛母牛进行了繁殖性能调查。结果表明西林水牛性成熟年龄：公牛2岁，母牛1.5岁；配种年龄：公牛3岁，母牛2.5岁；发情季节：全年均可发情，无季节限制，但多集中在9—10月，占全年总发情数的61.73%；发情周期：21d；妊娠期：312～320d；产犊间隔：约540d；一胎产犊1头。

（五）役用性能

西林水牛一般1.5岁开始调教，2岁后开始使役，耕作能力比较强。据广西壮族自治区畜牧研究所在西林县古障镇进行测定，阉牛每小时能耕水田0.032hm^2，每日6h可耕0.19hm^2，速度为31.5m/min，耕作拉力1 323N（1 078～1 764N），最大拉力2 381N（1 568～3 136N），工作后30min恢复正常生理状态；母牛每小时耕地0.021hm^2，日耕6h，可耕0.126hm^2，速度32m/min，耕作拉力1 284N（980～1 764N），最大拉力2 274N（1 372～2 940N），工作后30min恢复正常生理状态。具体见表6。

表6　西林水牛拉力测定结果

性别	测定数量（头）	耕作拉力（N）	最大拉力（N）
母	21	1 284（980～1 764）	2 274（1 372～2 940）
阉公	6	1 323（1 078～1 764）	2 381（1 568～3 136）

五、饲养管理

（一）饲养方式

西林水牛的饲养管理一般终年以放牧为主，很少补料。放牧方式随季节而改变，大致有三种：一是全天放牧，即从8：00到17：00—18：00放牧，多在春秋与冬季；二是两头放牧，即早上、下午放牧，中午、晚上把牛赶回牛栏，多在夏天炎热季节和农忙使役季节；三是野营放牧，即在秋收后，把牛赶到大山沟里，用木头把山沟口拦起来，任其在山沟里日夜自由采食，目前这种放牧方法已不多见（图3）。

图3　西林水牛生长的自然环境

（二）舍饲与补饲情况

西林水牛全年以放牧为主，舍饲时间很少，亦很少补料。公牛仅在配种季节和役用牛使役期间，补喂粥和食盐等，增进食欲，保持体力。母牛于产犊后的半个月内，由养牛户在附近草地牵牧，并补喂粥、食盐或玉米粉等。

77

（三）管理

产区群众历来有饲养母牛繁殖小牛、出售小牛的习惯。特别是改革开放以来，农民已把养牛发展为农家经济收入来源之一，习惯饲养1～2头母牛作为繁殖牛。管理比较粗放，牛栏多数为木质结构，牢固性较差，且大多数牛栏积粪较厚，卫生条件较差。经调查母牛极少难产、流产。

犊牛一般1～2岁出售，特别是公犊牛，留养至成年的极少，以至有些地方没有配种公牛而导致母牛的产犊间隔较长，有些地方还出现了未达配种年龄的小公牛提前用于配种，甚至子配母的现象，这是西林水牛出现退化的主要原因（图4）。

图4　西林水牛群体

六、品种保护与资源开发利用现状

（一）保护情况

以西林县畜牧站为依托单位建立了西林水牛保护区，但未开展品种登记、选配选育等，目前西林水牛已出现比较严重的品种退化及近亲繁殖现象，需提纯复壮。

（二）开发利用现状

随着社会经济的发展及行业分工的细化，西林水牛作为役用的功能逐渐减弱，特别是小农机的大量推广普及，养牛耕田的农户越来越少，整个村子没有1头水牛的现象不在少数，这也是西林水牛大幅减少的主要原因。现在主要利用方式是农户小规模养殖，出售断奶小牛或育肥后出售，也有部分地方引进河流型水牛进行杂交改良利用。

2001年，由西林县畜牧水产局起草制定了《西林水牛》地方标准并经广西壮族自治区质量技术监督局批准发布，标准号DB45/T 40—2002。2012年西林水牛荣获农产品地理标志保护。

七、评价与展望

西林水牛结构匀称，体格粗壮，四肢强健，性情温驯，役用性能好，耐粗饲，善爬山，适应性和抗逆性强，遗传性能稳定，役用性能良好，在四季放牧条件下，生长发育和繁殖性能良好，较能适应我国南方高寒山区及广西西部地区的高温、高湿气候，能适应当地高原山地型草场，在很少精料补饲的情况下，牛生长发育、繁殖以及役用性能均正常，无论是酷暑（不低于35℃）、严寒（不高于0℃）或刮风下雨，均能正常行走放牧。使役灵活、温驯。合群能力较强，是广西壮族自治区优良的地方水牛品种。据历年资料统计，西林水牛的发病率不超过0.5%，但体内寄生虫较多，未发现口蹄疫、牛巴氏杆菌病等传染病。

长期以来，西林水牛由于缺乏科学、系统的保护和本品种选育，造成了主产区西林水牛逐渐退化，个体间差异较大，生产性能下降。为了更好地保护和发挥西林水牛的品种优势，在中心产区应通过建立保护区、保种场、加强选种选配等措施提高西林水牛的各项生产性能。在非中心产区可适当进行杂交改良，进一步发展成为乳肉兼用型水牛。

八、附录

（一）参考文献

陈家贵，2017. 广西畜禽遗传资源志［M］. 北京：中国农业出版社.

广西家畜家禽品种志编辑委员会，1987. 广西家畜家禽品种志［M］. 南宁：广西人民出版社.

国家畜禽遗传资源委员会，2011. 中国畜禽遗传资源志·牛志［M］. 北京：中国农业出版社.

（二）调查和编写人员情况

1. 参与性能测定的单位和人员

广西壮族自治区水牛研究所：梁辛、李厅厅。

百色市畜禽品种改良技术推广站：玉耀贤。

2. 主要编写人员

广西壮族自治区水牛研究所：梁辛、李治培、徐艺锢。

隆林牛

隆林牛

一、一般情况

（一）品种名称及类型

隆林牛（Longlin cattle），属肉役兼用型黄牛地方品种。

（二）原产地、中心产区及分布

隆林牛分布于隆林各族自治县、西林县和田林县境内，并逐步扩展到毗邻的云南省广南、师宗县及贵州省的兴义市等地，该品种的数量已经形成一定的规模。中心产区以隆林各族自治县新州镇、桠杈镇、天生桥镇、平班镇、德峨镇、隆或镇、沙梨乡、者保乡、者浪乡、革步乡、金钟山乡、猪场乡、蛇场乡、克长乡、岩茶乡、介廷乡等乡镇为主。

（三）产区自然生态条件

隆林各族自治县地处广西壮族自治区西北部，地势南高北低，以山地为主，海拔380～1 950.8m。产区位于北纬24°22′—24°59′，东经104°47′—105°41。属于低纬度高海拔的亚热带季风和湿润气候，南冷多雨，北暖干旱，"立体气候""立体农业"特征明显。年平均气温20～22℃，最高气温39.9℃，最低气温－3.1℃。无霜期为290～310d。由于受地形的影响，产区各地降水量差异较大，年降水量为1 020～1 590mm。境内河流属珠江流域西江水系。水源较为丰富。土壤以山地红壤土为主，荒山荒地较多，土层深厚，土层厚度80～100cm，养分丰富，有机质积累较高，有机质含量2.4%～2.9%，速效钾含量在220～240mg/kg，硼元素含量在4.6～11mg/kg，自然地理环境适宜各种林木、牧草等生长繁殖。种植业以旱地作物为主，主要有玉米、水稻、豆类、甘蔗、薏米、瓜菜类等，大部分农作物耕作制度为一年一熟。富饶的土壤条件使得境内天然牧草、中药种类多、分布广，有黄芩、黄精、贝母、增润草、牛鞭草、甜象草、皇竹草、紫花苜蓿、黑麦草等20多个品种。隆林各族自治县地表水全靠降水产生的径流和河川基流，全县多年平均流量为315.4m³/s，径流总量为10.73亿m³，其中南盘江河系年径流量7.66亿m³，占全县总径流总量的71.4%；右江河系年径流量3.07亿m³，占全年总径流量的28.6%。地下水主要分布在石山地区，平均年径流总量为1.2亿m³。

二、品种来源及发展

（一）品种形成的历史

隆林牛形成历史悠久。该品种是在喀斯特地貌环境和植物群落条件下，经过长期的风土驯化和选育形成的优良地方黄牛品种，是较理想的役肉兼用牛。产区隆林各族自治区、西林县和田林县等地的壮、苗、彝、仡佬等民族，历代都有饲养隆林牛的习惯，并有杀牛办红白喜事的风俗。因此，除了独特的自然环境和生态条件影响外，其因适应性强、疫病少、易于饲养，肉质细嫩、营养丰富、味道鲜美等特点，深受消费者喜爱，这也是隆林牛形成的重要影响因素。当前品种主要由役用转为肉用，养殖方式由放牧逐步向放牧+舍饲转变；饲料由放牧自由采食向青贮发酵饲料转变。

（二）群体数量及变化情况

根据产区畜牧部门的统计，2004年隆林牛群体数量为13.03头；2011年为23.24万头，其中能繁母牛11.53万头、种公牛2.12万头；2016年群体数量18.56万头，其中能繁母牛8.00万头、种公牛1.78万头。2021年第三次全国畜禽遗传资源普查隆林牛群体数量为11.09万头，其中能繁母牛6.29万头、种公牛1.46万头，群体数量出现了下降的趋势。

三、体型外貌

（一）体型外貌特征

隆林牛的基础毛色以黄褐色为主，全身被毛贴身细短而有光泽，尾梢颜色以黑褐色和蜡黄色为主，鼻镜多为粉肉色和黄褐色，眼睑、乳房为粉肉色，蹄色以黑褐色及蜡黄色为主。头部大小适中，宽度中等，额平或稍凹，头颈与躯干结合良好。公牛角以倒八字角、竹笋角和萝卜角为主，母牛以倒八字为主，也有鹰爪角。角色为蜡黄色或者黑褐色。耳平直，耳壳薄。公牛鬐甲较高、较宽，肩峰高大、颈垂、胸垂发达。母牛鬐甲较低而平薄，胸部深广。中后躯紧凑，公牛生殖器官下垂，匀称；母牛乳房较小，乳头发育良好且匀称。尻部长短适中，但较倾斜。尾大小适中，尾梢较长过后肢飞节。蹄质细致坚固。骨骼粗细均等，发育良好，肌肉较发达，公牛肌肉发育丰满。隆林牛全身结构匀称，体型中等，背腰平直，四肢健壮，体躯紧凑，体质结实，性情温驯（图1、图2）。

（二）体尺和体重

2022年8月17—19日广西壮族自治区畜牧研究所在隆林蒋源畜牧养殖有限公司对自然放牧和舍饲的隆林牛，采取随机抽样的方式，测定了成年公牛11头，成年母牛22头的体尺、体重。测量结果表明，隆林牛成年公牛的平均体高为116.4cm，体重为300.1kg；成年母牛平均体高为108.4cm，体重222.5kg。各项体尺和体重指标详见表1。

图1 隆林牛成年公牛

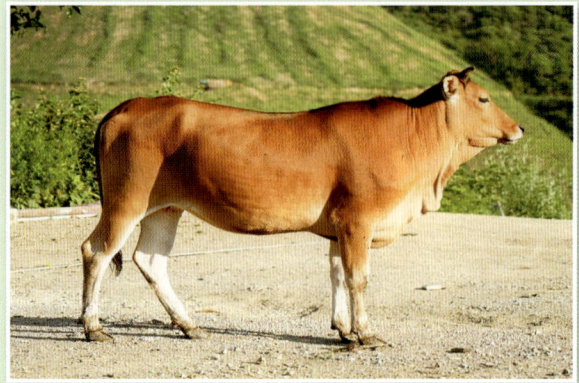
图2 隆林牛成年母牛

表1　隆林牛体重和体尺测定统计表（2022）

性别	数量（头）	鬐甲高（cm）	十字部高（cm）	体斜长（cm）	胸围（cm）	管围（cm）	体重（kg）
公	11	116.95±8.65	116.36±5.79	120.32±12.17	156.64±14.94	15.50±1.36	300.14±75.94
母	22	105.20±4.00	108.39±3.81	112.34±7.00	144.05±15.67	13.75±0.61	222.45±39.03

注：测定时间：2022年8月；测定单位：广西壮族自治区畜牧研究所、广西壮族自治区畜牧站；测定地点：百色市隆林各族自治县平班镇隆林蒋源畜牧养殖有限公司。

四、生产性能

（一）生长性能

2022年广西壮族自治区畜牧研究所、广西壮族自治区畜牧站对隆林蒋源畜牧养殖有限公司养殖的各阶段隆林牛进行了出生、6月龄、12月龄和18月龄的测定，各阶段生长性能详见表2。

（二）育肥性能

2022年10月5日至2023年1月5日广西壮族自治区畜牧研究所、广西壮族自治区畜牧站在隆林各族自治县平班镇民乐村隆林蒋源养殖有限公司选择了隆林牛公牛10头、母牛10头进行短期强度育肥。育肥结果表明，隆林牛公牛日增重为0.42kg，母牛为0.35kg。隆林牛育肥效果详见表3。

（三）屠宰性能

2023年1月广西壮族自治区畜牧研究所和广西壮族自治区畜牧站在广西都安嘉豪实业有限公司屠宰场对经短期强度育肥后的10头隆林牛（3头母牛、7头公牛）进行了屠宰性能测定，结果显示隆林牛公牛平均屠宰率为45.29%，母牛平均屠宰率为41.44%；平均净肉率公牛为34.04%，母牛为29.21%。结果见表4。

表2　隆林牛生长性能

月龄	性别	数量（头）	体重（kg）
出生	公	14	16.61±3.41
	母	9	16.11±3.31
6月龄	公	15	70.5±7.78
	母	15	74.97±7.72
12月龄	公	14	108.89±9.61
	母	16	107.41±6.73
18月龄	公	10	166.05±34.32
	母	20	164.58±24.85

注：体重表示为均值±标准差。测定时间：2022年8月；测定单位：广西壮族自治区畜牧研究所、广西壮族自治区畜牧站，测定地点：百色市隆林各族自治县平班镇隆林蒋源畜牧养殖有限公司。

表3　隆林牛育肥性能（2022）

性别	数量（头）	育肥开始月龄（月）	育肥时间（月）	初测体重（kg）	终测体重（kg）	日增重（kg）
公	10	36±10.95	3	299.35±78.00	337.25±81.38	0.42±0.03
母	10	38±19.16	3	210.95±26.47	242.30±23.96	0.35±0.08

表4　隆林牛屠宰性能测定结果（2022）

性别	数量（头）	屠宰月龄（月）	宰前活重（kg）	胴体重（kg）	净肉重（kg）	骨重（kg）	肋骨数（对）	眼肌面积（cm²）	屠宰率（%）	净肉率（%）	肉骨比
公	7	38.57±9.71	465.71±75.06	210.93±23.56	158.53±19.66	38.69±3.78	13.00	80.19±15.52	45.29±4.14	34.04±3.48	4.10±0.59
母	3	36.67±21.01	291.67±56.90	120.86±35.28	85.20±19.32	25.03±2.24	13.00	57.23±4.71	41.44±3.80	29.21±1.00	3.40±0.46

注：测定时间：2023年1月；测定单位：广西壮族自治区畜牧研究所、广西壮族自治区畜牧站；测定地点：广西河池市都安瑶族自治县地苏镇。

（四）肉质性能

在开展隆林牛屠宰测定的同时，对其肉质进行了测定，结果见表5。从表5可见，公牛肉的平均嫩度为6.97kg/cm²，母牛肉的平均嫩度为7.70kg/cm²；肌肉系水力公牛为1.17%，母牛为1.33%。

（五）繁殖性能

据调查，隆林牛母牛初情期12～18月龄，初配年龄26～28月龄，初产年龄36～38月龄，发情周期20～22d，妊娠期280～285d；呈现季节性繁殖，产犊间隔350～375d，情期受胎率80%～85%，年总繁殖率75%～80%。公牛性成熟年龄12～18月龄，配种方式多采用自然交配方式，自然交配的公、母比例为1∶30，初配年龄18～24月龄。

表5 隆林牛肉品质测定结果（2022）

性别	数量（头）	大理石花纹	肉色				脂肪颜色	嫩度（kg/cm²）	pH		肌肉系水力（%）
			目测评分（分）	L	a	b			pH_0	pH_{24}	
公	7	2	8	32.06±1.41	15.84±0.81	7.11±0.29	2	6.97±0.99	6.20±0.27	5.20±1.29	1.17±0.39
母	3	2	8	33.27±1.27	16.87±0.99	8.93±0.72	2	7.70±0.66	6.20±0.20	5.20±1.26	1.33±0.21

注：测定时间：2023年1月；测定单位：广西壮族自治区畜牧研究所、广西壮族自治区畜牧站；测定地点：广西河池市都安瑶族自治县地苏镇。

五、饲养管理

隆林牛性情温驯，适应性强，耐寒、耐热，疫病少，既可放牧，也可圈养，易于管理。

隆林牛的饲养方式以自然放牧为主，一般是早出晚归，全天放牧，放牧时应选择适当的地点合理进行放牧，一般水草相连地段为最佳放牧点，但要避免对生态环境造成破坏。在放牧过程中，要控制牛群的游走时间，将放牧距离控制在5km以内。

采用圈养方式搭建养殖棚时，须选择干燥、地形开阔、背风向阳的地方。在补饲过程中，要适当地增补一定的精饲料（如玉米、稻谷等），玉米、稻谷的补给量每天为1～1.5kg/头，稻草、玉米青贮饲料等每天饲喂10～20kg/头（图3、图4）。

图3 放养的隆林牛

图4 隆林牛群体

六、品种保护与资源开发利用现状

（一）保种现状

隆林牛尚未建立国家级或省级保种场，隆林各族自治县全县有隆林牛养殖场（户）43个，其中50头以上有12户，100头以上有8户。隆林牛以本品种本交繁殖为主，一般公、母比例为1：30，饲养方式以圈养与放牧相结合。产区长期以来虽重视隆林牛的发展，但未开展系统的选育和保种工作，仍以自然放牧、本品种自然交配为主，近亲繁殖现象较严重，造成牛群体质参差不齐，甚至出现生产性能下降的现象。虽开展了一些保护选育措施，但保种计划未能得到长期有效的实施。

（二）资源开发利用现状

隆林各族自治县采用保护与开发利用相结合的措施，加快隆林牛产业的发展。1998年广西壮族自治区质量技术监督局发布《隆林黄牛》地方标准（DB45/ 10—1998）。2015年7月22日，农业部批准对"隆林黄牛"实施国家农产品地理标志登记保护。产区部分乡镇开展了隆林牛的杂交改良，杂种牛从24月龄后生长发育加快，成年牛杂种优势极明显，杂种牛通过短期育肥，可提高屠宰率和经济效益。

七、品种评价和展望

隆林牛既有较强的役用和爬山能力，又有较高的符合山区人民生活需要的肉用性能。隆林牛体躯较高大，发育匀称，肌肉发达，性情温驯，耐粗饲、耐劳、耐热、耐寒，适应性好，肉质细嫩，脂肪少，肌纤维清晰坚韧，屠宰率高，但其存在生长缓慢、泌乳量低，以及斜尻、四肢姿势欠正等缺点。加上饲养管理方法落后，选种选配工作跟不上，使其某些生产性能出现衰退的趋势。

产区应该严格按照《隆林黄牛》地方标准的要求，对现有种牛进行等级评定，通过开展本品种选育，实行种公牛异地选育调换，防止近亲交配，达到防止其生产性能衰退的目的。同时，有计划地在非主产区开展杂交改良工作，提高隆林牛的各项生产性能，满足人民日益增长的物质生活需求。

八、附录

（一）参考文献

陈家贵，2017. 广西畜禽遗传资源志［M］. 北京：中国农业出版社.

国家畜禽遗传资源委员会，2011. 中国畜禽遗传资源志·牛志［M］. 北京：中国农业出版社.

宣泽义，陈嘉磊，陈少梅，等，2022. 隆林牛与郏县红牛线粒体DNA全基因组遗传多样性比较研究［J］. 中国牛业科学，48（3）：1-5.

张俸伟，2020. 广西3个黄牛品种全基因组遗传多样性分析［D］. 杨凌：西北农林科技大学.

（二）调查和编写人员情况

1. 参与性能测定的单位和人员

广西壮族自治区畜牧研究所：吴柱月。

广西壮族自治区畜牧站：黄明光。

隆林各族自治县畜牧品改站：龚天洋。

2. 主要撰稿人员及单位

广西壮族自治区畜牧研究所：贾银海、吴柱月。

广西壮族自治区畜牧站：黄明光。

南丹牛

一、一般情况

（一）品种名称及类型

南丹牛（Nandan cattle）是在特定的环境条件下选育和培育而成的役肉兼用型地方黄牛品种。1987年载入《广西家畜家禽品种志》，是广西壮族自治区优良地方黄牛品种之一。

（二）原产地、中心产区及分布

南丹牛中心产区在广西壮族自治区南丹县境内，境内又以中堡、月里、里湖、八圩等四个乡镇为主。分布产区为该县的其他13个乡镇及相邻的环江毛南族自治县、天峨县、东兰县、金城江区等地，并逐步扩展到毗邻的贵州省边境市、县。该品种的数量已形成一定的规模，目前在南丹县茂晨农业投资有限责任公司建立了南丹牛保种基地，存栏南丹牛1 200多头。

（三）产区自然生态条件

南丹县位于广西西北部，北纬24°42′—25°37′，东经107°1′—107°55′，地处云贵高原南缘，全境地势为高原至丘陵过渡地带，由东北向西南方向倾斜，山岭连绵，海拔800～1 000m，是广西、贵州、四川交通的重要枢纽。全县土地面积39.16万hm²，中低山地占总面积的86.3%，耕地面积1.7万hm²。

南丹县冬无严寒、夏无酷暑，年平均气温16～18℃（年最高气温35.5℃，最低气温−3.3℃），年平均降水量1 150～1 450mm，年平均光照1 243h，太阳辐射376.73kJ/cm²，全年无霜期总天数285～290d，霜期较短。全年干燥指数为97.40，相对湿度为81.9%，属亚热带季风和湿润气候区。南丹县因山川汇集而成的不同河流有11条，全县还建成了大小水库23座，水资源丰富，水面面积3 506.67hm²，占总面积的0.9%。土壤以黄壤土、红壤土、石灰土和紫色土为主。地下蕴藏着丰富的有色金属矿，表土层一般有5～25cm，土层厚10～100cm，土壤含有丰富的有机质和钙质，光照充足、水肥条件好，适宜牧草生长。

南丹县主要种植的农作物有水稻、玉米、小麦、黄豆、油菜等。夏季主要种植水稻、玉米，由于日照时间短，一年只能种植一季。冬季北部一些乡镇可以种植小麦、油菜等农作物。

全县宜放牧和宜牧草山地面积7.958万hm²，其中可利用草地面积4.67万hm²，千亩*以上成片草山草地有164处，有禾本科牧草30多种，主要包括茅草、纤毛鸭嘴草、画眉草等。

二、品种来源及发展

（一）品种形成的历史

南丹牛原产于广西西北部石山区少数民族聚居的南丹县境内，在当地少数民族长期人工选择和自然选择及商品贸易的促进中形成，历史悠久。产区南丹县的壮、瑶、苗、彝、仫佬等少数民族，历代都有饲养黄牛的习惯，并有杀牛兴办红白喜事的民族风俗。黄牛一般用来使役，在山地耕作灵活，耐力强。南丹牛爬坡能力强，适应性好，繁育力强，易于饲养，肉质细嫩，营养丰富，味道鲜美，深受当地群众欢迎，发展和开发潜力十分广阔。

随着交通、通信技术的发展，当地市场经济观念的更新，黄牛已从单一的耕作使用逐步走向市场，成为当地人民致富的有效途径之一。近年来，主产区黄牛年销售量均在2000多头，主要销往云南、贵州、广州及广西境内等地。

（二）群体数量及变化情况

2004年底统计，南丹牛总存栏量为15.28万头，其中主产区南丹县存栏量为50 352头，占33.0%；分布产区的天峨县存栏量为31 050头，占20.3%；环江毛南族自治县存栏量为66 435头，占43.5%；金城江区存栏量为4 932头，占3.2%。

2011年统计，南丹牛群体数量为7.57万头，其中能繁母牛4.68万头，占61.8%；种公牛0.98万头，占12.9%；其他或小母牛1.91万头。

2016年统计，南丹牛群体数量为6.46万头，其中能繁母牛3.92万头，占60.7%；种公牛0.81万头，占12.5%；其他或小母牛1.73万头。

2021年第三次全国畜禽遗传资源普查结果显示，南丹牛群体数量为5.82万头，其中能繁母牛3.76万头，占64.6%；种公牛0.45万头，占7.7%；其他或小母牛1.61万头。

近20年来南丹牛整体数量略有下降，但整体保护和利用情况良好。

三、体型外貌

（一）外貌特征

南丹牛毛色为黄褐色或者黄色，部分也有枣红色；体型中等，结构较好，体躯紧凑，体质结实，全身匀称；头短宽，角色以蜡色或者褐色为主。背腰平直，胸部较深广。牛颈垂较发达，胸垂较小。四肢健壮，前腿间距较大。蹄质细致结实，尾部尾根大小适中，尾端长过后肢飞节。尾梢颜色为黑褐色或者

---

* 亩为非法定计量单位。1亩＝1/15hm²。——编者注

蜡黄色。蹄色为褐色或者褐色斑纹。

公牛雄性特征明显，肩峰明显，颈垂发达，胸垂较小，中后躯略短，腰角突出，部分公牛背线明显（图1）。

母牛清秀，额宽平。肩峰不明显，胸部较深广。母牛乳房较小，质地柔软，乳头呈圆柱形（图2）。

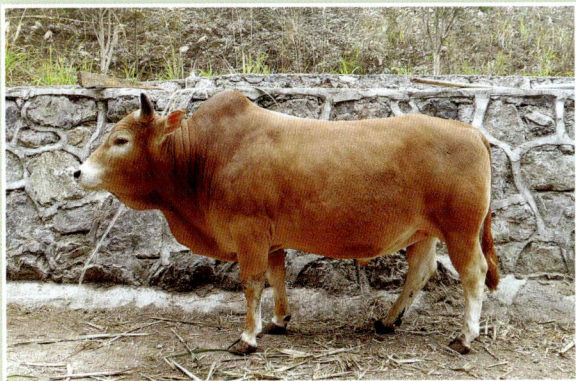

图1 南丹牛成年公牛　　　　　　　　　　　图2 南丹牛成年母牛

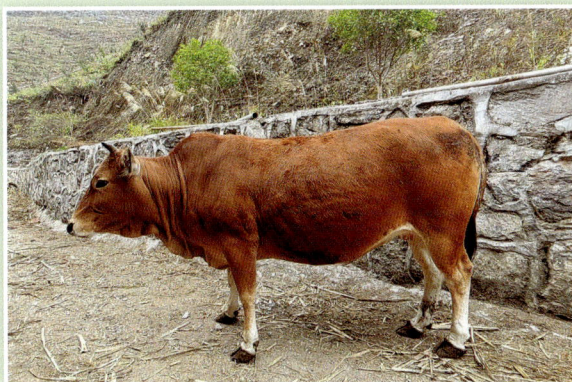

（二）体尺和体重

2022年11月22日广西壮族自治区畜牧研究所、广西壮族自治区畜牧站在河池市南丹县芒场镇者麻村南丹县茂晨农业投资有限责任公司基地，采取随机抽样的方式，对舍饲的33头成年南丹牛（公牛12头、母牛21头）进行了体尺、体重测定，测定结果见表1。

表1　成年南丹牛体重和体尺（2022）

性别	数量（头）	鬐甲高（cm）	十字部高（cm）	体斜长（cm）	胸围（cm）	管围（cm）	体重（kg）
公	12	109.46±7.13	107.88±7.89	110.63±12.08	146.33±10.71	15.38±1.25	241.21±55.19
母	21	102.45±6.97	104.43±5.53	112.88±7.81	144.76±10.57	14.33±1.03	230.38±47.23

四、生产性能

（一）生长性能

2022年8月由广西壮族自治区畜牧研究所、广西壮族自治区畜牧站组成的南丹牛性能测定技术团队对南丹县茂晨农业投资有限责任公司养殖的南丹牛进行了生长性能测定，测定阶段为出生、6月龄、12月龄、18月龄，测定结果见表2。

表2　南丹牛生长性能

月龄	性别	数量（头）	体重（kg）
出生	公	10	15.05±4.00
	母	8	16.63±2.90
6月龄	公	16	67.63±11.02
	母	14	65.04±7.43
12月龄	公	14	82.86±9.15
	母	16	82.15±6.49
18月龄	公	12	110.42±16.59
	母	19	112.65±19.07

注：测定时间：2022年8月，测定单位：广西壮族自治区畜牧研究所、广西壮族自治区畜牧站，测定地点：河池市南丹县芒场镇者麻村南丹县茂晨农业投资有限责任公司。

（二）育肥性能

2022年10月8日至2023年1月9日广西壮族自治区畜牧研究所、广西壮族自治区畜牧站在南丹县茂晨农业投资有限责任公司选择了南丹牛公牛10头，母牛10头进行短期强度育肥。南丹牛育肥效果详见表3。

表3　南丹牛育肥性能（2022）

性别	数量（头）	育肥开始月龄（月）	育肥时间（月）	初测体重（kg）	终测体重（kg）	日增重（kg）
公	10	37.60±15.11	3	241.75±40.66	282.2±44.02	0.45±0.08
母	10	50.40±15.80	3	251.95±43.92	290.95±45.27	0.43±0.07

（三）屠宰性能

2023年2月在南宁市高新区对经短期强度育肥的10头南丹牛公牛进行了屠宰测定，屠宰率57.88%、净肉率39.72%、肉骨比5.10：1，屠宰结果见表4。

表4　南丹牛屠宰性能

性别	数量（头）	屠宰月龄（月）	宰前活重（kg）	胴体重（kg）	净肉重（kg）	骨重（kg）	肋骨数（对）	眼肌面积（cm²）	屠宰率（%）	净肉率（%）	肉骨比
公	10	37.60±10.01	330.60±61.92	191.37±39.59	131.31±31.25	25.73±5.19	13	84.04±12.72	57.88±1.86	39.72±2.41	5.10±0.68

注：测定时间：2023年2月，测定单位：广西壮族自治区畜牧研究所、广西壮族自治区畜牧站，测定地点：广西南宁市高新区。

（四）肉质性能

2023年2月在开展南丹牛屠宰测定的同时，进行了肉质性能测定，结果见表5。

表5　南丹牛肉品质

性别	数量（头）	大理石花纹	肉色				脂肪颜色	嫩度（kg/cm²）	pH		肌肉系水力（%）
			目测评分	L	a	b			pH_0	pH_{24}	
公	10	2.80±0.42	8	34.06±1.40	15.60±0.84	7.92±0.58	2	5.64±0.89	7.24±0.45	5.16±0.31	1.07±0.02

注：测定时间：2023年2月，测定单位：广西壮族自治区畜牧研究所、广西壮族自治区畜牧站，测定地点：广西南宁市高新区。

（五）繁殖性能

南丹牛母牛初情期16～18月龄，初配年龄20～22月龄，初产年龄30～32月龄，发情周期18～21d，妊娠期275～280d；产犊间隔360～370d，情期受胎率75%～85%，年总繁殖率80%～85%。犊牛初生重：公牛平均为15.1kg，母牛平均为16.6kg。犊牛6月龄断奶重：公牛67.6kg，母牛65.0kg。

公牛18～24月龄性成熟，初配在24～30月龄。采用自然交配方式，公、母比例1∶30。

（六）其他性能

南丹牛一般只作耕地使用，适宜在山坡、平地、旱地耕作，役力持久。

南丹牛在自然放牧而不补任何精料的情况下泌乳期的产乳量为285～305kg，泌乳期为270d。

五、饲养管理

南丹牛经过长期风土驯化，性情温驯，适应性强，耐寒、耐热，疫病少，既可放牧，也可圈养，易于管理。

南丹牛能适应当地高海拔丘陵山区的生长繁殖条件。在不补给任何精料的情况下，南丹牛生长发育和繁殖性能均正常，疫病少，死亡率低，难产率低，繁殖率较高。南丹牛的饲养方式以自然放牧为主，也有圈养方式。放牧一般选择水草相连地段。

南丹牛栏舍简易，大部分是木棚或铁棚栏舍、泥土地面。近年来随着放牧地和养殖群体的扩大，南丹牛也有部分过渡到放牧＋舍饲或全部舍饲等养殖模式（图3、图4）。

图3　南丹牛群体及其生长的自然环境　　图4　南丹牛生长的自然环境

六、品种保护与资源开发利用现状

（一）保种现状

南丹牛尚未建立保种场。2002年发布了广西壮族自治区地方标准《南丹黄牛》（DB45/T 48—2002）。2016年3月，南丹牛获得农产品地理标志登记。2019年，以南丹县茂晨农业投资有限责任公司为依托单位，建立了初具规模的南丹牛养殖场，存栏南丹牛能繁母牛700多头，种公牛48头，养殖场以自繁自养为主，饲养方式以放牧为主，冬季适当补充精料。

为了防止本地黄牛品种资源的退化，近年来南丹县每年举行一次种公牛评优活动，提高农民的保种意识。全县建立了村级种公牛档案，种公牛实行异地交换，减少近亲繁殖概率。

（二）资源开发利用现状

近年来相关单位针对南丹牛开展了mtDNA D-loop区序列多态性及起源和育肥效果等研究。在非中心区开展了杂交改良。

七、品种评价和展望

南丹牛产于温湿山地，经当地人民长期选育和风土驯化，具有性情温驯、耐粗饲、耐热、耐寒，疫病少、适应性好、体形紧凑、攀爬能力强、役力好、遗传性能稳定等优点。其肉质细嫩、肉味鲜甜、风味独特，深受消费者的青睐，具有开发生产高端特色地方黄牛肉的潜力。但南丹牛体躯短狭，生长较慢，亟待努力改进。

产区应该严格按照《南丹黄牛》地方标准的要求，加强系统选育，对现有种牛进行等级评定，通过开展本品种选育，实行种公牛异地选育交换，合理搭配公、母比例，减少近亲繁殖概率，以逐步提高南丹牛的各项生产性能。建立保种场和保护区，与其他品改区严格分开，实行本品种选育，以达到提纯复壮和保种的目的。同时，在非主产区可适当开展杂交改良，进一步发展成为乳肉兼用型黄牛。

八、附录

（一）参考文献

陈家贵，2017. 广西畜禽遗传资源志［M］. 北京：中国农业出版社.

国家畜禽遗传资源委员会，2011. 中国畜禽遗传资源志·牛志［M］. 北京：中国农业出版社.

吴桂月，孙俊丽，廖玉英，2020. 广西家畜品种资源保护与利用［M］. 北京：中国农业科学技术出版社.

（二）调查和编写人员情况

1. 参与性能测定的单位和人员

广西壮族自治区畜牧研究所：吴柱月。

广西壮族自治区畜牧站：黄明光。

南丹县水产畜牧技术推广站：韦文林。

2. 主要撰稿人员及单位

广西壮族自治区畜牧研究所：肖正中、吴柱月。

广西壮族自治区畜牧站：黄明光。

涠洲牛

涠洲牛

（一）品种名称及类型

涠洲牛（Weizhou cattle），是广西优良的役肉兼用型地方黄牛品种。

（二）原产地、中心产区及分布

涠洲牛的中心产区是广西壮族自治区北海市海城区的涠洲和斜阳两岛，北海市的合浦县、银海区、铁山港区也有少量分布。

（三）产区自然生态条件

涠洲岛位于北海市东南36n mile的北部湾北部，北纬20°54′—21°10′，东经109°00′—109°15′，总面积24.74km²，是中国最大最年轻的火山岛。涠洲岛地貌类型为海岛台地，呈半月形，从南向北倾斜，海拔高度79.6m。年平均气温为23℃，最高气温为35.4℃，最低气温为2.4℃。年平均降水量1 297mm，降水主要集中在5—10月。年平均光照2 198.7h，全年无霜，全年干燥指数66.95，属南亚热带湿润季风气候区。岛上无河流，水源来自雨水、地下水，有小型水库1座，靠水库灌溉，水库是当地农田和畜禽饮水的重要水源。土质属火山沉积灰层土，主要有黏壤土、沙土、沙壤土、壤土，富含氮、磷、钾，尤以速效钾含量高，土质呈弱碱性。涠洲岛主要以旱地为主，分布在涠洲岛的东部区域，占全岛土地利用总面积的37%；其次为林地，主要分布在涠洲岛的西部区域，占全岛土地利用总面积的31%。2003年岛上使用耕地面积961hm²，林地580hm²，宜牧草地1 040hm²。近年来随着涠洲岛旅游资源的开发，耕地面积和草地面积不断减少。

涠洲岛农作物有水稻、玉米、甘蔗、花生、木薯、甘薯、香蕉等。由于岛内日照时间长、气候温和，水稻一年两熟或三熟，其他农作物一年两熟。宜牧草地属台地灌木丛类和农隙地草地，有蛋白质含量较高的银合欢灌木林。禾本科牧草主要有刺芒野古草、狗牙根、纤毛鸭嘴草、铺地黍、马唐草、臭根子草、牛筋草等。农作物秸秆如稻草、玉米秆、花生藤、甘蔗尾叶、芭蕉秆叶等饲料资源也十分丰富。

斜阳岛位于涠洲岛东南方向约9n mile处，是由火山喷发堆凝形成，面积1.89km²。地势为周围高，中心低，呈一盆地状地形。斜阳岛上居民很少，约有290人，斜阳岛除岛中心为农田外，环海岸带为防护林带，主要植物有红花树、台湾相思、银合欢及蕨类植物等。

涠洲牛的形成与该岛的自然条件和人民长期的选育有着密切关系。涠洲牛除供岛内居民役用、食用外，同时也受到岛外群众的喜爱，不断有人来到岛内购买回去饲养或屠宰。

二、品种来源及发展

（一）品种形成的历史

涠洲牛是从岛外迁移到岛内经驯化、选育而形成。据《涠洲大事记》记载，1806—1807年，清朝统治者以盗匪出外抢劫多居于涠洲为借口实行海禁，强迁岛上居民至雷廉各郡（即今雷州半岛和合浦等县）。1810年清政府常派兵船来往搜查，涠洲遂为荒岛。1821—1850年遂溪、合浦等地贫苦百姓百余人，因生活困难，偷渡涠洲，从事渔业、农业生产。史实资料证明，涠洲岛开发始于100多年前，居民从雷州半岛和合浦县移入，耕牛也因此随着移民带入该岛。可见涠洲牛是来源于雷州半岛及合浦县一带。

（二）群体数量及变化情况

2003年主产区涠洲、斜阳两岛涠洲牛存栏1 803头，其中成年公牛（内有43头种公牛）237头，占存栏总数13.1%，阉公牛328头，占18.2%；成年母牛716头，占39.2%；中、小牛522头，占29.0%。牛群分布涠洲岛占总数的96%，斜阳岛占4%。

2011年调查统计，涠洲牛群体数量为17 243头，能繁母牛11 755头，能繁母牛在全群中占68.2%；种公牛917头，种公牛在全群中占5.3%。

2016年调查统计，涠洲牛群体数量为16 672头，能繁母牛11 540头，能繁母牛在全群中占69.2%；种公牛906头，种公牛在全群中占5.4%。

2021年第三次全国畜禽遗传资源普查，涠洲牛群体数量18 773头，其中能繁母牛15 160头，能繁母牛在全群中占80.8%；种公牛883头，种公牛在全群中占4.7%。

近20年来涠洲牛群体数量略有增长，濒危程度处于维持等级。

三、体型外貌

（一）外貌特征

涠洲牛头长短适中，公、母牛颈短粗而肉垂较发达，头颈与躯干结合良好。角多呈倒"八"字形，部分也有短钝角、竹笋角、萝卜角、扁担角或鹰爪角。公牛肩峰高，母牛不明显。颈垂和胸垂大，脐垂小或无，尻形斜，臀端宽，尾帚大且过飞节。全身被毛短而密，柔软而富有光泽。公牛毛色黄褐色或黄色，母牛毛色黄褐色、深褐色、草黄色或黑色，腹下及四肢下部颜色较浅，略呈白色，有局部淡化。鼻镜黑褐色，蹄部为黑褐色。部分有贴身短毛，额部有长毛2～3cm，前额有卷毛。眼睑、乳房为粉肉色。母牛前后乳区发育均匀，无副乳头。

据统计，涠洲牛尾帚以黑色或黑褐色居多。鼻镜黑褐色占97%，粉肉色占3%（图1、图2）。

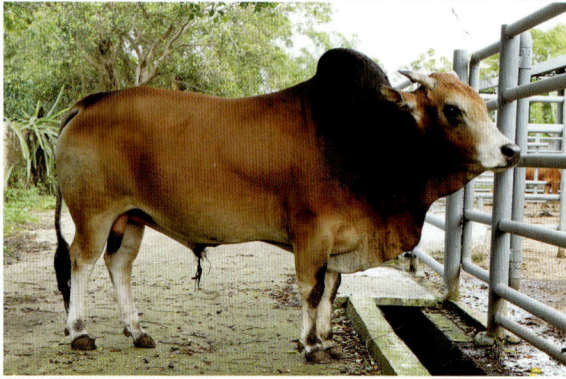

图1　涠洲牛成年公牛

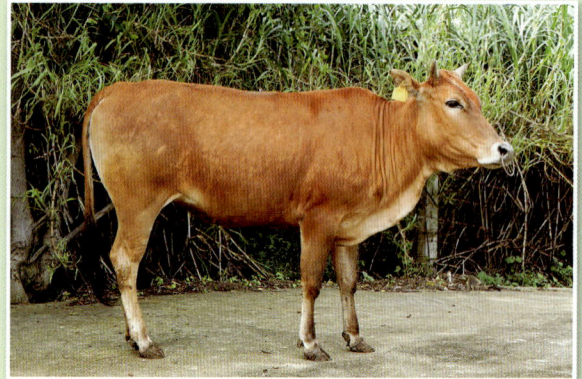

图2　涠洲牛成年母牛

（二）体尺和体重

2022年9月广西壮族自治区畜牧研究所、广西壮族自治区畜牧站组成的涠洲牛性能测定技术团队对北海市合浦县长期不补精料的32头成年涠洲牛（公牛10头，母牛22头）进行了体尺、体重测定，结果见表1。

表1　涠洲牛体尺、体重

性别	数量（头）	体高（cm）	十字高（cm）	体斜长（cm）	胸围（cm）	管围（cm）	体重（kg）
公	10	122.80±4.73	121.20±7.44	138.90±7.71	174.30±5.91	18.45±1.62	444.90±38.34
母	22	105.07±3.92	108.41±4.02	113.34±5.51	140.00±6.83	13.54±0.88	215.25±31.44

注：测定时间：2022年8月，测定单位：广西壮族自治区畜牧研究所、广西壮族自治区畜牧站，测定地点：北海市合浦县石康镇鲤鱼村广西合浦吉吉农牧科技开发有限公司。

四、生产性能

（一）生长性能

2022年9月由广西壮族自治区畜牧研究所、广西壮族自治区畜牧站组成的涠洲牛性能测定技术团队对广西合浦吉吉农牧科技开发有限公司养殖的涠洲牛进行了生长性能测定，测定阶段为出生、6月龄、12月龄、18月龄，测定结果见表2。

表2　涠洲牛生长性能

月龄	性别	数量（头）	体重（kg）
出生	公	18	17.22±5.00
	母	12	20.29±5.28
6月龄	公	14	81.57±7.85
	母	16	72.97±5.73
12月龄	公	13	113.04±8.46
	母	17	113.38±9.87
18月龄	公	16	172.41±18.37
	母	14	158.50±12.05

注：数据表示为均值 ± 标准差。

（二）育肥性能

2022年10月10日至2023年1月13日广西壮族自治区畜牧研究所、广西壮族自治区畜牧站在广西合浦吉吉农牧科技开发有限公司选择了涠洲牛公牛10头，母牛10头进行短期舍饲强度育肥。涠洲牛育肥效果详见表3。

表3　涠洲牛育肥性能（2022）

性别	数量（头）	育肥开始月龄（月）	育肥时间（月）	初测体重（kg）	终测体重（kg）	日增重（kg）
公	10	59.8±13.3	3	444.90±38.34	481.45±39.90	0.41±0.07
母	10	47.5±9.3	3	217.35±35.68	253.10±34.87	0.40±0.06

（三）屠宰性能

2023年3月在北海市合浦县对经短期舍饲强度育肥的10头涠洲牛（公牛7头，母牛3头）进行了屠宰测定，屠宰结果见表4。

表4　涠洲牛屠宰性能（2022）

性别	数量（头）	屠宰月龄（月）	宰前活重（kg）	胴体重（kg）	净肉重（kg）	骨重（kg）	肋骨数（对）	眼肌面积（cm²）	屠宰率（%）	净肉率（%）	肉骨比
公	7	41.57±9.09	356.71±82.80	192.51±51.60	164.47±45.07	28.04±7.44	13.00	100.30±19.82	53.97±2.69	46.11±2.88	5.87±0.81
母	3	34.33±1.53	296.00±94.56	165.90±53.42	145.10±46.42	20.80±7.06	13.00	102.43±30.42	56.05±1.50	49.02±0.95	6.98±0.46

（四）肉质性能

2023年3月在开展涠洲牛屠宰测定的同时，进行了肉质性能测定，结果见表5。

表5　涠洲牛肉品质（2022）

性别	数量（头）	大理石花纹	肉色				脂肪颜色	嫩度（kg/cm²）	pH		肌肉系水力（%）
			目测评分（分）	L	a	b			pH0	pH24	
公	7	2.71±0.49	7.86±0.38	32.74±2.00	14.54±0.92	7.20±1.25	2.00	5.84±1.87	5.99±0.86	5.79±1.06	8.27±0.58
母	3	3.00±1.00	8.00	34.20±1.65	13.30±0.95	6.10±0.62	2.00	6.27±1.79	6.33±0.25	5.33±0.12	9.20±2.10

（五）繁殖性能

涠洲牛性成熟早，母牛初情期15~18月龄，初配年龄16~18月龄；公牛性成熟年龄为16~18月龄，初配年龄18~24月龄。母牛初产年龄24~30月龄，妊娠期275~280d；情期受胎率75%~85%，年总繁殖率80%~85%。涠洲牛的繁殖性能详见表6。

表6　涠洲牛繁殖性能统计

母牛	初情期	15~18月龄
	初配年龄	16~18月龄
	初产年龄	24~30月龄
	发情周期	18~22d
	妊娠期	275~285d
	产犊间隔	330~400d
	情期受胎率	75%~85%
	年总繁殖率	70%~80%
公牛	性成熟年龄	16~18月龄
	初配年龄	18~24月龄
	配种方式	本交（公、母比例1∶50）
	利用年限	10~15年

五、饲养管理

涠洲牛多以自然放牧为主，也有半放牧半舍饲。涠洲牛性情温驯，耐热，耐粗饲，抗病力强，有较强的适应能力。涠洲岛银合欢资源丰富，涠洲牛瘤胃中存在可降解含羞草素及其代谢产物的细菌，因此牛只采食银合欢后不发生中毒（图3、图4）。

图3 涠洲牛群体

图4 涠洲牛生长的自然环境

六、品种保护与资源开发利用现状

（一）保种现状

20世纪80—90年代，当地畜牧部门对该品种公牛进行了登记，存栏种公牛60多头，对涠洲牛的纯繁和选育起了很大的促进作用。但近几年随岛上旅游业的发展，牛存栏量逐年减少，牛群改良的方向有由本品种自然交配逐步被用外来品种牛冻精进行杂交改良所替代的趋势。2013年4月，在北海市合浦县建立自治区级涠洲牛保种场。

涠洲牛1987年列入《广西家畜家禽品种志》。2006年广西壮族自治区质量技术监督局颁布《涠洲黄牛》地方标准，标准号DB45/T 344—2006；2011年列入《广西畜禽遗传资源保护名录》；2012年8月获农产品地理标志登记。

（二）资源开发利用现状

2012年以来，广西壮族自治区畜牧研究所开展了以涠洲牛为母本，和牛为父本，培育雪花牛肉的试验，屠宰测定显示：未经去势和强制育肥的杂交母牛雪花肉质评定达到5级，该杂交组合具有生产雪花牛肉的潜力。

七、品种评价和展望

涠洲牛性情温驯，具有耐热、耐粗饲、抗病力强、性成熟早、育成率高、繁殖率高、生长迅速、净肉率高、屠宰率高、肉质鲜美等优点，应在主产区建立保种基地，选育提高。应建立人工草场，营造更好的条件。针对体型较矮小的不足，在非主产区引进外来优良品种开展杂交改良，促进其发展和开发利用，提高涠洲牛的经济效益。

八、附录

（一）参考文献

陈家贵，2017. 广西畜禽遗传资源志［M］. 北京：中国农业出版社.

国家畜禽遗传资源委员会，2011. 中国畜禽遗传资源志·牛志［M］. 北京：中国农业出版社.

吴柱月，孙俊丽，廖玉英，2020. 广西家畜品种资源保护与利用［M］. 北京：中国农业科学技术出版社.

肖正中，周晓情，梁金逢，等，2018. 日本和牛与涠洲黄牛杂交牛生长及屠宰性能研究［J］. 黑龙江畜牧兽医（8）：45–46.

（二）调查和编写人员情况

1. 参与性能测定的单位和人员

广西壮族自治区畜牧研究所：吴柱月。

广西壮族自治区畜牧站：黄明光。

北海市畜牧站：潘承凤。

2. 主要撰稿人员及单位

广西壮族自治区畜牧研究所：梁金逢、吴柱月。

广西壮族自治区畜牧站：黄明光。

百色马

百色马

一、一般情况

（一）品种名称及类型

百色马（Baise horse），属中国西南马的一个品种，因主产于广西壮族自治区百色市而得名，属驮挽乘兼用型地方品种。

（二）原产地、中心产区及分布

原产地为广西壮族自治区百色市，中心产区为百色市田东县、德保县、靖西市、平果市、田林县、那坡县；广西境内除梧州市、北海市以外的其他地级市都有分布；北京市朝阳区、广东省深圳市、山东省青岛市等地也有分布。

（三）产区自然生态条件

主产区百色市地处广西西部，地处云贵高原东南面的伸延部分，介于北纬22°51′—25°07′，东经104°28′—107°54′。地势自西北逐渐向东南倾斜，地形复杂，地理上天然形成山多平原少的特点，东南部小丘陵和小盆地较多。海拔1 000～1 300m，最高峰达2 000m以上，属亚热带季风气候。光、热、水资源较丰富。由于境内大气环流和地形、地貌的复杂多样，立体气候显著。太阳辐射总量405.62～477.62kJ/cm^2，年平均日照时数1 404.9～1 889.5h，年平均气温16.3～22.1℃，平均相对湿度为80%，无霜期330～363d，年平均降水量1 113～1 713mm，冬春少雨，春旱明显。境内地表河流分别为珠江流域的西江水系南盘江、红水河、西江等和红水河流域的西南国际水系百都河。土壤以红壤和赤红壤为主体，呈酸性。植物资源丰富而且大部分植物经冬不凋，全年生长发育。经济作物有甘蔗、茶叶、烟草、咖啡等，牧草有90多种，素有"天然牧场"之称。

二、品种来源、形成与发展

（一）品种形成及历史

汉朝时巴蜀商人已在边界交易马及其他畜产品，东汉安帝六年在西南设置马苑五处。北宋时代，蜀边已成为国家重要的马匹来源地。南宋时马资源紧张，向西南征集马匹，先汇集于广西，经桂林转水路东进，称之为"广马东进"，促进了西南各地马业发展。

百色马饲养历史已近2 000年，在文献和出土文物、房屋装饰和壁画中均有反映。据《田林县志》记载："迎娶时用轿马、鼓锣、灯笼火。"民间有饮酒及食牛、马、犬等肉的习惯。《凌云县志》记载："行之一事，殊感两难，有余之家，常用轿马，畜马一匹。"1972年，百色地区西林县普合村出土了西汉文物鎏金铜骑俑；清康熙时修建了粤东会馆，屋脊上的雕塑壁画中也有许多马俑和骑士。历史上产区交通不便，马匹是主要的运输工具，人们世代用马、育马。在产区自然条件、社会经济因素的影响下，百色马是经劳动人民精心培育而形成的地方品种。

（二）群体数量及变化情况

据百色市水产畜牧局统计，2005年末百色马存栏20.15万匹，其中基础母马6.64万匹。此后由于社会经济的进步和农业机械化应用，百色马作为运输工具的作用减弱，养殖数量逐步减少。2021年第三次全国畜禽遗传资源普查显示，全区存栏百色马23 370匹，其中成年公马6 116匹，能繁母马14 521匹，马驹2 733匹。百色马的群体数量严重缩减，较2005年减少近90%，急需加以重视，加强资源保护。

三、体型外貌

（一）体型外貌特征

百色马毛色以骝毛为主，其他有青毛、栗毛、黑毛等，鬃、鬣、尾毛较多，鬃、鬣毛浓密。体质干燥结实，结构紧凑匀称；头短而稍重，直头，额宽适中，鼻梁平直，耳小前竖，头颈结合良好，颈部短、厚而平；鬐甲较平，肩短而立；躯干较短厚，胸发达，肋拱圆；腹较大而圆；背腰平直；尻稍斜。四肢肌腱、关节发育良好，前肢直立，姿势端正，后肢多呈外弧和曲飞节。蹄小而圆，蹄质致密、坚实（图1、图2）。

图1　百色马公马

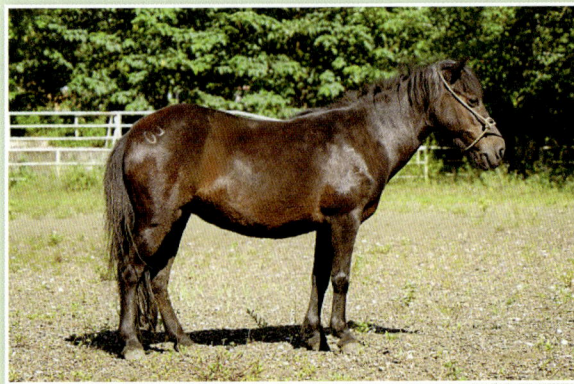

图2　百色马母马

（二）体尺和体重

2022年7—12月，广西壮族自治区畜禽品种改良站联合百色市畜禽品种改技术推广站、右江区畜牧站、田林县畜牧站、德保县畜牧站、马山县周鹿镇农林水利服务中心组成调查组先后到百色市右江区龙川镇、田林县平塘乡、德保县巴头乡和那甲镇、马山县周鹿镇等产区对散养的13匹成年公马和56匹成年母马的体尺和体重进行了测量，结果见表1。与2005年相比，百色马体重和体尺有所上升。

表1　百色马成年体尺及体重

性别	数量	月龄	体高（cm）	体长（cm）	胸围（cm）	管围（cm）	体重（kg）
公	13	60～156	113.35±4.72	115.46±7.40	132.92±6.73	14.31±1.41	197.38±29.37
母	56	48～180	118.13±5.51	121.74±7.65	143.16±11.68	14.94±1.07	224.88±41.50

四、生产性能

（一）生长发育

2022年7—12月，广西壮族自治区畜禽品种改良站联合百色市畜禽品种改技术推广站、右江区畜牧站、田林县畜牧站、德保县畜牧站组成调查组先后到田林县（北纬24°29′、东经106°22′，海拔200～1 362m）、德保县（北纬23°39′、东经106°09′，海拔240～1 218m）等主产区开展出生、6月龄和12月龄三个阶段共123匹百色马的生长发育测定。百色马各阶段生长发育测定结果见表2。

表2　百色马各阶段生长发育

性别	出生		6月龄		12月龄	
	数量（匹）	体重（kg）	数量（匹）	体重（kg）	数量（匹）	体重（kg）
公	12	12.73±1.68	15	49.33±7.78	14	117.15±27.34
母	30	13.21±1.18	26	52.65±10.73	26	126.34±22.65

（二）育肥屠宰性能

2022年10—12月，广西壮族自治区畜禽品种改良站性能测定人员选择自由放牧的公马5匹、母马7匹，在百色市德保县隆桑镇隆桑村、马山县周鹿镇进行屠宰测定。屠宰前进行了膘情评估，选择毛色光亮，膘情中上的马匹，先测量体高、体长、胸围和管围，称活体重后屠宰，除头、皮毛、脂肪及内脏后称胴体重，将骨、肉分离称重，分项登记。屠宰性能见表3。

表3　百色马育肥屠宰性能

性别	数量（匹）	宰前活重（kg）	胴体重（kg）	净肉重（kg）	骨重（kg）	肉骨比	屠宰率（%）
公	5	204.20±50.85	109.14±34.03	89.54±31.24	16.22±3.22	5.52±2.57	53.45±5.62
母	7	234.43±53.81	141.74±38.57	115.37±36.65	23.14±3.51	4.99±1.69	60.46±3.83

（三）繁殖性能

百色马母马性成熟年龄一般为10月龄，2.5～3岁开始配种，初产期3～4岁，一般利用年限约14岁，最长达25岁。发情季节2—6月，多集中在3—5月，7月以后发情明显减少。发情周期平均22d（19～32d），妊娠期平均为331d（317～347d）。幼驹初生重：公驹12.73kg，母驹13.21kg；幼驹断奶重：公驹39.27kg，母驹38.86kg；年平均受胎率：近15年的受胎率84.04%（后8年为92.54%），1年1胎的占54%，3年2胎的占31%，终生可产驹10匹左右。幼驹育成率94.76%。

（四）役用性能

百色马一般驮重50～80kg，在坡度较大的山路，每小时行走3～4km，日行40～50km；平坦路面每小时4～5km，日行50～60km。据当地群众反映，最大驮重一般可达200～250kg，曾有驮过350kg的马匹。群众习惯使用单马拉小型马车，车载重相当于驮重4～6倍；单马挽驾可拉300～500kg。

（五）运动性能

百色马骑乘速度测量记录，跑完1 000m用时1min22.5s～1min23.4s；跑完3 200m需时5min41s。1980年9月在西林县测定4匹马，行走50km，最快的5h21min5s，最慢的5h51min31s。

五、饲养管理

百色市地貌以山地为主，受自然环境影响，百色马饲养较为粗放，以拴牧为主，白天拴牧，晚上补充夜草。使役、妊娠后期及哺乳期的马匹每天补充玉米1.5～3kg或4～5kg糠麸。受当地的饲养条件限制和生活环境影响，久而久之逐步形成本品种耐粗饲、耐劳作、抗病力强，适应山地生产、生活的优点。但是，驮重物时的剧烈摩擦容易造成其皮肤感染。

山区牧地广阔，牧草丰富，百色马时常放牧于高山峡谷之中，任其自由采食和繁殖，近年逐步转向选择性繁殖（图3、图4）。

图3　百色马生长的自然环境

图4　驮重物的百色马

六、品种保护与资源开发利用现状

（一）保种现状

迄今为止，尚未建立百色马保护区和保种场，主产区群众为解决生产运输问题而以家庭散养为主，且以母马居多，由于经济价值不高，群众对繁育小马驹的意愿不强，马驹数量较少。

（二）资源开发利用现状

百色马主要用于驮役、拉车、骑乘，还作为旅游娱乐用马输送到内地旅游区、城郊等。部分地区消费者对其肉用价值也是情有独钟。20世纪60—70年代初，在扶绥种马场进行了品种保护和本品种选育，并利用卡巴金马公马、古粗马公马与百色马母马进行杂交，杂种马在体尺、体重、乘骑速度和挽拉能力等方面优于百色马。但杂种马体形大，不适于山区饲养与役用。因此，近年来百色马主要以纯种繁殖为主，没有开展杂交利用。

百色马于1982年收录于《中国家畜品种志》，1987年收录于《中国马驴品种志》和《广西家畜家禽品种志》，2000年列入《国家畜禽品种保护名录》，2009年11月发布了《百色马》国家标准（GB/T 24701—2009）。

七、对品种的评价和展望

百色马是我国古老的地方马种，具有短小精悍、体质结实、性情温驯、小巧灵活、适应性强、耐粗饲、负重力极强、能拉善驮、持久耐劳、步态稳健等特点，适宜山区交通运输，驮挽性能兼优，并具有一定的速度。今后培育方向应重点提高繁殖性能和肉用价值，向骑乘和观赏等方向进行分型选育。

八、附录

（一）参考文献

陈家贵，2017. 广西畜禽遗传资源志［M］. 北京：中国农业出版社.

广西家畜家禽品种志编辑委员会，1987. 广西家畜家禽品种志［M］. 南宁：广西人民出版社.

（二）主要参加调查人员及单位

1. 参与性能测定单位及人员

广西壮族自治区畜禽品种改良站：刘瑞鑫、许春荣、邓祝新、黄子诚、李华伸。

百色市畜禽品种改良技术推广站：玉耀贤。

田林县畜牧站：杨丽霞。

德保县畜牧站：李帽。

右江区畜牧站：谢桂萍。

2. 主要撰稿人员及单位

广西壮族自治区畜禽品种改良站：许春荣、刘瑞鑫、邓祝新。

德保矮马

德保矮马

一、一般情况

（一）品种名称及类型

德保矮马（Debao pony），原名百色石山矮马，古时又称果下马，属于西南马的一个驮挽乘和观赏兼用型地方品种。

（二）原产地、中心产区及分布

原产于广西壮族自治区百色市德保县，分布于该县境内的干旱石山地区，中心产区为德保县燕峒乡、城关镇、马隘镇。广东省、云南省、四川省、重庆市、湖北省、浙江省、陕西省、山西省、山东省、北京市、辽宁省、吉林省、内蒙古自治区、新疆维吾尔自治区等地也有零星分布。

（三）产区自然生态条件

产区位于广西壮族自治区西南部，地处云贵高原东南边缘余脉，介于北纬23°10′—23°46′，东经106°37′—107°10′，境内地形地貌结构特殊复杂，喀斯特、半喀斯特地形纵横交错。地势西北高、东南低，海拔240～900m。属于南亚热带季风气候，无严寒酷暑，春秋分明，夏长冬短，夏湿冬干，雨热同期。年平均气温19.5℃，最高气温37.2℃，最低气温−2.6℃；无霜期从1月下旬至12月下旬，平均332d。年降水量1 463.2mm，其中降雪仅0.7mm，雨季一般为5—10月；年平均相对湿度77%。年静风占51%，平均风速1.1m/s。境内水资源丰富，共有大小河流31条，其中以鉴河最大。绝大部分河流分布在东南部，西北部冬春比较干旱。水资源总量为25.7亿m³，可利用水5亿m³。土壤以赤红壤、红壤、黄壤、石灰（岩）土等为主。土地总面积为2 559.52km²，其中山地面积22.18万hm²，占土地面积的86.66%；耕地面积2.28万hm²，占土地面积的8.91%。主要农作物有玉米、水稻、豆类、小麦、荞麦、甘蔗、高粱等。草地面积6.74万hm²，牧地广阔，牧草种类多，主要种植的牧草有黑麦草、桂牧1号象草等。

二、品种来源、形成与发展

（一）品种形成及历史

德保县的养马历史悠久。据《德保县志》记载："明朝嘉靖元年（1522年），议定各土司贡马，就彼地变价改布政司库，其降香、黄蜡、茶叶等物仍解京师。""国朝额定各土司三年一次贡马。"说明在此之前德保人民已饲养马匹。古代称矮马为"果下马"，始于汉代，因体小可行于果树下而得名。"果下马"见于古书及出土文物，远在西汉时，在广西便有铜铸矮马造型："中间一人骑马，人大马小，周围多人作舞。"广西百色粤东会馆的雕梁中仍可见矮马造型。1981年11月，中国农业科学院北京畜牧兽医研究所王铁权研究员带领的考察组在德保县境内发现一匹7岁、体高92.5cm的成年母马，后多次组织专家结合养马学、生态学、血型学、考古学、历史学等多领域研究，证实德保矮马的矮小性状是能稳定遗传的，德保矮马是一个东方矮马品种，体高一般在106cm以下。

（二）群体数量及变化情况

自1981年德保矮马被发现以来，德保矮马存栏量呈逐年减少趋势。据德保县调查资料记载，2008年全县德保矮马存栏1 578匹；2012年全县德保矮马1 612匹；2021年全国第三次畜禽遗传资源普查发现，全县德保矮马存栏数量253匹，13年间德保矮马数量减少了约4/5。

三、体型外貌

（一）体型外貌特征

德保矮马公马体高与体长成正比。德保矮马被毛有骝毛、青毛、栗毛及兔褐毛等，以骝毛为主，鬃、鬣、尾、距毛浓密；成年马体型矮小，结构协调，体质紧凑结实；胸宽深发达，腹圆大，向两侧凸出，稍下垂，后腹上收；背腰平直，前与鬐甲，后与尻结合良好；头平直，额宽适中，眼圆大，耳竖立，鼻梁平直，鼻翼弛张灵活，颈与头结构匀称、粗厚。前肢直，后肢弓，关节明显，管短直，系部长短适中，蹄近圆，蹄质坚实（图1、图2）。

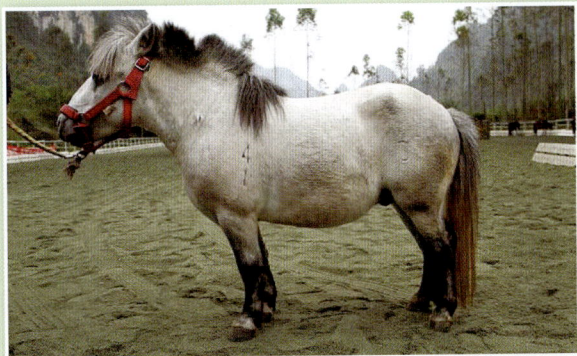

图1 德保矮马公马

图2 德保矮马母马

（二）体尺和体重

2022年11月，德保矮马研究所在德保矮马保种场内对17匹成年公马、55匹成年母马进行了体重、体尺测量。德保矮马体重、体尺见表1。

表1 德保矮马体重、体尺

性别	数量（匹）	体高（cm）	体重（kg）	体长（cm）	胸围（cm）	管围（cm）
公	17	101.42±5.58	133.28±25.13	103.66±7.03	118.57±7.88	12.74±0.69
母	55	101.92±5.24	132.04±24.75	103.97±6.50	117.78±7.73	12.55±0.88

注：2022年11月在德保县燕峒乡德保矮马保种场测定。

四、生产性能

（一）生长性能

2022年11月，在德保县燕峒乡德保矮马保种场内分别测量出生、6月龄、12月龄三个不同年龄阶段马匹体重，每个年龄阶段各测量公马10匹、母马20匹。德保矮马生长发育性能见表2。

表2 德保矮马生长性能

月龄	性别	数量（匹）	体重（kg）
出生	公	10	15.93±1.09
	母	20	15.44±1.01
6月龄	公	10	42.32±1.28
	母	20	41.72±1.89
12月龄	公	10	59.36±2.15
	母	20	53.02±2.12

注：2022年11月在德保县燕峒乡德保矮马保种场测定。

（二）育肥屠宰性能

2022年12月至2023年1月，在德保县燕峒乡德保矮马保种场内，对成年公马5匹、母马5匹进行屠宰性能测定，母马平均屠宰率为49.17%，公马平均屠宰率为50.02%。德保矮马屠宰性能见表3。

（三）繁殖性能

德保矮马公、母马均10～15月龄性成熟，初配月龄公、母马均为30～36月龄，初产期为3～4岁。发情季节为2—6月，多集中在2—4月。发情周期平均为22d，发情持续期5～8d，妊娠期318～345d。年平均受胎率为84.04%，幼驹育成率为94.76%，终身产驹10匹左右，繁殖年限约14岁，最长达25岁。

表3　德保矮马屠宰性能

性别	数量（匹）	月龄	宰前活重（kg）	胴体重（kg）	净肉重（kg）	骨重（kg）	净肉率（%）	屠宰率（%）	肉骨比
公	5	112±43.26	119.77±24.46	59.91±14.55	44.5±12.5	14.5±2.44	37.15±2.00	50.02±1.73	3.07±0.33
母	5	106.66±45.07	111.77±13.44	54.96±6.85	40.27±5.19	13.72±1.88	36.03±0.73	49.17±0.74	2.94±0.08

注：2022年12月在德保县燕峒乡德保矮马保种场测定。

五、饲养管理

　　德保矮马根据不同情况采取自然放牧、半放牧半舍饲和完全舍饲圈养等方式饲养。自然放牧采食纯天然牧草。半放牧半舍饲，舍饲饲喂本地农作物及其副产品或种植的优良牧草，适当补饲混合精饲料。德保矮马具有体小、食量少、耐粗饲特点，当地群众乘马赶集，常常从家里带把稻草、麦秆之类喂马，不需补充任何精料。德保矮马历来都是以户养为主，管理粗放，一年中9月至翌年2月为全天放牧，当年3—8月为半放牧，个别割草舍饲。完全舍饲一般是集中在德保矮马保种场集中饲养，选择背风向阳、地势较高、土质干燥的地方建造马舍。马舍为钢架和砖混结构，顶棚为隔热材料。每匹马占舍内面积6～8m²，马舍外建立室外运动场；保种场占地9.2hm²，饲养规模216匹，按照集中饲养、科学管理、统一疫病防治的要求开展资源保护工作；主要饲养原料是玉米、豆粕、麦麸和桂牧1号象草。疫病防治按免疫程序对相关疫病免疫接种，实行春、秋两季驱虫，加强马匹常见病的防治。近15年来，随着经济的快速发展和乡村振兴产业发展，农业机械化的进步，德保矮马使役价值逐渐下降，转型进入景区和马术俱乐部，逐渐由放牧型向圈养型转变（图3、图4）。

图3　自然放牧

图4　完全舍饲

六、品种保护与资源开发利用现状

（一）保种现状

2009年以来，德保县为贯彻落实国家有关畜禽遗传资源保护政策，多方面筹措资金，组建了德保矮马原种场。2010年12月，该场通过了自治区水产畜牧兽医局组织的现场评审；2011年1月，自治区水产畜牧兽医局颁发了《种畜禽生产经营许可证》，标志着"广西德保矮马原种场"正式建立。2018年获得农业农村部农产品地理标志保护登记。

2015年4月15日登记注册成立了"德保县矮马保种繁育管理中心"（事业单位），2021年改名为德保矮马研究所，是德保县水产畜牧兽医局下属事业单位。德保矮马保种场内存栏马匹216匹，其中基础母马165匹，种公马20匹，含6个家系。德保矮马采取自然交配、个体选择、纯种繁殖和保种选育的生产方式，保种选育群体均进行规范化登记，建立育种档案，包括种公马个体档案、种母马个体档案、配种记录、选种选配记录、产驹记录、断奶记录（结合烙号）、幼驹发育记录、幼驹调教记录、性能测定记录等（颜明挥，2016）。个体记录中记有编号或名称、来源、产地、年龄、毛色、系谱、能力、等级、后代。2021年农业农村部授牌国家级德保矮马保种场（编号：C4510901），2021年10月26日广西壮族自治区农业农村厅、德保县人民政府、德保矮马研究所三方签订了《国家级畜禽遗传资源保护协议书》。

（二）资源开发利用现状

德保矮马目前主要为纯种繁育，尚未用于杂交利用。2 023德保县以红枫旅游文化节为契机，加快德保矮马由役用向娱乐竞技转型，推动矮马资源保护与产业开发，促进德保矮马走向世界。德保县职业技术学校增开马术班课程，开展马术培训、培养马术人才，同时也为德保县每年一度的红枫旅游文化节矮马巡游活动提供各项支持。国内许多城市的公园、游乐场、动物园、马术俱乐部等引进德保矮马开展儿童骑乘训练、观赏、游乐、拍照留念等项目；德保县德保矮马王国景区开展少儿骑乘体验、矮马观赏、矮马博物馆等一系列活动；德保县矮马产业实业有限公司设计生产了矮马玩偶、矮马抱枕、矮马书包等具有矮马元素的系列玩具及生活服饰用品，成为游客游玩时选购的伴手礼，推动文旅产品融入生活（韩国才，2019）。

七、对品种的评价和展望

德保矮马具有体型矮短、粗壮，性情温驯，动作灵活，步伐稳健，耐粗饲，繁殖力强的特点，作为驮用、骑乘、拉车的工具，深受农户的喜爱，适于各种地区饲养（李游，2014）。目前，德保矮马主要用于科研、役用、景区宠物观赏、矮马骑乘训练等领域。今后应加强品种保护，加大对保护区的投入，加强本品种选育，进一步改善体型外貌，提高其品质，向更加矮化和更具观赏性方向发展，提高矮马饲养的经济效益。

八、附录

（一）参考文献

陈家贵，2017. 广西畜禽遗传资源志［M］. 北京：中国农业出版社.

国家畜禽遗传资源委员会，2011. 中国畜禽遗传资源志·马驴驼志［M］. 北京：中国农业出版社.

韩国才，邓亮，2019. 德保矮马［M］. 北京：中国农业出版社.

李游，言天久，颜明挥，等，2014. 德保矮马品种资源调查报告［J］. 广西畜牧兽医，30（1）：4-6.

颜明挥，2016. 德保矮马种质资源状况与登记体系的建立［D］. 北京：中国农业大学.

（二）调查和编写人员情况

1. 参与性能测定的单位及人员

德保矮马研究所：黄华汉。

德保县农业农村局：岑花燕。

德保县畜牧技术推广站：李游。

2. 主要撰稿人员及单位

德保矮马研究所：黄华汉、何格。

德保县农业农村局：岑花燕。

隆林山羊

隆林山羊

一、一般情况

（一）品种名称及类型

隆林山羊（Longlin goat），属肉用型山羊地方品种。

（二）原产地、中心产区及分布

原产于广西壮族自治区隆林各族自治县，中心产区为隆林各族自治县、西林县、靖西市、德保县、乐业县、凌云县等，养殖遍布广西全境，邻近的贵州省黎平县、广东省阳春市，以及安徽省定远县也有分布。

（三）产区自然生态条件

产区位于广西壮族自治区西北部，地处云贵高原东南部边缘，介于北纬24°22′—24°59′，东经104°47′—105°41′，珠江上游的红水河流经境内，地形复杂，山岭连绵，高山深谷多，地势南高北低，海拔380～1 950.8m，属低纬度高海拔亚热带湿润季风气候区。年均气温19.5℃，无霜期323d；年均降水量1 147mm，集中于4—9月，有雨季、旱季之分，年平均相对湿度79%；年平均日照时数1 569h，年平均风速为1.9m/s。境内河流属珠江流域西江水系，水资源丰富；土壤以山地红壤为主，呈酸性。种植业以旱地作物为主，有玉米、稻谷、豆类、小麦、大豆、甘蔗、薏米、瓜菜类等。境内山坡林木杂草丛生，四季常青，生长有肥牛树、任豆树、构树、白树等灌木和淡竹、秋树、牛筋草、狗尾草、五节芒等禾本科牧草共80余种，可饲植物资源丰富。

二、品种来源、形成与发展

（一）品种形成及历史

隆林饲养山羊历史悠久。据《西隆州志》记载，"自清康熙五年开始，当地即有马、牛、山羊、猪、鸡、鸭等畜禽"，《隆林各族自治县志》记载，"西南各地，多系石山，石液性碱，羊出入舔之能少瘟疫，其地宜于养羊，故农民多以牧羊为副业，所在山弄数十成群"，可见隆林各族自治县早在几百前就已饲养山羊。自明、清时期，隆林人即有用山羊血解断肠草中毒之法，民间流传"断肠草，人食之立死，羊食而肥，故中毒者，用羊血灌之可解""山羊产于高山中，大者可百余斤，其心血与骨治跌打损伤神效"。当胃肠不适或产妇身体虚弱时，隆林人多以吃山羊肉的方式进行调养，效果较好。当地少数民族历来就喜养山羊，凡遇婚丧大事，均以所送山羊体格大者为荣。由此可见，隆林山羊是在该地区优越的生态条件下，经过长期的自然选择和人工选育，逐步形成适应性强、性状独特的地方优良品种。

（二）群体数量及变化情况

2021年第三次全国畜禽遗传资源普查结果显示，隆林山羊存栏151 532只，是2005年存栏量8万只的1.9倍。隆林山羊群体数量呈增长趋势，体重、体尺也有所提高。

三、体型外貌

（一）体型外貌特征

隆林山羊被毛有黑色、白色、花白斑、麻黄、褐色等，以黑色为主。腹下、四肢上部的被毛和公羊的鬃、鬣毛较粗长。成年羊体型大，体质结实匀称，背腰平直，体躯近似长方形，胸宽深，后躯稍高，耳直立、大小适中，公、母羊均有须、髯和角，角扁平向上向后外半螺旋状弯曲，少数羊颈下有肉垂。公羊鼻部稍隆起，母羊鼻梁平直。四肢端正粗壮，后躯较开阔，乳房较发达，乳头粗长。尾短小、直立（图1、图2）。

图1　隆林山羊公羊　　　　　　　　　　　　　　图2　隆林山羊母羊

（二）体尺和体重

2022年9月，隆林蒋源畜牧养殖有限公司联合广西大学、隆林各族自治县畜牧品改站在隆林各族自治县金钟山、平班、德峨、猪场、蛇场、克长等6个乡镇（隆林山羊主要产区）进行随机抽样，测定80头成年隆林山羊的体重和体尺，结果见表1。

表1　成年隆林山羊体重、体尺

性别	数量（只）	体重（kg）	体高（cm）	体长（cm）	胸围（cm）	管围（cm）
公	20	52.25±10.36	66.84±2.89	70.46±9.05	84.70±8.25	9.08±0.96
母	60	41.73±9.29	63.56±4.25	66.28±6.45	77.47±10.54	8.19±0.58

四、生产性能

（一）生长性能

2022年6—12月，隆林蒋源畜牧养殖有限公司联合广西大学、隆林各族自治县畜牧品改站在隆林各族自治县金钟山乡、平班镇、德峨乡、猪场乡、蛇场乡、克长乡等6个主要产区进行随机抽样，测定出生、断奶、6月龄、12月龄阶段的隆林山羊共计520头，测定结果见表2。

表2　隆林山羊生长发育性能

月龄	性别	数量（只）	体重（kg）
出生	公	120	2.71±0.49
	母	120	2.62±0.53
断奶	公	60	11.26±2.23
	母	60	10.60±2.14
6月龄	公	20	17.13±1.41
	母	60	16.99±1.50
12月龄	公	20	25.03±3.82
	母	60	24.24±2.84

（二）育肥屠宰性能

2022年12月，在隆林各族自治县平班镇隆林蒋源畜牧养殖有限公司隆林山羊保种场，屠宰测定30只12月龄隆林山羊。12月龄隆林山羊公、母羊的平均宰前活重分别为22.10kg、21.11kg，屠宰后净肉率达40%以上，明显高于第二次全国畜禽遗传资源调查的35%。隆林山羊的屠宰性能测定结果见表3。

表3　12月龄隆林山羊屠宰性能

性别	数量（只）	宰前活重（kg）	胴体重（kg）	净肉重（kg）	屠宰率（%）	净肉率（%）	胴体净肉率（%）	眼肌面积（cm²）
公	15	22.10±2.73	11.23±1.89	9.35±1.89	50.81±3.75	42.31±4.06	83.26±2.37	9.01±1.34
母	15	21.11±3.50	10.32±1.94	8.64±1.94	48.89±4.33	40.93±4.29	83.72±2.37	8.55±1.83

（三）肉质性能

2022年12月，从屠宰性能测定的30只12月龄隆林山羊中选择公、母各10只的背最长肌样品用于肉品质检测。12月龄隆林山羊屠宰后，肌肉细嫩，颜色鲜红，结缔组织少，脂肪坚实、色白，背部皮下脂肪分布均匀、较薄，清水煮熟后，羊肉味道鲜美，膻腥味小。公羊肌肉化学成分为干物质23.64%，粗蛋白21.50%，粗脂肪0.67%；母羊肌肉化学成分为干物质23.80%，粗蛋白20.98%，粗脂肪1.28%。隆林山羊肌肉品质见表4。

表4　12月龄隆林山羊肉品质

性别	数量（只）	肉色			pH	干物质（%）	蛋白质含量（%）	脂肪含量（%）	剪切力（N）
		L	a	b					
公	10	37.75±4.83	6.87±1.69	8.86±1.43	7.19±0.42	23.64±1.13	21.50±1.14	0.67±0.21	96.20±11.63
母	10	34.20±2.20	7.28±1.16	7.75±0.64	7.08±0.21	23.80±0.93	20.98±0.55	1.28±0.78	106.63±8.29

（四）繁殖性能

隆林山羊公、母羊均在4～5月龄性成熟，初配年龄公羊8～10月龄、母羊7～9月龄，利用年限5～6年。母羊发情以夏、秋季节为主，发情周期19～21d，发情持续期48～72h，妊娠期145～150d，年平均产羔1.7胎，产羔率195.1%。

五、饲养管理

隆林山羊适应性强、生长发育快、合群性好、耐粗饲，各种豆科灌木、禾本科牧草等均为其喜爱的饲料。耐寒、耐湿热，适应于亚热带山区高温潮湿气候，在海拔380～1 950m的地区皆能生长繁殖，可在高原山区或平原地区大力养殖发展。隆林山羊饲养方式有自然放牧、半圈养半放牧、完全圈养三种，其中以半圈养半放牧为主（图3、图4）。一般都在羊栏内吊挂"盐筒"任由羊群舔食。在冬季枯草期，补饲适当精饲料、多汁饲料及干草；圈养山羊饲喂青贮饲料和混合颗粒精料。放牧的山羊，每2～3个月进行一次体内、体表的驱虫。

图3　传统高架羊舍养殖

图4　生态平养舍养殖

六、品种保护与资源开发利用现状

（一）保种现状

2002年，隆林山羊载入《中国畜牧业名优产品荟萃》；2010年，隆林山羊获国家农产品地理标志保护登记；2018年，以隆林蒋源畜牧养殖有限公司为依托单位，建立了自治区级隆林山羊保种场。

隆林山羊现采取放牧与舍饲相结合，自然交配、个体选择、纯种繁殖和保种选育的生产方式，建立了隆林山羊优良种羊核心群和保种区，全县境内均为隆林山羊保护区，新州、德峨、猪场等乡镇为黑山羊主产区和保种选育基地；德峨、猪场、克长、蛇场、岩茶、隆或、介廷、金钟山等乡镇为隆林山羊核心产区。

（二）资源开发利用现状

1996—1998年，广西壮族自治区畜牧总站组织实施了"100万只山羊饲养综合技术开发"丰收计划项目，用隆林山羊做父本，都安山羊做母本进行杂交，隆林山羊公羊配都安山羊母羊所生一代杂种各阶段体重均明显高于都安山羊（唐承明，1999）。2005—2006年，广西柳州种畜场用乐至黑山羊作父本改良隆林山羊，杂种一代羔羊初生重提高显著，其生长速度比隆林山羊提高56%以上（戴福安等，2007）。百色市在右江区、田阳县、田东县和平果县等地实施"山羊圈养技术熟化的研究"科技项目，推广圈养山羊杂交改良、隆林山羊与波尔山羊杂交改良效果明显，其中波隆F1初生重、30日龄和90日龄体重分别比隆林山羊增加14.29%～24.67%、6.55%～7.87%和9.56%～9.89%（黄进说等，2008）。2014—2015年，广西引入努比亚羊种公羊进行杂交改良，努隆杂黑山羊的初生羔羊平均体重2.67kg，3月龄公羔平均体重17.80kg，母羔15.86kg，周岁公羊平均体重42.70kg，母羊35.6kg（黄世洋等，2016）。另有研究报道，努隆杂交山羊出生、2月龄、3月龄、6月龄、8月龄的平均体重为2.24kg、8.12kg、11.3kg、20.8kg、24.3kg，杂交效果显著（黄恒等，2022）。

近年来，隆林各族自治县实施"政府引导，企业运作"的策略，采取"公司+基地+合作社+农户"的产业模式，依托养殖公司资金、技术、销售等方面的优势，不断推进隆林山羊原产地的标准化、统一化、产业化发展。

七、对品种的评价和展望

隆林山羊具有生长发育快、繁殖力高、肉质好、适应性强、耐寒耐热，耐粗饲，适合山区及丘陵地区饲养等特点。今后应加强本品种选育工作，在保持优良性状的前提下，重点提高其产肉性能和繁殖力。

八、附录

（一）参考文献

戴福安，覃建欢，梁淑芳，2007. 乐至黑山羊杂交改良隆林黑山羊的效果初报［J］. 广西畜牧兽医（6）：258-260.

黄恒，曾俊，李叶红，2022. 努比亚山羊与隆林山羊杂交改良成效［J］. 畜牧兽医科学（电子版）（2）：1-4.

黄进说，玉耀贤，李金星，2008. 百色右江河谷山羊圈养技术熟化的研究［J］. 广西畜牧兽医（3）：171-174.

黄世洋，黎庶凯，曾俊，2016. 广西优良努隆杂交黑山羊新品系选育研究初报［J］. 中国草食动物科学，36（3）：70-73.

唐承明，1999. 广西山羊生产性能及其杂交的初步效果［J］. 广西畜牧兽医（5）：20-22.

（二）调查和编写人员情况

1. 参与性能测定的单位及人员

广西大学：蒋钦杨。

隆林蒋源畜牧养殖有限公司：王日蒋。

隆林各族自治县畜牧品改站：龚天洋。

2. 主要撰稿人员及单位

广西大学：蒋钦杨、邹剑伟。

隆林蒋源畜牧养殖有限公司：陈集标。

都安山羊

都安山羊

一、一般情况

（一）品种名称及类型

都安山羊（Du'an goat），属肉用型山羊地方品种。

（二）原产地、中心产区及分布

原产于广西壮族自治区都安瑶族自治县，中心产区为河池市的都安瑶族自治县、大化瑶族自治县、金城江区、南丹县、天峨县、环江毛南族自治县，养殖遍布广西全境；安徽省定远县也有分布。

（三）产区自然生态条件

产区位于广西壮族自治区中西部都阳山脉东段，北纬23°42′—24°35′，东经107°41′—108°31′，地处云贵高原南缘，地势西北高，东南低，境内石山叠嶂，洼地密布，属典型的喀斯特地貌，海拔170～1 000m。属于南亚热带季风气候区北缘，雨量充沛，气候湿润温暖，日照充足，无霜期达347d；年平均气温18.2～21.7℃，最高气温39.3℃，最低气温－1.2℃；年降水量1 200～1 900mm，集中在夏季，平均相对湿度为74%；全年主风向为西北风，平均风速为1.6m/s。有红水河、刁江、澄江、拉仁河、板岭河、同更河、地苏河等河流，地下河系38条。土壤主要为棕色石灰土、红壤和冲积土。草场主要有高禾草草丛和灌丛草丛，植物种类繁多，以藤类和灌木居多。牧草有野古草、石珍茅、五节芒、马唐、狗牙根等。农作物主要有玉米、水稻、旱藕、甘薯、豆类和荞麦等。

二、品种来源、形成与发展

（一）品种形成及历史

都安山羊形成历史悠久。据《都安瑶族自治县志稿》记载："本县家畜，大的如牛、马、猪、羊，小的如鸡，唯山地则兼养羊。"都安瑶族自治县北部的瑶族同胞聚集地的三只羊乡，历来盛产山羊，以山羊作为赋税上缴。民间瑶族群众素有把羊作聘礼、杀羊供祭品、烹制羊肉招待贵宾的风俗习惯。《隆山杂志·上册》记载，"婚时，男家备鹅羊及酒茶、盐糖为礼物"。产地的喀斯特地貌分布有种类繁多的植物，牧草丰富，适合山羊养殖。受独特的自然条件和民族文化的影响，经过长期自然和人工选择形成体型较小，结构紧凑，行动敏捷，善于攀爬的都安山羊。

（二）群体数量及变化情况

1988年都安瑶族自治县山羊饲养量为16.67万只，2005年存栏33.6万只，2021年第三次全国畜禽遗传资源普查结果显示，都安山羊群体规模为27.24万只，其中成年种公羊1.27万只，基础母羊13.35万只。都安山羊的饲养量呈先上升后下降的趋势，符合我国居民对肉产品需求的趋势，前期为了解决肉产品量的问题，群众家家户户养殖山羊；进入21世纪后，随着社会经济的高速发展，山羊养殖也逐渐集中到养殖大户或养殖场，群体结构发生了显著的变化。

三、体型外貌

（一）体型外貌特征

都安山羊毛色以全黑为主，其次是纯白、麻花、全褐。被毛短，公羊腹下、四肢上部被毛和鬃、髯毛较长。体型较小，结构紧凑；头大小适中，耳小、竖立、前倾，鼻部平直；公、母羊都有角，角向后上弯曲，呈"八"字形；少部分羊有肉垂；体躯近似长方形，胸宽深，背部平直；四肢端正，蹄质坚硬；尾短小而上翘（图1、图2）。

图1 都安山羊公羊　　　　　　　　图2 都安山羊母羊

（二）体尺和体重

2022年8月，广西壮族自治区畜禽品种改良站联合广西大学、都安瑶族自治县畜牧站在都安瑶族自治县安阳、高岭、地苏、下坳、拉烈等5个都安山羊主产乡镇进行随机抽样，测定90头成年都安山羊的体重和体尺，测量结果见表1。

表1 都安山羊体重、体尺

性别	数量（只）	体重（kg）	体高（cm）	体长（cm）	胸围（cm）	管围（cm）
公	22	47.30±10.58	60.38±3.75	70.93±6.17	83.98±6.58	9.93±1.18
母	68	34.49±7.52	55.09±4.36	63.81±4.48	72.38±9.40	8.09±0.70

注：2022年11月在都安瑶族自治县安阳、高岭、地苏、下坳、拉烈等5个乡镇测定。

四、生产性能

（一）生长发育

2022年5—11月，广西壮族自治区畜禽品种改良站联合广西大学、都安瑶族自治县畜牧站在都安瑶族自治县（北纬23°42′—24°35′，东经107°41′—108°31′）安阳、九渡、地苏、菁盛等4个主要养殖乡镇进行随机抽样，测定出生、断奶、6月龄、12月龄都安山羊共计434头，结果见表2。

表2 都安山羊生长性能

月龄	性别	数量（只）	体重（kg）
出生	公	61	2.58±0.56
	母	64	2.16±0.52
断奶	公	65	10.64±2.65
	母	61	10.39±2.55
6月龄	公	44	14.78±3.46
	母	61	14.24±3.86
12月龄	公	19	22.19±4.86
	母	59	19.75±3.40

注：2022年11月在都安瑶族自治县安阳、九渡、地苏、菁盛等4个乡镇测定。

（二）育肥屠宰性能

2022年11月，广西壮族自治区畜禽品种改良站联合广西大学、都安瑶族自治县畜牧站在都安瑶族自治县安阳镇屠宰测定30只12月龄都安山羊。12月龄的都安山羊屠宰后，胴体脂肪分布较少，肌肉比较丰满，肌纤维细致。都安山羊屠宰性能见表3。

（三）肉质性能

2022年11月，从屠宰性能测定的都安山羊中选择公、母各6只进行肉质性能测定。12月龄都安山羊屠宰后，肌肉细嫩，颜色鲜红，结缔组织少，脂肪坚实、色白，背部皮下脂肪分布均匀、较薄，清水煮熟后，羊肉味道鲜美，膻腥味小。公羊肌肉化学成分为干物质24.22%，粗蛋白21.82%，粗脂肪0.90%；母羊肌肉化学成分为干物质26.32%，粗蛋白23.08%，粗脂肪1.38%。都安山羊肌肉品质见表4。

表3　都安山羊12月龄羊屠宰性能

性别	数量（只）	宰前活重（kg）	胴体重（kg）	净肉重（kg）	屠宰率（%）	净肉率（%）	胴体净肉率（%）	眼肌面积（cm²）
公	15	20.43±3.20	9.48±1.80	7.93±1.62	46.40±1.91	38.82±2.19	83.65±2.40	9.60±1.90
母	15	21.00±3.00	9.35±1.25	7.98±1.21	44.52±3.70	38.00±3.72	85.35±2.38	10.4±2.01

注：2022年11月在都安瑶族自治县安阳镇测定。

表4　都安山羊12月龄羊肉品质

性别	数量（只）	肉色			pH	干物质（%）	蛋白质含量（%）	脂肪含量（%）	剪切力（N）
		L	a	b					
公	6	39.68±3.32	17.95±0.97	10.17±1.08	6.65±0.27	24.22±1.00	21.82±0.83	0.90±0.20	123.40±10.84
母	6	40.55±3.38	17.36±1.60	9.42±1.08	6.51±0.41	26.32±0.78	23.08±0.37	1.38±0.82	122.00±11.49

注：2022年11月在都安瑶族自治县安阳镇测定。

（四）繁殖性能

都安山羊性成熟公羊6～7月龄，母羊5～6月龄，初配年龄公羊8～10月龄，母羊7～8月龄，利用年限6～8年。母羊四季发情，以春、夏季节居多，发情周期19～22d，发情持续期24～48h，妊娠期150～154d，两年产三胎，产羔率115%。

五、饲养管理

都安山羊具有耐粗饲、适应性强、合群性好、发病少、易管理的特点，通过领头羊带队或畜主的口令能自动归牧；母羊性情温驯，母性好，难产、早产、流产等现象少有发生。在山区以放牧+补料为主，都建有高架羊圈，早上放牧，傍晚回到羊圈，补喂矿物质和玉米粉等；在农区多采用以圈养为主，放牧为辅的管理方式，主要饲喂青贮料、精料，一天放牧2～4h。在母羊分娩前10d左右实行圈养保胎，羔羊30日龄内以母羊哺乳为主，以后逐步跟随母羊群放牧。羊舍一般建在避风、向阳、地势高燥、排水良好的地方，羊床离地面不低于0.8m。放牧的山羊，每2～3个月进行一次体内、体表的驱虫。近年来，都安山羊在"山羊的圈养技术研究与规模化养殖技术示范项目""山羊良种补贴项目"的带动下，逐步推广现代生态养殖技术（图3、图4）。

图3　放牧的都安山羊

图4　圈养的都安山羊

六、品种保护与资源开发利用现状

（一）保种现状

1987年，都安山羊被录入《广西家畜家禽品种志》，2003年都安瑶族自治县荣获"中国都安山羊之乡"称号，广西壮族自治区质量技术监督局于2003年正式发布《都安山羊》地方标准，标准号DB45/T 102—2003。2013年获都安山羊农产品地理标志登记保护。2022年，都安瑶族自治县在地苏镇南江村、镇兴村、拉烈镇律达村分别依托广西金盛生态农业有限公司、都安福兴生态养殖专业合作社、都安律达仕养殖专业合作社建立3个县级都安山羊保种场，每个场活体保种都安山羊300只以上。

（二）资源开发利用现状

2005年11月，《都安山羊繁育技术规程》《都安山羊饲养管理技术规程》《都安山羊疾病防治技术规程》《都安山羊标识、运输技术规程》《都安山羊种羊评定标准》等5个都安山羊系列地方标准经评审获得通过。都安山羊被广泛用于杂交改良。20世纪80年代，都安瑶族自治县开展萨能奶山羊公羊与都安山羊母羊的杂交试验，杂交后代的体尺、体重、母羊繁殖率和泌乳性能都显著优于都安山羊（刘盛达，1986）。此后，先后引进隆林山羊、四川黄羊、波尔山羊、努比亚山羊等与都安山羊进行杂交繁育，杂交一代周岁体重达30千克以上，杂交改良效果较好（卢炳星，2011）。

七、对品种的评价和展望

都安山羊具有耐湿热、耐粗饲、善攀爬、易饲养等特点。肉质细嫩而有弹性，颜色鲜艳，结缔组织少，脂肪坚实、色白，背部脂肪分布均匀。其味鲜美，膻味小。全羊可加工成清炖羊肉、羊包肝、焖羊蹄、鲜脆白切肚等60多种菜肴，成为区内外宾馆酒店的主菜。利用优质山羊肉为原料，采用传统方式熏腊烧烤制成腊羊肉，风味奇特，是送礼待客的绿色佳品。但都安山羊体型小，泌乳量低，生长缓慢。应注意加强系统的选种选育工作，提纯复壮，不断提高其繁殖力和产肉性能。

八、附录

（一）参考文献

广西家畜家禽品种志编辑委员会，1987. 广西家畜家禽品种志［M］. 南宁：广西人民出版社.

卢炳星，蓝星玲，2011. 浅谈影响都安山羊发展因素及对策［J］. 农家之友（理论版）（2）：62-63.

（二）调查和编写人员情况

1. 参与性能测定的单位及人员

广西壮族自治区畜禽品种改良站：魏莎。

都安瑶族自治县畜牧站：覃海明、黄乃合。

2. 主要撰稿人员及单位

广西壮族自治区畜禽品种改良站：李美珍、方奕雄。

都安瑶族自治县畜牧站：邓玉娟。

二、家禽地方品种

广西畜禽遗传资源志（2024年版）

广西三黄鸡

广西三黄鸡

一、一般情况

（一）品种名称及类型

广西三黄鸡（Guangxi yellow chicken），俗名"三黄鸡"，是玉林三黄鸡、博白三黄鸡、信都三黄鸡、岑溪古典型三黄鸡等品系的统称。属于肉用型品种。

（二）原产地、中心产区及分布

广西三黄鸡传统原产地为桂平市麻垌镇与江口镇、平南县大安镇、岑溪市糯垌镇、贺州市信都镇。

据2021年第三次全国畜禽遗传资源普查，广西三黄鸡中心产区为玉林市（玉州区、福绵区、容县、陆川县、博白县、兴业县和北流市），2021年底玉林市广西三黄鸡存栏量占全区存栏量的76.75%。

其他主要分布区域为梧州市（万秀区、长洲区、龙圩区、苍梧县、藤县、蒙山县和岑溪市）、百色市（右江区、田阳区、田东县、德保县、凌云县、田林县、隆林各族自治县、靖西市和平果市），其次是在贺州市（八步区、平桂区和昭平县）。

区内零星分布于北海市（海城区、银海区、铁山港区和合浦县）、柳州市（柳江区、柳城县、鹿寨县、融安县和融水苗族自治县）、河池市（金城江区、宜州区、天峨县、凤山县、罗城仫佬族自治县和环江毛南族自治县）、贵港市（港南区、覃塘区、平南县和桂平市）、防城港市（上思县）、崇左市（江州区、扶绥县、宁明县和龙州县）、钦州市（钦南区和浦北县）、来宾市（兴宾区、忻城县、象州县、武宣县和金秀瑶族自治县）、南宁市（西乡塘区、良庆区、邕宁区、武鸣区、隆安县、马山县、上林县和宾阳县）、桂林市（永福县、资源县、恭城瑶族自治县和荔浦市）。

与第二次全国畜禽遗传资源调查相比，目前的中心产区及分布基本上无明显变化。

（三）产区自然生态条件

中心产区玉林市位于广西东南部，地处北纬21°38′—23°07′，东经109°32′—110°53′。玉林市地貌在全国地貌类型中，属两广丘陵的一部分，在广西地貌类型中，属广西东南丘陵区。地势西北高、东南低，自西向东、自北向南倾斜走向。境内山地、丘陵、谷地、台地、平原、盆地互相交错，尤以丘陵、山地分布广泛。平原、盆地占全市面积的17.4%，丘陵占49.4%，山地占33.2%。其中，高丘海拔250～500m，坡度绝大部分在15°～45°；中丘海拔100～250m，坡度在5°～45°；低丘海拔在100m以内，坡度在15°～35°。玉林市最高峰是大容山，主峰海拔1 275.6m，最低点是福绵区沙田镇南流村，海拔61.3m。

玉林市属南亚热带季风气候，光照充足，热量丰富，雨量充沛，气候温和。年均气温22℃，最高气温38.4℃，最低气温－2℃，年均日照时数1 795h左右，无霜期350d左右（2—12月），年降水量在1 500～1 650mm。

产区农作物主要有水稻、玉米、甘蔗、甘薯、木薯、豆类、花生等。粮食和油料作物生产是当地种植业的主导产业。

二、品种来源、形成与发展

（一）品种形成及历史

据《广西家畜家禽品种志》（1987年版）记载，在封建社会，红色表示吉庆，黑色白色表示不吉利，而黄色则是有权势的象征，古来皇帝都穿黄袍，群众也喜爱黄色。每逢送礼，一对三黄鸡，公红母黄，称为"开面鸡"。鸦片战争后，香港、澳门地区每年都需消费大量的三黄鸡。广西自桂平至梧州一带沿浔江县份，由于水路交通方便，就有商人前来收购三黄鸡出口，由此刺激了人们选养三黄鸡出售。经多年群众性的自发养殖和选育，形成了连片产区。

中华人民共和国成立后，外贸活动不断发展，活鸡出口的需要量不断增加，三黄鸡产区也日渐扩展到广西东南一带。1971年，广西外贸局确定广西东南的16个县为活鸡出口基地县，每个基地县都办起了外贸鸡场，饲养规模逐年扩大，每年出口量也由200多万只增至1982年的400多万只。

20世纪80年代中后期，为了适应市场变化，玉林市畜牧主管部门、岑溪外贸鸡场、博白外贸鸡场等以生态养殖为发展理念，转变养殖模式，利用山坡地及果园从事肉鸡养殖，产品主销广东、香港和澳门。三黄鸡以其特有的地方风味深受市场欢迎。同时主管部门指导养殖企业加大新品种培育力度，推出了企业的特有品种，创出了企业的品牌，如"参皇鸡""巨东鸡""金大叔土三黄鸡""古典型岑溪三黄鸡""博白宝中宝三黄鸡""凉亭鸡"等。

目前，经选育后的广西三黄鸡基本分为小型、中型、大型三类。小型广西三黄鸡以古典型岑溪三黄鸡为代表，中型广西三黄鸡以玉林三黄鸡为代表，大型广西三黄鸡以博白三黄鸡为代表。而根据地域划分，广西三黄鸡主要有博白三黄鸡、信都三黄鸡、岑溪古典型三黄鸡等品系。

（二）群体数量及变化情况

据《中国畜禽遗传资源志·家禽志》（2011年）记载，广西三黄鸡饲养量1971年约200万只，1982年约400万只，1990年以后年出栏量约8 000万只。2006年，广西三黄鸡出栏总数约4.3亿只，其中存栏种公鸡约150万只，种母鸡约805万只，90%以上为规模养殖。

据第三次全国畜禽遗传资源普查，广西三黄鸡2021年底存栏量为4 066 949只，其中集中饲养2 252 208只，散养1 814 741只。中心产区玉林市各县（市、区）2021年底存栏量3 121 321只，占全区存栏的76.75%；其次为梧州市各县（市、区），存栏量357 227只，占全区存栏的8.78%。广西三黄鸡在广西壮族自治区外的存栏量为30 902只。

依据《家禽遗传资源濒危等级评定》（NY/T 2996），广西三黄鸡品种资源濒危程度处于安全等级。

三、体型外貌

（一）体型外貌特征

广西三黄鸡体型短小而丰满，形似柚子，前躯较小，后躯肥大，外貌清秀，胸部鸡肉饱满，背部光滑，髂骨与耻骨部位及肛门附近饱满，毛孔排列整齐而紧密。单冠、直立、颜色鲜红，冠齿5～8个，成年公鸡冠明显比母鸡大和厚。肉髯、耳叶鲜红色。虹彩橘黄色。喙黄色，有的前端肉色渐向基部呈栗色。脚胫、爪黄色或肉色。皮肤黄色。成年鸡肉白色。

成年公鸡羽毛酱红色或深黄色，颈羽色泽比体羽稍浅，翼羽常带黑边，大部分个体尾羽为黑色并带金属光泽，少数尾羽为黄色（图1）。

成年母鸡羽毛黄色，主翼羽和副翼羽带黑边或呈黑色，有的母鸡颈羽有黑色斑点或镶黑边，大部分个体尾羽为黑色或带黑边，少数鸡尾羽为黄色（图2）。

图1　广西三黄鸡公鸡

图2　广西三黄鸡母鸡

雏鸡绒毛呈淡黄色，喙、胫为黄色。

（二）体尺和体重

2022年9月，广西三黄鸡性能测定承担单位广西参皇养殖集团有限公司在该公司石和养殖场对公、母各30只306d的成年广西三黄鸡进行了测量，结果见表1。

表1 广西三黄鸡成年鸡体重和体尺

性别	体重（g）	体斜长（cm）	龙骨长（cm）	胸宽（cm）	胸深（cm）	胸角（°）	骨盆宽（cm）	胫长（cm）	胫围（cm）
公	2 121.67±163.48	23.61±1.05	12.27±1.02	7.84±0.80	9.28±1.02	89.43±9.30	8.30±0.60	8.40±0.48	4.50±0.57
母	1 675.97±141.63	20.65±1.68	10.42±0.92	6.92±0.73	8.46±0.73	84.80±4.77	8.65±0.70	7.19±0.44	3.65±0.40
群体	1 898.82±271.11	22.13±2.04	11.35±1.34	7.38±0.89	8.87±0.97	87.12±7.69	8.48±0.67	7.80±0.76	4.08±0.65

注：2022年9月由广西参皇养殖集团有限公司在石和养殖场测定306d公、母鸡各30只（笼养）。

四、生产性能

（一）生长性能

2022年7—11月，测定单位广西参皇养殖集团有限公司在该公司石和养殖场对100只广西三黄鸡进行测定，初生重（27.9±2.40）g，饲养至119d成活92只，成活率92.00%，公鸡平均体重（1 814.10±154.30）g，公鸡全程料重比3.7∶1，母鸡平均体重（1 501.40±125.00）g，母鸡全程料重比4.2∶1。具体详见表2。

表2 广西三黄鸡生长期不同阶段体重（g）

性别	初生重	14d	28d	42d	56d	70d	91d	119d
公	27.90±2.40	120.80±9.80	298.30±25.00	510.40±39.60	746.40±58.50	1 105.40±98.90	1 445.00±141.00	1 814.10±154.30
母		116.70±9.50	263.50±23.50	455.10±35.40	650.30±58.30	877.90±84.30	1 149.20±107.10	1 501.40±125.00

注：2022年由广西参皇养殖集团有限公司在石和养殖场测定公、母鸡各50只。初生重为公、母混合称重（笼养）。

（二）育肥屠宰性能

2022年11月15日，测定单位广西参皇养殖集团有限公司对公、母各30只上市日龄（123d）广西三黄鸡进行屠宰测定，结果见表3。

（三）肉质性能

2022年11月15日，测定单位广西参皇养殖集团有限公司对公、母各20只上市日龄（123d）广西三黄鸡进行屠宰测定，同时对公、母各20只鸡胸肉进行剪切力、滴水损失、pH、肉色红度值、肉色黄度值、肉色亮度值的现场测定，分公、母各采胸肌样20份送广西分析测试中心检测水分、蛋白质、脂肪、灰分，结果见表4。

表3　上市日龄广西三黄鸡屠宰测定成绩

性别	宰前活重（g）	屠体重（g）	屠宰率（%）	半净膛重（g）	半净膛率（%）	全净膛重（g）	全净膛率（%）	胸肌重（g）	胸肌率（%）	腿肌重（g）	腿肌率（%）	腹脂重（g）	腹脂率（%）
公	1 673.30±48.99	1 518.03±51.63	90.72±1.74	1 364.20±60.86	81.53±2.79	1 271.83±57.94	76.01±2.60	143.86±11.55	11.31±0.92	262.63±21.14	20.65±1.51	20.39±22.26	1.58±1.64
母	1 608.67±49.32	1 462.93±53.08	90.94±1.60	1 326.87±55.98	82.48±2.25	1 182.90±51.38	73.53±2.51	170.27±16.42	14.39±1.30	220.42±24.17	18.63±1.94	64.74±16.14	5.19±1.26
群体	1 640.98±58.63	1 490.48±58.88	90.83±1.66	1 345.53±60.95	82.00±2.56	1 227.37±70.41	74.79±2.82	157.07±19.38	12.80±1.91	241.53±30.98	19.68±2.00	42.57±29.52	3.35±2.33

注：2022年11月由广西参皇养殖集团有限公司测定123d公、母鸡各30只（笼养）。

表4　上市日龄广西三黄鸡肉品质量测定情况

性别	剪切力（N）	滴水损失（%）	pH	肉色			水分（%）	蛋白质（%）	脂肪（%）	灰分（%）
				红度值（a）	黄度值（b）	亮度值（L）				
公	41.30±12.87	1.19±1.04	5.77±0.28	4.97±1.33	6.39±1.44	45.74±2.37	72.78±0.13	23.78±0.44	1.28±0.29	1.20±0.00
母	39.08±11.74	1.51±1.33	5.97±0.30	4.31±1.15	9.80±1.31	41.36±2.21	72.65±0.48	24.00±0.16	1.33±0.20	1.23±0.04

注：2022年11月由广西壮族自治区分析测试中心测定123d广西三黄鸡公、母鸡胸肌样各20份。

（四）繁殖和产蛋性能

据测定单位广西参皇养殖集团有限公司2022年在该公司石和养殖场对686只广西三黄鸡种鸡测定数据，母鸡开产日龄为145d，开产体重1.354kg，300d蛋重42.7g，入舍鸡产蛋数160个，饲养日产蛋数165个，母鸡有就巢性，就巢率17.20%，采用人工授精配种方式，育雏期成活率97.1%，育成期成活率99.2%，产蛋期成活率93.6%，种蛋受精率92.8%，受精蛋孵化率93%。

（五）蛋品质量

2022年11月，测定单位广西参皇养殖集团有限公司在该公司石和养殖场采样150个367d广西三黄鸡蛋委托广西大学进行测定，结果见表5。

表5　广西三黄鸡蛋品质量测定情况

项目	蛋重（g）	纵径（mm）	横径（mm）	蛋形指数	蛋壳强度（kg/cm²）	蛋壳厚度（mm）				蛋黄色泽（级）
						钝端	中端	尖端	均值	
测定值	47.99±3.33	5.36±0.19	4.02±0.09	1.33±0.05	39.85±8.41	0.24±0.04	0.24±0.04	0.24±0.03	0.24±0.03	7.27±0.83

项目	蛋白高度（mm）				哈氏单位	蛋黄重（g）	蛋黄比率（%）	蛋壳颜色	血肉斑	—
	1	2	3	均值						
测定值	6.81±1.22	6.74±1.05	6.62±0.97	6.72±0.96	81.70±6.80	16.19±1.27	33.74±2.54	浅褐色（粉色）	18.00%	—

注：2022年11月由广西大学测定367d鸡蛋150个。

五、饲养管理

广西三黄鸡是产区劳动人民经过长期人工选育和自然驯化而形成的优良地方品种，历史悠久，完全适应本地的气候条件。具有觅食力强、适应性广、耐粗饲、抗病力强、性成熟早等特点，能适应舍内平养、笼养、放牧饲养等各种饲养形式，能适应在全国大部分省份饲养。

商品肉鸡最好采用放牧饲养，特别是利用林区和果园进行轮牧放养。在这种条件下养出的肉鸡，羽毛光亮，肌肉结实，肉质鲜美，在市场上非常受消费者的欢迎。

广西三黄鸡对疫病的抵抗力与当地养殖的其他地方鸡品种无特殊差异，做好常规免疫即可（图3、图4）。

图3　广西三黄鸡群体及饲养环境1　　　　图4　广西三黄鸡群体及饲养环境2

六、品种保护与资源开发利用现状

（一）保种现状

1. 保种方式

广西三黄鸡为自治区级保护品种，采用保种场和基因库活体保种，设有自治区级保种场、自治区级基因库和国家级基因库。

2. 保种场（基因库）基本情况

（1）国家地方鸡种基因库（广西）、广西地方鸡活体基因库

建设依托单位：广西金陵家禽育种有限公司。

地址：南宁市隆安县那桐镇上邓村。

（2）广西地方鸡活体基因库

建设依托单位1：广西鸿光农牧有限公司。

地址：玉林市容县容州镇峤北村。

建设依托单位2：广西祝氏农牧有限责任公司。

地址：玉林市容县石寨镇古兆村。

（3）广西三黄鸡保种场

建设依托单位1：广西参皇养殖集团有限公司。

地址：玉林市福绵区石和镇石和村茶根塘。

建设依托单位2：广西北贸农牧有限公司。

地址：玉林市北流市新荣镇大同村阳荣组。

（二）资源开发利用现状

广西三黄鸡开发利用模式主要有以下几种：

1.本品种利用

本品种利用是广西三黄鸡资源的主要利用模式，部分规模养殖场根据国内市场需求，对广西三黄鸡开展了系统的选育和本品种选育以提高生产性能，再扩繁后生产商品肉鸡供应市场。

农村散养户直接自繁自养进行本品种利用，有的也购买规模场供应的广西三黄鸡苗饲养。

2.杂交利用

该模式主要在部分规模化养殖场开展，养殖场根据市场需求选择羽色和外貌，分群或分家系饲养，同时开展本品种选育以提高生产性能，扩繁后再与其他鸡品种杂交生产肉鸡供应市场。

如广西三黄鸡与霞烟鸡杂交，后代育肥性能和羽毛生长得到改善；广西三黄鸡与广西麻鸡的杂交后代具有广西三黄鸡的黄羽特征，又提高了种鸡产蛋性能；广西三黄鸡导入矮脚基因减低饲养成本、导入隐性白羽基因改善产肉性能和提高产蛋量等。

3.新品种配套系培育

目前在广西具备培育新品种（配套系）条件的主要为广西参皇养殖集团有限公司、广西金陵家禽育种有限公司、广西凤翔农牧集团有限公司等几大家禽育种企业，现国家级基因库设在广西金陵家禽育种有限公司。广西三黄鸡作为优良的独具特色的地方品种，得到了许多大型家禽育种企业的重视和青睐，是广西地方畜禽遗传资源中开发最好、饲养规模和对产业贡献最大的品种之一，众多肉鸡养殖企业利用广西三黄鸡培育了多个新品种（配套系）并已经国家畜禽遗传资源委员会审定、鉴定通过，如参皇鸡1号、黎村黄鸡、金陵黄鸡、桂凤二号黄鸡等。

（三）标准制定、地理标志等情况

制定了《广西三黄鸡》（DB45/T 241—2005），《地理标志产品 岑溪古典鸡》（DB45/T 2011—2019），《广西三黄鸡饲养管理技术规范》（DB45/T 52—2002）等广西地方标准。

"信都三黄鸡""岑溪古典鸡"2项产品获得国家地理标志保护产品登记。

"玉林三黄鸡"被评为地理标志商标。

七、对品种的评价和展望

（一）品种的主要遗传特点和优势

"黄毛、黄喙、黄脚"是广西三黄鸡的主要特征，其肉质细嫩，味道醇香而鲜甜，皮薄骨细，皮下脂肪适度，鸡肉味浓郁，非常适合于喜食白切鸡的华南地区市场，市场潜力非常大。

广西三黄鸡适应性和抗病力较强，成熟期较早，好动喜啄，野性强，耐粗饲，非常适合山区农村的自然环境或果园林地放养。

（二）开发利用前景分析

广西三黄鸡保持了较高水平的遗传多样性，国内多地黄羽肉鸡配套系的选育都导入过广西三黄鸡血统，是培育新品种（配套系）的重要素材，对加快黄羽肉鸡产业化进程具有较大贡献。

与白羽肉鸡相比，广西三黄鸡的生长速度较慢，饲养周期较长，料重比偏高；种鸡产蛋量偏低，肉鸡整齐度差等问题仍然是制约该产业进一步发展的技术瓶颈，饲养三黄鸡种鸡的企业育种技术力量还较薄弱。因此，加强对广西三黄鸡品种资源的保护和选育提高将是一项十分重要的工作，需要各企业充实技术力量和加大投资力度，也需要各方面进一步给予关心、重视和支持。

八、附录

（一）参考文献

陈家贵，2017. 广西畜禽遗传资源志［M］. 北京：中国农业出版社：166–180.

广西家畜家禽品种志编辑委员会，1987. 广西家畜家禽品种志［M］. 南宁：广西人民出版社：67–73.

国家畜禽遗传资源委员会，2011. 中国畜禽遗传资源志·家禽志［M］. 北京：中国农业出版社：215–217.

（二）调查和编写人员情况

1. 参与性能测定的单位和人员

广西参皇养殖集团有限公司：杨福剑、唐雪梅、张宗尧。

2. 主要撰稿人员及单位

广西壮族自治区畜牧站：卿珍慧。

广西参皇养殖集团有限公司：唐雪梅、张宗尧。

广西麻鸡

一、一般情况

（一）品种名称及类型

广西麻鸡（Guangxi partridge chicken）是灵山香鸡和里当鸡的统称。属兼用型品种。

（二）原产地、中心产区及分布

广西麻鸡原产地及中心产区为广西壮族自治区灵山县、马山县。主要分布区域为灵山县、浦北县、合浦县、横州市、防城港市、马山县、都安瑶族自治县。在原产地主要分布于灵山县的伯劳、陆屋、烟墩等乡镇，马山县的里当、金钗、古寨、古零、加方、百龙滩、乔利等乡镇。

（三）原产地自然生态、气候条件

广西麻鸡（灵山香鸡）原产地灵山县位于北纬21°51′—22°38′，东经108°44′—109°35′，地形以丘陵为主，地势东北略高，西南部略低，东北部为山地，中部为平原，西南部为丘陵。境内海拔30～100m，年均气温21.5℃，最高气温40.1℃，最低气温−0.7℃，年均日照时数1 600h，无霜期350d，年降水量1 600～1 700mm。

广西麻鸡（里当鸡）产区位于马山县中、东部的石山地区，地处北纬23°42′—24°20′，东经107°10′—108°30′。地貌以石山为主，为典型的喀斯特峰丛峰林区，峰丛一般海拔在500～600m，最高为古寨瑶族自治乡加善村的加捐山844.9m。马山县年平均气温21.3℃，最高温度38.9℃，最低温度−0.7℃，年均日照时数1 416h，平均无霜期343d，年平均降水量1 667.1mm。

广西麻鸡原产地属亚热带季风气候区，日照充足，气候温和，雨量充沛。产区农作物主要有水稻、玉米、甘薯、木薯、花生、黄豆、蔬菜、水果等。

二、品种来源、形成与发展

（一）品种来源及历史

乾隆年间《灵山县志》记载，"鸡，知时畜也"；嘉庆年间《灵山县志》记载，"畜之属马、牛、羊、鸡、犬、豕、鹅、鸭"。当地人喜选择黄色羽毛的鸡饲养，每当逢年过节或招待亲朋好友，都有宰杀或赠送麻鸡的习惯。《马山县志》记载："生寿：本地区，凡生孩子，常以鸡及姜酒报告外家，外家即送礼物及补品。"这种历史习俗促使人们不断淘汰杂羽色鸡而选留麻黄羽色鸡饲养。经过长期区域封闭繁育而形成该品种。

（二）群体数量及变化情况

广西麻鸡饲养量2011年约为2 962 550只，2016年约为3 546 376只，2021年底在广西区内数量为3 270 966只，广西区外为120 601只。饲养量呈平稳发展状态，依据《家禽遗传资源濒危等级评定》（NY/T 2996），广西麻鸡品种资源濒危程度处于安全等级。

三、体型外貌

（一）外貌特征

广西麻鸡特征可概括为"一麻两细三短"。一麻是指母鸡体羽以棕黄麻羽为主；两细是指头细，胫细；三短是指颈短、体躯短、胫短。肉色多为黄色，少量为白色；胫黄色、少量青色，肤色以黄色为主。皮薄，脂肪少。

公鸡头昂尾翘，颈羽呈棕红或金黄色。片状羽，体羽以棕红、深红为主，其次为棕黄或红褐色。主翼羽以黑羽镶黄边为主，少数全黑。副翼羽呈棕黄色或黑色。腹羽呈棕黄色、黄色、红褐色，部分有黑斑。主尾羽和镰羽呈墨绿色，有光泽。冠齿6～9个（图1）。

母鸡片状羽，羽色以棕麻、黄麻为主，少量全黑。颈羽基部多有黑斑，部分颈部羽色棕黄，与浅黄的体躯毛色界限明显。胸、腹羽以棕黄色居多，有部分浅黄色。主翼羽、副翼羽以镶黄边或棕边的黑羽为主，有部分黑色或带黑斑。单冠直立，冠、肉髯、耳叶呈红色。耳部羽毛呈浅黄色。冠齿5～8个（图2）。

雏鸡绒毛以麻色、黄色为主，少量黑羽。

（二）体尺、体重

2022年10月广西金陵家禽育种有限公司测定了302d的广西麻鸡公、母鸡各30只的体重、体尺，饲养方式为笼养。测定结果见表1。

图1　广西麻鸡成年公鸡

图2　广西麻鸡成年母鸡

表1　广西麻鸡成年鸡体重和体尺

性别	体重（g）	体斜长（cm）	龙骨长（cm）	胸宽（cm）	胸深（cm）	胸角（°）	骨盆宽（cm）	胫长（cm）	胫围（cm）
公	3 686.0±223.6	26.3±0.4	14.8±0.3	6.5±0.4	11.8±0.3	90.0±4.2	9.3±0.6	9.3±0.3	5.1±0.2
母	2 249.2±265.1	21.6±1.0	11.0±0.8	5.7±0.5	11.2±0.9	88.0±5.5	10.5±0.6	7.6±0.4	3.8±0.3
群体	2 967.6±765.5	23.95±2.5	12.9±2.0	6.1±0.7	11.5±0.7	89.0±5.0	9.9±0.8	8.5±0.9	4.5±0.7

注：2022年10月由广西金陵家禽育种有限公司测定302d公、母鸡各30只（笼养）。

四、生产性能

（一）生长性能

2022年广西金陵家禽育种有限公司测定了笼养的、生长期不同阶段的广西麻鸡生长性能。结果见表2。

表2　广西麻鸡生长期不同阶段体重（g）

性别	初生重	14d	28d	56d	70d	105d
公	37.50±1.80	187.50±14.30	438.20±29.10	1 102.40±87.10	1 421.70±97.80	1 923.80±164.40
母		175.67±14.45	399.20±26.28	917.57±72.28	1 159.20±88.45	1 740.63±143.00

注：2022年由广西金陵家禽育种有限公司测定公、母鸡约各半，共1 360只。初生重为公、母混合称重（笼养）。

（二）屠宰性能

2022年10月广西金陵家禽育种有限公司对笼养的115d广西麻鸡进行了屠宰测定，公、母鸡各30只，测定结果见表3。

表3　广西麻鸡屠宰测定结果

性别	宰前活重（g）	屠体重（g）	屠宰率（%）	半净膛重（g）	半净膛率（%）	全净膛重（g）	全净膛率（%）	胸肌重（g）	胸肌率（%）	腿肌重（g）	腿肌率（%）	腹脂重（g）	腹脂率（%）
公	1 957.26±161.10	1 760.11±145.00	89.93±0.57	1 617.56±137.25	82.64±0.91	1 349.96±111.23	68.97±0.62	271.22±31.53	20.09±1.38	274.11±37.86	20.31±1.70	42.96±15.62	3.08±1.04
母	1 743.30±168.77	1 580.97±154.23	90.69±0.92	1 441.74±138.68	82.70±0.95	1 215.40±123.53	69.72±1.14	254.27±32.50	20.92±1.80	257.99±31.65	21.23±1.75	41.65±20.70	3.31±1.66
群体	1 850.28±195.95	1 670.54±173.74	90.29±0.85	1 529.65±163.01	82.67±0.93	1 282.68±134.85	69.32±0.98	262.75±32.87	20.48±1.65	266.05±35.53	20.74±1.78	42.31±18.19	3.19±1.38

注：2022年10月由广西金陵家禽育种有限公司测定（笼养）。

（三）肉质性能

2022年10月从屠宰测定的广西麻鸡公、母鸡中随机抽取公、母鸡各20只的胸肌样品送广西壮族自治区分析测试中心测定鸡肉品质主要成分，测定结果见表4。

表4　广西麻鸡肉品质性能测定

性别	剪切力（N）	滴水损失（%）	pH$_{45min}$	肉色			水分（%）	蛋白质（%）	脂肪（%）	灰分（%）
				红度值（a）	黄度值（b）	亮度值（L）				
公	36.2	16.7	6.0	5.2	11.8	42.8	72.4	25.4	0.9	1.2
母	32.8	12.5	5.7	4.3	14.8	47.7	71.3	25.8	1.6	1.2

注：2022年10月由广西壮族自治区分析测试中心测定115d广西麻鸡公、母鸡胸肌样各20份。

（四）繁殖和产蛋性能

2022年广西金陵家禽育种有限公司广西麻鸡继代繁殖雏鸡数为1 250只，公鸡苗数350只，母鸡苗数900只。种蛋受精率为96.75%，入孵蛋孵化率87.98%，受精蛋孵化率90.94%，平均开产日龄130d，平均蛋重41.9g，66周产蛋数120～130个。母鸡就巢性强，每年就巢4～5次。

（五）蛋品质

2022年9月广西金陵家禽育种有限公司委托广西大学测定了303d广西麻鸡蛋150个，广西麻鸡蛋品质测定结果见表5。

表5　广西麻鸡蛋品质测定结果

项目	蛋重（g）	纵径（mm）	横径（mm）	蛋形指数	蛋壳强度（kg/cm^2）	蛋壳厚度（mm）				蛋黄色泽（级）
						钝端	中端	尖端	均值	
测定值	52.56±3.31	53.49±3.82	40.80±3.55	1.31±0.06	4.47±1.18	0.34±0.03	0.34±0.03	0.34±0.03	0.34±0.02	5.93±0.81

（续）

项目	蛋白高度（mm）				哈氏单位	蛋黄重（g）	蛋黄比率（%）	蛋壳颜色	血肉斑	—
	1	2	3	均值						
测定值	4.77±0.43	4.80±0.40	4.79±0.42	4.79±0.40	69.70±3.85	16.82±1.94	32.00±2.93	浅褐色（粉色）	无	—

注：2022年9月由广西大学测定303d广西麻鸡蛋150个。

五、饲养管理

广西麻鸡适应于笼养和自然环境散养。笼养育雏、育成、种鸡的饲养管理全部采用封闭式铝合金窗栏舍，安装有自动给料系统、自动清粪系统、自动饮水系统、自动消毒设备、纵向抽风湿帘降温系统。育雏阶段主要抓保温和通风的管理，育雏舍采用热水管供热自动控制温度的保温方法，合理控制饲养密度，确保鸡群的正常生长。育成阶段主抓通风管理、光照管理、喂料管理、体重控制和带鸡消毒等管理。种鸡饲养阶段主抓喂料管理、光照管理、通风管理、人工授精和带鸡消毒管理等（图3至图6）。

图3　广西麻鸡成年母鸡群体

图4　广西麻鸡成年公鸡群体

图5　广西麻鸡保种单位——国家地方鸡种基因库（广西）种鸡舍自然环境

图6　广西麻鸡保种单位——国家地方鸡种基因库（广西）周边自然生态环境

六、品种保护与资源开发利用现状

（一）保种现状

目前广西建设有四个广西麻鸡保种场（基因库），分别是：

1. 国家级、自治区级地方鸡种活体基因库

建设依托单位：广西金陵家禽育种有限公司。

地址：南宁市隆安县那桐镇上邓村。

2. 自治区级地方鸡种活体基因库

建设依托单位：广西祝氏农牧有限责任公司。

地址：玉林市容县石寨镇古兆村。

3. 广西麻鸡保种场

建设依托单位：广西富凤农牧集团有限公司。

地址：隆安县丁当镇森岭村雷绕屯。

4. 广西麻鸡保种场

建设依托单位：广西园丰牧业集团股份有限公司。

地址：灵山县灵城镇白水村委勒竹塘村。

（二）资源开发利用现状

广西麻鸡是开发利用较好的广西地方鸡种之一，由育种企业联合科研院所共培育出三个新配套系，年推广量在1亿只左右。一是广西金陵农牧集团有限公司利用广西麻鸡为素材培育的金陵花鸡配套系，2015年通过国家审定，目前年推广商品鸡苗3 200万只；二是广西园丰牧业集团股份有限公司利用广西麻鸡为素材培育的园丰麻鸡2号配套系，2019年通过国家审定，目前年推广商品鸡苗3 650万只；三是广西富凤农牧集团有限公司利用广西麻鸡为素材培育的富凤麻鸡配套系，2022年通过国家审定，目前年推广商品鸡苗3 000万只。2023年5月，广西麻鸡资源转化被农业农村部列入全国十大资源转化典型案例。

（三）标准制定、地理标志等情况

已制定《里当鸡》（DB45/T 242—2005）、《灵山香鸡》（DB45/T 461—2007）2项广西地方标准。"灵山香鸡"产品获国家地理标志保护产品登记。

七、对品种的评价和展望

广西麻鸡具有耐粗饲、善飞翔、觅食能力强等特点，制作的白切鸡、水蒸鸡、盐焗鸡肉质细嫩、气味香浓。但是，广西麻鸡也存在体型较小、生长较慢、产蛋较少、料重比偏高等不足。今后应开展本品种选育，提高生产性能，重点向优质鸡方向发展，也可组成配套系在生产上应用。

八、附录

（一）参考文献

陈伟生，2005．畜禽遗传资源调查技术手册［M］．北京：中国农业出版社：45–55．

薛勇，2000．灵山县志［M］．南宁：广西人民出版社．

（二）调查和编写人员情况

1. 参与性能测定的单位和人员

广西金陵农牧集团有限公司：黄超。

广西金陵家禽育种有限公司：粟永春、蔡日春。

2. 主要撰稿人员及单位

广西金陵农牧集团有限公司：黄超。

广西金陵家禽育种有限公司：粟永春、蔡日春。

瑶 鸡

一、一般情况

（一）品种名称及类型

瑶鸡（Yao chicken）在广西又称南丹瑶鸡，在贵州又称瑶山鸡。属兼用型地方品种。

（二）原产地、中心产区及分布

原产于广西壮族自治区南丹县，中心产区为里湖、八圩两个白裤瑶民族乡镇，主要分布于南丹县的城关、芒场、六寨、车河、大厂、罗富、吾隘等地，其他乡镇亦有分布；现广西全区均有分布，以贵港市数量最多。贵州省、山东省、浙江省、甘肃省、广东省、重庆市等亦有分布，毗邻的贵州省黔南布依族苗族自治州的荔波、独山等县分布较多。

（三）产区自然生态条件

南丹县位于广西西北部，云贵高原南缘，北纬24°42′—25°37′，东经107°1′—107°55′，北与贵州省的荔波、独山、平塘、罗甸县相接，东与天峨县、东兰县、金城江区及环江毛南族自治县相接。全县总面积39.05万hm²，凤凰山脉自西北往东南纵贯南丹县中部，形成北高南低，中间突起，东西两侧低矮的"一脊两谷"复杂地形。全县平均海拔800m，最高点海拔1 321m，最低点海拔205m。北部为石灰岩溶峰丛洼地，中部为中低山间河谷地，东、西、南侧为石灰岩溶峰林谷地。县境内居住着壮、汉、瑶、苗、水、毛南等10多个民族，少数民族人口占总人口的86%。

南丹县地处亚热带季风气候区，年均日照1 243h，年均气温16.9℃，极端最高气温35.5℃，最低气温−5.5℃，昼夜温差较大，平均达8～10℃。年均无霜期达300d以上，初霜期在11月25日前后，终霜期在2月10日前后，冬无严寒、夏无酷暑。年降水量1 257～1 591mm，雨量充沛。

南丹县大大小小的山川汇成不同的河流共11条，全长共5 842km，全县还建成大小水库23座，水资源十分丰富。土地以黄壤土、红壤土、石灰土和紫色土为主，分别占50.5%、11.4%、37.7%和0.4%，一般表土层厚5～25cm，地层厚为10～100cm，草山草坡资源丰富，约有53 300hm²草山，以黄壤土为主，有机质和钙质丰富。光、热、水、肥条件好，适宜牧草生长。

南丹县盛产稻谷、玉米、小麦、饭豆、竹豆、火麻、油菜等，有丰富的豆藤、米糠、秸秆等农副产品可作冬季畜禽补充饲料。

全县土地面积39.05万hm²，其中耕地面积2.35hm²，林地面积22.04万hm²。

二、品种来源、形成与发展

（一）品种形成及历史

南丹瑶鸡的形成与当地的自然条件、社会经济情况有密切关系：一是产区树林草地资源丰富，农副产品多样，为养鸡提供了物质基础；二是当地瑶族群众历来有养鸡的习惯，家家户户少则养3～5只，多则养数十只，而且瑶族群众素有以养大鸡为荣的习俗，每年春天选留体型大的公、母鸡留种繁殖。三是瑶寨地处偏僻的山区，交通不便，养鸡都是自繁自养、闭锁繁育，从不与外来鸡种混杂，经过长期的繁育驯化而形成今天的南丹瑶鸡。

（二）群体数量及变化情况

瑶鸡饲养量2011年约为73 032只，2016年约为89 527只，2021年底，全区瑶鸡存栏量为769 408只。广西壮族自治区外分布为417 331只。饲养量现逐年增加，依据《家禽遗传资源濒危等级评定》（NY/T 2996），瑶鸡品种资源濒危程度处于安全等级。

三、体型外貌

（一）体型外貌特征

瑶鸡体躯呈长方形，胸深广，按体型大小分为大型和小型两类。公鸡单冠直立、鲜红发达，冠齿6～8个，肉垂、耳叶红色，体羽以金黄色为主，黄褐色次之，颈、背部羽毛颜色较深，胸腹部较浅，主翼羽和主尾羽黑色，有金属光泽；母鸡单冠，冠齿5～6个，冠、肉垂、耳叶红色，体羽以麻黄、麻黑色两种为主，颈羽黄色，胸腹部羽毛淡黄色，主翼羽和主尾羽为黑色（图1、图2）。公、母鸡虹彩为橘红色或橘黄色，喙黑色或青色，胫、趾为青色，有40%的鸡有胫羽，少数有趾羽。皮肤和肌肉颜色多为白色。出壳雏鸡绒毛多为褐黄色。

（二）体尺和体重

2022年9月，瑶鸡性能测定单位广西金陵家禽育种有限公司在该公司大膝养殖基地对笼养的302d公、母各30只的成年瑶鸡进行了测量，结果见表1。

图1 瑶鸡公鸡

图2 瑶鸡母鸡

表1 瑶鸡成年鸡体重和体尺

性别	体重（g）	体斜长（cm）	龙骨长（cm）	胸宽（cm）	胸深（cm）	胸角（°）	骨盆宽（cm）	胫长（cm）	胫围（cm）
公	2 458.33±186.00	22.92±0.86	12.31±0.72	8.03±0.35	11.61±0.50	80.69±5.81	8.44±0.72	9.79±0.40	4.89±0.19
母	1 566.90±149.39	19.84±1.29	10.18±0.35	6.76±0.27	9.84±0.44	80.93±6.81	7.84±0.59	7.67±0.50	3.98±0.20
群体	2 012.62±479.59	21.38±1.90	11.25±1.21	7.40±0.71	10.73±1.01	80.81±6.28	8.14±0.72	8.73±1.16	4.44±0.50

注：2022年10月由广西金陵家禽育种有限公司测定301d公、母鸡各30只（笼养）。

四、生产性能

（一）生长性能

2022年5—9月间，性能测定单位广西金陵家禽育种有限公司在该公司大滕养殖基地对1 750只瑶鸡进行测定，混苗初生重（33.83±2.05）g，饲养至119d成活1 669只，成活率95.37%，公鸡体重（2 393.63±183.82）g，母鸡体重（1 878.37±145.48）g，全程料重比4.1∶1。具体见表2。

表2 瑶鸡生长期不同阶段体重（g）

性别	出生	2周龄	4周龄	6周龄	8周龄	10周龄	12周龄	14周龄	16周龄	17周龄
公	34.23±1.91	221.74±18.08	550.00±41.38	844.80±61.71	1 194.70±100.31	1 493.91±134.82	1 813.68±140.98	2 077.01±144.22	2 289.18±163.45	2 393.63±183.82
母	33.43±2.12	198.53±17.02	414.04±32.32	650.79±54.65	859.92±67.60	1 070.70±78.39	1 284.03±86.68	1 516.39±126.07	1 759.93±157.19	1 878.37±145.48

注：2022年由广西金陵家禽育种有限公司测定公、母鸡约各半，共1 750只。初生重为公、母混合称重（笼养）。

（二）屠宰性能

2022年10月29日，性能测定单位广西金陵家禽育种有限公司在该公司大滕养殖基地对公、母各30只上市日龄瑶鸡进行屠宰测定，结果见表3。

表3　上市日龄瑶鸡屠宰测定成绩

性别	宰前活重（g）	屠体重（g）	屠宰率（%）	半净膛重（g）	半净膛率（%）	全净膛重（g）	全净膛率（%）	胸肌重（g）	胸肌率（%）	腿肌重（g）	腿肌率（%）	腹脂重（g）	腹脂率（%）
公	2 235.37±170.31	2 009.57±153.68	89.90±2.13	1 841.30±143.31	82.37±2.76	1 688.22±115.97	75.52±3.51	224.79±25.42	13.32±1.25	374.79±47.94	22.20±2.39	34.59±31.66	2.01±1.77
母	2 083.37±126.93	1 922.50±119.12	92.28±1.05	1 715.55±130.40	82.34±2.86	1 481.25±123.85	71.10±3.17	201.24±24.59	13.59±1.34	254.32±31.71	17.17±1.97	146.33±39.00	8.99±2.21
群体	2 159.37±167.48	1 966.04±143.21	91.05±2.04	1 778.43±149.91	82.36±2.79	1 584.74±158.24	73.39±4.04	213.02±27.49	13.44±1.29	314.56±72.90	19.85±3.32	90.46±66.44	5.40±4.05

注：2022年10月由广西金陵家禽育种有限公司测定120d公、母鸡各30只（笼养）。

（三）肉质性能

2022年10月29日，性能测定单位广西金陵家禽育种有限公司在该公司大滕养殖基地对公、母各30只上市日龄瑶鸡进行屠宰测定，同时对公、母各20只鸡胸肉进行剪切力、滴水损失、pH、肉色红度值、肉色黄度值、肉色亮度值的现场测定，分公、母各采胸肌样20份送广西分析测试中心检测水分、蛋白质、脂肪、灰分，结果见表4。

表4　上市日龄瑶鸡肉品质量测定情况

性别	剪切力（N）	滴水损失（%）	pH	肉色			水分（%）	蛋白质（%）	脂肪（%）	灰分（%）
				红度值（a）	黄度值（b）	亮度值（L）				
公	42.94±13.20	9.86±4.44	5.99±0.07	6.45±1.82	9.17±1.51	43.57±2.51	73.2	24.4	0.8	1.2
母	37.74±16.44	11.09±4.69	6.00±0.07	5.50±2.25	9.67±1.51	46.31±2.68	72.7	23.8	2	1.2

注：2022年10月由广西壮族自治区分析测试中心测定120d瑶鸡公、母鸡胸肌样各20份。

（四）蛋品质量

2022年10月，性能测定单位广西金陵家禽育种有限公司在该公司大滕养殖基地采样150个瑶鸡蛋送广西大学进行测定，结果见表5。

（五）繁殖和产蛋性能

据测定单位广西金陵家禽育种有限公司2022年在该公司大滕养殖基地对451只笼养条件下的瑶鸡种鸡的测定数据，开产日龄为158d，开产体重1.9kg，300d蛋重48.2g，入舍鸡产蛋数97个，饲养日产蛋数120个，有就巢性，就巢率3%，采用人工授精配种方式，育雏期成活率98.5%，育成期成活率96.2%，产蛋期成活率88.6%，种蛋受精率95.2%，受精蛋孵化率91.5%。

表5　瑶鸡蛋品质量测定情况

项目	蛋重（g）	纵径（mm）	横径（mm）	蛋形指数	蛋壳强度（kg/cm²）	蛋壳厚度（mm）				蛋黄色泽（级）
						钝端	中端	尖端	均值	
测定值	48.16±2.93	51.88±3.34	40.91±3.52	1.27±0.08	4.42±0.83	0.32±0.04	0.32±0.03	0.33±0.03	0.32±0.03	6.19±0.71

项目	蛋白高度（mm）				哈氏单位	蛋黄重（g）	蛋黄比率（%）	蛋壳颜色	血肉斑	—
	1	2	3	均值						
测定值	4.52±0.31	4.49±0.43	4.52±0.29	4.51±0.30	69.49±3.08	14.63±1.27	30.38±1.79	浅褐色（粉色）	无	—

注：2022年10月由广西大学测定301d鸡蛋150个。

五、饲养管理

瑶鸡是经过长期自然和人工选择形成的地方鸡品种，适应性较强，可以在户外搭棚饲养，鸡棚多建在水源、牧草较丰富的山坡上，坡度以20°为佳。饲养方式采用半舍饲半放牧，小鸡在舍内育雏，30d后可以放牧饲养，白天任其在山林间自由觅食，每天早、中、晚各补喂一次玉米、稻谷、大豆、火麻等。放牧饲养的鸡，由于长期在野外觅食活动，接触阳光和新鲜空气，肌肉结实，肉质风味好。采用户外搭棚饲养瑶鸡，棚舍宜选址在地势较高、排水良好的地方，做好场地和用具的清洁卫生和消毒，在各饲养阶段严格把好防疫关，做好常规免疫，不使用影响瑶鸡产品质量的投入品即可（图3至图6）。

图3　瑶鸡成年鸡群体

图4　瑶鸡原产地自然环境1

图5　瑶鸡原产地自然环境2

图6　瑶鸡原产地自然环境3

六、品种保护与资源开发利用现状

（一）保种现状

目前广西有4个活体保种单位承担瑶鸡保种职能：

1.国家级、自治区地方鸡种活体基因库

建设依托单位：广西金陵家禽育种有限公司。

地址：南宁市隆安县那桐镇上邓村。

2.自治区级瑶鸡保种场

建设依托单位：广西贵港市港丰农牧有限公司。

地址：贵港市港北区中里乡双古村。

3.自治区级地方鸡种活体基因库

建设依托单位1：广西鸿光农牧有限公司。

地址：玉林市容县容州镇峤北村。

建设依托单位2：广西祝氏农牧有限责任公司。

地址：玉林市容县石寨镇古兆村。

（二）资源开发利用现状

广西自2002年开始对瑶鸡进行系统选育，经过4个世代的选种选育，生产性能有了明显提高。另外，还选育出具有矮小青脚、体型紧凑，母鸡为麻黄花羽色，公鸡为红羽黑翅、尾羽长而黑的个体，商品代肉鸡高脚、粗毛鸡的比例不断下降，白羽鸡基本消失。

2002年后南丹县对瑶鸡选种选育示范场进行了扩建，并开展了南丹瑶鸡选种、选育研究。目前，种鸡年产蛋量、种群整齐度等指标与项目实施前有大幅度提高。

（三）标准制定、地理标志等情况

已制定《南丹瑶鸡》广西地方标准，标准号DB45/T 43—2002；《地理标志农产品　南丹瑶鸡》团体标准，标准号T/GXAS 629—2023。"南丹瑶鸡"产品获国家地理标志保护产品登记。

七、对品种的评价和展望

南丹瑶鸡耐粗饲、抗逆性强、适应性广、肉质细嫩、肉味鲜美清甜、皮脆骨香、皮下脂肪少，是广西大型地方鸡品种之一，对高寒石山地区具有良好的适应性。经过近几年的选育，南丹瑶鸡在毛色、整齐度、生长速度、繁殖性能等方面都有了较大的提高，效果显著。南丹瑶鸡以肉质脆嫩、皮下脂肪少著称，是不可多得的"瘦肉型"鸡种，用南丹瑶鸡和火麻等原料烹制的鸡汤，鲜美宜人，营养价值高，深受广大消费者的欢迎。今后应根据市场需求，进一步加强本品种选育，不断提高生长速度和繁殖性能，以满足市场需求。

八、附录

（一）参考文献

陈家贵，2017. 广西畜禽遗传资源志［M］. 北京：中国农业出版社：139-143.

广西家畜家禽品种志编辑委员会，1987. 广西家畜家禽品种志［M］. 南宁：广西人民出版社：77-78.

国家畜禽遗传资源委员会，2011. 中国畜禽遗传资源志·家禽志［M］. 北京：中国农业出版社：228-231.

（二）调查和编写人员情况

1. 参与性能测定的单位和人员

广西金陵农牧集团有限公司：黄超、陈智武。

广西金陵家禽育种有限公司：蔡日春。

2. 主要撰稿人员及单位

广西壮族自治区畜牧站：卢丽枝。

广西金陵农牧集团有限公司：陈智武。

广西金陵家禽育种有限公司：蔡日春。

霞烟鸡

一、一般情况

（一）品种名称及类型

霞烟鸡（Xiayan chicken）原名下烟鸡，又名肥种鸡，肉用型地方鸡品种。

（二）原产地、中心产区及分布

原产于广西壮族自治区容县的石寨镇下烟村，主要分布于石寨、黎村、容城、十里等乡镇。鸡苗和肉鸡主要销往广东、湖南、浙江、海南等南方省份。据第三次全国畜禽遗传资源普查，霞烟鸡主要分布于玉林市容县，占群体数量的94.75%，少部分异地保种在南宁市隆安县上邓村广西金陵家禽育种有限公司广西地方鸡活体基因库，桂林市、贵港市覃塘区和玉林市兴业县等地有少量散户饲养霞烟鸡。广西壮族自治区外主要分布在浙江省杭州市淳安县。

（三）产区自然生态条件

容县位于广西壮族自治区东南部，玉林市东部。境内重峦叠嶂，岭谷相间，河谷交错，丘陵起伏，以丘陵山地为主。容县气候温和，雨量充沛、四季常青，十分适合家禽栖息与繁殖，尤其适合优质鸡品种繁育。

（1）地貌　容县位于大容山、云开大山之间。东、西、南三面高，中部和东北部低，由南向东北微倾斜，平缓下降。整体呈北西–南东走向的长方形，河流由东、南、西三面汇集。绣江经南向东北流入藤县。地貌有堆积平原、台地、丘陵、山地等。

（2）海拔　介于150～300m。

（3）经纬度　介于北纬22°27′44″—23°07′45″，东经110°14′58″—110°53′42″。

（4）气候类型　容县属亚热带季风气候，年均气温21.3℃（最热月平均气温28.2℃，最冷月平均气温12.2℃）；年均降水量1 660mm，雨季168d，相对湿度为80%，无霜期332.5d，日照1 753.6h。

（5）水源及土质　境内有50多条大小河流，主要河流绣江属珠江水系；土壤共分水稻土、黄壤、红壤、赤红壤、紫色土和冲积土六大类，优质土壤约占全县土壤面积的6.4%。

（6）农作物、饲料作物种类及生产情况　原产区主要农作物有水稻、甘薯、木薯、花生，以及豆类和蔬菜等。这为饲养霞烟鸡提供了丰富的饲料资源。

二、品种来源、形成与发展

（一）品种形成及历史

霞烟鸡形成于晚清期间，由容县石寨镇下烟村尹姓家族长期从当地鸡种选育而来。当时在下烟村颂仙塘有一个土地庙，叫平福社，历代逢年过节群众有祭社的习惯。祭神时，群众有比赛肥鸡这一风俗习惯，特别是春节家家户户要杀大阉鸡去祭社，而鸡的大小往往象征着人的身份和脸面。因而，祭社活动无意中成为赛鸡集会，促进了群众性选育工作的开展，经历年赛鸡大会评选，由尹姓家族选育的肥种鸡成为大众育种目标，选留肥大、毛黄、皮黄者为种用，认为毛羽细致者肉质嫩，黄皮鸡则味香；而下烟村一面靠山三面环河的自然环境为育种提供了闭锁繁育、不引入外来血源杂交的有利条件。村民原誉之曰"下烟鸡"，1973年在香港试销后声名大振，在考虑港商意见及香港、澳门地区市场销售需要后，广西外贸部门将"下"改为"霞"，乃成现名。

（二）群体数量及变化情况

饲养量2011年约为95 110只，2016年约为71 080只，2021年为61 599只。近年来，由于原种霞烟鸡保种经费短缺，群众为经济效益将其与其他品种进行杂交，纯种鸡数量呈现出减少趋势，饲养量也逐年减少。依据《家禽遗传资源濒危等级评定》（NY/T 2996），霞烟鸡资源濒危程度处于安全等级。

三、体型外貌

（一）体型外貌特征

（1）雏禽、成禽羽色及羽毛重要遗传特征　雏鸡绒毛、喙和脚黄色。公鸡60d可长齐体羽，羽色淡黄或深黄色，颈羽颜色较胸背深，主尾羽较短；母鸡羽毛生长比公鸡快，50d可长齐体羽，羽毛黄色，但个体间深浅不同，有干稻草样浅黄色，也有深黄色。

（2）成鸡肉色、胫色、喙色及肤色　肉白色，胫黄色，喙栗色或黄色，肤黄色。性成熟的公鸡脚胫外侧鳞片多呈黄中带红。

（3）外貌特征　成年公鸡胸宽背平，腹部肥圆，体躯结实，体型紧凑，中等大小；母鸡背平，胸角较宽，龙骨较短，腹稍肥圆，耻骨与龙骨末端之间较宽，能容三根手指以上。成年鸡单冠直立，呈鲜红色，冠齿5～7个，无侧支，公鸡冠粗大肥厚，母鸡冠小而红润。耳叶红色，虹彩橘黄色（图1、图2）。

图1 霞烟鸡成年公鸡

图2 霞烟鸡成年母鸡

（二）体尺和体重

2022年8月，测定单位广西鸿光农牧有限公司在木坪林场养殖基地对公、母各30只成年霞烟鸡进行体尺和体重测量，结果见表1。

表1 霞烟鸡成年体重、体尺

性别	体重 （g）	体斜长 （cm）	龙骨长 （cm）	胸宽 （cm）	胸深 （cm）	胸角 （°）	骨盆宽 （cm）	胫长 （cm）	胫围 （cm）
公	2 708.83 ± 193.50	18.83 ± 1.26	11.51 ± 1.11	9.18 ± 1.33	10.77 ± 1.26	88.05 ± 1.52	9.86 ± 0.75	9.11 ± 0.81	5.00 ± 0.40
母	1 855.00 ± 143.67	15.81 ± 0.91	9.41 ± 0.91	8.02 ± 0.36	9.36 ± 0.55	86.52 ± 1.92	9.26 ± 0.49	6.42 ± 0.59	4.64 ± 0.44
群体	2 281.92 ± 427.98	17.32 ± 1.69	10.46 ± 1.31	8.60 ± 0.91	10.07 ± 1.16	87.29 ± 1.81	9.56 ± 0.68	7.77 ± 1.38	4.82 ± 0.43

注：2022年8月由广西鸿光农牧有限公司在木坪林场养殖基地测定301d公、母鸡各30只（笼养）。

四、生产性能

（一）生长性能

2022年8月，测定单位广西鸿光农牧有限公司在木坪林场养殖基地对2 340只霞烟鸡进行群体测定，每周抽测公、母鸡各50只，初生雏混合均重32.39g，饲养至13周龄，成活2 309只，成活率98.68%，公鸡体重（1 738.83±91.03）g，母鸡体重（1 484.33±78.33）g，全程料重比3.3∶1。出生到13周龄各周均重见表2。

表2　霞烟鸡生长期不同阶段体重（g）

性别	初生重	2周龄	4周龄	6周龄	8周龄	10周龄	13周龄
公	32.39 ± 2.57	207.13 ± 27.05	445.83 ± 55.52	703.50 ± 79.07	761.50 ± 109.89	1 295.00 ± 121.49	1 738.83 ± 91.03
母		128.00 ± 18.77	303.17 ± 38.56	512.00 ± 62.08	717.83 ± 77.41	1 001.67 ± 105.78	1 484.33 ± 78.33

注：2022年8月由广西鸿光农牧有限公司在木坪林场养殖基地对2 340只霞烟鸡进行群体测定，每周抽样测定公、母鸡各50只。初生重为公、母混合称重（笼养）。

（二）屠宰性能

2022年11月在广西鸿光农牧有限公司木坪林场养殖基地随机抽样阉公鸡、母鸡各30只进行屠宰测定，结果见表3。

表3　霞烟鸡的屠宰性能

性别	宰前活重（g）	屠体重（g）	屠宰率（%）	半净膛重（g）	半净膛率（%）	全净膛重（g）	全净膛率（%）	胸肌重（g）	胸肌率（%）	腿肌重（g）	腿肌率（%）	腹脂重（g）	腹脂率（%）
公	2 089.50 ± 105.27	1 871.83 ± 95.38	89.58 ± 1.16	1 725.83 ± 92.78	82.60 ± 1.35	1 630.17 ± 88.14	78.02 ± 1.67	215.52 ± 22.22	13.22 ± 1.18	371.07 ± 25.85	22.76 ± 1.16	14.72 ± 11.32	0.89 ± 0.69
母	1 736.83 ± 79.71	1 576.17 ± 81.76	90.75 ± 0.88	1 364.50 ± 78.90	78.56 ± 3.03	1 216.00 ± 75.87	70.01 ± 3.36	177.05 ± 24.87	14.56 ± 1.52	237.41 ± 22.21	19.52 ± 1.16	70.86 ± 18.51	5.51 ± 1.47
群体	1 913.17 ± 178.71	1 724.00 ± 150.40	90.11 ± 1.08	1 545.17 ± 181.34	80.76 ± 2.81	1 423.09 ± 207.08	74.38 ± 4.31	196.29 ± 28.90	13.79 ± 1.41	304.24 ± 66.83	21.38 ± 1.82	42.79 ± 30.47	2.92 ± 2.43

注：2022年8月由广西鸿光农牧有限公司在木坪林场养殖基地测定105d公、母鸡各30只（笼养）。

（三）肉质性能

2022年11月，在广西鸿光农牧有限公司木坪林场养殖基地测定120d阉公鸡和母鸡胸肌冰鲜样各20份，对公、母各20份鸡胸肉进行剪切力、滴水损失、pH、肉色红度值、肉色黄度值、肉色亮度值的现场测定；分公、母各采胸肌样20份送广西分析测试中心检测水分、蛋白质、脂肪、灰分，综合结果见表4。

表4　霞烟鸡肉质性能测定

性别	剪切力（N）	滴水损失（%）	pH	肉色			水分（%）	蛋白质（%）	脂肪（%）	灰分（%）
				红度值（a）	黄度值（b）	亮度值（L）				
公	36.86 ± 3.34	2.62 ± 0.61	5.74 ± 0.22	44.12 ± 3.08	10.83 ± 1.56	10.77 ± 1.18	72.60 ± 0.20	24.58 ± 0.23	0.74 ± 0.09	1.50 ± 0.18
母	37.45 ± 3.67	3.05 ± 0.67	5.77 ± 0.22	45.21 ± 2.01	9.42 ± 1.30	9.29 ± 1.20	72.37 ± 0.20	24.47 ± 0.35	1.02 ± 0.11	1.55 ± 0.18

注：2022年11月由广西壮族自治区分析测试中心测定120d霞烟鸡公、母鸡胸肌样各20份。

（四）蛋品质性能

2022年11月，测定单位广西鸿光农牧有限公司在该公司采样150个霞烟鸡蛋委托广西大学进行测定，综合结果见表5。

表5 霞烟鸡蛋品质量测定情况

项目	蛋重（g）	纵径（mm）	横径（mm）	蛋形指数	蛋壳强度（kg/cm²）	蛋壳厚度（mm）				蛋黄色泽（级）
						钝端	中端	尖端	均值	
测定值	52.21±3.17	54.20±1.49	41.60±1.14	1.30±0.04	4.94±0.80	0.32±0.03	0.34±0.04	0.33±0.02	0.33±0.03	8.21±0.56

项目	蛋白高度（mm）				哈氏单位	蛋黄重（g）	蛋黄比率（%）	蛋壳颜色	血肉斑	—
	1	2	3	均值						
测定值	6.15±1.12	6.13±1.10	6.08±1.08	6.12±1.08	79.25±7.44	16.38±1.23	31.37±2.26	浅褐色（粉色）	无	—

注：2022年11月由广西大学测定300d鸡蛋150个。

（五）繁殖与产蛋性能

据测定单位广西鸿光农牧有限公司2022年在该公司木坪林场养殖基地对1 254只笼养霞烟鸡种鸡的测定数据，霞烟鸡平均开产日龄147d，开产体重1.67kg，300d蛋重46.1g，入舍鸡产蛋数155个，饲养日产蛋数158个，就巢率15.6%；采用人工授精配种方式，公、母配比1∶10。育雏期成活率98.7%，育成期成活率99.2%，产蛋期成活率95.2%，种蛋受精率89.2%，受精蛋孵化率90.6%。

五、饲养管理

霞烟鸡育雏阶段，室温要求高0.5～1℃。商品肉鸡耐粗饲，各阶段营养要求可相对降低，采用放牧饲养肉质风味更佳，出栏率在96%以上（图3至图5）。

图3 霞烟鸡群体

图4 霞烟鸡生长的自然环境

图5 位于霞烟鸡原产地的基因库

六、品种保护与资源开发利用现状

（一）保种现状

霞烟鸡采用保种场和基因库活体保种，目前广西有4个活体保种单位承担霞烟鸡保种职能。

1.国家级、自治区地方鸡种活体基因库

建设依托单位：广西金陵家禽育种有限公司。

地址：南宁市隆安县那桐镇上邓村。

2.自治区级地方鸡种活体基因库

建设依托单位1：广西鸿光农牧有限公司。

地址：玉林市容县容州镇峤北村。

建设依托单位2：广西祝氏农牧有限责任公司。

地址：玉林市容县石寨镇古兆村。

3.自治区级霞烟鸡保种场

建设依托单位：广西容县周义养殖有限公司金旺鸡场。

地址：玉林市容县容州镇厢西社区金降冲队。

（二）资源开发利用现状

1982—1992年建立核心群，开展霞烟鸡保种与纯化、提高产蛋量工作；1993—2000年，家系选育、扩繁，提高纯繁受精率、孵化率和健雏率；2001年至今，选育快羽、慢羽、浅黄羽、稻草色黄羽、腹脂率低品系，适度杂交配套。利用霞烟鸡为素材培育的新品种配套系有黎村黄鸡。

（三）标准制定、地理标志等情况

已制定《霞烟鸡》（DB45/T 180—2010）、《地理标志产品　霞烟鸡》（DB45/T 862—2018）、《地理标志产品　容县霞烟鸡养殖技术规程》（DB45/T 2596—2022）等广西地方标准。"霞烟鸡"产品获国家地理标志保护产品登记。

七、对品种的评价和展望

霞烟鸡经长期保种选育，使各品系保持了地方良种的体型外貌、肉质风味及其他重要特性，具有较强适应性、抗逆性和抗病性，耐粗饲，宜于山地林间放养，适应我国南方各省份饲养。

长期市场销售证明，霞烟鸡国内市场占有率相对稳定，价格高于同类优质鸡1～2元/kg，消费者充分肯定其骨细、肉嫩、味香特点，由于销量稳定、价高，养殖效益显著。

霞烟鸡长羽较慢，公鸡大翘羽较短，且公、母鸡腹部肥圆，腹脂率较高等是霞烟鸡固有特征性状，建议予以保留。

霞烟鸡产肉性能、繁殖性能及早熟性能尚需进一步提高。原种场应继续利用现有素材加强选育，将研究、开发和利用方向重点放在提高本品种的繁殖、生产性能（腿肉率）与抗病能力（主要是马立克氏病）上，不断提高产品质量和科技含量。

八、附录

（一）参考文献

陈家贵，2017. 广西畜禽遗传资源志［M］. 北京：中国农业出版社：181-189.

广西家畜家禽品种志编辑委员会，1987. 广西家畜家禽品种志［M］. 南宁：广西人民出版社.

国家畜禽遗传资源委员会，2011. 中国畜禽遗传资源志·家禽志［M］. 北京：中国农业出版社：225-227.

（二）调查和编写人员情况

1. 参与性能测定的单位和人员

广西鸿光农牧有限公司：李帆、黄华敢、张增亮。

2. 主要撰稿人员及单位

广西壮族自治区畜牧站：卢维。

广西鸿光农牧有限公司：李毅、李帆。

广西乌鸡

一、一般情况

（一）品种名称及类型

广西乌鸡（Guangxi gallus）是东兰乌鸡和凌云乌鸡的统称。属兼用型地方品种。

（二）原产地、中心产区及分布

原产地是广西壮族自治区东兰县和凌云县，中心产区为东兰县隘洞和武篆镇，凌云县岑王老山周边村屯，主要分布在南宁市（青秀区、良庆区、隆安县、马山县、宾阳县）、柳州市（柳城县、融安县、融水苗族自治县）、桂林市（永福县、恭城瑶族自治县、荔浦市）、梧州市（藤县、蒙山县）、防城港市（上思县）、贵港市（港南区、平南县）、玉林市（容县、博白县、兴业县）、百色市（右江区、田东县、德保县、那坡县、凌云县、隆林各族自治县、平果市）、贺州市（八步区）、河池（天峨县、东兰县、罗城仫佬族自治县）、来宾市（兴宾区、忻城县、象州县）、崇左市（江州区、扶绥县）。

（三）产区自然生态条件

地貌：东兰县境地处云贵高原的南部边缘，广西西北部山区，地势北高南低，自西北向东南倾斜。境内侵蚀低山、溶蚀谷、溶蚀洼地相间，构成了东北部侵蚀低山、中山地区，中南部溶蚀谷地区，西南峰丛洼地区。凌云县地处云贵高原的延伸部分，是比较典型的山地地形，山高谷深，山地面积广大。

海拔：东兰、凌云两县海拔176～2 062m。

经纬度：产区范围，东兰县北纬24°13′—24°51′，东经107°5′—107°43′；凌云县北纬24°6′—24°37′，东经106°24′—106°55′。

气候条件：广西乌鸡原产地属亚热带季风气候区，冬短夏长、冬暖夏凉，气候温和、光照充足、四季分明。东兰县年最高气温37℃，最低气温1℃，年平均气温20.8℃，年平均日照时数1 586h，无霜期330～350d，年降水量1 200～1 500mm。凌云县年最高气温38.4℃，最低气温－2.4℃，年均气温20.0℃，年均日照时数1 443h，年均无霜期343d，年均降水量1 718mm。

主要农作物种类：水稻、玉米、甘薯、木薯、豆类、芭蕉芋、南瓜、黑米、黑芝麻、小米、高粱、荞麦、小麦、芋头、豆薯等。

二、品种来源及发展

（一）品种形成的历史

广西乌鸡在东兰县称为东兰乌鸡，在凌云县称为凌云乌鸡；2009年通过国家畜禽遗传资源委员会家禽专业委员会鉴定。

据《东兰县志》记载，当地乌鸡饲养至今已有二三百年的历史。东兰县是一个以壮族为主的地区，服饰以黑色为主调，自古就与黑色结下不解之缘。在春节、三月三等重大的喜庆节日，壮族人民群众喜欢穿着黑色的盛装来庆贺，因此东兰壮族素有穿黑色衣服和饲养乌鸡的习惯。乌鸡在当地历来被认为是高级滋补品，群众有清炖乌鸡滋补的消费习俗，逢年过节，探望产妇、病员、儿童和老人，乌鸡是最佳的礼品。在长期的人工选择以及当地气候、自然地理环境和饲养管理等条件的共同影响下，逐步形成了东兰乌鸡。

据《凌云县志》记载，岑王老山周边的玉洪乡乐里、八里、伟达、那力、岩佃等村屯较早以前就有凌云乌鸡。因其喙、冠、胫、趾、皮是乌黑色，故当地群众称为"五乌鸡"。当地群众有把乌鸡作药用的习俗，用作治疗骨折的主要辅助药引。而乌鸡煲汤对于治疗产妇产后体虚及补血的功效更是得到了群众的认可。

（二）群体数量及变化情况

据不完全统计，2011年广西乌鸡群体数量为115 723只，2016年群体数量为371 796只，2021年全区群体数量94 666只。广西乌鸡群体数量总体呈先增长后下降态势。

依据《家禽遗传资源濒危等级评定》（NY/T 2996），广西乌鸡品种资源濒危程度处于安全等级。

三、体型外貌

（一）体型外貌特征

广西乌鸡体型中等，片羽，其中东兰乌鸡以黑色羽为主，凌云乌鸡以黄色羽为主。个别有凤头，喙呈黑色，单冠，多数直立，少数后半部分倒伏，冠齿5～8个，冠色呈黑色或紫黑色，肉髯、耳叶呈黑色，耳部羽毛呈黑色或浅黄，虹彩呈褐色或橘红色，皮肤和肌肉颜色以黑色为主，少数为灰色或黄色，多为四趾，少数五趾，胫呈黑色或青灰色，少数有胫羽。

东兰乌鸡公鸡颈羽黑色；主翼羽、副翼羽和尾羽呈黑色，有光泽。耳部羽毛呈黑色。胫呈黑色，有少量青灰色（图1）。

东兰乌鸡母鸡颈羽黑色；主翼羽、副翼羽和尾羽呈黑色，有光泽。耳部羽毛呈黑色。胫呈黑色，有少量青灰色（图2）。

凌云乌鸡公鸡主翼羽、副翼羽和尾羽呈黑色，有光泽。冠齿6～9个（图3）。

凌云乌鸡母鸡以黄色羽为主，个别为黄羽。颈羽大多镶黄边、部分镶黑边。主翼羽、副翼羽和尾羽呈黑色，有光泽（图4）。

雏鸡绒毛以黑色、黄色为主。

图1 广西乌鸡（东兰乌鸡）成年公鸡

图2 广西乌鸡（东兰乌鸡）成年母鸡

图3 广西乌鸡（凌云乌鸡）成年公鸡

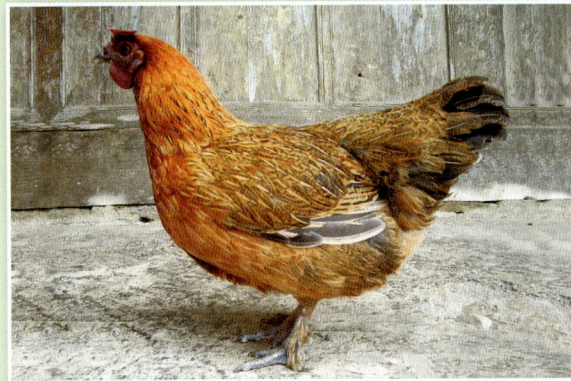

图4 广西乌鸡（凌云乌鸡）成年母鸡

（二）体尺和体重

2022年9月，广西乌鸡测定单位广西金陵家禽育种有限公司在该公司大滕养殖基地对293d公、母各30只的成年广西乌鸡进行了体重、体尺测定，结果见表1。

表1 广西乌鸡成年鸡体重和体尺

性别	体重（g）	体斜长（cm）	龙骨长（cm）	胸宽（cm）	胸深（cm）	胸角（°）	骨盆宽（cm）	胫长（cm）	胫围（cm）
公	1 848.57 ± 288.09	21.47 ± 0.79	11.22 ± 0.72	5.34 ± 0.43	9.62 ± 0.65	84.61 ± 7.75	8.09 ± 0.55	7.48 ± 0.49	3.56 ± 0.17

（续）

性别	体重（g）	体斜长（cm）	龙骨长（cm）	胸宽（cm）	胸深（cm）	胸角（°）	骨盆宽（cm）	胫长（cm）	胫围（cm）
母	2 479.70±319.73	24.38±0.75	14.25±1.24	5.61±0.51	10.76±0.76	82.66±4.72	8.46±0.86	9.15±0.55	4.67±0.28
群体	2 164.14±438.40	22.93±1.65	12.74±1.82	5.48±0.49	10.19±0.91	83.64±6.49	8.28±0.74	8.32±0.98	4.12±0.60

注：2022年9月由广西金陵家禽育种有限公司测定293d公、母鸡各30只（笼养）。

四、生产性能

（一）生长性能

2022年3—9月间，测定单位广西金陵家禽育种有限公司在该公司大滕养殖基地对1 390只广西乌鸡进行测定，初生重39.29g，饲养至17周龄成活1 325只，成活率95.32%，公鸡平均体重（1 907.50±169.35）g，母鸡平均体重（1 638.27±110.93）g。具体见表2。

表2　广西乌鸡生长性能（g）

性别	出生	2周龄	4周龄	6周龄	8周龄	10周龄	12周龄	14周龄	16周龄	17周龄
公	39.29±1.88	172.20±13.02	315.00±21.68	578.40±34.85	826.30±52.37	1 048.63±83.02	1 284.27±101.01	1 531.87±117.97	1 769.53±139.66	1 907.50±169.35
母		155.23±13.55	288.93±22.41	471.63±31.45	676.10±54.91	891.00±67.94	1 109.97±86.12	1 322.23±106.30	1 530.53±116.68	1 638.27±110.93

注：2022年由广西金陵家禽育种有限公司测定公、母鸡约各半，共1 390只。初生重为公、母混合称重（笼养）。

（二）屠宰性能

2022年10月30日，测定单位广西金陵家禽育种有限公司对公、母各30只上市日龄（120d）广西乌鸡进行屠宰测定，结果见表3。

表3　上市日龄广西乌鸡屠宰测定成绩

性别	宰前活重（g）	屠体重（g）	屠宰率（%）	半净膛重（g）	半净膛率（%）	全净膛重（g）	全净膛率（%）	胸肌重（g）	胸肌率（%）	腿肌重（g）	腿肌率（%）	腹脂重（g）	腹脂率（%）
公	1 917.22±170.55	1 726.32±154.81	90.04±0.65	1 578.10±139.02	82.31±0.70	1 323.30±120.36	69.02±0.59	267.66±32.19	20.23±1.51	267.90±35.39	20.24±1.70	34.34±16.21	2.53±1.17
母	1 635.42±111.38	1 473.72±99.93	90.11±0.63	1 349.64±93.72	82.53±0.85	1 128.83±77.31	69.02±0.59	227.29±21.97	20.14±1.52	229.96±19.63	20.37±1.56	28.99±11.41	2.50±1.05
群体	1 776.32±201.45	1 600.02±181.41	90.07±0.63	1 463.87±164.58	82.41±0.78	1 226.07±140.26	69.02±0.59	247.48±34.07	20.18±1.50	248.93±34.22	20.30±1.62	31.67±14.16	2.52±1.10

注：2022年10月由广西金陵家禽育种有限公司测定120d公、母鸡各30只（笼养）。

（三）肉质性能

2022年10月30日，测定单位广西金陵家禽育种有限公司在该公司大滕养殖基地对公、母各20只上市日龄（120d）广西乌鸡进行屠宰测定，同时对公、母各20只鸡胸肉进行剪切力、滴水损失、pH、肉色红度值、肉色黄度值、肉色亮度值的现场测定，分公、母各采胸肌样20份送广西分析测试研究中心检测水分、蛋白质、脂肪、灰分，结果见表4。

表4　上市日龄广西乌鸡肉品质量测定情况

| 性别 | 剪切力（N） | 滴水损失（%） | pH | 肉色 | | | 水分（%） | 蛋白质（%） | 脂肪（%） | 灰分（%） |
				红度值（a）	黄度值（b）	亮度值（L）				
公	42.23±16.87	11.32±5.34	6.02±0.07	5.21±2.29	8.88±1.27	45.08±3.17	73.50	24.10	1.00	1.20
母	36.59±18.04	8.96±4.15	6.03±0.06	5.24±2.35	9.29±1.57	45.38±3.00	73.40	24.20	1.00	1.20

注：2022年10月由广西壮族自治区分析测试中心测定120d广西乌鸡公、母鸡胸肌样各20份。

（四）繁殖和产蛋性能

据测定单位广西金陵家禽育种有限公司2022年在该公司大滕养殖基地对612只笼养条件下的广西乌鸡种鸡的测定数据，开产日龄为168d，开产体重1.6kg，300d蛋重49.1g，入舍鸡产蛋数90个，饲养日产蛋数125个，无就巢性，采用人工授精配种方式，育雏期成活率99.1%，育成期成活率97.2%，产蛋期成活率89.3%，种蛋受精率95.1%，受精蛋孵化率91.8%。

（五）蛋品质量

2022年9月，测定单位广西金陵家禽育种有限公司在该公司大滕养殖基地采样150个广西乌鸡蛋委托广西大学进行测定，结果见表5。

表5　广西乌鸡蛋品质量测定情况

| 项目 | 蛋重（g） | 纵径（mm） | 横径（mm） | 蛋形指数 | 蛋壳强度（kg/cm²） | 蛋壳厚度（mm） | | | | 蛋黄色泽（级） |
						钝端	中端	尖端	均值	
测定值	50.14±3.86	52.07±4.69	40.07±4.29	1.30±0.07	4.64±1.08	0.30±0.01	0.30±0.01	0.30±0.01	0.30±0.01	6.52±1.16

| 项目 | 蛋白高度（mm） | | | | 哈氏单位 | 蛋黄重（g） | 蛋黄比率（%） | 蛋壳颜色 | 血肉斑 | — |
	1	2	3	均值						
测定值	4.55±0.30	4.55±0.32	4.56±0.32	4.55±0.30	68.78±3.48	16.05±1.83	32.01±2.49	浅褐色（粉色）	无	—

注：2022年9月由广西大学测定301d鸡蛋150个。

五、饲养管理

　　广西乌鸡觅食能力强，适合山区、丘陵地区饲养，可以根据自然地理环境，利用草山、草坡、园林地、库坝等地进行散养。在原产地，广西乌鸡饲养管理较为粗放，农村以放牧饲养为主，适当补饲农作物及其副产品。规模养殖多采用半舍饲饲养，育雏期给予适宜的温度、湿度、通风、光照及饲养密度，采用全价饲料，脱温后可放牧山间，让鸡自由采食大自然的昆虫、植物籽实、野草等，早晚适当补喂一些玉米、稻谷、黑米、竹豆、火麻、黄豆、糠麸等饲料至出售。广西乌鸡抗病力较强，农村散养一般都不进行特定免疫。规模养殖疫病防控以预防为主，按免疫程序做好常规免疫，日常注意场地、用具、鸡群、人员的卫生消毒等。为保证养殖产品质量，饲养过程中禁用含有对人体健康有害物质的饲料、添加剂及药物，出场前15d禁用药物（图5至图7）。

图5　广西乌鸡（东兰乌鸡）成年鸡群体1

图6　广西乌鸡（东兰乌鸡）成年鸡群体2

图7　广西乌鸡（凌云乌鸡）成年鸡群体

六、品种保护与研究利用现状

（一）保种现状

　　广西乌鸡采用保种场活体保种，饲养方式为笼养。

1. 国家级、自治区地方鸡种活体基因库

建设依托单位：广西金陵家禽育种有限公司。

地址：南宁市隆安县那桐镇上邓村。

2. 自治区级广西乌鸡保种场

建设依托单位1：广西东兰乌鸡原种繁育场。

地址：东兰县隘洞镇板老村。

建设依托单位2：广西凌云县瑞东农牧有限公司。

地址：凌云县泗城镇新秀社区新秀屯。

（二）资源开发利用现状

广西乌鸡具有"五乌"特色，在原产地被认为是高级滋补品，早期生长发育较快，售价较高，东兰县、凌云县党委、政府在"十三五"时期把养殖广西乌鸡作为精准扶贫的重要产业大力发展，利用方式为本品种利用。

广西凤翔集团畜禽食品有限公司以广西乌鸡为主要素材，经过多年培育，成功培育出"凤翔乌鸡配套系"，2011年通过国家畜禽遗传资源委员会审定，获得新品种（配套系）证书。2016—2021年期间，累计推广凤翔乌鸡配套系父母代120万套，生产商品代苗约0.9亿只。

（三）标准制定、地理标志等情况

已制定《东兰乌鸡》（DB45/T 101—2003）、《凌云乌鸡》（DB45/T 602—2009）地方标准，《东兰乌鸡肉鸡养殖技术规程》团体标准，标准编号：T/DLWJFG 01—2023。"东兰乌鸡""凌云乌鸡"均获国家地理标志保护产品登记。

七、对品种的评价和展望

广西乌鸡肉质细嫩味鲜、觅食力强、耐粗饲，适于山区和丘陵地区放牧饲养。广西乌鸡就巢性强、产蛋数少、生长速度慢、料重比高，遗传变异较大，具有丰富的遗传多样性，选育潜力较高，开发利用前景良好。

八、附录

（一）参考文献

《凌云县志》编纂委员会，2007. 凌云县志［M］. 南宁：广西人民出版社.

陈家贵，2017. 广西畜禽遗传资源志［M］. 北京：中国农业出版社：160–171.

国家畜禽遗传资源委员会，2011. 中国畜禽遗传资源志·家禽志［M］. 北京：中国农业出版社：218–221.

黄相，1994. 东兰县志［M］. 南宁：广西人民出版社.

（二）调查和编写人员情况

1. 参与性能测定的单位和人员

广西金陵农牧集团有限公司：黄超。

广西金陵家禽育种有限公司：蔡日春、粟永春。

2. 主要撰稿人员及单位

广西壮族自治区畜牧站：唐希。

广西金陵家禽育种有限公司：蔡日春、粟永春。

龙胜凤鸡

一、一般情况

（一）品种名称及类型

龙胜凤鸡（Longsheng feng chicken）俗称瑶山鸡，属兼用型地方品种。

（二）原产地、中心产区及分布

龙胜凤鸡原产地为广西壮族自治区龙胜各族自治县，中心产区为泗水、马堤、龙脊等乡镇，主要分布于泗水、马堤、龙脊、江底、平等、伟江等乡镇。

据第三次全国畜禽遗传资源普查，除原产地外，广西壮族自治区内主要分布区域有南宁市（隆安县、宾阳县），柳州市（柳城县、融安县、融水苗族自治县、三江侗族自治县），桂林市（永福县、龙胜各族自治县、资源县、恭城瑶族自治县、荔浦市），玉林市（容县），百色市（靖西市），来宾市（象州县）。

（三）产区自然生态条件

龙胜各族自治县在广西壮族自治区东北部，全境为山地，平均海拔700～800m，处北纬25°29′—26°12′，东经109°43′28″—110°21′14″。东接兴安县、资源县，南连灵川县、临桂区，西邻柳州市融安县、三江侗族自治县，北靠湖南省城步苗族自治县，西北毗湖南省通道侗族自治县。

龙胜各族自治县地处亚热带，属季风性气候，雨量充沛，气候宜人，县境气候温和，年平均气温18.1℃，平均无霜期314d，年降水量1 500～2 400mm。县境水系发达，溪河遍布，大小溪流达480余条，总长1 535km，年径流量262.61亿m³，集雨面积3 867.65km²。干流桑江自东向西，其本流分南流水系和北流水系，呈树枝状分布。

龙胜各族自治县主要农作物有水稻、玉米、甘薯，其次是黄豆、饭豆、冬瓜、南瓜、芋头、花生、马铃薯、凉薯、薏米等；水果有柑橘、南山梨、桃、李等。主产稻谷和玉米，单季轮作。

二、品种来源、形成与发展

（一）品种形成及历史

瑶族群众狩猎捕获活原鸡后在封闭的环境、瑶族特有的传统风俗等条件下，经长期驯化选育形成了瑶山鸡，因其羽毛色彩丰富多样、外表华丽，也称凤鸡，有类似凤凰之意。同时，瑶族群众认为吃黄脚、黄皮肤的鸡肉会犯病，所以，龙胜凤鸡的皮肤多为白色，胫为黑色或青灰色。

通过对瑶族同胞的走访调查，老人们都说他们祖祖辈辈都养殖瑶山鸡，瑶山鸡属瑶族群众传统的家禽养殖品种。调查还得知，瑶山鸡历来都是瑶族同胞走亲访友的必需品和接待贵客的美味佳肴，也是瑶族群众婚丧嫁娶等活动的尚品，瑶族历来就有"喊鸡""放鸡""敬奉梅山"等与鸡有关的风俗活动，无不折射出龙胜凤鸡形成的悠久历史。

（二）群体数量及变化情况

据龙胜各族自治县农业农村局有关资料，20世纪80年代，纯种的龙胜凤鸡存栏量保持在26万只左右，此后饲养量一直呈下降趋势，存栏量最低是1999年，只有10万只左右；直到2001年县水产畜牧兽医局以保种为目的建立了龙胜凤鸡种鸡场，推广凤鸡养殖，饲养量才得以回升，2008年达历史最好水平，全县有纯种的凤鸡种鸡0.8万只，年生产鸡苗60万只，年出栏肉鸡45万只。2011年，龙胜凤鸡保护面积2 370.8km²，年生产总量100多万只。2018年，龙胜各族自治县开展发放凤鸡种苗下乡活动，共发放凤鸡苗40万只。据第三次全国畜禽遗传资源普查数据，2021年末，全区龙胜凤鸡群体存栏量为30 397只，其中集中饲养20 078只、散养10 319只。原产地外存栏量315只。

结合普查数据及保种场、基因库保种情况，依据《家禽遗传资源濒危等级评定》（NY/T 2996），龙胜凤鸡品种资源濒危程度处于安全等级。

三、体型外貌

（一）体型外貌特征

龙胜凤鸡体躯较短，结构紧凑。部分个体有凤头、胡须。单冠直立，冠齿5～8个，冠、肉髯、耳叶呈红色。耳部羽毛呈浅黄色。虹彩呈褐色或橘红色。有胫羽和趾羽。

公鸡颈羽、鞍羽为黑羽镶白边或镶黄边，主翼羽、副翼羽和尾羽多为黑色并有亮绿色金属光泽。

母鸡羽色以浅麻、深麻、芦花为主，颈部羽毛为黑羽镶白边或镶黄边。少数个体为黑羽、黄羽或白羽。

雏鸡绒毛多呈褐色或淡黄色。多数个体背部有两条深色条纹，有胫羽。

成鸡肉色多为白色，少量为淡的黑色；胫黑色或青灰色，趾黑色，较细长。肤色以白色为主，个别浅黄或灰黑色。皮薄，脂肪少（图1至图7）。

图1 龙胜凤鸡成年公鸡（芦花、胫羽）

图2 龙胜凤鸡成年母鸡（芦花、胫羽）

图3 龙胜凤鸡成年母鸡（胡须、胫羽）

图4 龙胜凤鸡成年公鸡（黑白花、胫羽）1

图5 龙胜凤鸡成年公鸡（黑白花、胫羽）2

图6 龙胜凤鸡成年公鸡（黑红花、胫羽）

图7 龙胜凤鸡成年母鸡（麻色、胫羽）

（二）体尺和体重

2022年9月，龙胜凤鸡性能测定单位广西金陵家禽育种有限公司在该公司大滕养殖基地对302d公、母各30只的成年龙胜凤鸡进行了测量，结果见表1。

表1　龙胜凤鸡成年鸡体重和体尺

性别	体重（g）	体斜长（cm）	龙骨长（cm）	胸宽（cm）	胸深（cm）	胸角（°）	骨盆宽（cm）	胫长（cm）	胫围（cm）
公	2 479.70 ± 325.20	24.38 ± 0.77	14.25 ± 1.26	5.61 ± 0.52	10.76 ± 0.77	82.66 ± 4.80	8.46 ± 0.87	9.15 ± 0.56	4.67 ± 0.29
母	1 848.57 ± 293.01	21.47 ± 0.80	11.22 ± 0.73	5.35 ± 0.44	9.62 ± 0.66	84.61 ± 7.88	8.09 ± 0.56	7.48 ± 0.50	3.56 ± 0.17
群体	2 164.13 ± 442.10	22.93 ± 1.66	12.74 ± 1.84	5.48 ± 0.49	10.19 ± 0.91	83.64 ± 6.54	8.28 ± 0.75	8.32 ± 0.99	4.12 ± 0.61

四、生产性能

（一）生长性能

2022年5—9月间，性能测定单位广西金陵家禽育种有限公司在该公司大滕养殖基地对1 970只龙胜凤鸡进行测定，初生重（37.38±2.00）g，饲养至105d成活1 838只，成活率93.30%，公鸡平均体重（1 853.07±106.87）g，母鸡平均体重（1 536.37±125.09）g，全程料重比3.5∶1。具体见表2。

表2　龙胜凤鸡生长期不同阶段体重（g）

性别	出生	2周龄	4周龄	6周龄	8周龄	10周龄	12周龄	14周龄	15周龄
公	37.38 ± 2.00	167.63 ± 12.08	321.77 ± 24.78	573.47 ± 44.27	833.20 ± 48.35	1 098.40 ± 82.30	1 392.93 ± 91.59	1 722.83 ± 112.11	1 853.07 ± 106.87
母		152.97 ± 12.14	288.67 ± 21.85	466.37 ± 39.13	681.47 ± 59.00	888.00 ± 73.80	1 167.70 ± 102.67	1 427.60 ± 106.76	1 536.37 ± 125.09

注：2022年由广西金陵家禽育种有限公司测定公、母约各半共1 838只。初生重为公、母混合称重（笼养）。

（二）屠宰性能

2022年10月29日，性能测定单位广西金陵家禽育种有限公司在该公司大滕养殖基地对公、母各30只上市日龄龙胜凤鸡进行屠宰测定，结果见表3。

（三）肉质性能

2022年10月29日，性能测定单位广西金陵家禽育种有限公司在该公司大滕养殖基地对公、母各30只上市日龄龙胜凤鸡进行屠宰测定，同时对公、母各20只鸡胸肉进行剪切力、滴水损失、pH、肉色红度值、肉色黄度值、肉色亮度值的现场测定，分公、母各采胸肌样20份送广西分析测试中心检测水分、蛋白质、脂肪、灰分，结果见表4。

表3　上市日龄龙胜凤鸡屠宰测定成绩

性别	宰前活重（g）	屠体重（g）	屠宰率（%）	半净膛重（g）	半净膛率（%）	全净膛重（g）	全净膛率（%）	胸肌重（g）	胸肌率（%）	腿肌重（g）	腿肌率（%）	腹脂重（g）	腹脂率（%）
公	1 851.60±125.98	1 664.17±122.70	89.88±1.23	1 528.95±117.61	82.57±1.89	1 420.95±105.16	76.74±2.23	193.97±24.58	13.65±1.26	308.02±36.50	21.68±2.31	38.43±29.91	2.63±1.97
母	1 532.87±117.70	1 394.90±123.01	91.00±1.52	1 266.98±108.85	82.65±1.87	1 110.58±85.98	72.45±1.83	165.80±18.84	14.93±1.37	208.00±29.38	18.73±1.71	87.28±25.39	7.29±1.76
群体	1 692.24±201.09	1 529.54±182.41	90.39±1.48	1 397.97±173.41	82.61±1.86	1 265.77±183.19	74.80±2.95	179.88±25.95	14.21±1.46	258.01±60.19	20.38±2.52	62.86±36.92	4.73±2.97

注：2022年10月由广西金陵家禽育种有限公司测定105d公、母鸡各30只（笼养）。

表4　上市日龄龙胜凤鸡肉品质量测定情况

性别	剪切力（N）	滴水损失（%）	pH	肉色			水分（%）	蛋白质（%）	脂肪（%）	灰分（%）
				红度值（a）	黄度值（b）	亮度值（L）				
公	35.00±8.43	12.42±2.87	5.89±0.26	5.83±2.70	11.53±2.15	42.50±4.31	71.6	25.3	1.6	1.3
母	30.55±14.85	9.12±2.34	5.71±0.20	3.85±1.59	12.15±2.14	46.70±3.76	72.6	24.2	0.9	1.2

注：2022年10月由广西壮族自治区分析测试中心测定105d龙胜凤鸡公、母鸡胸肌样各20份。

（四）繁殖和产蛋性能

据性能测定单位广西金陵家禽育种有限公司2022年在该公司大滕养殖基地对594只笼养条件下的龙胜凤鸡种鸡的测定数据，开产日龄为148d，开产体重1.5kg，300d蛋重42.3g，入舍鸡产蛋数105个，饲养日产蛋数131个，无就巢性，采用人工授精配种方式，育雏期成活率98.6%，育成期成活率96.2%，产蛋期成活率90.4%，种蛋受精率95.3%，受精蛋孵化率91.8%。

2022年10月，性能测定单位广西金陵家禽育种有限公司在该公司大滕养殖基地采样150个龙胜凤鸡蛋进行测定，结果见表5。

表5　龙胜凤鸡蛋品质量测定情况

项目	蛋重（g）	纵径（mm）	横径（mm）	蛋形指数	蛋壳强度（kg/cm²）	蛋壳厚度（mm）				蛋黄色泽（级）
						钝端	中端	尖端	均值	
测定值	49.47±2.23	53.88±1.49	40.34±1.73	1.34±1	4.21±1	0.3±0.03	0.31±0.03	0.31±0.03	0.31±0.02	5.23±0.72

项目	蛋白高度（mm）				哈氏单位	蛋黄重（g）	蛋黄比率（%）	蛋壳颜色	血肉斑	—
	1	2	3	均值						
测定值	3.98±0.68	3.98±0.68	3.97±0.68	3.98±0.67	63.32±6.56	15.95±1.14	32.24±1.97	浅褐色（粉色）	无	—

注：2022年10月由广西金陵家禽育种有限公司大滕养殖基地采样307d龙胜凤鸡蛋150个进行测定。

167

五、饲养管理

龙胜凤鸡适应性强，可笼养和放养，无特殊要求，但在笼养状态下更能充分发挥生产性能。对非疫病性刺激的适应方面，龙胜凤鸡野性强，易惊群，善走易飞，规模化养殖情况下应尽量保持安静的环境，避免外部刺激。抗病性和耐受性方面，龙胜凤鸡对疫病的抵抗力与当地养殖的其他地方鸡品种无特殊差异，做好常规免疫即可（图8）。

图8　龙胜凤鸡成年鸡群体

六、品种保护与资源开发利用现状

（一）保种现状

龙胜凤鸡采用保种场和基因库活体保种。

1. 国家级、自治区级龙胜凤鸡保种场

建设依托单位：龙胜县宏胜禽业有限责任公司。

地址：龙胜县泗水乡泗水村樟木垌。

2. 国家级、自治区级地方鸡种活体基因库

建设依托单位：广西金陵家禽育种有限公司。

地址：隆安县那桐镇上邓村。

3. 自治区级地方鸡种活体基因库

建设依托单位：广西鸿光农牧有限公司。

地址：玉林市容县容州镇峤北村。

（二）资源开发利用现状

由于龙胜凤鸡的品种特性，列入《国家畜禽遗传资源名录》后，资源得到了较好保护和快速发展，国家在原产地龙胜各族自治县建立了国家级龙胜凤鸡保种场，投入了大量资金对龙胜凤鸡进行系统保护，广西金陵家禽育种有限公司西南地方鸡活体基因库有引种保护和开发利用。

（三）标准制定、地理标志等情况

《龙胜凤鸡》地方标准于2013年由广西壮族自治区质量技术监督局颁布实施，标准号DB45/T 915—2013。"龙胜凤鸡"已登记为农产品地理标志。

七、对品种的评价和展望

龙胜凤鸡具有羽色丰富多样、外表华丽的外貌特征，耐粗饲，抗病力强，非常适合山区农村的自然环境或果园林地放养。

龙胜凤鸡外貌独特，遗传性状多样，在家禽育种方面有一定的研究价值。龙胜凤鸡经适度选育后生长速度、产蛋性能均有大幅度提高，是培育新品种（配套系）的重要素材。

八、附录

（一）参考文献

《龙胜县志》编纂委员会，1992. 龙胜县志［M］. 上海：汉语大词典出版社.

陈家贵，2017. 广西畜禽遗传资源志［M］. 北京：中国农业出版社.

国家畜禽遗传资源委员会，2011. 中国畜禽遗传资源志·家禽志［M］. 北京：中国农业出版社：222–224.

（二）调查和编写人员情况

1. 参与性能测定的单位和人员

广西金陵农牧集团有限公司：黄超。

广西金陵家禽育种有限公司：粟永春、蔡日春。

2. 主要撰稿人员及单位

广西壮族自治区畜牧站：何莉莉。

广西金陵家禽育种有限公司：粟永春、蔡日春。

七百弄鸡

一、一般情况

（一）品种名称及类型

七百弄鸡（Qibainong chicken），属肉蛋兼用型地方品种。

（二）原产地、中心产区及分布

根据2021年普查的结果，七百弄鸡原产地位于河池市大化瑶族自治县七百弄乡，中心产区为古文乡、大化镇、都阳镇三个乡（镇），岩滩镇、贡川乡、百马乡、雅龙乡、板升乡、六也乡、共和乡、古河乡、江南乡、北景镇、乙圩乡、羌圩乡等均有分布。

（三）产区自然生态条件

大化瑶族自治县位于北纬23°56′16″—24°22′15″，东经107°20′15″—108°2′14″，总面积2 716km²，地处云贵高原余脉，属喀斯特地貌，境内峰丛密布，红水河贯穿大化全境。都阳山脉自北向南跨过全境，地势北高南低。北部海拔一般在500～800m，最高是板升-七百弄山区，海拔一般在900～1 000m，最高峰为七百弄乡的弄耳山，主峰海拔1 108m。大化瑶族自治县地处南亚热带季风气候区北缘，年平均气温18.2～21.7℃，年降水量为1249～1 673mm，年平均无霜期达335d，平均相对湿度74%～80%。产区土壤有水稻土、黄壤、紫色土和冲积土等六大类，优质土壤约占全县土壤面积的7.8%。产区农林资源丰富，主要产品有水稻、玉米、甘蔗、花生、火麻、龙眼、板栗、杉、松、竹木、金银花等。

二、品种来源及发展

（一）品种形成的历史

养鸡是大化瑶族自治县人民生活的一部分。出土文物显示，早在1 000多年前，当地先民已开始养鸡。在民间，瑶族有"斗鸡"（瑶语为"比卡西脱"），壮族有"鸡卜""鸡礼"等习俗。因此，养鸡和鸡文化在大化瑶族自治县源远流长。但由于古代广西有文字记载的历史很少，关于养鸡的记载就更少。因此，直到近现代，才有关于养鸡的文字史料。1995年版的《广西通志·农业志》对大化瑶族自治县养鸡的规模和鸡的外貌特征进行了描述："民国时期，几乎家家户户养鸡，所饲养的公鸡羽毛一般为金黄、白、黑等芦花杂色，母鸡则以麻黄带白点的居多。"《大化瑶族自治县志》（2016年版）记载，1970年前，该县以养地方鸡为主，鸡的毛色有红、黄、白、灰、黑、紫、皂红、淡红、杂色等；鸡肉以白毛或黄毛的"乌肉乌骨"和以金黄芦花或麻羽带白者为上乘，其肉细嫩，富有弹性，为滋补健身佳品。该史料记载的毛色与现在七百弄鸡的毛色基本吻合，说明七百弄鸡在民国时期已在大化瑶族自治县养殖。可见，七百弄鸡在大化瑶族自治县养殖至少有100年的历史。《大化瑶族自治县志》（2016年版）详细描述了七百弄鸡体型外貌特征：体型中等，脚细，公鸡羽毛以金黄色芦花为主，母鸡羽毛以麻羽带白点为主，皮黄、脚黄、肌肉细嫩、富有弹性，主要分布在七百弄、板升、六也等乡和雅龙乡镇西村。

（二）群体数量及变化情况

根据2021年第三次全国畜禽遗传资源普查结果和大化瑶族自治县统计部门的统计数据，2013—2022年，全县七百弄鸡存栏分别为54.969万只、56.711万只、58.632万只、59.933万只、55.325万只、53.967万只、59.134万只、65.967万只、53.985万只、63.702万只。《大化瑶族自治县志》（2016年版）记载，1990年、1995年、2000年、2005年七百弄鸡出栏分别为28.28万只、34.75万只、50.65万只、78.48万只。

三、体型外貌特征

成年七百弄鸡前躯稍窄，后躯宽而圆，呈柚子形。公、母鸡喙、胫、皮肤以黄色为主，偶见白肤、青胫、豆绿胫；单冠直立，冠齿5～8个，冠、肉髯大而鲜红；耳叶黄色或白色；胫细小、四趾，少数个体有胫羽。成年公鸡以芦花羽为主，包括白色芦花羽和红色芦花羽，其他为黄羽，偶有黑羽和白羽，且胫部存在红痕；成年母鸡芦花羽和黄麻羽各占一半，偶有黑羽和白羽。公鸡的芦花羽比母鸡的遗传相对更稳定。

七百弄鸡的雏鸡绒毛绝大多数带虎斑纹，少数为黑色和黄色（图1至图4）。

图1　成年公、母鸡群体

图2　雏鸡

图3 成年公鸡

图4 成年母鸡

四、生产性能

（一）生长性能

2022年，每隔一周在广西大化运辉农牧有限公司保种场测定七百弄鸡公、母鸡各30只（饲养数量3 000只）的生长性能，测定结果见表1。

表1 七百弄鸡0～20周龄的体重（g）

周龄	公	母
0	33.1±3.1	
2	130.7±10.8	
4	390.5±37.3	
6	687.3±69.6	
8	924.8±87.2	882.4±96.7
10	1 201.2±102.6	1 123.9±106.1

周龄	公	母
12	1 475.1 ± 134.8	1 315.7 ± 123.4
14	1 738.7 ± 210.1	1 525.9 ± 190.1
16	1 905.2 ± 198.4	1 607.8 ± 192.6
18	2 045.1 ± 204.9	1 745.8 ± 172.4
20	2 191.5 ± 245.7	1 884.5 ± 225.2

注：2022年，每隔一周在广西大化运辉农牧有限公司保种场测定七百弄鸡公、母鸡各30只（饲养数量3 000只）；测定方法参照《家禽生产性能名词术语和度量统计方法》（NY/T 823）。

（二）体尺和体重

2023年，在广西大化运辉农牧有限公司保种场测定43周龄公、母鸡各30只的体重、体尺，结果见表2。

表2　43周龄七百弄鸡体重、体尺

性别	体重（g）	体斜长（cm）	龙骨长（cm）	胸宽（cm）	胸深（cm）	髋骨宽（cm）	胫长（cm）	胫围（cm）
公	2 846.1 ± 274.3	22.7 ± 1.1	13.2 ± 0.6	9.1 ± 0.6	10.6 ± 0.8	10.7 ± 0.5	9.3 ± 0.3	4.6 ± 0.3
母	2 338.8 ± 231.2	20.0 ± 0.8	11.0 ± 0.7	8.1 ± 0.5	9.9 ± 0.5	9.3 ± 0.5	7.7 ± 0.4	4.1 ± 0.2

注：2023年5月，在广西大化运辉农牧有限公司保种场测定43周龄公、母鸡各30只；测定方法参照《家禽生产性能名词术语和度量统计方法》（NY/T 823）。

（三）屠宰性能

2023年，在大化瑶族自治县畜牧管理站对来源于广西大化运辉农牧有限公司保种场、150日龄的七百弄鸡公、母鸡各30只进行屠宰测定，测定结果见表3。

表3　七百弄鸡150日龄屠宰性能

指标	公	母
活重（g）	2 207.3 ± 250.5	1 901.3 ± 240.2
屠体重（g）	1 986.8 ± 225.3	1 749.6 ± 118.9
屠宰率（%）	90.01 ± 1.15	92.02 ± 1.17
半净膛率（%）	80.09 ± 1.74	81.55 ± 2.56
全净膛率（%）	69.71 ± 1.79	69.90 ± 2.87

（续）

指标	公	母
胸肌率（%）	14.94±1.12	15.17±1.27
腿肌率（%）	24.76±1.29	22.01±1.33
腹脂率（%）	1.86±0.93	5.28±1.95
翅膀率（%）	12.14±0.69	10.83±0.56

注：2023年5月，在大化瑶族自治县畜牧管理站测定150日龄公、母鸡各30只；鸡群来源于广西大化运辉农牧有限公司保种场；测定方法参照《家禽生产性能名词术语和度量统计方法》（NY/T 823）。

（四）肉质性能

2023年，在开展七百弄鸡屠宰测定的同时进行了肉质测定，测定部位为胸肌。七百弄鸡肉品质如表4所示。

表4　150日龄七百弄鸡的肉品质

指标		公鸡	母鸡
剪切力（N）		48.567±17.23	28.676±10.04
滴水损失（%）		1.07±0.36	1.03±0.41
pH		5.899±0.33	5.993±0.12
肉色	L	50.98±3.77	48.45±2.82
	a	1.75±0.89	1.18±0.73
	b	10.12±1.52	9.67±2.18

注：2023年5月，在大化瑶族自治县畜牧管理站测定150日龄公、母鸡各30只；样品来源于广西大化运辉农牧有限公司保种场；测定方法参照《家禽生产性能名词术语和度量统计方法》（NY/T 823）。屠宰1h内测定胸肌的肉色。屠宰45min后取鸡胸肌样品检测其pH。

（五）产蛋性能

根据广西大化运辉农牧有限公司保种场、广西大化桂通农林发展有限公司繁育场2019—2022年资料统计结果，在笼养条件下，七百弄鸡达5%产蛋率日龄为155～170d，43周龄入舍母鸡产蛋数80～90个，66周龄入舍母鸡产蛋数130～140个。蛋品质测定指标如表5所示。

表5　七百弄鸡43周龄蛋品质

蛋重（g）	蛋壳厚度（mm）	蛋形指数	蛋黄色泽（级）	蛋壳颜色	哈氏单位	蛋黄比率（%）
50.56±3.45	0.34±0.04	1.30±0.05	6.63±1.35	浅粉色	80.37±7.33	31.7±2.16

注：2023年5月，随机抽取广西大化运辉农牧有限公司保种场43周龄60个鸡蛋送至广西大学动物科学技术学院测定。

（六）繁殖性能

根据广西大化运辉农牧有限公司保种场、广西大化桂通农林发展有限公司繁育场2019—2022年资料统计结果，在笼养条件下，种蛋受精率90%，受精蛋孵化率90%，笼养条件下就巢率10%左右，农村散养户就巢率在35%左右，自然交配公、母比1∶（10～15）。

五、饲养管理

（一）饲养管理要点

育雏前应清洗鸡舍并严格消毒，空舍至少2周以上，调节适宜的湿度，供给清洁、温度与室温基本一致的水。从第6周开始，将育雏料逐渐换为育成期料。进入育成期要进行限制饲喂，并采取合理的光照制度。产蛋期须更换产蛋期饲料。

（二）疫病防控

保种单位严格按照保种场的免疫程序进行免疫，做好场区内和进出人员的消毒，做好生物安全，目前无疫病暴发。保种场当前尚未开展鸡白痢和禽白血病的净化。

六、品种保护与资源开发利用现状

（一）保种现状

截至2022年，七百弄鸡尚无国家级、自治区级保种场。大化瑶族自治县自建有两个七百弄鸡保种场，一个是2013年成立的广西大化桂通农林发展有限公司七百弄鸡保种场，位于大化瑶族自治县大化镇大化至周鹿二级公路西侧，保种场核心群3 000只，年存栏种鸡3.5万只；另一个是2019年成立的广西大化运辉农牧有限公司七百弄鸡保种场，位于大化瑶族自治县大化镇双排村，保种场核心群2 000只，年存栏种鸡3.5万只。广西大化桂通农林发展有限公司七百弄鸡保种场采用家系保种法保种，广西大化运辉农牧有限公司七百弄鸡保种场采用随机交配的方式保种，两个保种场均采用笼养的方式进行饲养。

（二）资源开发利用现状

目前，还未系统开展七百弄鸡的杂交利用或作为新品种（配套系）的亲本进行产业化利用。

七、品种评价和展望

（一）品种评价

七百弄鸡主要特征为公、母鸡羽毛绝大多数呈雪花状（芦花羽），七百弄群体中的公鸡芦花羽比母鸡芦花羽比例更高，公鸡芦花羽的遗传能力比母鸡更强；主要特性为抗病性强，耐粗饲，蛋、肉品质优良。但母鸡繁殖性能低，今后应加强种质资源保护，开展系统选育。

（二）品种展望

未来可进一步研究七百弄鸡公鸡芦花羽稳定遗传机制，估计羽色遗传参数，解析遗传机制；同时，根据其肉、蛋品质较好的特点，寻找最佳的杂交模式进行开发利用，还可打造更多以"七百弄鸡"为食材的菜谱，借助"粤桂协作"项目，加快七百弄鸡多个"圳品"认定；利用好七百弄鸡的品牌效应，不断加强品牌建设，加强七百弄鸡选种选育、健康养殖、疫病防控和营养调控等方面的技术研究，打造高端肉鸡品牌。

八、附录

1.参与性能测定的单位和人员

广西大学：杨秀荣。

大化瑶族自治县畜牧管理站：韦锋。

大化瑶族自治县七百弄鸡产业发展中心：谭文宝。

2.主要撰稿人员及单位

广西大学：杨秀荣。

大化瑶族自治县畜牧管理站：韦锋。

大化瑶族自治县七百弄鸡产业发展中心：谭文宝。

上思大路鸡

一、一般情况

（一）品种名称及类型

上思大路鸡（Shangsi dalu chicken）又称石鸡，属肉蛋兼用型地方品种。

（二）原产地、中心产区及分布

根据2021年普查结果，上思大路鸡原产于广西壮族自治区防城港市上思县，中心产区为上思县叫安镇、那琴乡，以叫安镇为中心向四周辐射，在平福乡、思阳镇、南屏乡、在妙镇等地也有分布。

（三）产区自然生态条件

上思县位于北纬21°44′—22°22′，东经107°33—108°16′，总面积2 816km²，地形以丘陵为主，整个地形南部、北部、东部高，中部、西部低。产区属南亚热带季风气候，年平均气温21.6℃，月平均气温最高27.8℃，最低13.1℃；年平均降水量1 218.4mm，年平均无霜期361.5d；年平均日照时数1 826.1h。产区大小河流共28条，纵横交错，水资源丰富。产区土壤种类多样，有水稻土、赤红壤、黄壤、紫色土、冲积土等。产区耕地面积450km²，林地面积1 784km²，宜牧面积340km²，土地肥沃，植被茂盛，牧草丰富，农作物主要是水稻和甘蔗。

二、品种来源及发展

（一）品种形成的历史

明朝嘉靖年间的《钦州志》（天一阁藏明代方志选刊）记载，"鸡有乌肉、翻毛、矮脚、长脚数种"，说明当时已有长脚鸡的存在。该描述符合《上思县志》（1993年版）记载的大路鸡"脚长、爪粗、体壮"等外貌特征，与民间传说上思大路鸡的来源也相符。清朝康熙年间的《上思州志》记载，"主要的禽属有鸡、鸭、鹅等"，而道光年间《上思州记》也记载，"竹鸡斑羽似鸡而小，喜集茶丛中，蛙虫忌之，闻其声即死""金钱鸡长身修尾，毛色类孔雀而大不羽"。可见上思地区养鸡历史悠久。

新中国成立后，多处史料也记载了上思大路鸡。《上思县畜牧业资源调查及区划报告》（1981年）记载，"试验提纯复壮大路鸡"。《上思县畜禽品种资源调查及今后工作意见的报告》（1982年）将大路鸡纳入上思县地方品种。《上思县名、特、优、稀大资源集》（1986年版）详细地介绍了大路鸡的外形特征及其分布、饲养管理、生长发育、推广繁殖和经济价值状况。《广西农业资源区划数据集》（1988年版）将"大路鸡"列入为上思县名、特、优、稀资源。《上思县志》（1993年版）记载："传统鸡种有土鸡和大路鸡两种。大路鸡品种来源于叫安乡平江村大陆屯而得名，是本地优良鸡种，因其体型大，肉质特优而闻名县内外。"

由于大路鸡头大冠高、颈粗喜昂、脚高、胸肌发达、羽毛为浅黄色，当地群众自古以来宰杀大路鸡祭祖，认为有步步高升、生意兴隆、飞黄腾达、胸襟开阔等寓意。由明朝嘉靖年间起，虽经过几百年发展，家家户户养殖大路鸡和利用大路鸡祭祖的习俗却一直传承至今。

（二）群体数量及变化情况

2021年，第三次全国畜禽遗传资源普查时，上思县大路鸡存栏4.475 1万只。2022年，上思县大路鸡饲养量达14万只，出栏10万只；养殖种鸡200只以上的养殖场共有8个，出栏1 000只以上的肉鸡养殖场有5个。

三、体型外貌

上思大路鸡体型大且紧凑，全身羽毛紧实，喙的根部呈黑色，边缘、喙尖呈黄色。单冠直立，鸡冠、肉髯、耳叶呈红色；虹彩呈橘黄色；胫呈豆绿色、青色和黄色，豆绿胫最多，青胫次之，偶见黄胫；皮肤为白色和黄色，白皮肤占绝大多数，黄皮肤较少。成年公鸡全身羽毛以金黄色为主，少量红棕色和红黑色；脚粗，高健有力，尾羽和翅膀羽毛短、不发达，腿部羽毛少。成年母鸡全身羽毛以黄麻羽为主，少量深麻羽和黑麻羽，偶见黑羽。雏鸡绒毛以褐色背部带虎纹斑为主，少数是灰色、米黄色（图1至图3）。

四、生产性能

（一）生长性能

2022年，每隔一周在广西农丰农牧科技有限公司保种场测定上思大路鸡公、母鸡各30只的生长性能，上思大路鸡各阶段体重如表1所示。

（二）体重和体尺

2023年4月，由广西大学测定43周龄上思大路鸡公、母鸡各30只的体重、体尺，结果见表2。

图1 大路鸡成年鸡公、母鸡外貌特征

图2 上思大路鸡雏鸡

图3 上思大路鸡成年公、母鸡群体

表1 上思大路鸡0～21周龄体重（g）

周龄	公	母
0	36.7±3.4	
1	54.2±5.1	
3	137.7±13.2	
5	219.2±20.3	
7	405.6±37.5	378.2±34.2
9	560.7±50.4	445.1±40.9
11	800.1±69.8	785.3±70.4
13	1 056.1±123.0	954.7±107.6
15	1 265.8±195.1	1 199.0±176.4
17	1 507.1±229.0	1 320.2±216.4
19	1 750.0±246.3	1 458.6±230.9
21	2 012.4±298.1	1 600.8±265.6

注：2022年每隔一周在广西农丰农牧科技有限公司保种场测定上思大路鸡公、母鸡各30只；测定方法参照《家禽生产性能名词术语和度量统计方法》（NY/T 823）。

表2　43周龄上思大路鸡体重和体尺

性别	体重（g）	体斜长（cm）	龙骨长（cm）	胸宽（cm）	胸深（cm）	髋宽（cm）	胫长（cm）	胫围（cm）
公	3 012.1±325.6	25.8±1.0	15.6±0.3	8.7±0.6	13.3±1.0	9.9±0.6	10.4±0.5	4.8±0.3
母	2 278.4±357.1	22.7±0.7	12.8±0.7	7.2±0.5	11.9±0.4	8.7±0.7	8.9±0.3	4.0±0.1

注：2023年4月，由广西大学测定43周龄公、母鸡各30只的体重、体尺指标；测定方法参照《家禽生产性能名词术语和度量统计方法》（NY/T 823）。

（三）屠宰性能

2023年4月，由广西大学对来源于广西农丰农牧科技有限公司保种场、150日龄的上思大路鸡公、母鸡各30只进行屠宰测定，结果如表3所示。

表3　150日龄上思大路鸡屠宰性能

指标	公	母
活重（g）	2 078.2±347.3	1 708.3±376.2
屠体重（g）	1 812.1±270.4	1 523.3±262.3
屠宰率（%）	87.2±3.8	89.2±2.2
半净膛率（%）	81.4±4.3	80.7±2.7
全净膛率（%）	69.7±6.5	68.1±3.4
腿肌率（%）	23.9±2.0	20.8±3.6
胸肌率（%）	14.2±1.3	13.6±1.7
腹脂率（%）	0.3±0.1	3.6±1.2

注：2023年4月，由广西大学动物科学技术学院测定150日龄公、母鸡各30只的屠宰性能；测定方法参照《家禽生产性能名词术语和度量统计方法》（NY/T 823）。

（四）肉质性能

2023年4月，在开展上思大路鸡屠宰测定的同时进行了肉质测定，测定部位为胸肌。上思大路鸡肉品质测定结果如表4所示。

表4　150日龄上思大路鸡胸肌肉品质

指标	公	母
滴水损失（%）	1.52±0.59	1.70±0.97
剪切力（N）	50.50±10.28	35.04±7.27
pH	5.79±0.19	5.56±0.21

指标		公	母
肉色	L	43.99±5.86	47.89±2.70
	a	1.65±0.52	0.97±0.37
	b	9.51±3.71	10.91±2.08

注：2023年4月由广西大学测定150日龄公、母鸡各30只；测定方法参照《家禽生产性能名词术语和度量统计方法》（NY/T 823）。屠宰1h内测定胸肌的肉色。屠宰45min后取鸡胸肌样品检测其pH。

（五）产蛋性能

根据广西农丰农牧科技有限公司保种场2021—2023年统计结果，在笼养条件下，上思大路鸡达5%产蛋率日龄为160～175d，母鸡开产体重为1.6～1.9kg，开产蛋重32～38g，高峰产蛋率在70%以上，43周龄入舍母鸡产蛋数75～85枚，66周龄入舍母鸡产蛋数120～130枚。上思大路鸡蛋品质测定结果见表5。

表5 上思大路鸡蛋品质

蛋重（g）	蛋形指数	蛋壳强度（kg/cm²）	蛋壳厚度（mm）	蛋白高度（mm）	蛋黄色泽（级）	蛋壳颜色	哈氏单位	蛋黄比率（%）
46.66±3.05	1.31±0.04	4.87±0.95	0.33±0.03	6.40±1.15	9.20±1.30	浅粉色	83.12±7.65	31.0±3.0

注：2022年10月，随机抽取广西农丰农牧科技有限公司保种场300日龄30个鸡蛋送至广西大学测定。

（六）繁殖性能

根据广西农丰农牧科技有限公司保种场2021—2023年统计结果，在笼养条件下，种蛋受精率超过90%，受精蛋孵化率超过85%，笼养条件下就巢率15%左右，农村散养户就巢率在35%左右，自然交配公、母比1：（10～15）。

五、饲养管理

参见《七百弄鸡》饲养管理。

六、品种保护与资源开发利用现状

（一）保种现状

截至2024年，上思大路鸡尚无国家级、省级保种场。2022年建立广西农丰农牧科技有限公司上思大路鸡保种场，位于上思县思阳镇易和村，保种场核心群1 500只，年存栏种鸡3 000只。该保种场采用随机交配的方式保种，采用笼养的方式进行饲养。

（二）资源开发利用现状

目前，还未系统开展上思大路鸡的杂交利用或作为新品种（配套系）的亲本进行产业化利用。

七、品种评价和展望

（一）品种评价

上思大路鸡是上思县特有的地方鸡品种，适应性强、耐粗饲。上思大路鸡全身羽毛紧实，腿毛少，脚粗且高健有力，胫呈豆绿色、青色和黄色，因肉质结实而被当地人称为"石鸡"。上思大路鸡胸肌营养丰富、味道鲜美、肉质较好，肌苷酸含量比广西6个地方鸡种高。上思大路鸡蛋壳颜色为浅粉色，蛋壳强度较大，蛋黄比率较高，达31%～34%。繁育工作虽持续在进行，但该品种数量较少，繁殖性能低，今后应加强种质资源保护，开展系统选育。

（二）品种展望

未来应研究上思大路鸡尾羽发育的遗传规律，估计距遗传参数，解析其遗传机制；利用大路鸡肌肉结实，肉、蛋品质较好的优点，寻找最佳的杂交模式进行开发利用，也可用于肉鸡或配套系培育。

八、附录

1.参与性能测定的单位和人员

广西大学：杨秀荣。

防城港市畜牧站：袁成进。

防城港市动物疫病预防控制中心：严小东。

2.主要撰稿人员及单位

广西大学：杨秀荣。

防城港市畜牧站：袁成进。

防城港市动物疫病预防控制中心：严小东。

靖西大麻鸭

一、一般情况

（一）品种名称及类型

靖西大麻鸭（Jingxi large partridge duck），别名马鸭。属于肉用型品种。

（二）原产地、中心产区及分布

原产地为靖西市，原中心产区为靖西市的新靖、地州、武平、壬庄、岳圩、化峒、湖润等乡镇，主要分布于靖西市内各乡镇及与靖西市相邻的德保县、那坡县的部分乡村。现主要分布于百色市靖西市、德保县、凌云县，南宁市的横州市、宾阳县、马山县、青秀区，北海市的合浦县、铁山港区，贵港市的桂平市、平南县等县（市、区），其出栏量都在1万只以上。

（三）产区自然生态条件

靖西市位于北纬22°51′—23°34′，东经105°56′—106°48′，东与崇左市天等县、大新县接壤，南与越南高平省毗邻，西连那坡县，北界百色市、云南省富宁县，东北紧靠德保县。靖西市地势由西北向东南倾斜，呈阶梯状，西北部海拔706～850m，东南部海拔250～650m，最高海拔为1 455m，最低海拔为250m。产区属于亚热带季风性石灰岩高原气候，昼夜温差大（陈家贵，2017），相对湿度73%～85%。年降水量1 566mm，全年日照为1 501.3h，平均每天日照4.2h。平均无霜期336d。气温5～33℃，年平均气温19℃，历年最高气温36.6℃，最低气温－1.9℃。根据历年的资料统计，靖西市水资源总量为37.36亿m³，其中地表径流量为25.45亿m³，地下水储量7.36亿m³，外县流入水量4.55亿m³。靖西市河流众多，分属珠江流域西江水系的左江和右江的部分支流。境内主要河流有23条，北部魁圩乡那多河、渠洋镇岜蒙河，西部安德镇兰康河、照阳河和东北部武平镇立录河流入云南省和德保县为右江河系，市内流域面积1 003km²，占全市总面积的30.1%。其余难滩河、庞凌河、龙潭河、鹅泉河、逻水河、坡豆河、多吉河等由西北流向东南注入黑水河汇入左江为左江河系，市内流域面积2 328km²，占全市总面积的69.9%。靖西市土地资源类型多样，土地利用结构复杂。县境内土壤质地分为沙土、沙壤、壤土、黏壤和黏土5类，壤土为主，黏壤次之。产区种植的农作物种类有稻谷、玉米、甘薯、黄豆、花生等。水稻分早、中、晚和旱稻，玉米有早、中、晚玉米之分，甘薯也分春甘薯和秋甘薯。

二、品种来源、形成与发展

（一）品种形成及历史

靖西大麻鸭的品种形成历史缺乏可查考的文献记载，1980年正式命名后才有相关的文字记载。从品种的外貌特征和蛋壳颜色推断，其可能是绿头鸭和斑嘴鸭杂交的后代，经过当地群众长期驯化、选择而形成。产区地处广西西部山区，以养大鸭为荣。每年的农历七月十四日，当地壮族群众都有消费鸭子的习俗，形成独特的鸭圩，鸭圩日供出售的鸭子摆满街边，购买者人流如潮；产地卖鸭也十分独特，一公一母做一笼配对出售，个体大的鸭子卖得好价钱，消费者也都精选大个的购买，或自用或做礼物送亲戚朋友，这种消费习俗在当地已沿袭数百年。可见当地的消费习惯和需要对靖西大麻鸭品种的形成是有积极影响的。

（二）群体数量及变化情况

靖西大麻鸭2011年存栏68 531只，2016年存栏78 596只，2021年存栏127 420只。从十多年来的养殖存栏量显示，靖西大麻鸭的养殖量呈上升趋势，特别是2016年获农产品地理标志认证后存栏量稳步上升。至今基本上维持在年养殖量40万只左右，散养户减少，以小规模养殖户为主。

依据《家禽遗传资源濒危等级评定》（NY/T 2996—2016），靖西大麻鸭遗传资源濒危等级处于安全等级。

三、体型外貌

（一）体型外貌特征

靖西大麻鸭体躯较大，体形呈长方形。腹部下垂不拖地。公鸭头颈部羽毛为亮绿色，有金属光泽，有白颈圈，胸羽红麻色，腹羽灰白色；背羽基部褐麻色，端部银灰色；主翼羽亮蓝色、镶白边，尾部有2～4根墨绿色性羽，向上向前弯曲。母鸭体躯中等大小，羽毛紧凑，全身羽毛褐麻色，亦带有密集的两点似的大黑斑，主翼羽产蛋前亮蓝色，产蛋后黑色，眼睛上方有带状白羽，俗称"白眉"。公鸭喙多为青铜色，母鸭多为褐色，亦有不规则斑点，两性喙豆均为黑色，胫、蹼橘或褐色。虹彩为黄褐色。皮肤为白色，若皮下脂肪含量较多则为黄色。刚出壳的雏鸭头部和背部绒毛黑色，前胸淡黄色，背部左右两侧各有两点对称的黄点，俗称为"四点鸭"（苏家联，2020）（图1、图2）。

（二）体尺和体重

2022年7月11日广西农业职业技术大学联合靖西市畜禽品种改良技术推广站在靖西市壬庄乡邦亮村测定了公、母各30只的成年靖西大麻鸭体尺、体重，测定结果见表1。

图1 靖西大麻鸭成年公鸭

图2 靖西大麻鸭成年母鸭

表1 靖西大麻鸭体重和体尺

日龄	性别	体重（g）	体斜长（cm）	胸宽（cm）	胸深（cm）	龙骨长（cm）	骨盆宽（cm）	胫长（cm）	胫围（cm）	半潜水长（cm）
300	公鸭	2 863.33 ± 190.64	23.99 ± 0.91	9.93 ± 1.77	8.49 ± 0.62	15.09 ± 2.35	7.85 ± 0.47	6.97 ± 0.3	4.56 ± 0.23	58.33 ± 2.46
	母鸭	2 738.00 ± 269.81	23.06 ± 0.88	9.40 ± 0.81	8.07 ± 0.48	13.81 ± 0.56	7.92 ± 0.44	6.75 ± 0.30	4.52 ± 0.31	54.65 ± 2.12

注：测定时间：2022年7月11日；测定地点：百色市靖西市壬庄乡邦亮村；测定单位：广西农业职业技术大学、靖西市畜禽品种改良技术推广站；测定数量：公、母各30只。

四、生产性能

（一）生长发育／生长速度

2022年8月1日至9月26日，广西农业职业技术大学委托靖西市畜禽品种改良技术推广站在靖西市壬庄乡邦亮村测定了靖西大麻鸭各阶段公、母各30只的生长性能，结果见表2。

表2 靖西大麻鸭各阶段体重（g）

性别	2周龄	4周龄	6周龄	8周龄	10周龄	12周龄	14周龄
公	588 ± 33.80	1 418 ± 100.81	2 008 ± 131.92	2 572 ± 54.31	2 922 ± 97.24	3 079 ± 122.64	3 155 ± 189.75
母	563 ± 34.28	1 334 ± 76.62	1 915 ± 133.41	2 493 ± 60.01	2 671 ± 93.14	2 781 ± 171.36	2 858 ± 166.88

注：测定时间：2022年8月1日至9月26日；测定地点：靖西市壬庄乡邦亮村靖西市安信养殖场；测定单位：靖西市畜禽品种改良技术推广站；测定数量：公、母各30只。

（二）屠宰性能

2022年10月11日，广西农业职业技术大学对公、母各30只，90日龄的靖西大麻鸭进行了屠宰性能测定，结果见表3。

表3　靖西大麻鸭屠宰性能

日龄	性别	活重（g）	屠宰率（%）	半净膛率（%）	全净膛率（%）	胸肌率（%）	腿肌率（%）	皮脂率（%）
300	公鸭	2 726.83± 182.84	90.48± 2.09	82.42± 1.95	68.03± 1.60	13.63± 1.16	11.63± 1.09	32.89± 1.43
	母鸭	2 543.6± 143.19	90.01± 1.52	82.74± 1.85	68.25± 2.31	13.84± 1.03	11.59± 1.01	32.27± 5.33

注：测定时间：2022年10月11日；测定地点：广西农业职业技术大学畜牧研究院；测定单位：广西农业职业技术大学；测定数量：90日龄公、母各30只。

（三）肉质性能

2022年10月11日，广西农业职业技术大学在开展靖西大麻鸭屠宰测定的同时，随机抽取了公、母各20只进行肉质性能测定，结果见表4。

表4　靖西大麻鸭肉质测定结果

性别	肉色			pH	剪切力（N）	滴水损失（%）	脂肪（%）	蛋白质（%）	水分（%）
	红度值（a）	黄度值（b）	亮度值（L）						
公	20.78± 3.35	6.06± 2.00	15.68± 3.68	6.2± 0.22	41.20± 7.14	3.40± 0.85	4.56± 0.38	22.88± 0.71	71.76± 0.81
母	18.74± 1.82	4.95± 0.97	17.49± 2.02	6.16± 0.12	38.20± 6.73	4.06± 1.04	4.15± 0.21	23.07± 0.18	72.06± 0.25

注：测定时间：2022年10月11日；测定地点：广西农业职业技术大学畜牧研究院；测定单位：广西农业职业技术大学；测定数量：公、母各20只。

（四）产蛋性能

2022年12月2日，靖西市畜禽品种改良技术推广站和百色市畜禽品种改良技术推广站到靖西市壬庄乡邦亮村靖西市安信养殖场调查靖西大麻鸭的产蛋性能，通过采集3群种鸭数据，得出如下结果：靖西大麻鸭的开产日龄为145～148d，年均产蛋量183个，平均蛋重86g。

（五）繁殖性能

2022年12月2日，靖西市畜禽品种改良技术推广站和百色市畜禽品种改良技术推广站到靖西市壬庄乡邦亮村靖西市安信养殖场调查靖西大麻鸭的繁殖性能，通过采集3群种鸭数据，得出如下结果：在自然放牧下，公、母比例一般为1∶（8～10），种蛋受精率95.93%，受精蛋孵化率为91.13%。母鸭有就巢性。见表5。

表5　靖西大麻鸭繁殖性能

群体大小（只）	开产日龄（d）	开产体重（g）	43周龄产蛋率（%）	产蛋数（个）	种蛋合格率（%）	种蛋受精率（%）	受精蛋孵化率（%）	配种方式	孵化方式
273.67±8.01	146.00±1.41	2 800±0.00	79.77±0.69	182.67±4.64	97.73±0.33	95.93±0.31	91.13±0.25	本交	机器孵化

五、饲养管理

靖西大麻鸭觅食力强、耐粗饲、生活力强、适应性广。靖西大麻鸭发生疫病的情况较少，因以农户饲养为主，在疫苗免疫方面主要在春防和秋防时注射禽流感疫苗，2022年性能测定时因鸭传染性浆膜炎和大肠杆菌病时有发生，部分鸭只免疫传染性浆膜炎、大肠杆菌二联苗（图3、图4）。

图3　靖西大麻鸭群体

图4　靖西大麻鸭生长的自然环境

六、品种保护与资源开发利用现状

（一）保种现状

1982年，在靖西县建立了靖西大麻鸭保种场，对该品种进行过保种繁育和推广。后因各种因素影响，保种场未能持续，目前靖西大麻鸭主要以农户散养为主。

（二）资源开发利用现状

靖西大麻鸭父系着重选择早期生长速度快、产肉能力强、雄性特征明显、受精率高；母系着重提高产蛋量、受精率和孵化率。以父系配母系繁殖商品代供应市场。

七、对品种的评价和展望

靖西大麻鸭觅食力强、耐粗饲、生活力强、适应性广，体型大，产肉性能好，肉质鲜美，可做肉用方向培养。

靖西大麻鸭目前主要以散养为主，未能开展系统的选育及针对性的开发利用。当前首要任务是开展本品种选育以提高靖西大麻鸭的品种整齐度和生产性能。

八、附录

（一）参考文献

陈家贵，2017. 广西畜禽遗传资源志［M］. 北京：中国农业出版社：178-182.

苏家联，陈家贵，廖玉英，2020. 广西地方畜禽品种［M］. 北京：中国农业科学技术出版社：119-121.

（二）调查和编写人员情况

1. 参与性能测定的单位及人员

广西农业职业技术大学：韦凤英、黄英飞。

靖西市畜禽品种改良技术推广站：张星。

2. 主要撰稿人员及单位

广西农业职业技术大学：秦黎梅、韦凤英、吴亮。

广西小麻鸭

一、一般情况

（一）品种名称及类型

广西小麻鸭（Guangxi small partridge duck），属肉用型地方品种。

（二）原产地、中心产区及分布

广西小麻鸭原产地为广西壮族自治区，在广西各水稻产区均有分布。2021年第三次全国畜禽遗传资源普查结果显示，现中心产区为北海市合浦县（存栏328 501只），玉林市博白县（存栏38 247只），柳州市柳江区（存栏13 751只），百色市田林县（存栏8 420只）、靖西市（存栏5 032只）、隆林各族自治县（存栏3 981只）、西林县（存栏2 121只），钦州市钦南区（存栏8 700只）。在南宁市宾阳县，柳州市柳城县，桂林市荔浦市，梧州市蒙山县，防城港市上思县，贵港市覃塘区，玉林市陆川县，百色市德保县、右江区，河池市环江毛南族自治县，来宾市金秀瑶族自治县以及海南省、广东省、重庆市、贵州省、江苏省等省、直辖市也有分布。

与前两次调查结果相比，广西小麻鸭的分布区域进一步扩大。

（三）产区自然生态条件

广西壮族自治区地处祖国南疆，位于北纬20°54′—26°24′，东经104°26′—112°04′，北回归线横贯全区中部。广西南临北部湾，西南与越南毗邻，东邻广东、香港和澳门，北连华中，背靠大西南。位于全国地势第二台阶中的云贵高原东南边缘，地处两广丘陵西部，南临北部湾海面。整个地势自西北向东南倾斜，山岭连绵、山体庞大、岭谷相间，四周多被山地、高原环绕，呈盆地状，有"广西盆地"之称。

广西属亚热带季风气候区。主要特征是夏天时间长、气温较高、降水多，冬天时间短、天气干暖。年平均气温21.1℃。最热月是7月，月均气温23～29℃；最冷月为1月，月均气温6～14℃。年日照时数1 396h。≥10℃年积温达5 000～8 300℃，持续日数270～340d。年均降水量在1 835mm。广西南部防城港、广西中部金秀–昭平、广西东北的桂林和广西西北的融安为多雨中心，年降水量均在1 900mm以上。广西西部左、右江谷地和桂中盆地是主要旱区，年降水量仅为1 100～1 200mm。

广西为全国水资源丰富的自治区。水资源主要来源于河川径流和入境河流，河川径流包含地表水和地下水排泄量，河川径流与地下水补给量之间存在相互转化的关系。广西多年平均水资源总量为$1.88 \times 10^{11} m^3$，占全国水资源总量的7.12%，居全国第5位。河流大多沿着地势呈倾斜面，从西北流向东南，形成了以红水河–西江为主干流的横贯广西中部以及支流分布于两侧的树枝状水系。其中，集雨面积在50km²以上的河流有986条，总长度有34 000km，河网密度0.144km/km²。分属珠江、长江、桂南独流入海、百都河等四大水系。珠江水系是广西最大水系，流域面积占广西总面积的85.2%。

土壤类型多样，河谷、平原区为水稻土，丘陵山地多为红壤，海滨为沙土，岩溶区多为石灰性土。

作物种类以水稻、玉米为主，其他的有甘蔗、黄豆、花生、甘薯、木薯等。

二、品种来源及发展

（一）品种形成历史

早在清康熙五十七年（1718年）编的《西林县志》就有小麻鸭饲养的记载，且名誉广西，而广西其他地方的小麻鸭形成历史缺乏可查考的记载。从体型外貌来看，很像绿头野鸭，可能是由当地野鸭驯养而形成。广西群众素有养鸭的习惯，利用水田、水库、河溪，放牧其间，早出晚归，长期自繁自养，因体型小方便在稻田行走和觅食，加之生产区交通不便，无外来血缘，在长期的自然和人工选择下，逐步形成了本品种。

（二）群体数量及变化情况

2006年存栏种鸭50 000只；2011年存栏385 920只；2016年存栏517 847只，2021年存栏480 487只。从近15年的存栏量变化来看，群体数量在前10年大幅度增加，后5年稍有减幅。

依据《家禽遗传资源濒危等级评定》（NY/T 2996），广西小麻鸭品种资源濒危等级处于安全等级。

三、体型外貌

（一）体型外貌特征

广西小麻鸭成禽体型较小，体形呈长方形。羽色特征：公鸭头羽大部分为墨绿色，颈部大部分有白圈，镜羽为墨绿色，尾部有黑色或棕色性羽向上翘起，胸部、腹部主要为棕色羽毛。母鸭全身以黄麻、棕色为主色，羽毛紧凑。

成鸭喙、喙豆、皮肤、胫、蹼、爪颜色：公鸭喙为浅绿色，喙豆黑色，皮肤白色，胫、蹼黄色，爪以黄色为主；母鸭喙以黄色为主，喙豆黑色，皮肤白色，胫、蹼黄色，爪是黑色（图1、图2）。

成鸭头部及其他外貌特征：虹彩为黄褐色，无凤头、无皮瘤。

雏鸭：全身绒毛以黑色为主，头顶和背部基本为黑色，脸部、前胸绒毛为黄色，左右翅膀和后背各有4条黄色线条；喙以灰黑色居多，蹼为黄色。

图1　广西小麻鸭成年公鸭

图2　广西小麻鸭成年母鸭

（二）体尺和体重

2022年8月2日广西农业职业技术大学在百色市西林县八达镇那卡村西林季色麻鸭养殖场测量了300日龄广西小麻鸭（公鸭30只、母鸭30只）体重、体尺，测定结果见表1。

表1　广西小麻鸭体重、体尺测定结果

性别	体重（g）	体斜长（cm）	半潜水长（cm）	颈长（cm）	龙骨长（cm）	胫长（cm）	胫围（cm）	胸深（cm）	胸宽（cm）	髋骨宽（cm）
公	1 437.67±167.47	21.54±1.17	46.79±1.53	16±1.21	11.22±0.52	6.263±0.34	3.233±0.18	6.76±0.31	6.873±0.37	6.143±0.24
母	1 404.8±151.18	19.52±0.87	41.62±1.42	15.5±0.53	10.2±0.42	5.84±0.22	3.25±0.17	5.93±0.28	6.04±0.30	5.63±0.20

注：测定时间：2022年8月2日；测定数量：公鸭30只、母鸭30只；测定单位：广西农业职业技术大学；测定地点：广西百色市西林县八达镇那卡村西林季色麻鸭养殖场。

四、生产性能

（一）生长性能

广西农业职业技术大学从2022年8月2日至11月5日在百色市西林县季色麻鸭养殖场分别对0、2周龄、4周龄、6周龄、8周龄、10周龄、12周龄的广西小麻鸭进行了生长性能测定，结果见表2。

（二）屠宰性能

2022年10月29日广西农业职业技术大学在广西农业职业技术大学畜牧研究院进行了广西小麻鸭的屠宰性能测定，测定鸭来源于广西百色市西林县季色麻鸭养殖场，共测定80日龄公鸭30只、母鸭30只，测定结果见表3。

表2　广西小麻鸭生长性能（g）

出生	2周龄		4周龄		6周龄		8周龄		10周龄		12周龄	
	公	母	公	母	公	母	公	母	公	母	公	母
42.45± 1.99	159.53± 6.62	151.2± 7.62	655.73± 13.97	627.93± 10.15	1 001.00± 30.89	951.67± 27.02	1 201.00± 39.00	1 109.33± 52.65	1 406.33± 84.52	1 319± 83.05	1 600.83± 61.53	1 500.17± 69.93

注：测定时间：2022年8月2日至11月5日，测定数量：公鸭365只、母鸭475只；测定单位：广西农业职业技术大学；测定地点：百色市西林县季色麻鸭养殖场。

表3　广西小麻鸭屠宰性能测定结果

性别	活重（g）	屠宰率（%）	半净膛率（%）	全净膛率（%）	胸肌率（%）	腿肌率（%）	腹脂率（%）	皮脂率（%）
公	1 596.3±175.76	90.56±1.21	81.51±1.12	65.91±1.23	13.52±1.21	13.51±1.13	1.51±1.32	28.29±1.34
母	1 535.43±92.79	91.6±0.96	80.1±1.02	64.63±1.15	12.45±1.20	16.84±1.08	2.01±1.25	32.79±1.33

注：测定时间：2022年10月29日，测定数量：公鸭30只、母鸭30只；测定单位：广西农业职业技术大学。

（三）肉质性能

2022年10月29日广西农业职业技术大学在开展广西小麻鸭屠宰测定的同时，随机抽取公、母鸭各20只进行肉品质测定，测定结果见表4。

表4　广西小麻鸭肉品质分析结果

性别	肉色			pH	剪切力（N）	滴水损失（%）	脂肪（%）	蛋白质（%）	水分（%）
	红度值（a）	黄度值（b）	亮度值（L）						
公	23.16±1.68	4.17±3.76	27.32±0.99	5.7±0.13	38.45±5.05	4.79±1.09	3.8±0.21	24.01±0.41	71.78±0.51
母	24.77±4.54	−0.96±7.5	26.69±2.63	5.9±0.26	36.82±5.37	5.63±1.62	4.72±0.33	24.74±0.52	70.95±0.65

注：测定时间：2022年10月29日，测定数量：公鸭20只、母鸭20只；测定单位：广西农业职业技术大学。

（四）繁殖性能

西林县天臣麻鸭养殖有限公司对2020—2021年养殖的3批种鸭进行了繁殖性能统计，结果见表5。

表5　广西小麻鸭繁殖性能

测定项目	测定数值
开产日龄（d）	152±2.65
开产体重（g）	1 690±36.06
43周产蛋率（%）	70.57±0.25
产蛋数（个）	151±2.65

测定项目	测定数值
就巢率（%）	0
配种方式	本交
公、母比例	1∶10
种蛋合格率（%）	92.87±0.78
种蛋受精率（%）	93.93±0.4
受精蛋孵化率（%）	93.8±0.36
健雏率（%）	98.93±0.21
育雏期成活率（%）	99.27±0.12
育成期成活率（%）	99.3±0.2
产蛋期成活率（%）	97.03±0.21
孵化方式	机器孵化
利用年限（年）	2
繁殖季节	无明显季节性

注：测定时间：2020年12月31日至2022年9月30日；测定数量：3个群体共1 680只；测定单位：西林县天臣麻鸭养殖有限公司。

五、饲养管理

广西小麻鸭的体躯小巧玲珑，行动活泼，觅食力强，合群性好，适宜于水面和稻田放牧饲养。

广西山多林密，溪流纵横，20世纪80年代以前麻鸭以群众散养为主，从小放养在田间，溪、河流水间，一般早上放鸭前和傍晚牧归后各用稻谷或玉米饲喂一次，其余由鸭子在野外自由觅食，主要以青草、田螺、鱼虾、昆虫为食。90年代以后陆续出现规模养殖，小鸭阶段饲喂配合饲料，中鸭大鸭采取放养＋补喂配合饲料或补喂玉米、稻谷及农副产品的方式饲养（图3、图4）。

图3　广西小麻鸭饲养环境

图4　广西小麻鸭群体

六、品种保护与资源开发利用现状

（一）保种现状

2012年以西林县天臣麻鸭养殖有限责任公司为依托单位，建立了自治区级广西小麻鸭保种场，2022年保种场存栏种鸭1 000多只，肉鸭500只。

（二）资源开发利用现状

西林县对广西小麻鸭开发利用较好，以"西林麻鸭"命名，2014年5月获地理标志保护产品登记。2015年，广西壮族自治区质量技术监督局颁布《广西小麻鸭》地方标准，标准号DB45/T 1220—2015。

广西桂柳家禽有限公司2015年开始，以广西小麻鸭为素材，培育配套系。

七、对品种的评价和展望

从目前广西小麻鸭的数量看，虽然分布区域扩大，但总体数量有逐年下降的趋势，保种和选育工作应引起重视。

广西小麻鸭目前以肉用为主，广西东南和西部的小麻鸭生长速度相对较快，产肉性能好，可以用做父系来选育，广西北部的小麻鸭体型小，产蛋较多，可以作为母系进行选育，用父系与母系生产商品代供应市场，这是提高广西小麻鸭生产性能的有效途径。广西小麻鸭产青壳蛋的比例也很高，也可以选育产青壳蛋的品系。广西小麻鸭体型小，产肉性能好，含脂少，肉味佳美，可加工成白切鸭、柠檬鸭、烧鸭和腊鸭，深受消费者的欢迎。在市场需求多样化的今天，肉质好的小麻鸭越来越受群众的青睐，市场潜力很大，发展前景广阔。

八、附录

（一）参考文献

陈家贵，2017. 广西畜禽遗传资源志［M］. 北京：中国农业出版社：400.

（二）调查和编写人员情况

1. 参与性能测定的单位及人员

广西农业职业技术大学：吴强、黄丽。

西林县农业农村局：韦胜平。

2. 主要撰稿人员及单位

广西农业职业技术大学：吴强、韦凤英。

东兰县动物疫病预防控制中心：韦玉娴。

融水香鸭

一、一般情况

（一）品种名称及类型

融水香鸭（Rongshui xiang duck），俗称三防鸭、三防香鸭、糯米香鸭，属蛋肉兼用型地方品种。因所在地区过去水稻种植以香粳糯为主，以本地香糯副产品所养的鸭，其肉有特殊的、类似香粳糯的香味，故而得名。

（二）原产地、中心产区及分布

原产地为广西壮族自治区融水苗族自治县，中心产区主要在融水苗族自治县三防镇、汪洞乡、怀宝镇、四荣乡。据2021年第三次全国畜禽遗传资源普查，中心产区主要在融水苗族自治县的融水镇、怀宝镇和三防镇，分布于汪洞、同练、大年、杆洞、安太、良寨、大年等乡镇。此外，在柳州市柳江区、融安县，北海市，防城港市，贵港市，来宾市及南宁市也有零星分布。分布范围比第二次调查时有所扩大。

（三）产区自然生态条件

（1）地貌　融水苗族自治县地处云贵高原苗岭向东延伸部分，属珠江水系柳江流域，全县以山地地貌为主，过境河为融江。境内有贝江、英洞河、大年河、田寨河等河流。境内汇水面积达3 843.9km²，占全县干流、支流的82%，其中以贝江干流最长、支流最多，其干流长146km，汇水面积1 762km²。年径流量$6.52 \times 10^9 m^3$，占柳州市的22.9%。

（2）海拔　地面海拔一般在800～1 500m，最高海拔2 081m，最低海拔100m。

（3）经纬度　北纬24°47′—25°42′，东经108°27′—109°23′。

（4）气候　属中亚热带季风气候区，气候温暖湿润，四季分明，年降水量1 824～2 194mm，全年日照1 379h，年平均相对湿度79%，全年平均气温19.3℃，全年最高气温38℃，最低－3℃，年平均无霜期320d。

（5）农作物种类　主要有水稻、玉米、甘薯、木薯、甘蔗，其次是芭蕉芋、南瓜、黑米、黑芝麻、黄豆、饭豆、竹豆、黑豆、小米、高粱、芋头等。

二、品种来源及发展

（一）品种来源及历史

融水苗族自治县群众特别是山区群众素有利用田间、山沟溪流养鸭的习惯，在交通不便的山区，鸭是群众肉食的主要来源，同时也是经济来源之一。据《罗城县志》《融县志》记载，融水苗族自治县一直都有鸭的饲养和消费的传统习俗，具体始于何时已无据可考。除长期的人工选育，气候、自然地理环境等生态条件的影响外，农户长期使用本地种植的香粳糯、玉米等农副产品作饲料，也与品种形成有着极为密切的关系——所养的鸭其肉有特殊的、类似香粳糯的香味，故称之为香鸭。加之历史上融水交通闭塞，只能自繁自养，外来血缘无法进入干扰，因而遗传性能比较稳定；同时，由于自然选择的结果，其耐粗饲、抗逆性强等优良性状也得到了巩固和加强。

（二）群体数量及变化情况

群体数量：2021年第三次全国畜禽遗传资源普查显示，融水香鸭存栏数量为30 892只。

消长形势：1986年以前，融水香鸭为农户零星散养，每户30～50只，年出栏5万只左右，这种情况一直延续到1999年。1999年，融水贝江养殖公司成立。成立伊始，公司存栏种鸭800多只，当年出栏鸭苗8万多只、出栏肉鸭近10万只，但由于市场因素影响，肉鸭销售难、价格低，严重影响了随后几年融水香鸭的生产。2000—2003年出栏都在7万只左右。2003年融水香鸭的饲养量开始有所回升，年出栏达到15万只。2005年饲养量35万只，年出栏30万只；2006年饲养量达40万只，出栏35万只；2007年饲养量达45万只，出栏达40万只。2011年存栏量54 056只，2016年存栏量40 663只，2021年存栏量30 892只。近15年存栏量有逐年下降的趋势。

濒危程度：依据《家禽遗传资源濒危等级评定》（NY/T 2996—2016），融水香鸭遗传资源濒危等级处于安全等级。

三、体形外貌

（一）外貌特征

融水香鸭体型较小，呈长方形，头小颈短。成年公鸭头部黑色或墨绿色，颈部有白圈，颈白圈至胸的前部为棕红色，腹部白麻羽或白色，背部黑色，镜羽墨绿色，主翼羽黑色，尾羽紫黑色羽与白羽相间，有2～4根紫黑色雄性羽；成年母鸭羽毛以白麻羽为主，颈部腹面白羽，背面灰色，主翼羽黑色，尾羽为带黑色边缘的白色。成年母鸭头部腹侧的羽毛呈白色或浅灰色，副翼羽上有翠绿色或紫蓝色金属光泽，其余的羽毛颜色呈珍珠状白麻花。公、母鸭喙黄带有黑色点，喙豆黑色或黄色，皮白，胫、蹼橘黄色或边缘有黑色，爪黄色或黑色，虹彩黄褐色。雏鸭绒毛呈淡黄色，喙和胫呈橘黄色（图1、图2）。

图1 融水香鸭成年公鸭

图2 融水香鸭成年母鸭

（二）体尺和体重

2022年7月6—7日，在柳州市农业农村局、融水苗族自治县农业农村局协助下，广西农业职业技术大学在融水苗族自治县怀宝镇、大年乡的香鸭养殖合作社和养殖基地测定了365日龄，公、母鸭各30只的融水香鸭的体尺、体重，测定结果见表1。

表1 融水香鸭体尺、体重

性别	体重（g）	体斜长（cm）	半潜水长（cm）	颈长（cm）	龙骨长（cm）	胫长（cm）	胫围（cm）	胸深（cm）	胸宽（cm）	骨盆宽（cm）
公	1 671.03±124.73	20.97±0.85	53.20±1.74	20.77±0.89	11.76±0.77	6.47±0.21	3.59±0.20	7.00±0.46	7.24±0.52	6.51±0.32
母	1 890.87±179.10	20.52±0.59	51.95±1.65	18.41±1.21	11.07±0.39	5.59±0.47	3.57±0.15	6.57±0.37	8.11±0.64	6.81±0.30

注：测定时间：2022年7月6—7日；测定地点：融水苗族自治县怀宝镇东水村东水香鸭养殖专业合作社、大年乡林浪村香鸭养殖基地；测定单位：广西农业职业技术大学。

四、生产性能

（一）生长性能

2022年6—10月，在融水苗族自治县畜牧站的协助下，广西农业职业技术大学在怀宝镇东水村东水香鸭养殖专业合作社开展了融水香鸭出生、2周龄、4周龄、6周龄、8周龄、10周龄等阶段，公、母各30只的生长性能测定，测定结果见表2。

（二）育肥性能

据调查，融水香鸭无明确的育肥阶段，0～21日龄为育雏阶段，主要用全价料，20日龄后下水放牧，自由找食，早晚补饲玉米、米糠、麦糠等和青绿饲料，随日龄逐渐增加青绿饲料的添加量，后期可以达到30%，直至出栏。一般出栏时间在85日龄左右。

表2　融水香鸭不同生长阶段体重（g）

性别	初生重	2周龄	4周龄	6周龄	8周龄	10周龄
公	44.75±3.64	345.17±39.05	644.33±48.47	949.67±66.16	1 375.33±82.87	1 621.50±143.29
母		289.33±28.43	505.00±36.67	817.33±39.30	1 169.50±92.93	1 496.17±79.87

注：测定时间：2022年6—10月，测定地点：怀宝镇东水村东水香鸭养殖专业合作社；测定单位：广西农业职业技术大学。

（三）屠宰性能

2022年10月18日，广西农业职业技术大学从融水苗族自治县怀宝镇东水村东水香鸭养殖专业合作社随机抽取80日龄的融水香鸭公、母鸭各30只进行屠宰测定，结果见表3。

表3　融水香鸭屠宰测定结果

性别	公	母
活重（g）	1 751.83±105.39	1 605.83±81.35
屠体重（g）	1 585.87±100.09	1 432.63±68.34
屠宰率（%）	90.53±1.13	89.21±2.79
半净膛重（g）	1 421.40±95.76	1 290.00±69.50
半净膛率（%）	81.14±1.39	80.33±2.99
全净膛重（g）	1 157.03±82.77	1 050.97±60.79
全净膛率（%）	66.05±1.51	65.45±2.60
胸肌重（g）	160.52±15.70	149.38±21.66
胸肌率（%）	13.87±1.20	14.21±1.92
腿肌重（g）	155.05±23.09	140.09±15.96
腿肌率（%）	13.40±1.83	13.33±1.44
腹脂重（g）	13.68±9.55	16.36±7.37
腹脂率（%）	1.17±0.80	1.53±0.70
皮脂重（g）	317.40±53.18	299.97±41.95
皮脂率（%）	28.61±3.99	30.10±3.89

（四）肉质性能

2022年10月18日，广西农业职业技术大学在开展融水香鸭屠宰测定的同时，随机抽取公、母鸭各20只的胸肌肉进行肉质测定，测定结果见表4。

表4 融水香鸭肉质测定结果

性别	肉色			pH	剪切力（N）	滴水损失（%）	脂肪（%）	蛋白质（%）	水分（%）
	红度值（a）	黄度值（b）	亮度值（L）						
公	20.96±2.11	8.17±3.12	29.63±2.15	5.15±0.19	40.17±10.82	4.17±1.59	3.70±0.33	22.52±0.37	72.72±0.79
母	21.11±2.66	5.84±3.90	29.30±2.77	5.27±0.21	38.30±6.67	4.63±1.66	3.76±0.32	22.56±0.21	72.61±0.40

注：测定时间：2022年10月18日，测定单位：广西农业职业技术大学。

（五）蛋品质量

2022年7月7日，广西农业职业技术大学对60个新鲜的融水香鸭蛋品质进行测定，结果见表5。

表5 融水香鸭蛋品质测定结果

蛋重（g）	纵径（mm）	横径（mm）	蛋形指数	蛋壳颜色	蛋壳厚度（mm）	蛋壳强度（kg/cm²）	蛋黄色泽（级）	蛋黄重（g）	蛋黄比率（%）	蛋白高度（mm）	哈氏单位	血斑/肉斑
66.85±3.70	64.63±2.33	43.77±1.30	1.48±0.08	白/青	0.30±0.02	42.71±5.81	1	20.49±2.32	30.65±3.15	9.42±1.24	94.42±5.61	无

注：测定时间：2022年7月；测定地点：广西农业职业技术大学畜牧研究院；测定单位：广西农业职业技术大学。

（六）繁殖和产蛋性能

在开展融水香鸭性能测定和精准采样时，对3家融水香鸭养殖场历年繁殖情况进行统计，融水香鸭公鸭约在95日龄达到性成熟，母鸭开产日龄在145～150d，开产体重平均1.5kg，年平均产蛋168个，母鸭无就巢性，公、母比例1：（8～10），自然交配，种蛋受精率90%以上，受精蛋孵化率85%以上，雏鸭成活率90%以上。

五、饲养管理

融水香鸭是在当地自然条件下自繁自养形成的，适应性广、抗病力强、耐粗饲、性情温驯，适宜大群饲养，以放牧为主，可利用河流、水库、小溪、稻田放牧，饲料主要来源于本地的农作物及其副产品，特别是本地香糯。育雏阶段饲喂商品化的雏鸭全价料，20日龄后逐渐添加优质牧草或浮萍等青粗料喂养，中后期青粗料可占到30%以上。20日龄后可下水放牧饲养，让鸭自由采食昆虫、小鱼、小虾等，早晚补喂自配料（玉米、米糠、麦糠等占50%～70%，青粗料占30%以上）直至出栏，以保持该品种的原有肉质香味（图3、图4）。

图3　融水香鸭舍饲环境

图4　融水香鸭放牧环境

六、品种保护与研究利用现状

（一）保种现状

自1999年以来，融水香鸭得到了广西壮族自治区畜牧总站、广西壮族自治区科技厅的支持，先后建立5个保种场，制定了保种选育计划。但2018年以后，保种场因受市场冲击等原因无法继续维持，保种工作被迫中断。

2002年融水苗族自治县畜牧站制定了融水香鸭品种登记制度。2011年自治区质量技术监督局颁布《融水香鸭》地方标准，标准号DB45/T 750—2011。2012年2月21日通过注册，获得地理标志商标使用权。

（二）资源开发利用现状

2019—2021年，基于实施广西创新驱动发展重大专项项目研究的需要，利用全基因重测序技术对融水香鸭的遗传资源进行了评估，主成分分析和系统进化树分析均显示融水香鸭与东兰麻鸭群体和广西小麻鸭有更近的亲缘关系。遗传结构分析（$K=3$）显示融水香鸭和东兰麻鸭群体血统纯正，聚类分析与PCA和系统进化树结果一致。

七、品种的评价和展望

融水香鸭主要特点是耐粗饲、抗病力强、肉质好、产青壳蛋；缺点为产蛋量较低、生长速度慢，且遗传结构分析其具有单一的血统起源。今后的选育方向：一是选育耐粗饲优质肉用鸭品系；二是选育一个高产的青壳蛋鸭品系；三是可以考虑利用融水香鸭与其他品种鸭进行杂交组合，育成新品系。

目前，融水香鸭以散养为主，缺乏系统选育，当务之急是尽快建立新的保种场，并在保种扩繁的基础上，开展本品种选育及进一步的开发利用。

八、附录

（一）参考文献

陈家贵，2017. 广西畜禽遗传资源志［M］. 北京：中国农业出版社：187–193.

黄志勋，1975. 融水县志［M］. 台北：成文出版社.

（二）调查和编写人员情况

1. 参与性能测定的单位及人员

广西农业职业技术大学：马青艳、朱敏。

融水苗族自治县畜牧站：吴海峰。

2. 主要撰稿人员及单位

广西农业职业技术大学：孙俊丽、韦凤英、覃仕善。

龙胜翠鸭

一、一般情况

（一）品种名称及类型

龙胜翠鸭（Longsheng cui duck），又名翠鸭或洋洞鸭，属肉用型品种。因其全身羽毛黑色且在阳光下呈翠绿色、翡翠般的金属光泽而得名。

（二）原产地、中心产区及分布

原产地为龙胜各族自治县，中心产区为龙胜各族自治县马堤乡，主要分布于桂林市龙胜各族自治县、资源县、荔浦市，柳州市柳城县、南宁市宾阳县等地。

（三）产区自然生态条件

（1）地貌　龙胜各族自治县位于广西壮族自治区东北部，地处越城岭山脉西南麓的湖南–广西边界，境内山峦重叠、沟谷纵横、山高坡陡，素有"万山环峙，五水分流"之说，属于山地地貌。

（2）海拔　700～800m。

（3）经纬度　北纬25°29′21″—26°12′10″，东经109°43′28″—110°21′41″。

（4）气候类型　产区属亚热带季风气候区，年平均日照时数为1 247h，年平均气温为18℃；无霜期314d，平均相对湿度80%。年降水量1 544mm。

（5）农作物情况　主要农作物有水稻、玉米、甘薯，其次是黄豆、饭豆、冬瓜、南瓜、芋头、花生、马铃薯、凉薯、薏米等。水果有柑橘、南山梨、桃、李等。

二、品种来源、形成与发展

（一）品种形成及历史

据《龙胜县志》（1992年版）记载，1943年全县养鸭约8 400只。很早以前，马堤苗族居住地区饲养有一种体形稍长的"洋洞鸭"。洋洞鸭以黑羽毛黑脚为外貌特征，产青壳蛋。这与苗族同胞崇尚黑色有关，苗族人喜欢穿黑衣服，包黑头巾，吃黑糯饭，也喜欢养黑色的鸭，同时认为青壳蛋具有清凉滋补作用。经过长期的选择形成了具有黑色羽毛又产青壳蛋的洋洞鸭。因其全身黑色的羽毛带有墨绿色金属光泽而又称之为"翠鸭"。据苗族流传手抄本《根本列》记载，苗族于元代天顺元年开始迁入马堤、伟江一带。大多居住在丛林之中，栖息繁衍，过着自给自足的生活。境内山高、坡陡、谷深，海拔均在500m以上，形成与外界隔离的天然屏障。通过对苗族地区群众的走访调查得知，洋洞鸭是苗族人民传统养殖的鸭品种，苗族同胞喜欢养鸭，20世纪60年代前，几乎每家每户都养有洋洞鸭，除了用作逢年过节和招待贵客的美味佳肴，洋洞鸭还是苗族同胞风俗活动的尚品，如苗族人的婚礼有"见门笑"和抢"铺床鸭"的风俗。见门笑即男女青年互相相中后，男方托人带见门笑，即一只翠鸭、一壶酒，到女方家提亲。抢铺床鸭即新娘未入门前，要已生育孩子的年轻妇女布置洞房，铺被安枕；晚餐后，由执事人将做好的全鸭当众谢酬铺床妇女，当鸭未至受领人，被后生们抢接，引起女青年们之"不满"，而形成一个男女青年抢铺床鸭的场面。每年的六月初六傍晚，苗族同胞还要用鸭子作为祭品，来到自家田边祭祀田神，祈求丰收年景。这些与翠鸭有关的苗族文化，无不折射出龙胜翠鸭的形成历史。龙胜翠鸭就是在这相对封闭的环境、苗族特有的传统风俗以及苗族群众崇尚黑色等历史条件下，经自繁自养、长期选育而形成的。

（二）群体数量及变化情况

龙胜翠鸭2006年存栏5 000～6 000只，2011年存栏20 300只，2015年存栏65 000只，2016年存栏15 150只，2021年普查时系统填报2 567只。近15年的普查结果显示，龙胜翠鸭年存栏量在2011年时达到2万多只，相比2006年存栏量高出将约2.5倍，原因在于2009年在当地政府的支持下，在马堤乡成立了一家龙胜翠鸭养殖示范场，养殖场创始人在当时极力宣传龙胜翠鸭，对龙胜翠鸭的推广起到了关键性的作用，其饲养量也在2015年达到65 000只的高峰，但由于龙胜翠鸭饲养回报率较低、养殖户经营亏损等原因，饲养量又逐年下降，养殖示范场也于2019年注销。

依据《家禽遗传资源濒危等级评定》（NY/T 2996），龙胜翠鸭品种资源濒危等级处于安全等级。

三、体型外貌

（一）体型外貌特征

龙胜翠鸭外貌特征可概括为"两黑""两绿"。两黑是指黑羽、黑脚，两绿是指喙为青绿色、羽毛带孔雀绿的金属光泽。公鸭体形呈长方形，颈部粗短、背阔肩宽、胸宽体长。成年公鸭头部及颈部羽毛呈翠绿色，在阳光下具有光泽，极少数个体呈黑色，约占3.3%；胸部、腹部呈黑绿色，部分个体胸、腹部有白色羽毛，约占4.0%；背部羽毛呈墨绿色有金属光泽，主翼羽呈黑色，部分个体主翼羽呈褐麻色，约占比2.0%；镜羽呈蓝紫色，尾羽和性羽呈黑色，且性羽向上弯曲；喙呈黄绿色，喙豆呈黑色，皮肤为白色，胫、蹼为黑色，部分个体胫、蹼呈黄黑色，约占整体的5.5%；爪呈黑色（图1）。

母鸭体形短圆，胸宽，臀部丰满。成年母鸭头部及颈部呈黑色，在阳光下有金属光泽，部分个体颈部有白色羽毛斑块，约占4%；胸部及腹部呈黑色，部分个体胸腹部有白色羽毛斑块，约占6.5%；背部呈黑色有金属光泽，主翼羽、尾羽呈黑色；喙及喙豆呈黑色，部分个体喙呈灰黑色，占1%～2%，皮肤呈白色，胫、蹼呈黑色，部分个体呈黄黑色，约占3.5%，爪呈黑色（图2）。

图1　龙胜翠鸭成年公鸭　　　　　　　　　　　图2　龙胜翠鸭成年母鸭

雏鸭绒毛呈黑色，大部分雏鸭胸部都有一簇黄色绒毛，约占95%；喙、胫、蹼呈黑色，极个别胫、蹼呈黄黑色，约占1.7%。后备期翠鸭群体整体呈现为黑色，在鸭群未成年之前很难通过外貌来辨别公母，成年后在阳光下则可通过头部是否翠绿、喙是否是黄色来鉴别。

（二）体尺和体重

2022年8月龙胜翠鸭性能测定单位龙胜桂柳翠鸭养殖有限公司在桂林市雁山区桂林桂英雁种鸭有限公司测定公、母各30只成年龙胜翠鸭的体尺、体重，详见表1。

表1　龙胜翠鸭体尺、体重测定统计

性别	体重（g）	体斜长（cm）	半潜水长（cm）	颈长（cm）	龙骨长（cm）	胫长（cm）	胫围（cm）	胸深（cm）	胸宽（cm）	髋骨宽（cm）
公	2 124.63±194.02	23.08±1.72	59.32±1.42	22.92±1.27	13.08±0.71	5.95±0.35	3.71±0.28	6.35±0.49	8.66±0.51	5.86±0.54
母	2 007.67±212.34	20.71±1.80	54.01±2.00	20.02±1.06	12.54±1.30	6.30±0.42	3.98±0.21	6.34±0.26	9.04±1.29	5.84±0.42

注：测定时间：2022年8月；测定地点：桂林市雁山区桂林桂英雁种鸭有限公司；测定数量：公鸭30只、母鸭30只。

四、生产性能

（一）生长性能

2022年5—8月龙胜翠鸭性能测定单位龙胜桂柳翠鸭养殖有限公司在桂林市雁山区桂林桂英雁种鸭有限公司开展了龙胜翠鸭的生长性能测定，测定结果详见表2。

表2　龙胜翠鸭生长性能测定统计（g）

性别	出生	2周龄	4周龄	6周龄	8周龄	10周龄	12周龄
公	43.97±2.70	308.90±20.77	778.47＋40.53	1 132.27±67.63	1 508.33±81.79	1 736.80±78.00	1 971.93±56.46
母	42.33±2.95	294.13±19.85	738.47±42.79	1 083.27±63.26	1 455.00±70.80	1 699.83±75.63	1 910.80±68.96

注：测定时间：2022年5—8月；测定地点：桂林市雁山区桂林桂英雁种鸭有限公司；测定数量：公鸭203只、母鸭204只。

（二）育肥屠宰性能

2023年6月龙胜翠鸭性能测定单位龙胜桂柳翠鸭养殖有限公司联合自治区级指导专家在广西农业职业技术大学畜牧研究院开展公、母各30只龙胜翠鸭的屠宰测定，测定结果详见表3。

表3　屠宰性能测定统计

测定项目	公	母
宰前活重（g）	1 983.57±120.7	1 946.67±101.7
屠体重（g）	1 737.33±100.61	1 702.44±94.11
屠宰率（%）	87.59±0.82	87.45±0.86
半净膛重（g）	1 589.99±96.72	1 552.48±93.53
半净膛率（%）	80.16±1.23	79.75±1.38
全净膛重（g）	1 320.61±87.41	1 287.26±78.64
全净膛率（%）	66.58±1.40	66.13±1.64
胸肌重（g）	184.36±19.93	183.68±16.33
胸肌率（%）	13.96±1.11	14.27±1.19
腿肌重（g）	155.14±27.44	148.21±29.31
腿肌率（%）	11.75±1.85	11.51±2.26
瘦肉率（%）	25.71±2.58	25.78±2.91
腹脂重（g）	11.94±9.3	11.84±9.47
腹脂率（%）	0.90±0.70	0.91±0.72
皮脂重（g）	365.05±54.4	369.19±67.81
皮脂率（%）	28.55±4.16	29.60±4.34

注：测定时间：2023年6月；测定地点：广西农业职业技术大学；测定数量：30公、30母。

（三）产蛋性能

龙胜翠鸭性能测定单位龙胜桂柳翠鸭养殖有限公司统计了桂林桂英雁种鸭有限公司2020年12月至2022年9月龙胜翠鸭3个群体共3 114只的产蛋性能，具体情况见表4。

（四）繁殖性能

龙胜翠鸭性能测定单位龙胜桂柳翠鸭养殖有限公司统计了桂林桂英雁种鸭有限公司2020年12月至

家禽地方品种

205

2022年9月龙胜翠鸭3个群体共3 114只的繁殖性能，结果如表5所示。

表4　产蛋性能测定统计

开产日龄（5%产蛋率）（d）	产蛋数（43周龄）（个）	平均蛋重（初产）（g）	平均蛋重（43周龄）（g）
149±4	101±8.19	60.49±3.49	76.85±0.55

注：测定时间：2020年12月至2022年9月；测定地点：桂林市雁山区桂林桂英雁种鸭有限公司；测定数量：3个群体共3 114只。

表5　繁殖性能测定统计

开产体重（g）	43周龄产蛋率（%）	种蛋合格率（%）	种蛋受精率（%）	受精蛋孵化率（%）	健雏率（%）	育雏期成活率（%）	育成期成活率（%）	产蛋期成活率（%）
1 910±40	68.37%±0.81%	92.23%±1.17%	91.90%±1.28%	90.90%±0.98%	93.83%±1.15%	93.82%±2.58%	98.13%±0.72%	95.17%±4.54%

注：测定时间：2020年12月至2022年9月；测定地点：桂林市雁山区桂林桂英雁种鸭有限公司；测定数量：3个群体共3 114只。

五、饲养管理

龙胜翠鸭觅食性强，合群性好，适宜于水面和稻田放牧饲养。圈养时，鸭舍朝向坐北朝南最佳，水源以深井水为最佳。

鸭苗在入栏前要做好消毒工作，秋冬季要使用保温灯或者煤炉进行保温。鸭苗入场后视情况休息0.5～1h后再"泡澡"，"泡澡"水水深在2～3cm。雏鸭第一餐需要将米饭煮至八成熟，用水洗淘后与雏鸭料混合均匀饲喂，之后便饲喂小鸭料至28日龄再换料。圈养时，养殖户应注意每天定时逆时针驱赶鸭群，每次5～10min，每天活动2～4次，促进骨骼和肌肉发育，防止过肥。

青年鸭在饲养期间要不定期关灯，让鸭子逐渐适应停电应激；舍内要通宵弱光照明。

在鸭子饲养期间，鸭舍运动场排水要好，地面干爽，并经常更换垫料（图3、图4）。

图3　舍饲的龙胜翠鸭群体

图4　龙胜翠鸭生长的自然环境

六、品种保护与资源开发利用现状

（一）保种现状

龙胜翠鸭属于广西地方品种，由于龙胜翠鸭饲养回报率较低，因此饲养量不大。在龙胜当地以家庭自繁自养自销为主，规模养殖场几乎没有。2012年龙胜翠鸭获国家农产品地理标志登记保护。

2019年以龙胜桂柳翠鸭养殖有限公司为依托单位，在龙胜各族自治县龙脊镇和平村建立了龙胜翠鸭保种场，保种场采用家系保种和群体保种两种方式，保种群体存栏龙胜翠鸭2 000只，2020年底被认定为自治区级龙胜翠鸭保种场。由于龙胜翠鸭养殖效益低，目前保种场的龙胜翠鸭已转移到桂林市雁山区桂林桂英雁种鸭有限公司进行异地保种。

（二）资源开发利用现状

由于龙胜翠鸭分布区域有限，前期宣传推广较少，虽然被评为"地理标志保护产品"，但知名度仍然不高，加之饲养回报率较低，开发利用较为困难。龙胜桂柳翠鸭养殖有限公司自2019年以来通过线上线下各种方式极力推广龙胜翠鸭，但翠鸭苗销售情况依旧不太乐观，公司内部自繁自养依旧是主要的养殖途径。2022年，该公司养殖商品代龙胜翠鸭数量达到53 000只，出栏屠宰包装后通过试品尝、桂林银行积分兑换、淘宝线上等销售方式进行推广，主打高端农产品路线。

2020年广西实施创新驱动重大专项，利用全基因组测序技术，对龙胜翠鸭进行了遗传结构、资源多样性等分析，为今后品种选育和开发利用提供了一定的基础。

七、对品种的评价和展望

龙胜翠鸭具有独特的体型外貌，有极高的观赏性，并且肉质细嫩无腥味，有极好的市场开发潜力，是不可多得的遗传资源。同时，龙胜翠鸭未经专门选育就有50%产青壳蛋，在发展青壳蛋鸭品种方面有极高的研究价值。但龙胜翠鸭目前还没有进行专门选育，生产性能还比较低，个体差异较大，有待于进一步的研究和开发。

八、附录

（一）参考文献

《龙胜县志》编纂委员会，1992. 龙胜县志［M］. 上海：汉语大词典出版社：187-188.

（二）调查和编写人员情况

1. 参与性能测定的单位、人员

龙胜桂柳翠鸭养殖有限公司：黄芝洲。

桂林桂英雁种鸭有限公司：刘水平。

广西农业职业技术大学：韦凤英。

2. 主要撰稿人员及单位

龙胜桂柳翠鸭养殖有限公司：黄芝洲。

广西农业职业技术大学：韦凤英。

右江鹅

一、一般情况

（一）品种名称及类型

右江鹅（Youjiang goose），属肉用型广西地方品种。

（二）原产地、中心产区及分布

原产于广西壮族自治区百色市，中心产区为百色市右江区及驮娘江区域。2021年第三次全国畜禽遗传资源普查结果显示全区范围均有分布，主要分布于百色市的隆林各族自治县、德保县、靖西市、右江区、凌云县和田东县，南宁市的横州市、宾阳县、马山县、隆安县，以及柳州市的融水苗族自治县、融安县、柳城县、柳江区等地。另外，河池、来宾、梧州、北海、防城港、玉林、贵港等市的部分县区也有零星分布。

（三）产区自然生态条件

百色市位于广西壮族自治区西部，北接贵州，西连云南，东触南宁，南交越南，是云南、贵州、广西三省份结合部。地处北纬22°51′—25°07′，东经104°28′—107°54′。全市地势西北高、东南低，从西北向东南倾斜，属丘陵深谷地貌；海拔跨幅较大，右江区的海拔约200m。其中，1/3的土地面积为喀斯特地貌，蕴藏着巨大的地下水系，市内有澄碧河水库、渠洋湖水库等，河流纵横交错，水资源丰富。

产区属亚热带季风气候，光照充沛，雨热同季，夏长冬短，冬无严寒，夏无酷暑，作物生长期长，越冬条件好。年降水量1 113～1 713mm，全年日照为1 405～1 889h，全年无霜期330～363d。年最高气温42.0℃，最低气温－2.0℃，平均16.3～22.1℃。

百色市山岳连绵、河溪纵横，多数河流源自高山峡谷、滩多水急，落差大，水能资源丰富；河流含沙量少，岩溶地区地下伏流普遍。境内地表河流分属两大流域的两大水系：一是珠江流域的西江水系，主要为西江干流上游的南盘江、红水河，西江主要支流郁江上游的右江；二是红水河流域的西南国际水系——百都河，经越南流入北部湾。全市多年平均水资源总量为182.4亿m³。

二、品种来源及形成历史

（一）品种来源及历史

百色市右江及驮娘江流域的群众历来有养鹅和吃鹅肉的习俗。右江鹅品种的形成缺乏可查考的文字记载，但百色建城之初，因养鹅多而被誉为"鹅城"。可见，右江鹅的饲养历史悠久，其可能是由鸿雁经过当地群众长期驯化、选择培育而成。

（二）群体数量及变化情况

群体数量：2021年第三次全国畜禽遗传资源普查右江鹅存栏量10 798只。

消长形势：1982年统计主产区有右江鹅6万多只。2006年底，百色市存栏不足1.2万只，数量逐年减少，曾一度濒临灭绝。2011年统计右江鹅存栏69 119只，2016年右江鹅存栏量32 854只，2021年面上普查全广西右江鹅存栏量10 798只。其中，原产地百色全市4 935只，原主产区（右江区、田林县、田东县、田阳区）仅1 076只；南宁市4 043只，柳州市1 058只。2022年开展性能测定时，原填报右江鹅数量最多（3 500只）的南宁市横州市校椅镇六味村和柳州市右江鹅养殖量超过150只的村，均因原料价格上涨，右江鹅养殖效益低，已全部淘汰。

（三）濒危程度

依据《家禽遗传资源濒危等级评定》（NY/T 2996—2016）评定，右江鹅遗传资源濒危等级处于安全等级。

三、体型外貌

（一）体型外貌特征

右江鹅主要分白鹅和灰鹅两种，白鹅数量极少，绝大多数为灰鹅。两者体形均如船形，成年公、母鹅背宽胸广，腹部下垂，颌下无垂皮。公鹅黑色肉瘤较小，母鹅头小清秀，无肉瘤（图1、图2）。

白鹅除尾部羽毛为灰色外，其他部位羽毛洁白；虹彩浅蓝色；喙、趾与蹼橘红色；皮肤、爪和喙豆为肉色。灰鹅头部和颈的背面羽毛呈棕色，颈两侧与下方直至胸部和腹部着生白羽。背羽灰色镶琥珀边，主翼羽前2根为白色，后8根为深灰色镶白边，灰色镶白边斜上后外伸；尾羽浅灰色镶白边；腿羽灰色；部分个体头部皮肤和肉瘤交界处有一小圈白毛；虹彩黄褐色，喙、喙豆为黑色，趾、蹼均为橘红色，爪有黄色和黑色两种。

1日龄出壳雏鹅整体灰黄色，头顶、颈背面及背部绒毛为灰黄色，颜色较深，颈下直至胸部和腹部绒毛为黄色，颜色较浅。喙黑色，喙豆肉色，趾、蹼深棕色，爪肉色。

（二）体尺和体重

2022年8月3日，在百色市畜禽品种改良技术推广站和右江区畜牧技术推广站的协助下，广西农业职业技术大学在百色市右江区龙川镇林河村那幸屯测定了63只成年右江鹅（31只公鹅、32只母鹅）体尺、体重，测定结果见表1。

图1 右江鹅成年公鹅

图2 右江鹅成年母鹅

表1 右江鹅成年体重和体尺测定

性别	体重（g）	体斜长（cm）	半潜水长（cm）	颈长（cm）	龙骨长（cm）
公	5 217.90±714.16	29.39±2.38	58.99±3.11	22.05±2.93	16.39±1.55
母	3 871.5±872.12	26.86±1.84	54.35±3.52	18.75±2.3	14.68±1.40
性别	胫长（cm）	胫围（cm）	胸深（cm）	胸宽（cm）	骨盆宽（cm）
公	10.15±0.57	5.58±0.37	9.80±0.44	11.65±0.75	8.55±0.72
母	9.52±1.00	5.13±0.38	9.21±0.60	10.66±0.64	7.87±0.73

四、生产性能

（一）生长性能

2022年10月中旬至2023年3月底，广西农业职业技术大学在百色市右江区龙川镇林河村那幸屯农户的配合下，对那幸屯农户当年繁殖幼鹅的生长性能进行了跟踪测定，分别收集、测定了0（65只）、2周龄（62只）、4周龄（65只）、6周龄（65只）、8周龄（59只）、10周龄（62只）、12周龄（62只）等阶段右江鹅的体重，结果见表2。

（二）屠宰性能

2023年6月10日，广西农业职业技术大学在百色市右江区龙川镇林河村委会的大力支持和帮助下，从达河屯、那幸屯、达林屯选购了150d左右的右江鹅67只，其中公鹅32只，母鹅35只。6月11日在广西农业职业技术大学畜牧研究院开展了右江鹅屠宰性能测定，屠宰后通过生殖器官确定公鹅37只，母鹅30只，屠宰性能测定结果见表3。

表2　右江鹅生长性能测定结果（g）

阶段	体重
初生重	98.31±10.16
2周龄	509.92±58.74
4周龄	1 498.00±106.14
6周龄	2 171.82±70.75
8周龄	3 371.86±521.12
10周龄	4 017.42±110.72
12周龄	4 688.71±273.04

表3　右江鹅屠宰测定结果

性别	公	母
活重（g）	4 767.97±692.24	4 240.53±586.19
屠体重（g）	4 291.97±666.84	3 844.17±532.47
屠宰率（%）	90.02±1.55	90.65±1.2
半净膛重（g）	3 870.68±590.50	3 474.22±487.51
半净膛率（%）	81.18±1.51	81.93±1.67
全净膛重（g）	3 089.71±459.04	2 771.47±419.73
全净膛率（%）	64.80±1.71	65.36±3.11
胸肌重（g）	433.63±74.22	437.78±77.78
胸肌率（%）	14.03±1.88	15.80±2.59
腿肌重（g）	485.90±66.67	429.90±46.71
腿肌率（%）	15.73±1.84	15.51±2.31
腹脂重（g）	201.11±104.11	193.31±77.18
腹脂率（%）	6.11±2.65	6.52±2.07
皮脂重（g）	789.86±243.36	717.04±199.784
皮脂率（%）	32.07±6.94	32.85±5.37

（三）繁殖性能

右江鹅4月龄时已达到成年体重。公鹅9月龄开啼，母鹅9～12月龄开产，年产蛋量较少，平均年产三造蛋，每造蛋8～15个，多数产10～12个，个别高产可达18～20个；多为隔日产蛋，年产蛋数多为35个左右，平均蛋重约为130g，蛋壳多为白色，青色较少。母鹅就巢性强，自然放牧时，母鹅回窝产蛋，公鹅守窝；孵化时，公鹅守着母鹅抱窝。孵化时间因季节不同，需30～35d不等，冷天较长，多数为31～32d。右江鹅目前仍然采用自然交配，抱窝孵化的原始繁衍方式，一般公、母比例1：（5～6），种蛋孵化率为95%以上，种鹅的利用年限一般为3年。

五、饲养管理要求

右江鹅性情温驯，管理粗放，一年四季均以自然放牧为主，抗病力强，生长较快。出壳1周内、育肥期和产蛋期间以精料为主。其他阶段右江鹅的饲料以青粗料为主，补饲谷类、玉米等。1周龄内的雏鹅，每昼夜喂食6～7次，其中白天5～6次，晚上1～2次；5日龄后可以开始放牧，放牧应选择在鲜嫩草地，且适时转移，保证雏鹅采食充足。随觅食能力增强，每天喂食可逐步减少到白天3次，晚上1次。

1月龄左右脱换旧羽、生长新羽的时期，其适应外界环境的能力增强，消化能力很强，需要足够的营养来保证生长发育的需要。有节奏地放牧，使鹅群吃得饱、长得快，晚上适当用全价鸡饲料补饲。2月龄后期开始逐渐用玉米替代全价料，4月龄已达成年体重，如作肉用即可出栏，如留作种用，仍以放牧为主，临产前和产蛋期间加喂些精料，提高鹅的繁殖性能（图3、图4）。

图3　自然放牧的右江鹅

图4　右江鹅栏舍

六、品种保护与资源开发利用现状

（一）保种现状

百色市畜牧主管部门于2006年制定了《右江鹅》地方标准，标准号DB45/T 341—2006。

2018年曾在田东县建立了自治区级的右江鹅保种场，后由于各种因素影响，保种场难以为继。目前右江鹅主要以农户自繁自养模式为主，群体数量较第二次调查时大幅下降，保种迫在眉睫。

（二）资源开发利用现状

右江鹅繁殖性能差，产绒、产肝性状不是其特长，但其生长速度较快，产肉及肉质性能将是其唯一的开发利用方向。2019—2021年，基于实施广西创新驱动发展重大专项项目研究内容的需要，利用全基因重测序技术对右江鹅的遗传资源进行了评估，并与合浦鹅全基因组数据进行分析，发现两者遗传基础完全分离，两者不存在杂交。

七、品种评价与展望

右江鹅是广西地方优良品种，具有肉味甜嫩，性情温驯，耐粗饲，抗病力强，合群性好，易饲养，管理粗放，生长发育快等优点，是为数不多的可产青壳蛋的鹅种。长期以来，一直以农户自繁自养为主，未进行系统选育，个体差异很大，尤其是右江鹅产蛋少，就巢性强，繁殖性能差，不适合集约化生产的需求，当务之急是建立保种场，开展本品种选育和改良。在本品种选育的基础上，可以针对性地开展配套系利用。

八、附录

（一）参考文献

陈家贵，2017. 广西畜禽遗传资源志［M］. 北京：中国农业出版社：200-203.

（二）调查和编写人员情况

1. 参与性能测定的单位和人员

广西农业职业技术大学：韦凤英、孙俊丽、卢慧林。

百色市畜禽品种改良技术推广站：玉耀贤。

百色市右江区畜牧技术推广站：谢桂萍。

2. 主要撰稿人员及单位

广西农业职业技术大学：孙俊丽、韦凤英。

百色市畜禽品种改良技术推广站：玉耀贤。

天峨六画山鸡

一、一般情况

（一）品种名称及类型

天峨六画山鸡（Tian'e liuhua pheasant），俗称野鸡、山鸡，因当地壮语称为"rwowa"，意为"花的鸟"，与汉语"六画"谐音而得名。属肉用、观赏型为主的雉鸡地方品种。

（二）原产地、中心产区及分布

中心产区为天峨县八腊瑶族乡，主要分布在天峨县的六排、岜暮、纳直、更新、向阳、下老、坡结、三堡等乡镇，天峨县周边的东兰、凤山、南丹等县亦有少量分布。

2021年第三次全国畜禽遗传资源普查发现其中心产区仍为天峨县八腊瑶族乡，主要分布在天峨县的八腊瑶族乡和六排镇等乡镇，桂林市荔浦市马岭镇、新坪镇亦有少量分布。

与前两次调查对比，天峨六画山鸡的中心产区没有改变，但其主要分布的范围变小。原因是受到近年禽流感、新冠疫情等的影响，天峨六画山鸡养殖效益低，养殖户养殖积极性不高。

（三）产区自然生态条件

（1）地貌　天峨县位于广西西北部，红水河上游，地处广西丘陵与云贵高原过渡地带，是典型的喀斯特地貌。

（2）海拔　一般为500～700m，最高为1 419.3m。

（3）经纬度　北纬24°36′—25°28′，东经106°34′—107°20′。

（4）气候类型　属亚热带季风气候区，既受西南暖湿气流影响，又受云贵高原气候控制，加之地貌影响，气候复杂多样。

年降水量1 370mm，降水量的地理分布和时间分布都不均衡，一年中雨季主要集中在5—8月，降水量占全年降水量的69%。

年平均日照时数为1 281.9h，历年平均太阳总辐射量为390.47kJ/cm²。8月日照时数最高，达159.4h，每天平均5.1h；1月日照时数最低，为67h，每天平均2.2h。无霜期330d。

产区的生产生活用水有山泉水、地下水和集雨水等，石山地区以集雨水为主，其他地方以山泉、河流和地下水为主。河网密度为每平方千米0.37km，大小地表河流58条，集雨面积20km²以上的地表河42条，总长1 186km。红水河是产区主要河流，属西江水系，流经天峨县境内111.5km，其余河流均汇入红水河，其中布柳河、牛河、川洞河是三条流量较大的红水河一级支流。产区地下水资源十分丰富，目前已出露的地下水共有18处。龙滩水电站下闸蓄水后，在天峨县境内形成库区水面$1.42×10^4$hm²。

产区成土条件复杂，土壤类型较多，既有地带性土壤分布，又有垂直性土壤分布，主要有红壤土、黄壤土、石灰土、水稻土等。原产区主要是石灰土分布。

全县总面积$3.192×10^5$hm²，其中已开发耕作地面积占4.95%，经济作物地面积占0.16%，专用牧草地面积占6.20%。农作物主要有稻谷、玉米、豆类、薯类、蔬菜、瓜果、油料作物等。

二、品种来源及发展

（一）品种形成的历史

据《广西畜禽遗传资源志》（陈家贵，2017）记载，当地群众历来就有到深山中捕捉、拴套山鸡的习惯。捕捉回来的山鸡除宰杀或销售外，多余的则留在家中饲养，母鸡产蛋后，用本地家鸡孵化和哺育。

因山鸡外观秀丽，当地人视为吉祥鸟，作为馈赠礼品，或用于节日喜庆及招待贵宾。清朝同治年间，八腊瑶族乡及其周边的岜暮乡、六排镇等地已存在适合人工养殖的雉鸡种群，且在当地瑶族群众中大量饲养。民国时期，八腊瑶族乡、岜暮乡、向阳镇、六排镇等地已把天峨六画山鸡作为饲养的主要家禽品种。

（二）群体数量及变化情况

2008年天峨六画山鸡存栏30.4万只，其中种鸡4.7万只；2012年天峨县内饲养量60万只；2013年以后饲养量逐步下降，到2018年种鸡年存栏量约0.5万只，肉鸡存栏约3万只。后因新冠疫情等原因导致山鸡产品销售困难，饲养量急剧减少，天峨六画山鸡仅以保种为目的，种鸡存栏约1 000只，肉鸡存栏约0.3万只。2022年初仅存栏种鸡180多只。2022年6月开始实施抢救性保护，将所有种蛋全部孵化。经过各方共同努力，2023年底天峨县2个保种场（点）已累计扩繁天峨六画山鸡7 500只，其中保种场存栏基础母鸡980只、公鸡492只、后备母鸡800只、后备公鸡400只；天峨县昌发六画山鸡养殖家庭农场存栏基础母鸡450只、公鸡200只。

三、体型外貌

（一）体型外貌特征

天峨六画山鸡体型俊秀挺拔，体躯匀称，脚胫细长，头部无肉冠，头颈昂扬，尾羽笔直，雄鸡头顶两侧各有一束耸立的墨绿色耳羽簇，髯及眼睛周围裸露皮肤呈鲜红色，喙为灰褐色，胫、趾为青色，皮肤为粉红色，肉色为暗红色。

成年公山鸡羽毛华丽，色彩斑斓。头颈部为墨绿色，有金属光泽，颈部没有白环，这是区别于其他环颈雉的明显特征；胸部羽毛为深蓝色；背部为蓝灰色，金色镶边；尾羽较长，呈黄灰色，排列着整齐的墨绿色横斑（图1）。

成年母山鸡羽毛主色有深褐色和浅褐色两种，间有黄褐色至灰褐色纹。头部、颈部羽毛为黄褐色；胸部为黄色，腹部米黄色，尾羽比公山鸡短，褐色有斑纹（图2）。

雏鸡绒毛主色为褐白花，背部有条纹。2月龄左右表现出明显的性别羽毛特征。

图1 天峨六画山鸡成年公山鸡

图2 天峨六画山鸡成年母山鸡

（二）体尺和体重

2022年12月15日性能测定承担单位广西农业职业技术大学在广西天峨县黄氏生态种养有限公司随机抽样300日龄公、母山鸡各30只进行体尺、体重测定，结果见表1。

表1 天峨六画山鸡体重、体尺测定结果

性别	体重（g）	体斜长（cm）	龙骨长（cm）	胸宽（cm）	胸深（cm）	胸角（°）	髋宽（cm）	胫长（cm）	胫围（cm）
公	1 303.97 ± 105.53	17.65 ± 0.66	11.34 ± 0.77	6.67 ± 0.32	8.88 ± 0.56	67.87 ± 7.3	6.45 ± 0.35	7.86 ± 0.42	3.11 ± 0.12
母	1 165.63 ± 170.85	17.05 ± 1.34	9.32 ± 0.68	6.57 ± 0.40	8.71 ± 0.46	72.57 ± 6.35	6.63 ± 0.45	7.37 ± 0.3	2.79 ± 0.15

注：测定时间：2022年12月15日；测定地点：广西天峨县黄氏生态种养有限公司。

四、生产性能

（一）生长性能

2022年7—12月性能测定承担单位广西农业职业技术大学在广西天峨县黄氏生态种养有限公司，对出生、2周龄、4周龄、6周龄、8周龄、10周龄、12周龄、14周龄和16周龄的天峨六画山鸡体重进行测定，每个日龄段随机抽样公、母各30只，测定结果见表2。

表2　天峨六画山鸡生长性能（g）

出生	2周龄		4周龄		6周龄		8周龄		10周龄		12周龄		14周龄		16周龄	
	公	母	公	母	公	母	公	母	公	母	公	母	公	母	公	母
25.45±3.48	77.41±14.74	81.28±14.80	166.01±27.54	165.63±27.90	243.07±45.21	203.67±39.99	528.42±17.44	527.88±17.99	676.48±55.00	632.27±38.26	795.21±144.04	678.67±100.32	866.95±145.14	720.33±10.38	1068.80±19.93	813.10±20.15

注：测定时间：2022年7—12月；测定单位：广西农业职业技术大学，测定地点：广西天峨县黄氏生态种养有限公司。

（二）屠宰性能

2022年12月28日性能测定承担单位广西农业职业技术大学随机抽样140日龄的天峨六画山鸡公、母各30只，在广西农业职业技术大学畜牧研究院进行屠宰测定，结果见表3。

表3　天峨六画山鸡屠宰测定结果

性别	活重（g）	屠体重（g）	屠宰率（%）	半净膛重（g）	半净膛率（%）	全净膛重（g）	全净膛率（%）	胸肌重（g）	胸肌率（%）	腿肌重（g）	腿肌率（%）	腹脂重（g）	腹脂率（%）
公	993.82±79.89	883.05±70.13	88.85±1.25	817.40±74.40	82.25±1.42	776.60±73.49	78.14±1.55	187.41±30.37	24.13±1.84	197.11±31.40	25.38±2.19	2.85±4.62	0.37±1.03
母	979.54±146.54	870.35±129.87	88.85±1.26	805.80±122.16	82.26±1.62	765.61±116.59	78.16±1.75	184.96±41.89	24.16±2.14	194.52±41.89	25.41±1.86	2.88±3.56	0.37±0.95

注：测定时间：2022年12月28日；测定单位：广西农业职业技术大学，测定地点：广西农业职业技术大学畜牧研究院。

（三）肉质性能

2022年12月28日，在开展天峨六画山鸡屠宰测定的同时，进行了肉品质分析，结果见表4。

（四）产蛋性能

2022年12月15—16日广西农业职业技术大学在天峨县八腊瑶族乡调查了天峨六画山鸡的产蛋性能，统计表明：开产日龄为185d，年平均产蛋数79个。

2022年12月29日，随机抽样300日龄的天峨六画山鸡蛋30个，在广西农业职业技术大学畜牧研究院进行蛋品质测定，结果见表5。

表4 天峨六画山鸡肉品质分析结果

性别	剪切力（kg/cm²）	滴水损失（%）	pH	肉色		
				红度值（a）	黄度值（b）	亮度值（L）
公	46.09±19.92	2.92±1.02	4.82±0.21	37.91±2.87	12.40±1.98	7.60±1.45
母	45.47±14.42	2.88±1.42	4.71±0.15	37.08±1.61	12.15±1.05	7.45±0.83

注：测定时间：2022年12月28日；测定单位：广西农业职业技术大学，测定地点：广西农业职业技术大学畜牧研究院。

表5 天峨六画山鸡蛋品质

蛋重（g）	纵径（mm）	横径（mm）	蛋形指数	蛋壳颜色	蛋壳强度（kg/cm²）	蛋壳厚度（mm）	蛋黄色泽（级）	蛋白高度（mm）	哈氏单位	蛋黄重（g）	蛋黄比率（%）	血肉斑
31.02±25.03	43.55±3.53	35.42±2.70	1.23±0.05	褐色	37.14±27.28	0.38±1.44	1	6.14±0.99	86.42±12.57	10.24±1.57	33.01±5.34	无

注：测定时间：2022年12月29日；测定单位：广西农业职业技术大学，测定地点：广西农业职业技术大学畜牧研究院。

（五）繁殖性能

繁殖性能主要由天峨县黄氏生态种养有限公司提供数据，并结合调查组于2022年12月15—16日在八腊瑶族乡入户调查的结果进行综合分析。结果见表6。

表6 天峨六画山鸡繁殖性能

数量（只）	饲养方式	配种方式	公、母比例	开产日龄（d）	平均年产蛋数（个）	育雏期成活率（%）	育成期成活率（%）	产蛋期成活率（%）	种蛋受精率（%）	受精蛋孵化率（%）	繁殖季节	使用年限（年）
160	笼养	本交	1∶4	185	79	85.0	90.0	92.0	80.0	85.0	4—10月	2

注：测定时间：2022年12月15—16日；测定单位：广西农业职业技术大学、天峨县黄氏生态种养有限公司；测定地点：天峨县黄氏生态种养有限公司。

五、饲养管理

天峨六画山鸡野性强、行走灵活，善飞，视觉和听觉灵敏，喜欢洁净、明亮、宽敞的环境，饲养栏舍应通风、干燥，光照充足并防止其逃逸，产区群众习惯装在大竹笼内或搭建大棚饲养，棚舍周围围以竹栏、铁丝网或渔网。夜间喜在栖架上栖息，鸡舍内要设有栖架。养殖过程需做好新城疫和禽流感免疫，在天峨县养殖至今未发现重大疫病流行（图3、图4）。

图3　天峨六画山鸡养殖环境及群体

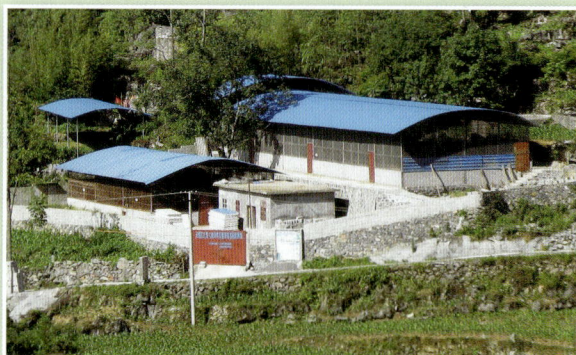

图4　天峨六画山鸡养殖场环境

六、品种保护与资源开发利用现状

（一）保种现状

2011年以天峨县黄氏生态种养有限公司为依托单位，在天峨县六排镇新平东移民安置点建立了天峨六画山鸡保种场，保种场于2014年、2017年和2021年3次获得自治区补助市县保种项目经费累计60万元，历年保种饲养种山鸡800只以上，存栏总量约3 000只。

（二）资源开发利用现状

2008—2012年，在政府引导下，养殖户一度遍及全县9个乡镇34个村，养殖场（户）400余个，并辐射到周边多个县（市、区），年饲养量约100万只。原产地的八腊瑶族乡麻洞村汉尧屯曾被自治区政府授予"广西六画山鸡村"称号。2013年以后饲养量逐步下降，主要原因包括人感染禽流感疫情等导致的负面效应；新冠疫情发生后，六画山鸡销量急剧下降，养殖效益大不如前，养殖者纷纷退出养殖。到2020年底，除保种场外，县内仅有八腊瑶族乡麻洞村汉尧屯吕昌发山鸡养殖场尚有少量存栏。

七、品种评价和展望

天峨六画山鸡是在特定的自然环境和人文因素条件下形成的山鸡品种，其外貌秀丽吉祥，符合国内多个地方的民俗喜好，既可作美味佳肴、滋补品，又可作观赏、礼品等多种用途，是广西唯一一个特禽地方品种，迫切需要实施抢救性保护，扩大群体规模。

八、附录

（一）参考文献

陈家贵，2017. 广西畜禽遗传资源志［M］. 北京：中国农业出版社.

（二）调查和编写人员情况

1. 参与性能测定的单位和人员

广西农业职业技术大学：冯显铃、伍柳。

天峨县农业农村局：马卫国。

2. 主要撰稿人员及单位

广西农业职业技术大学：韦凤英、万火福。

天峨县农业农村局：马卫国。

三、培育品种

广西畜禽遗传资源志（2024年版）

龙宝1号猪配套系

一、一般情况

（一）品种名称

龙宝1号猪配套系（Longbao No.1 pig synthetic line），属肉用型培育配套系。

（二）品种分布

龙宝1号猪配套系育成于广西壮族自治区贵港市，中心产区为广西贵港、玉林、南宁和贺州等市，广泛分布于广西、广东和海南等华南地区。

（三）培育单位和参加培育单位

龙宝1号猪配套系培育单位为广西扬翔股份有限公司和中山大学，参加培育单位为广西扬翔猪基因科技有限公司、广西扬翔农牧有限责任公司等。2013年2月通过国家畜禽遗传资源委员会审定，获得审定证书，公告号：《中华人民共和国农业部公告第1907号》，证书编号：农01新品种证字第21号。

二、品种来源及发展

（一）育种素材和培育方法

龙宝1号猪配套系采用中西品种杂交选育而成，以外种猪杜洛克猪、长白猪和大白猪3个品种和广西地方猪陆川猪、隆林猪2个品种为育种素材，设计6种杂交组合模式进行配合力测定，筛选最优配套组合为大长陆（图1）。

专门化品系培育采用重叠式不完全闭锁选育法、群体继代选育和开放核心群等方法进行持续选育，其中终端父本LB11系以美系大白猪为素材，组建200头基础母猪，重点选择生长速度、瘦肉率；母系父本LB22系以美系长白猪为素材，组建200头基础母猪，重点选择繁殖性能、生长速度、瘦肉率；母系母本LB33系以陆川猪为素材，组建300头基础母猪，重点选择繁殖性能、体型、生长速度、肉质性能。

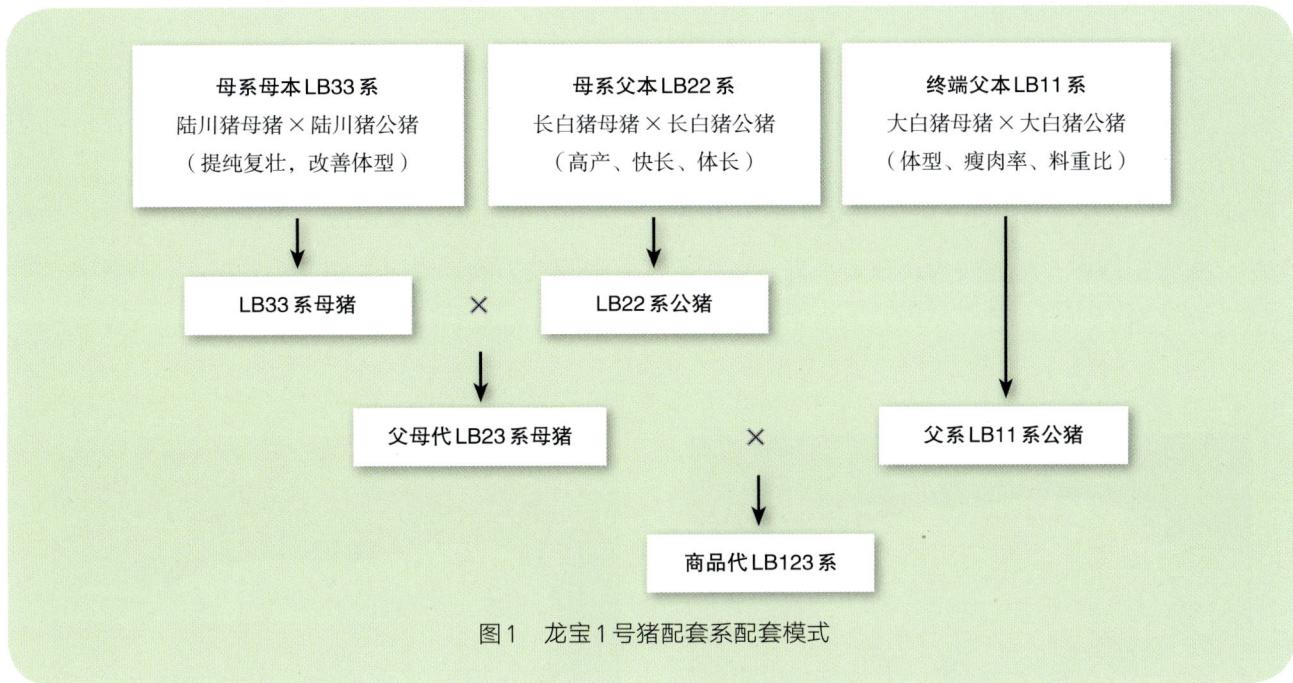

图1 龙宝1号猪配套系配套模式

（二）品种总体数量情况

在专门化品系培育过程中，受市场的拉动群体不断扩大：终端父本LB11系核心群母猪400头，公猪30头；母系父本LB22系核心群母猪400头，公猪20头；母系母本LB33系核心群母猪700头，公猪24头；扩繁场存栏母猪1 100头，商品场存栏父母代LB23系母猪4 600头。

（三）品种培育成功后消长形势

2012年，龙宝1号猪配套系培育基本成形后，广西扬翔股份有限公司自有存栏LB23系母猪2万多头，合作养殖户存栏LB23系母猪3万头，累计出栏LB123系商品猪100万头。2012—2014年，推广LB23和LB123达30万头。2021年底，广西扬翔股份有限公司存栏终端父本LB11系公猪700头、母猪2 500头，母系父本LB22系公猪900头、母猪2 000头，陆川县境内存栏陆川猪（母系母本LB33系）能繁母猪3.54万头、种公猪548头。

（四）品种标准制定、地理标志产品、商标等情况

2010年，培育单位广西扬翔股份有限公司发布了"扬宝牌"龙宝猪品牌商标，该品牌以公司总部所在地龙宝城进行命名。

2011年8月，培育单位广西扬翔股份有限公司发布了龙宝1号猪配套系企业标准，规定了配套系种猪及商品猪的外貌特征、生产性能和出场标准，并于2011年9月1日实施。

三、体型外貌

（一）体型外貌特征

龙宝1号猪配套系父母代全身被毛白色，在背部、眼眶后到耳部、臀部、尾部略有灰色散在斑块，

大小不一；体形呈梯形，后躯较宽，背平或微凹，肚稍大不下垂，乳头7对以上，排列整齐；头大小适中，耳较小左右平伸；四肢粗壮结实，略有卧系。体型外貌一致，身体各部位结合良好，体质结实，结构匀称，生殖器官发育良好（图2）。

龙宝1号猪配套系商品代全身被毛白色，在背部、耳部、臀部略有灰色散在斑块，体质结实，结构匀称，头大小适中，耳竖较大；背腰平直，中躯较长，腿臀较丰满，收腹，四肢粗壮结实，身体各部位结合良好（图3）。

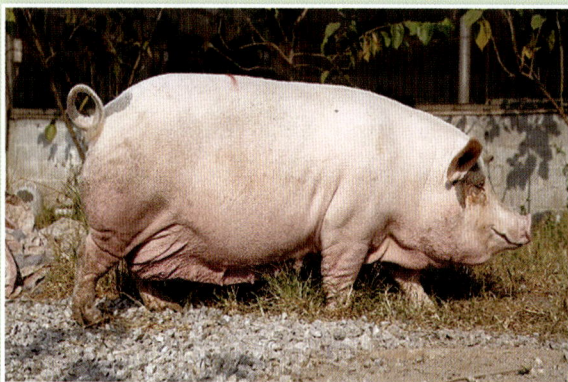

图2　父母代龙宝1号猪母猪

图3　商品代龙宝1号猪阉公猪

（二）体尺和体重

2022年，广西扬翔股份有限公司测定了龙宝1号猪配套系父母代、商品代的体尺与体重，其中父母代母猪50头，商品代阉公猪和母猪各25头，结果见表1。

表1　龙宝1号猪配套系的体重和体尺

世代	性别	胎龄（胎）	测定日龄（d）	体重（kg）	体高（cm）	体长（cm）	胸围（cm）
父母代	母	3.88±0.97	—	178.66±20.87	74.83±3.18	147.56±6.04	142.82±6.57
商品代	阉公	—	186.87±2.53	130.08±13.12	60.61±2.81	122.70±5.76	119.92±4.88
	母	—	186.60±2.60	127.36±14.21	59.90±3.17	122.36±7.25	118.64±4.78

四、生产性能

（一）父母代生产性能

2022年7月，广西扬翔股份有限公司测定了龙宝1号猪配套系父母代的繁殖性能，测定数量为50头，结果见表2。

表2 龙宝1号猪配套系父母代的繁殖性能

世代	总仔数（头）	活仔数（头）	初生窝重（kg）	断奶窝重（kg）	断奶成活率（%）
父母代	14.31±2.39	13.63±2.40	18.04±3.38	88.94±17.05	96.05±3.68

（二）商品代生长性能

2022年12月，广西扬翔股份有限公司测定了龙宝1号猪配套系商品代的生长性能，其中阉公猪15头，母猪15头。商品猪采用大栏方式饲养，各阶段饲喂饲料来源于专业化饲料公司，符合营养水平需求。哺乳阶段及断奶后7d使用教槽料饲喂，营养水平为CP≥19.5%，DE 15.07MJ/kg，CF≤4.0%，Lys≥1.35%，Ca 0.40%～1.20%，P≥0.40%。断奶后7d至保育结束饲喂保育料，营养水平为CP≥19.0%，DE 14.87MJ/kg，CF≤5.0%，Lys≥1.25%，Ca 0.40%～1.20%，P≥0.40%。保育结束至120日龄饲喂小猪料，营养水平为CP≥15.5%，DE 14.65MJ/kg，CF≤6.0%，Lys≥0.90%，Ca 0.40%～1.00%，P≥0.40%。120日龄后至出栏饲喂中大猪料，营养水平为CP≥14.0%，DE 14.24MJ/kg，CF≤7.0%，Lys≥0.80%，Ca 0.40%～1.00%，P≥0.35%，测定猪自由饮水、自由采食，饲养管理按猪场日常管理流程进行。测定结果见表3。

表3 龙宝1号猪配套系商品代的生长性能

世代	性别	初生重（kg）	断奶日龄（d）	断奶重（kg）	120日龄体重	上市体重（kg）	上市日龄（d）
商品代	阉公	0.98±0.13	37.47±2.78	9.45±1.38	76.98±5.58	137.20±9.68	186.60±2.60
	母	0.96±0.19	37.87±2.53	10.08±1.57	73.27±4.47	129.20±10.20	186.87±2.53

（三）育肥性能

2022年12月，广西扬翔股份有限公司测定了龙宝1号猪配套系商品代的育肥性能，其中阉公猪15头，母猪15头，结果见表4。

表4 龙宝1号猪配套系商品代的育肥性能

世代	性别	起测日龄（d）	起测体重（kg）	结测日龄（d）	结测体重（kg）	育肥期日增重（g）	育肥期料重比
商品代	阉公	86.07±3.68	36.23±3.91	186.60±2.60	137.20±9.68	1 004.38±108.96	3.20±0.14
	母	86.87±2.53	37.07±2.77	186.87±2.53	129.20±10.20	921.30±92.26	3.29±0.15

（四）屠宰性能

2022年12月，广西扬翔股份有限公司测定了龙宝1号猪配套系商品代的屠宰性能，其中阉公猪10头、母猪10头，结果表5所示。

表5　龙宝1号猪配套系商品代的屠宰性能

世代	性别	屠宰日龄（d）	胴体重（kg）	背膘厚（mm）				眼肌面积（cm²）	脂重（kg）	屠宰率（%）	肋骨数（对）
				肩部最厚处	最后肋骨处	腰荐结合处	平均背膘厚				
商品代	阉公	187.90±1.97	99.07±5.32	48.79±6.86	32.00±3.48	23.54±5.49	34.79±4.11	48.80±5.11	16.13±1.70	73.63±2.29	13.60±0.80
	母	187.40±2.46	94.74±6.94	46.23±4.30	28.48±2.52	18.89±3.87	31.20±3.08	53.00±5.95	13.62±1.15	72.96±1.05	13.90±0.54

（五）肉质性能

2022年12月，广西扬翔股份有限公司测定了龙宝1号猪配套系商品代的肉质性能，其中阉公猪10头、母猪10头，结果见表6。龙宝1号猪配套系商品代肉色评分、大理石评分、肌内脂肪含量和嫩度等肉质指标与中国大部分地方猪种相似，表明龙宝1号猪配套系商品猪具有优良的肉质性能。

表6　龙宝1号猪配套系商品代的肉质性能

世代	性别	肉色评分	pH₁	pH₂₄	滴水损失（%）	大理石纹评分	肌内脂肪含量（%）	嫩度（N）
商品代	阉公	2.70±0.24	6.41±0.23	6.14±0.21	2.08±0.46	4.00±0.63	5.36±1.49	69.78±9.31
	母	2.60±0.49	6.33±0.20	6.17±0.29	2.26±0.73	4.25±0.68	3.77±0.75	65.17±9.11

五、品种推广利用情况

龙宝1号猪配套系通过配合力测定与组装，历经5个世代的专门化品系选育，形成了遗传性能稳定、产仔数高、肉质好、瘦肉率高、生长发育快、料重比适中的品种特性，深受华南地区农户欢迎。

同时，依托于培育单位庞大的饲料与精液营销网络，龙宝1号猪配套系培育与产业化推广得以高效紧密结合。通过采取"龙头加经销商、公司加农户"的推广模式，全面壮大了龙宝1号猪配套系的产业体系。

六、品种评价和展望

龙宝1号猪LB23系繁殖性能高，有显著的杂种优势；LB33系和LB23系母猪营养要求低、年消耗饲料少、成本低；商品代适应性强、料重比低、抗应激能力强、易于饲养、适合公司加农户模式。

龙宝1号猪配套系兼具地方猪耐粗饲、繁殖力高、肉质好和抗病力强的优点，和外种猪生长速度快、体格健壮、饲料利用率和瘦肉率高的特征，深受华南地区养殖户与消费者喜爱。

在新时代下，猪肉产品消费需求多样化和品质化的趋势日益明显，消费者更加青睐安全有保障、快捷方便、高品质的高端肉类产品。龙宝1号猪配套系兼具地方猪和瘦肉型猪的优势特征，而肉质优良又是其一大特色，在养殖端和消费端都具有巨大的市场潜力。

七、附录

（一）参考文献

陈清森，曾检华，董进寿，等，2013．龙宝1号猪配套系选育报告［J］．中国猪业，8（S1）：198-202．

（二）调查和编写人员情况

1.参与性能测定的单位及人员

广西扬翔股份有限公司：李斌、何健。

广西大学：陈奎蓉。

2.主要撰稿人员及单位

广西扬翔股份有限公司：李斌、赵云翔。

良凤花鸡

良凤花鸡

一、一般情况

（一）品种名称

良凤花鸡配套系（Liangfenghua chicken cross strain），肉用型培育配套系。

（二）品种分布

良凤花鸡配套系主要分布于广西壮族自治区南宁市经济技术开发区、武鸣区，桂林市灵川县和贵州省黔南布依族苗族自治州长顺县。

（三）培育单位和参加培育单位

培育单位为南宁市良凤农牧有限责任公司。2009年3月通过国家畜禽遗传资源委员会审定，获得审定证书，证书编号：农09新品种证书第23号。

二、配套系来源及发展

（一）育种素材和培育方法

1. 育种素材

将引进的白羽肉用鸡品种海波罗与当地的广西三黄鸡交配，收集所产的种蛋孵出的鸡苗中出现有色羽的个体，通过专门化品系选育方法进行育种，形成了M_1、M_2两个麻羽品系。

2. 培育方法

（1）M_1系的选育　2001年从初步鉴定的良凤花鸡群体中选出羽色为麻色、麻黄色，体型较好的40只公鸡和400只母鸡组成核心群，每只公鸡配10只母鸡进行组配。每个家系的母鸡分别收集种蛋，系谱孵化，记录受精蛋、死胚蛋、落盘数等情况，出雏后每只雏鸡都戴上翅号，并按翅号进行登记，明确其血缘关系。根据30日龄和8周龄体重、300日龄产蛋量、蛋重、受精率及孵化率等性状的记录，选出最优秀的16个家系进行继代繁殖，经过5个世代家系选育形成了专门化的母系。

（2）M₂系的选育　M₂系作为专用父本，在体型外貌符合市场要求的前提下，重点进行生长速度、产肉性能和群体均匀度的选育，目标要求是羽毛为黄麻色，产肉率高，胸宽、腿粗圆，符合现代快长肉鸡的各项性能。从良凤花鸡基础群49日龄的鸡群中挑选麻羽、黄麻羽个体，经过抽样称重和排序等程序选出符合基本要求的公鸡和母鸡进行封闭繁殖，采用个体选育为主，结合家系选育的办法，经过5个世代选育形成了专门化的父系。

3. 进行配合力测定和配套模式筛选，确定配套系。

（二）品种总体数量情况

1. 目前配套系存栏

66.5万套。

2. 群体结构情况

（1）种鸡　存栏量66.5万套，其中南宁良凤公司15.5万套，南宁良源公司8.5万套，南宁武鸣公司26万套，贵州长顺公司8.0万套，菲尼克斯种禽公司8.5万套。

（2）雏鸡、育成鸡　存栏量50.6套，其中南宁良凤公司13.8万套，南宁良源公司6.9万套，南宁武鸣公司17.6万套，贵州长顺公司5.5万套，菲尼克斯种禽公司6.8万套。

3. 群体代次结构

南宁良凤公司曾祖代种鸡1.8万套，祖代种鸡8.7万套，父母代5.0万套；南宁良源公司父母代8.5万套，南宁武鸣公司父母代26万套，贵州长顺公司父母代8.0万套，菲尼克斯种禽公司父母代8.5万套。

（三）品种培育成功后消长形势

近15年来由于良凤花鸡的培育与改良与时俱进，紧跟市场走势，培育方法不断创新，持续提升产品竞争力以适应市场需求，产品寿命大大延长，推广到全国20多个省份，深受养殖户的欢迎，产销量逐年增加。种鸡存栏由原来的28万套上升到2023年存栏的65万套，商品苗由2013年时3 000多万只上升到2023年的7 000多万只，父母代产销高峰期达到350万套，目前产销量稳定在200万套左右。

（四）标准制定、地理标志产品、商标等情况

公司已制定良凤花鸡的地方标准，注册了相关商标，但尚未获得地理标志产品认定。

三、体型外貌

（一）外貌特征

1. 父母代

（1）公鸡　体型健壮，体躯硕大敦实，头部粗大高昂，冠叶粗厚挺立，单冠，冠齿6～8个，冠、耳叶及肉髯鲜红色，胸宽挺，背平，胸、腿肌浑圆发达，脚粗直，羽色鲜亮，胸羽为黄红色，腹及腿羽表现为黄麻羽，鞍羽、背羽、副翼羽为酱红色，主翼羽和尾羽为黑色，喙、胫、皮肤为黄色（图1、图2）。

（2）母鸡 体躯紧凑，腹部宽大柔软，头部清秀，脚高中等，羽色为黄麻羽，有少量（1%以内）的麻黑羽，尾羽为麻黑色，单冠，冠齿6～8个，冠、耳叶及肉髯鲜红色，喙、皮肤、胫为黄色（图3、图4）。

2. 商品代

良凤花鸡商品代体羽主要以麻黄色为主，公鸡胸羽为黄红色，腹及腿羽表现为黄麻羽，鞍羽、背羽、副翼羽为酱红色，主翼羽和尾羽为黑色，喙、胫、皮肤为黄色。母鸡体躯紧凑，腹部柔软，头部清秀，脚高中等，羽色为黄麻羽，有少量（1%以内）的麻黑羽，尾羽为麻黑色，单冠，喙、皮肤、胫为黄色（图5至图7）。

图1 良凤花鸡配套系父母代成年公鸡（父系单只公鸡）

图2 良凤花鸡配套系父母代成年公鸡（母系单只公鸡）

图3 良凤花鸡配套系父母代成年母鸡（父系单只母鸡）1

图4 良凤花鸡配套系父母代成年母鸡（父系单只母鸡）2

图5 良凤花鸡配套系商品代公鸡群体

图6　良凤花鸡配套系商品代母鸡群体

图7　良凤花鸡配套系商品代雏鸡

（二）体尺和体重

1. 父母代

2022年7月9日至10月8日，在南宁市良凤农牧有限责任公司种鸡场对300日龄的良凤花鸡公、母鸡各40只进行了体尺、体重测定，结果见表1。

表1　良凤花鸡300日龄公、母鸡体尺、体重

性别	项目	体重（g）	体斜长（cm）	龙骨长（cm）	胸宽（cm）	胸深（cm）	胸角（°）	骨盆宽（cm）	胫长（cm）	胫围（cm）
母	平均值	3 245.2±235.8	24.7±1.1	20.3±1.0	12.9±0.7	11.6±0.6	121.6±3.9	11.3±0.4	9.9±0.4	5.0±0.2
	均匀度	85.0	95.0	95.0	92.5	90.0	100.0	100.0	100.0	100.0
公	平均值	5 246.6±321.48	29.9±1.09	25.0±1.34	15.3±0.80	13.8±0.76	129.9±7.55	12.6±0.66	12.6±0.39	6.3±0.27
	均匀度	92.50	100.00	92.50	97.50	95.00	92.50	95.00	100.00	96.50

注：均匀度单位为%，表4至表6与此相同。

2. 商品代

2022年7月9日至10月8日，在南宁市良凤农牧有限责任公司种鸡场测定了公、母各30只良凤花鸡商品代上市日龄体尺和体重，测定结果见表2。

表2　良凤花鸡商品代肉鸡上市日龄体尺、体重

品种	上市日龄	性别	平均体重（g）	体斜长（cm）	龙骨长（cm）	胫长（mm）	胫围（cm）	冠长（cm）	冠高（cm）	冠面积（cm²）	胸深（cm）	胸宽（cm）
良凤花鸡配套系	63	母	2 325.2±190.5	25.9	17.4	103.5	4.5	4.1	1.5	6.2	9.1	12.4
	95	公	4 250.4±319.3	30.5	20.6	132.2	5.6	11.0	4.7	51.7	9.2	14.8

四、生产性能

（一）生长性能（商品代）

2022年7月9日至10月8日在南宁市良凤农牧有限责任公司进行了良凤花鸡（公、母各250只）的生长性能测定，从0～13周，每周测定一次体重，测定结果见表3。

表3 良凤花鸡配套系商品代生长性能测定数据（g）

品种	性别	出生	1周龄	2周龄	3周龄	4周龄	5周龄	6周龄	7周龄	8周龄	9周龄	10周龄	11周龄	12周龄	13周龄
良凤花鸡配套系	公	37.0	124.6	273.6	516.3	798.9	1 195.6	1 668.9	2 136.4	2 583.1	3 038.3	3 425.2	3 779.5	4 022.2	4 257.9
	母	37.0	120.4	249.8	457.8	684.1	1 004.5	1 344.9	1 697.1	2 018.1	2 326.9	2 654.5	2 960.0	3 221.5	3 439.8

（二）屠宰性能与肉品质

2022年9月26—27日，在广西农业职业技术大学畜牧研究院分别测定77日龄（上市日龄）公、母鸡各30只的屠宰性能，同时测定公、母鸡各20只的肉品质，其中鸡肉灰分送往广西壮族自治区分析测试中心测定。具体测定数据见表4至表6。

表4 良凤花鸡屠宰性能

性别	项目	活重（g）	屠体重（g）	半净膛重（g）	全净膛重（g）	胸肌（g）	腿肌（g）	腹脂（g）	屠宰率（%）	半净膛率（%）	全净膛率（%）	胸肌率（%）	腿肌率（%）	腹脂率（%）
公	平均值	3 829	3 497	3 238	2 769	549.3	589.6	131.7	91.3	84.6	72.3	19.8	21.3	4.5
	标准差	65.5	57.4	58.5	53.0	45.6	54.6	32.6	0.9	0.8	1.1	3.3	3.7	1.1
	均匀度	100.0	100.0	100.0	100.0	86.7	73.3	33.3	100.0	100.0	100.0	90.0	73.3	30.0
	变异系数	1.7	1.6	1.8	1.9	8.3	9.3	24.7	1.0	1.0	1.6	8.3	8.7	24.6
母	平均值	3 030	2 761	2 528	2 129	448.1	423.7	161.0	91.1	83.4	70.3	21.0	19.9	7.0
	标准差	48.2	54.0	90.4	52.0	38.4	41.0	42.1	0.8	2.4	1.5	3.3	3.5	1.8
	均匀度	100.0	100.0	96.7	100.0	73.3	60.0	23.3	100.0	96.7	100.0	83.3	66.7	23.3
	变异系数	1.6	2.0	3.6	2.4	8.6	9.7	26.2	0.9	2.9	2.2	7.9	8.7	25.0

表5 良凤花鸡肉品质情况（母鸡）

项目	剪切力（N）	滴水损失（%）	pH	肉色			水分（%）	蛋白质（%）	脂肪（%）	灰分（每百样品中的含量，g）
				红度值（a）	黄度值（b）	亮度值（L）				
平均值	44.4	3.1	5.5	11.3	12.2	34.4	75.1	19.9	0.8	1.2
标准差	13.0	2.1	0.2	1.9	1.3	2.0	0.8	0.3	0.6	0
均匀度	25.0	10.0	100.0	50.0	65.0	90.0	100.0	100.0	5.3	100
变异系数	29.4	67.3	3.8	16.5	10.3	5.9	1.0	1.4	73.0	0

表6　良凤花鸡肉品质情况（公鸡）

项目	剪切力（N）	滴水损失（%）	pH	肉色			水分（%）	蛋白质（%）	脂肪（%）	灰分（每百样品中的含量，g）
				红度值（a）	黄度值（b）	亮度值（L）				
平均值	37.9	2.6	5.5	10.7	11.1	34.4	74.4	20.8	1.1	1.2
标准差	13.7	0.9	0.2	1.0	1.5	2.0	0.6	0.3	0.3	0
均匀度	10.0	28.6	95.0	70.0	50.0	90.0	100.0	100.0	35.0	100
变异系数	36.2	34.1	3.7	9.3	13.4	5.9	0.8	1.4	26.8	0

（三）良凤花鸡繁殖性能

2022年2月5日至7月16日，在公司种鸡场进行良凤花鸡繁殖性能测定。测定开产体重时，每个群体测定30只母鸡。测定数据见表7。

表7　良凤花鸡繁殖性能

群号	群体大小（只）	开产日龄（d）	开产体重（g）	300日龄蛋重（g）	产蛋数（枚）		就巢率（%）	受精方式	公、母比例	育雏期成活率（%）	育成期成活率（%）	产蛋期成活率（%）	种蛋受精率（%）	受精蛋孵化率（%）	淘汰鸡出栏体重（kg）
					入舍鸡	饲养日									
1	5 650	163	2 446	58.8	174	186	0	人工授精	1：25	98.9	96.8	94.6	96.9	90.1	3.0
2	3 560	163	2 557	58.3	175	186	0	人工授精	1：25	98.9	96.3	94.8	96.7	89.9	3.1
3	3 580	163	2 550	58.6	173	185	0	人工授精	1：25	99	97.5	96	96.5	90.2	3.2
平均		163	2 518	58.6	174	186	0	人工授精	1：25	98.9	96.9	95.1	96.7	90.1	3.1

（四）蛋品质测定

选择300日龄良凤花鸡3个群体，当日所产鸡蛋各50个，共150个，于2022年7与29日送往广西大学动物科学技术学院测定。测定数据见表8。

表8　良凤花鸡蛋品质情况

群体序号	项目	蛋重（g）	纵径（mm）	横径（mm）	蛋形指数	蛋壳强度（kg/cm²）	蛋壳厚度（mm）				蛋黄色泽（级）	蛋壳颜色	蛋白高度（mm）				哈氏单位	蛋黄重（g）	蛋黄比率（%）	血肉斑
							钝端	中端	锐端	平均值			1	2	3	平均值				
1	平均值	63.9	58.1	44.3	1.3	4.1	0.3	0.3	0.3	0.3	10.2	粉	8.5	8.3	8.3	8.4	89.7	19.4	30.4	1/50
	标准差	2.9	1.9	0.8	0.0	0.8	0.0	0.0	0.0	0.0	0.7	粉	1.4	1.4	1.4	1.4	7.5	1.3	0.0	

（续）

群体序号	项目	蛋重（g）	纵径（mm）	横径（mm）	蛋形指数	蛋壳强度（kg/cm²）	蛋壳厚度（mm）				蛋黄色泽（级）	蛋壳颜色	蛋白高度（mm）				哈氏单位	蛋黄重（g）	蛋黄比率（%）	血肉斑
							钝端	中端	锐端	平均值			1	2	3	平均值				
2	平均值	63.0	57.7	44.3	1.3	4.3	0.3	0.3	0.3	0.3	10.2	粉	8.8	8.5	8.7	8.7	91.8	19.3	30.6	1/50
	标准差	3.6	2.0	1.1	0.1	0.7	0.0	0.0	0.0	0.0	0.7	粉	1.4	1.4	1.4	1.4	7.1	1.1	0.0	
3	平均值	62.1	57.3	44.0	1.3	4.4	0.3	0.3	0.3	0.3	10.1	粉	8.6	8.4	8.4	8.5	90.7	18.5	29.8	1/50
	标准差	3.6	1.6	0.8	0.0	1.0	0.0	0.0	0.0	0.0	1.0	粉	1.5	1.5	1.5	1.5	7.6	1.7	3.6	
总体	平均值	63.0	57.7	44.2	1.3	4.3	0.3	0.3	0.3	0.3	10.2	粉	8.6	8.4	8.5	8.5	90.7	19.1	0.5	1/50
	标准差	3.4	1.8	0.9	0.0	0.8	0.0	0.0	0.0	0.0	0.8	粉	1.4	1.4	1.4	1.4	7.4	1.4	1.2	

注：血肉斑数值表示50个蛋中的1个存在血肉斑。

五、品种推广利用情况

良凤花鸡历经30多年的培育，保留了国外优良品种的繁殖、生产、肉用等性能，又兼具我国土鸡品种的传统体型、适应性好和肉质鲜嫩等优点，适合全国各地饲养，而且还适应东南亚各国的养殖环境，在我国华南、华中、西南、西北、东北等均有良好的适应性，受到客户广泛欢迎。

近15年来累计向全国各地推广商品代鸡苗6.9亿只，父母代种苗2 700万套，目前年生产商品代鸡苗6 500万只，父母代种苗200万套左右。

六、品种评价和展望

良凤花鸡具有生长速度快，均匀度好，抗逆性强，耐粗饲，肉质鲜美等特点，在抗病力、成活率、早熟性、生长速度等经济性能方面水平处于国内先进水平，用户遍布我国各地及东南亚（如越南）等国家和地区，是广西优良的肉用鸡新品种。良凤花鸡研发团队将积极响应国家种业振兴计划，发挥现有品种优势，在繁殖性能、产肉性能及抗病力方面继续加大选育力度，加快遗传进展，提高品种的综合竞争力，进一步扩大父母代和商品代的推广应用范围，不断满足人们对优质、高产肉食品的需求。

七、附录

1. 参与性能测定的单位及人员

南宁市良凤农牧有限责任公司：冯务玲、毛文荣、林铁昌。

2. 主要撰稿人员及单位

南宁市良凤农牧有限责任公司：冯务玲、毛文荣。

金陵麻鸡

一、一般情况

（一）品种名称

金陵麻鸡（Jinling partridge chicken cross strain），属肉用型培育品种（配套系）。

（二）品种分布

主要推广区域为广西、云南、贵州、四川、重庆、湖南、湖北等省（自治区、直辖市）。

（三）培育单位和参加培育单位

培育单位为广西金陵农牧集团有限公司（原广西金陵养殖有限公司）。2009年12月通过国家畜禽遗传资源委员会审定，获得审定证书，证书编号：农09新品种证字第31号。

二、品种来源及发展

（一）育种素材和培育方法

1. 育种素材

M系来源于华青麻鸡和良凤花鸡。首先用经过测交、青脚性状稳定遗传的华青麻鸡的公鸡与良凤花鸡母鸡交配，选留其后代中青脚母鸡，再与华青麻鸡公鸡回交，选择外貌特征符合要求的后代进行闭锁繁育，于2004年在闭锁群中选择体型外貌和生长速度优良个体建立基础群，组建家系。

A系是在华青麻鸡基础上选育而来。公司科研团队于1999年引进该品种，在华青麻鸡纯繁后代中选择优良个体进行闭锁繁育，并通过两个世代的测交，逐渐使A系青胫性状遗传基因纯合，并于2004年组建基础群，组成家系。

R系是2003年从法国克里莫公司引进的隐性白鸡，主要质量性状有隐性白羽、快羽、金银色基因、显性芦花伴性斑纹基因，2004年选择优良个体组建家系基础群。

2. 培育方法

（1）选育技术路线　收集青脚麻鸡、白羽肉鸡等多种基础育种素材，并对其进行评估和整理。然后进行专门化品系的培育，主选性状为体型外貌、羽毛颜色、胫色、繁殖性能、肉用性能等，最终形成体型外貌和生产性能相对稳定遗传的专门化品系。开展配合力的测定，并确定最佳配套杂交组合模式，并进行中试推广应用。

（2）配套模式　金陵麻鸡配套系属三系配套系。该配套系以A系（公）和R系（母）生产的F1代母鸡作为母本，以M系为终端父本，向市场提供金陵麻鸡父母代种鸡和商品代肉鸡。其配套模式如图1所示：

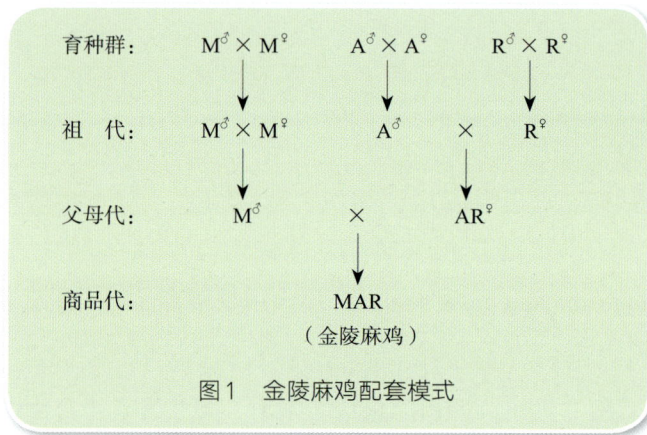

图1　金陵麻鸡配套模式

（3）选育基本程序

出生：根据羽色和胫色要求选留合格个体，戴翅号和记录，淘汰羽色和胫色不符合标准的个体和残次雏。

8周龄：全群个体称重，根据体重淘汰较小的个体，淘汰标准根据进入个体笼的母鸡需求数而定，一般标准为母鸡淘汰低于平均体重的个体（个别体重太大的也淘汰），公鸡选留高于平均体重10%的个体（个别体重太大的也淘汰）。同时结合体型、羽色及公鸡性成熟（主要以冠的大小为指标）进行选留。

根据鸡冠大小和形状选择第二性征发育好的鸡，淘汰起冠晚或不起冠、倒冠的个体。同时，淘汰发育不良和有疾患的鸡只。

开产前：淘汰发育差、体质弱的母鸡。检测白痢，淘汰阳性鸡只。

留种前：留种前再对初选公鸡的体型外貌结合体重资料进行选择。公鸡逐只进行精液品质测定。将体格健壮、体重大，精液品质优良的公鸡留作核心群种用公鸡。统计母鸡个体产蛋量（率）和种蛋合格率，淘汰平均产蛋量（率）成绩差的家系以及选留家系中成绩较好的个体，淘汰数根据家系成绩和核心群留种的需要而定。

组建新家系时：按避免近亲繁育原则进行继代繁殖。

（二）品种总体数量情况

1. 总体数量

根据第三次全国畜禽遗传资源普查结果，全国统计在册的金陵麻鸡三个纯系群体数量15 264只。2021年的祖代群体数量为4.79万只。

2. 品种培育成功后的消长形势

近13年来由于金陵麻鸡的培育与改良与时俱进，紧跟市场的发展需求，培育方法不断创新改进，不断提升产品的市场占有率以满足市场的需求，产品推广到全国20多个省份，深受养殖户的欢迎。金陵麻鸡消长形势如表1所示。

表1　2009—2021年金陵麻鸡存栏变动汇总

项目	2009	2010	2011	2012	2013	2014	2015	2016	2017	2018	2019	2020	2021
父母代种鸡存栏（万套）	6.77	5.71	5.93	6.92	7.44	10.25	10.51	12.53	11.53	9.53	11.36	13.79	15.50
商品代鸡苗（万只）	820	690	730	850	900	1 250	1 278	1 527	1 410	1 151	1 380	1 676	1 890

3. 品种标准制定、地理标志产品、商标等情况

制定有金陵麻鸡的企业标准（标准编号：Q/JLNM 01—2022），注册了金陵麻鸡商标，目前金陵麻鸡尚未获地理标志产品认定。

三、体型外貌

（一）体型外貌特征

1. 父母代

公鸡：颈羽红黄色，尾羽黑色有金属光泽，主翼羽黑色，背羽、鞍羽深黄色，腹羽黄色杂有麻黑色；体型中等、方形、身短，胸宽背阔；冠、肉垂、耳叶鲜红色，冠高，冠齿5～9个，喙青色或褐色；胫、趾青色，胫粗、稍短；皮肤浅黄色或白色（图2）。

母鸡：羽色以麻黄为主，少数鸡只为麻色、麻褐色、麻黑色；体型较大，方形；冠、肉垂、耳叶鲜红色，冠高，冠齿5～8个，喙青色、褐色或黄褐色；胫、趾青色，胫稍长；皮肤为浅黄色或白色（图3）。

2. 商品代

公鸡：颈羽红黄色，尾羽黑色有金属光泽，主翼羽黑色，背羽、鞍羽深黄色，腹羽黄色杂有黑点；体形为方形，胸宽背阔；冠、肉垂、耳叶鲜红色，冠高，冠齿5～9个，喙青色或褐色钩状；胫、趾青色；皮肤为浅黄色或白色（图4）。

母鸡：羽色以麻黄为主，少数鸡只为麻色、麻褐色、麻黑色；体型较大，方形；冠、肉垂、耳叶鲜红色，冠高，冠齿5～8个，喙青色、褐色或黄褐色钩状；胫、趾青色；皮肤浅黄色或白色（图5、图6）。

图2 金陵麻鸡父母代公鸡

图3 金陵麻鸡父母代母鸡

图4 金陵麻鸡商品代鸡群体1

图5 金陵麻鸡商品代鸡群体2

图6 金陵麻鸡商品代鸡苗

（二）成年体尺和体重

1. 父母代

从301日龄金陵麻鸡父母代种鸡群体（母鸡7 284只、公鸡196只）中随机抽取成年公、母鸡各30只，参照《家禽生产性能名词术语和度量统计方法》（NY/T 823）进行体重、体尺测定。父母代种鸡采用封闭式笼养方式。测定结果如表2所示。

表2 金陵麻鸡父母代成年体重和体尺

性别	体重 （g）	体斜长 （cm）	胸宽 （cm）	胸深 （cm）	胸角 （°）	龙骨长 （cm）	骨盆宽 （cm）	胫长 （cm）	胫围 （cm）
公	4 357.8 ± 542.1	26.6 ± 0.9	10.8 ± 0.7	11.7 ± 0.6	92.1 ± 4.5	13.8 ± 0.7	12.3 ± 1.2	11.1 ± 0.5	5.4 ± 0.3
母	2 945.6 ± 383.1	22.4 ± 0.7	9.3 ± 0.6	11.2 ± 0.6	93.8 ± 4.4	11.7 ± 0.5	8.8 ± 0.9	8.8 ± 0.4	4.1 ± 0.2

注：2022年10月23日，在广西金陵农牧集团有限公司金陵种鸡场由广西金陵农牧集团有限公司、广西金陵家禽育种有限公司技术人员测定金陵麻鸡父母代成年公、母鸡各30只的体重、体尺。

2. 商品代

从63日龄金陵麻鸡商品代肉鸡群体（母鸡1 200只、公鸡850只）中随机抽取公、母鸡各30只，参照《家禽生产性能名词术语和度量统计方法》（NY/T 823）进行测定。采用立体笼养。测定结果如表3所示。

表3 金陵麻鸡商品代体重和体尺

性别	体重 （g）	体斜长 （cm）	胸宽 （cm）	胸深 （cm）	胸角 （°）	龙骨长 （cm）	骨盆宽 （cm）	胫长 （cm）	胫围 （cm）
公	2 592.6 ± 294.4	24.9 ± 1.5	9.7 ± 0.9	10.9 ± 0.8	110.3 ± 6.6	12.2 ± 0.9	9.8 ± 0.6	9.6 ± 0.4	4.9 ± 0.2
母	2 293.8 ± 183.4	22.2 ± 1.4	8.3 ± 0.7	9.3 ± 0.8	104.1 ± 6.2	10.5 ± 0.8	8.7 ± 0.3	8.8 ± 0.4	4.5 ± 0.3

注：2022年11月5日，在广西金陵农牧集团有限公司育种中心由广西金陵家禽育种有限公司、广西金陵农牧集团有限公司技术人员测定金陵麻鸡商品代公鸡、母鸡各30只的体重、体尺。

四、生产性能

（一）父母代

广西金陵农牧集团有限公司统计了该公司金陵种鸡场2020—2021年，3个批次，共19 636只金陵麻鸡父母代种鸡的繁殖和产蛋性能，结果见表4。

表4　金陵麻鸡父母代种鸡繁殖和产蛋性能

项目	生产性能
测定鸡群数量（只）	19 636
开产日龄（d）	175
开产体重（kg）	2.4
300日龄蛋重（g）	60.6
66周入舍鸡产蛋数（个）	160.0
66周饲养日产蛋数（个）	175.3
育雏期成活率（%）	98.7
育成期成活率（%）	96.8
产蛋期成活率（%）	87.3
种蛋受精率（%）	95.5
受精蛋孵化率（%）	93.6
母鸡淘汰体重（kg）	3.2

注：2020—2021年，在广西金陵农牧集团有限公司金陵种鸡场，测定3个批次鸡群数量19 636只。

（二）商品代

1. 生长性能

2022年9月3日至11月4日在隆安凤鸣农牧有限公司渌水江肉鸡场测定了采用立体笼养方式的金陵麻鸡商品代的生长性能，测定群体公鸡900只、母鸡1 300只，每两周随机抽称公、母鸡各30只，各阶段体重测定结果见表5。

表5　金陵麻鸡商品代肉鸡各阶段体重（g）

性别	出生	2周龄	4周龄	6周龄	8周龄	9周龄
公	41.36±2.87	242.92±19.27	646.43±50.22	1 352.53±114.77	2 323.19±169.10	2 537.42±211.15
母	40.29±3.29	224.69±18.84	620.66±53.08	1 228.47±95.60	2 030.08±149.40	2 152.17±180.97

注：2022年9月3日至11月4日，在隆安凤鸣农牧有限公司渌水江肉鸡场，由广西金陵家禽育种有限公司、广西金陵农牧集团有限公司技术人员统计了30只公鸡和30只母鸡不同生长阶段的体重。

2. 屠宰性能

2022年11月5日，在广西金陵农牧集团有限公司育种中心，从立体笼养的63日龄金陵麻鸡商品代肉鸡群体（母鸡1 200只、公鸡850只）中随机抽取公、母鸡各30只，参照《家禽生产性能名词术语和度量统计方法》（NY/T 823）进行屠宰性能测定，结果见表6。

表6　金陵麻鸡商品代肉鸡（63日龄）屠宰性能

性别	宰前体重 （g）	屠体重 （g）	屠宰率 （%）	半净膛率 （%）	全净膛率 （%）	腿肌率 （%）	胸肌率 （%）	腹脂率 （%）
公	2 647.18± 243.60	2 445.27± 216.90	92.37± 1.43	86.15± 1.57	71.72± 1.51	20.08± 1.24	19.32± 1.64	4.43± 0.86
母	2 235.84± 181.96	2 041.19± 173.79	91.29± 1.71	85.60± 1.51	70.99± 1.59	19.86± 1.58	19.85± 1.43	5.95± 1.45

注：2022年11月5日，在广西金陵农牧集团有限公司育种中心由广西金陵家禽育种有限公司、广西金陵农牧集团有限公司技术人员测定63日龄金陵麻鸡公、母各30只。

3. 肉品质及营养成分

2022年11月5日，在开展屠宰测定的同时进行了金陵麻鸡肉品质测定；同时，随机抽取公、母鸡各20份胸肌样品送广西壮族自治区分析测试中心进行营养成分测定。肉品质及营养成分测定结果见表7、表8。

表7　金陵麻鸡商品肉鸡（63日龄）肉品质

性别	剪切力 （N）	pH$_{45min}$	肉色		
			红度值（a）	黄度值（b）	亮度值（L）
公	38.7±3.7	6.0±0.6	5.3±0.5	8.9±0.8	45.3±4.3
母	43.1±3.6	6.0±0.5	6.5±0.5	9.4±0.8	45.2±3.8

注：2022年11月5日，在广西金陵农牧集团有限公司育种中心，由广西金陵家禽育种有限公司、广西金陵农牧集团有限公司技术人员测定75日龄公鸡、84日龄母鸡各30只的肉品质性能。

表8　金陵麻鸡商品肉鸡（63日龄）的营养成分（%）

性别	水分	蛋白质	脂肪
公	72.8±6.9	24.8±2.3	0.9±0.1
母	73.4±6.2	24.5±2	0.7±0.1

注：2022年11月，在广西壮族自治区分析测试中心测定63日龄金陵麻鸡公、母鸡胸肌样各20份。

五、品种推广利用情况

金陵麻鸡培育成功以来，主要推广区域为广西、云南、贵州、四川、重庆、湖南、湖北等省份，已累计推广商品代鸡苗3.6亿多只，父母代种苗1 500万多套。目前年生产商品代鸡苗3 500万羽，父母代种苗120万套左右。

243

六、品种评价和展望

　　金陵麻鸡父母代公鸡青胫麻羽，体型中等，生长速度较其他地方鸡种快，性早熟，肉质好；父母代母鸡青胫，性成熟早，产蛋性能高，肉质好。商品鸡青胫麻羽，具有外貌体型一致、生长速度快、饲料报酬高、肉质优良等特点。品种的特色和优势明显，深受云南、贵州、四川等地的农户喜爱。金陵麻鸡在生长速度和饲料报酬方面均具有较大优势，生产效益好，具有良好的推广应用前景。

七、附录

1. 参与性能测定的单位和人员

广西金陵农牧集团有限公司：陈智武。

广西金陵家禽育种有限公司：蔡日春。

广西大学：杨秀荣。

2. 主要撰稿人员及单位

广西金陵农牧集团有限公司：陈智武。

广西大学：杨秀荣。

广西金陵家禽育种有限公司：余洋。

金陵黄鸡

一、一般情况

（一）品种名称

金陵黄鸡（Jinling yellow chicken cross strain），属肉用型培育品种（配套系）。

（二）品种分布

主要推广区域：广西、广东、云南、贵州等省、自治区。

（三）培育单位和参加培育单位

培育单位为广西金陵农牧集团有限公司（原广西金陵养殖有限公司）。2009年10月通过国家畜禽遗传资源委员会审定，获得审定证书，证书编号：农09新品种证字第32号。

二、品种来源及发展

（一）育种素材和培育方法

1. 育种素材

H系来源于博白三黄鸡，1997—1999年将购进的广西玉林博白三黄鸡进行选择，公鸡选择金黄羽、红冠、体质健壮、肌肉丰满；母鸡选择金黄羽、红冠、体型较好；公、母鸡皮肤、胫均为黄色。2000—2003年将选留群体进行闭锁繁育，逐渐淘汰变异个体，群体外貌特征基本稳定，2004年组建家系。

D系来源于深圳康达尔公司的矮脚黄鸡。于1997年从广东深圳康达尔公司引进矮脚黄鸡，在其后代中选择优良个体进行闭锁繁育，于2004年在闭锁群中根据产蛋性能和生长速度选择优良个体建立核心群，组建家系D系。

R系是2003年从法国克里莫公司引进的隐性白鸡，主要质量性状有隐性白羽、快羽、金银色基因、显性芦花伴性斑纹基因，2004年选择优良个体组建家系基础群。

2. 培育方法

（1）选育技术路线　首先广泛收集黄羽肉鸡、白羽肉鸡、矮脚鸡等多种基础育种素材，并对其进行评估和整理。然后，参照《金陵麻鸡》的选育技术路线进行选育。

（2）配套模式　金陵黄鸡配套系属三系配套系。该配套系以D系（公）和R系（母）生产的F1代母鸡作为母本，以H系为终端父本，向市场提供金陵黄鸡父母代种鸡和商品代肉鸡。其配套模式如图1所示：

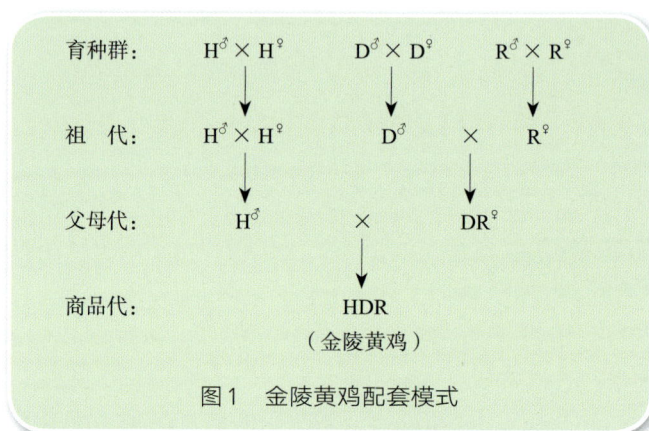

图1　金陵黄鸡配套模式

（3）选育基本程序　参见《金陵麻鸡》。

（二）品种总体数量情况

根据第三次全国畜禽遗传资源普查结果，全国统计在册的金陵黄鸡三个纯系群体数量10 752只。2021年的祖代群体数量为2.17万只。

（三）品种培育成功后的消长形势

近14年来，由于金陵黄鸡的培育与改良与时俱进，紧跟市场的发展需求，培育方法不断创新改进，不断提升产品的市场占有率以满足市场的需求，产品主要在广东、广西、云南、贵州等地推广。金陵黄鸡群体消长形势如表1所示。

表1　2009—2021年金陵黄鸡存栏变动汇总

项目	2009	2010	2011	2012	2013	2014	2015	2016	2017	2018	2019	2020	2021
父母代种鸡存栏（万套）	9.02	8.57	7.71	7.56	6.91	6.69	6.38	5.86	5.73	3.85	8.20	4.56	2.98
商品代鸡苗（万只）	1 250	1 195	1 079	1 050	958	935	880	812	800	520	1 150	630	410

（四）品种标准制定、地理标志产品、商标等情况

制定有《金陵黄鸡》行业标准（标准编号：NY/T 2764—2015），注册了"金陵黄鸡"商标，目前金陵黄鸡尚未获地理标志产品认定。

三、体型外貌

（一）体型外貌特征

1. 父母代

公鸡：颈羽金黄色，尾羽黑色有金属光泽，主翼羽、背羽、鞍羽、腹羽均为红黄色、深黄色；体形呈方形、较小；冠、肉垂、耳叶鲜红色，冠大，冠齿6～9个；喙黄色；胫、趾黄色，胫细、长；皮肤黄色（图2）。

母鸡：母鸡为矮脚（dw基因）黄鸡，具有胫黄、皮黄、羽黄的"三黄"特征，成年母鸡颈羽、主翼羽、背羽、腹羽及鞍羽为黄色，尾羽有部分黑色；单冠红色，冠齿5～8个；髯、耳叶红色；虹彩橘黄色；喙黄色；胫、趾黄色，胫粗、短（图3）。

2. 商品代

公鸡：颈羽金黄色，尾羽黑色有金属光泽，主翼羽、背羽、鞍羽、腹羽均为红黄色、深黄色；体形方型、较大；冠、肉垂、耳叶鲜红色；冠大，冠齿6～9个；喙黄色；胫、趾黄色；胫细、长；皮肤黄色。

母鸡：颈羽、主翼羽、背羽、鞍羽、腹羽均为黄色、深黄色，尾羽尾部黑色；体形为楔形，较小；冠、肉垂、耳叶鲜红色；冠高，冠齿5～9个；喙黄色；胫黄色，胫细、长；皮肤黄色（图4至图6）。

图2 金陵黄鸡父母代公鸡

图3 金陵黄鸡父母代母鸡

图4 金陵黄鸡群体1

图5　金陵黄鸡群体2

图6　金陵黄鸡商品代鸡苗

（二）成年体尺和体重

1. 父母代

2022年6月20日，从封闭式笼养的301日龄金陵黄鸡父母代种鸡群体（母鸡4 824只、公鸡160只）中随机抽取成年公、母鸡各30只，参照《家禽生产性能名词术语和度量统计方法》（NY/T 823）进行体重、体尺测定，结果见表2。

表2　金陵黄鸡父母代成年体重和体尺

性别	体重（g）	体斜长（cm）	胸宽（cm）	胸深（cm）	胸角（°）	龙骨长（cm）	骨盆宽（cm）	胫长（cm）	胫围（cm）
公	3 827.2±421.8	28.1±1.1	10.7±0.5	12.1±0.5	85.89±6.31	14.4±0.9	9.9±0.7	10.8±0.5	5.2±0.3
母	2 751.1±223.1	23.4±0.9	10.0±0.5	11.1±0.5	82.19±7.13	12.5±0.6	8.6±0.6	9.5±0.3	4.8±0.3

注：2022年6月20日，在广西金陵农牧集团有限公司金陵种鸡场由广西金陵农牧集团有限公司、广西金陵家禽育种有限公司技术人员测定301日龄父母代公、母鸡各30只的体重、体尺。

2. 商品代

从立体笼养的金陵黄鸡商品代肉鸡77日龄公鸡和84日龄母鸡群体（母鸡1 100只、公鸡750只）中随机抽取公、母鸡各30只，参照《家禽生产性能名词术语和度量统计方法》（NY/T 823）进行测定，结果见表3。

表3　金陵黄鸡商品代体重和体尺

性别	体重（g）	体斜长（cm）	胸宽（cm）	胸深（cm）	胸角（°）	龙骨长（cm）	骨盆宽（cm）	胫长（cm）	胫围（cm）
公	2 211.1±122.2	22.5±0.8	8.5±0.7	9.2±0.9	89.7±9.6	11.3±0.7	8.3±0.8	8.4±0.5	4.4±0.3

（续）

性别	体重（g）	体斜长（cm）	胸宽（cm）	胸深（cm）	胸角（°）	龙骨长（cm）	骨盆宽（cm）	胫长（cm）	胫围（cm）
母	2 056.4±133.4	20.1±1.4	7.0±0.6	8.4±0.7	82.2±8.0	10.2±0.9	8.0±0.7	7.2±0.4	3.8±0.2

注：2022年10月由广西金陵家禽育种有限公司测定77日龄公鸡和84日龄母鸡各30只（笼养）。

四、生产性能

（一）父母代

公司团队统计了2020—2021年广西金陵农牧集团有限公司金陵种鸡场3个批次共4 824只父母代种鸡的生产性能，结果见表4。

表4　金陵黄鸡父母代种鸡繁殖和产蛋性能

项目	生产性能
测定鸡群数量（只）	4 824
开产日龄（d）	166
开产体重（kg）	2.07
300日龄蛋重（g）	50.2
66周入舍鸡产蛋数（个）	174.3
66周饲养日产蛋数（个）	180.7
育雏期成活率（%）	99.7
育成期成活率（%）	98.2
产蛋期成活率（%）	87.3
种蛋受精率（%）	95.8
受精蛋孵化率（%）	93.8
母鸡淘汰体重（kg）	2.4

注：统计2020—2021年广西金陵农牧集团有限公司金陵种鸡场3个批次共4 824只父母代种鸡的繁殖性能和产蛋性能。

（二）商品代

1. 生长性能

2022年8月13日至11月4日，公司团队在隆安凤鸣农牧有限公司渌水江肉鸡场，对立体笼养的雏公鸡800只、母鸡1 200只开展了生长性能测定。每2周随机抽称公、母鸡各30只，各阶段体重见表5。

表5　金陵黄鸡商品代肉鸡各阶段体重（g）

性别	出生	2周龄	4周龄	6周龄	8周龄	10周龄	11周龄	12周龄
公	39.22 ± 3.05	235..63 ± 17.88	704.30 ± 52.36	1 155.18 ± 98.13	1 533.38 ± 119.22	1 955.06 ± 157.48	2 127.04 ± 186.30	2 297.01 ± 175.60
母	37.07 ± 2.77	211.99 ± 17.34	612.01 ± 46.75	1 034.72 ± 83.13	1 375.86 ± 119.11	1 751.71 ± 133.85	1 890.25 ± 172.18	2 008.07 ± 163.75

注：2022年8月13日至11月4日，在隆安凤鸣农牧有限公司渌水江肉鸡场，由广西金陵家禽育种有限公司、广西金陵农牧集团有限公司技术人员统计了30只公鸡和30只母鸡不同生长阶段的体重。

2. 屠宰性能

2022年11月，在广西金陵农牧集团有限公司育种中心，从笼养的金陵黄鸡商品代肉鸡群体（母鸡1 200只、公鸡650只）中随机抽取77日龄公鸡30只、84日龄母鸡30只，参照《家禽生产性能名词术语和度量统计方法》（NY/T 823）进行屠宰性能测定，结果见表6。

表6　金陵黄鸡商品肉鸡（公鸡77日龄、母鸡84日龄）屠宰性能

性别	宰前体重（g）	屠体重（g）	屠宰率（%）	半净膛率（%）	全净膛率（%）	腿肌率（%）	胸肌率（%）	腹脂率（%）
公	2 100.39 ± 169.08	1 867.38 ± 147.59	88.91 ± 0.78	82.31 ± 1.09	69.42 ± 1.22	20.06 ± 1.37	19.80 ± 1.42	2.52 ± 1.17
母	2 004.32 ± 197.36	1 782.41 ± 174.27	88.93 ± 0.85	82.51 ± 1.12	69.08 ± 1.09	20.03 ± 1.58	20.05 ± 1.57	2.75 ± 1.16

注：2022年11月由广西金陵家禽育种有限公司测定公鸡77日龄、母鸡84日龄各30只（笼养）。

3. 肉品质及营养成分

2022年11月，在开展屠宰测定的同时进行了金陵黄鸡的肉品质测定。随机抽取公、母鸡各20份胸肌样品送广西壮族自治区分析测试中心进行营养成分测定，肉品质及营养成分测定结果见表7、表8。

表7　金陵黄鸡商品肉鸡（公鸡77日龄、母鸡84日龄）肉品质

性别	剪切力（N）	pH_{45min}	肉色		
			红度值（a）	黄度值（b）	亮度值（L）
公	43.5 ± 4.1	6.0 ± 0.6	5.7 ± 0.5	9.1 ± 0.9	45.2 ± 4.3
母	43.1 ± 3.6	6.0 ± 0.5	5.0 ± 0.4	9.6 ± 0.8	45.1 ± 3.8

注：2022年11月，在广西金陵农牧集团有限公司育种中心，由广西金陵农牧集团有限公司技术人员测定公鸡（77日龄）、母鸡（84日龄）各30只肉品质性能。

表8　金陵黄鸡商品肉鸡（公鸡77日龄、母鸡84日龄）营养成分测定（%）

性别	水分	蛋白质	脂肪
公	72.7±6.9	23.6±2.2	0.8±0.1
母	74.0±6.2	23.5±1.9	1.2±0.1

注：2022年11月，由广西壮族自治区分析测试中心测定公鸡77日龄、母鸡84日龄，金陵黄鸡公、母鸡胸肌样各20份（笼养）。

五、品种推广利用情况

近14年来累计向全国各地推广商品代鸡苗1亿多只、父母代种苗超1 200万套，目前年生产商品代鸡苗500万只、父母代种苗20万套左右。

六、品种评价和展望

金陵黄鸡的三大特色：一是不仅外形具有土鸡的形态，而且生长速度较快，耗料少，肉质鲜美，更易被广大消费者所接受；二是冠、脸为鲜红色，冠高而大且直立不倒，具有较好的外观；三是体型羽色一致，母系为矮脚节粮型，抗病力强。金陵黄鸡在体型外貌一致性、生长速度和饲料报酬方面均具有较大优势，生产效益好，具有良好的推广应用前景。

七、附录

1. 参与性能测定的单位和人员

广西金陵农牧集团有限公司：陈智武。

广西金陵家禽育种有限公司：蔡日春。

广西大学：杨秀荣。

2. 主要撰稿人员及单位

广西金陵农牧集团有限公司：陈智武。

广西大学：杨秀荣。

广西金陵家禽育种有限公司：余洋。

金陵花鸡

一、一般情况

（一）品种名称

金陵花鸡（Jinlinghua chicken cross strain），属肉用型培育品种（配套系）。

（二）品种分布

主要推广区域为广西、云南、贵州、四川、重庆、湖南、新疆、甘肃等省份。

（三）培育单位和参加培育单位

培育单位：广西金陵农牧集团有限公司、广西金陵家禽育种有限公司。

参加培育单位：中国农业科学院北京畜牧兽医研究所、广西壮族自治区畜牧研究所。

2015年12月通过国家畜禽遗传资源委员会审定，获得审定证书，证书编号：农09新品种证字第66号。

二、品种来源及发展

（一）育种素材和培育方法

1. 育种素材

E系是利用广西麻鸡母鸡与科宝父母代公鸡杂交选育而来。2005年公司育种团队利用引进的科宝父母代配套公鸡，与广西麻鸡中麻羽母鸡杂交，再横交后选留体型大，外观麻羽、黄胫、黄皮肤的个体，组成闭锁群，通过个体选育和测交，逐渐淘汰羽色等外观不合格的个体，并加强均匀度的选择，通过加大选择压使体重等主要生产性能逐步稳定。于2009年在闭锁群中选择优良个体建立基础核心群，进行家系选育。选择E系作为父本，有以下两个原因：一是E系来源不同，是用广西麻鸡和科宝种鸡（白羽）杂交而成，符合市场需求；二是E系本身体型较大，其最大优势是产肉率高，胸肌和腿肌的比率明显高于其他品系，配套后商品代鸡有更高的屠宰率，适合将来屠宰型肉鸡市场的需求。

L系来源于广东的麻黄鸡品系，于2006年从广东某种鸡场引进。引进时该品系体型中等，胸肌和腿肌发达，体形为方形，料重比低；羽色以麻黄为主，羽速为慢羽；胫短、粗、黄色，皮肤为黄色；冠大、高、直立，性成熟早，抗逆性强。为了适合金陵花鸡的配套需要，经扩繁后，重点对生长速度进行了选择，加大体重的选择压，选留个体公鸡超过平均体重15%以上、母鸡超过平均体重10%以上。经过连续2年3个世代的加大选择压的选育，于2008年选择优良个体组建家系基础群。

C系是在公司保种的快大花鸡基础上选育而来。1998年，以公司所在地——南宁市周边农户引进该品种，初时羽色和胫色较杂，羽色有黑色、深麻色、麻色等，胫色有黄色、青色、淡黄色等，体重均匀度差，体型大小不一。2000年开始，选择体型大、外观麻羽、黄胫的优良个体进行闭锁繁育，并通过个体选择和测验杂交，逐渐淘汰青胫、黑羽、黑麻羽等个体，使群体的遗传基因逐渐纯合；同时进行白痢的净化，使白痢阳性率控制在0.3%以下。于2006年组建家系核心群，进行家系选育。

2. 培育方法

（1）选育技术路线　育种团队广泛引进和利用公司储备的快大麻羽肉鸡、广西麻鸡、快大型白羽肉鸡等多种基础育种素材，对其进行评估和整理后，参照《金陵麻鸡》的选育技术路线进行选育。

（2）配套模式　金陵花鸡配套系属三系配套系。该配套系以C系（公）和L系（母）生产的F1代母鸡作为母本，以E系为终端父本，向市场提供金陵花鸡父母代种鸡和商品代肉鸡。其配套模式如图1所示：

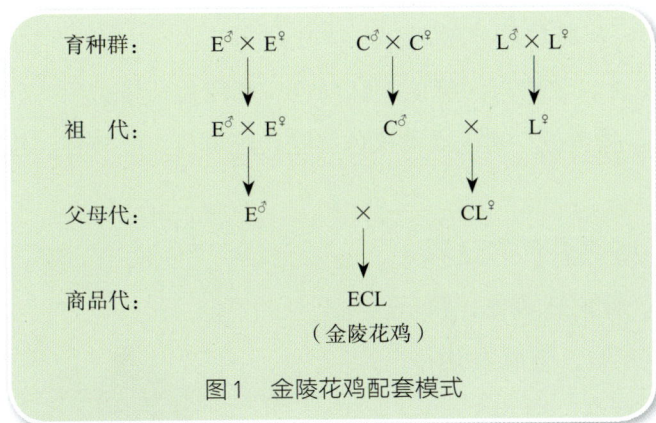

图1　金陵花鸡配套模式

（3）选育基本程序　参见《金陵麻鸡》。

（二）品种总体数量情况

2021年种鸡存栏量父系7 811套，母系268 120套；育成鸡存栏量父系3 090套，母系133 142套；雏鸡存栏量父系4 143套，母系45 918套。

（三）品种培育成功后的消长形势

近8年来由于金陵花鸡的培育与改良与时俱进，紧跟市场的发展需求，培育方法不断创新改进，不断提升产品的市场占有率以满足市场的需求，产品推广到全国20多个省份，深受养殖户的欢迎。金陵花鸡群体的消长情况如表1所示。

表1 2015—2021年金陵花鸡存栏变动汇总

项目	2015	2016	2017	2018	2019	2020	2021
父母代种鸡存栏（万套）	21.24	23.80	25.85	29.30	26.31	28.73	25.80
商品代鸡苗（万只）	2 400	2 618	2 818	3 282	2 947	3 160	2 810

（四）品种标准制定、地理标志产品、商标等情况

制定了《金陵花鸡》的企业标准（标准编号：Q/GXJL 01—2019），并注册了"金陵花鸡"商标，尚未获地理标志产品认定。

三、体型外貌

（一）体型外貌特征

1. 父母代

公鸡：成年公鸡颈羽为红色，尾羽黑色有金属光泽，主翼羽麻色，背羽、鞍羽深黄色，腹羽黄色杂有麻色；体型大，方形、身短，胸宽背阔；冠、肉垂、耳叶鲜红色；冠高，冠齿5～9个；喙褐色或黄色；胫、趾黄色，胫粗、长；皮肤黄色（图2）。

母鸡：羽色以麻黄为主，少数鸡只为麻色、麻褐色、麻黑色；体型较大，方形；冠、肉垂、耳叶鲜红色；冠高，冠齿5～8个；喙黄色、褐色或黄褐色；胫、趾黄色，胫较粗；皮肤为黄色（图3）。

2. 商品代

公鸡：颈羽红黄色，尾羽黑色有金属光泽，主翼羽麻色，背羽、鞍羽深黄色，腹羽黄色或少量麻色；体形方形，胸肌发达；冠、肉垂、耳叶鲜红色；冠高，冠齿5～9个；喙黄色或褐色钩状；胫、趾、皮肤皆为黄色。

母鸡：羽色以麻黄为主，少数鸡只为麻色、麻褐色；体型较大，方形；冠、肉垂、耳叶鲜红色；冠高，冠齿5～8个；喙黄色、褐色或黄褐色钩状，虹彩黄色；胫、趾、皮肤皆为黄色（图4至图6）。

图2 金陵花鸡父母代公鸡

图3　金陵花鸡父母代母鸡

图4　金陵花鸡商品代鸡苗

图5　金陵花鸡商品代群体1

图6　金陵花鸡商品代群体2

（二）成年体尺和体重

1. 父母代

2022年6月20日，公司团队在广西金陵农牧集团有限公司金陵种鸡场，从封闭式笼养的301日龄金陵花鸡父母代种鸡群体（母鸡6 045只、公鸡240只）中随机抽取成年公、母鸡各30只，参照《家禽生产性能名词术语和度量统计方法》（NY/T 823）进行体重、体尺测定。种鸡饲料营养水平为能量11.50MJ/kg，粗蛋白16.2%（公鸡料15.5%），钙3.2%，有效磷0.45%，可消化赖氨酸0.84%。测定结果如表2所示。

表2　金陵花鸡父母代成年体重和体尺

性别	体重（g）	体斜长（cm）	胸宽（cm）	胸深（cm）	胸角（°）	龙骨长（cm）	骨盆宽（cm）	胫长（cm）	胫围（cm）
公	4 582.4 ± 377.6	31.0 ± 0.8	11.0 ± 0.3	11.9 ± 0.3	92.0 ± 4.6	16.9 ± 0.6	12.3 ± 2.0	11.1 ± 0.2	6.2 ± 0.2
母	2 911.3 ± 253.6	24.2 ± 0.59	9.1 ± 0.57	10.3 ± 0.48	94.8 ± 6.1	14.0 ± 0.43	8.9 ± 1.0	8.7 ± 0.28	4.5 ± 0.2

注：2022年6月20日，在广西金陵农牧集团有限公司金陵种鸡场，由广西金陵农牧集团有限公司、广西金陵家禽育种有限公司技术人员测定301日龄金陵花鸡父母代公、母鸡各30只的体重、体尺。

2. 商品代

2022年6月20日至10月30日，公司团队在广西金陵农牧集团有限公司金陵种鸡场，从笼养的63日龄金陵花鸡商品代肉鸡群体（母鸡1 200只、公鸡650只）中随机抽取公、母鸡各30只，参照《家禽生产性能名词术语和度量统计方法》（NY/T 823）进行测定。肉鸡出栏时饲料营养水平为能量12.75MJ/kg，粗蛋白16%，钙1%，总磷0.52%，赖氨酸0.92%。测定结果如表3所示。

表3　金陵花鸡商品代体重和体尺

性别	体重（g）	体斜长（cm）	胸宽（cm）	胸深（cm）	胸角（°）	龙骨长（cm）	骨盆宽（cm）	胫长（cm）	胫围（cm）
公	2 592.8±219.9	22.6±1.6	8.6±0.6	10.5±0.8	108.5±7.2	12.0±0.8	9.6±0.7	9.5±0.4	4.9±0.3
母	2 153.9±191.2	21.4±1.1	7.7±0.8	9.9±0.7	103.6±8.0	10.9±1.3	8.7±0.4	8.7±0.7	4.4±0.4

注：2022年6月20日至10月30日，在广西金陵农牧集团有限公司金陵种鸡场，由广西金陵农牧集团有限公司、广西金陵家禽育种有限公司技术人员测定63日龄金陵花鸡商品代公鸡、母鸡各30只的体重、体尺。

四、生产性能

（一）父母代

公司团队统计了2020—2021年广西金陵农牧集团有限公司金陵种鸡场3个批次19 800只金陵花鸡父母代的繁殖和产蛋性能，结果如表4所示。

表4　金陵花鸡父母代种鸡繁殖和产蛋性能

项目	生产性能
测定鸡群数量（只）	19 800
开产日龄（d）	172
开产体重（kg）	2.3
300日龄蛋重（g）	58.9
66周入舍鸡产蛋数（个）	170.4
66周饲养日产蛋数（个）	178.9
育雏期成活率（%）	99.6
育成期成活率（%）	99.3
产蛋期成活率（%）	89.7
种蛋受精率（%）	95.6
受精蛋孵化率（%）	92.1
母鸡淘汰体重（kg）	3.1

（二）商品代

1. 生长性能

2022年8月27日至10月29日，公司团队在隆安凤鸣农牧有限公司渌水江肉鸡场，采取每2周随机抽称公、母鸡各30只的方式，对立体笼养的金陵花鸡商品代（公鸡650只、母鸡1 200只）进行了生长性能测定，各阶段体重见表5。

表5　金陵花鸡商品代肉鸡各阶段体重（g）

性别	出生	2周龄	4周龄	6周龄	8周龄	9周龄
公	41.58 ± 3.14	242.01 ± 19.37	648.98 ± 58.08	1 365.13 ± 123.58	2 330.82 ± 206.88	2 546.93 ± 205.53
母	40.77 ± 3.51	232.87 ± 19.48	629.31 ± 44.20	1 224.70 ± 109.58	1 845.15 ± 150.15	2 052.17 ± 171.77

注：2022年8月27日至10月29日，在隆安凤鸣农牧有限公司渌水江肉鸡场，由广西金陵农牧集团有限公司技术人员统计了30只公鸡和30只母鸡不同生长阶段的体重。

2. 屠宰性能

2022年10月30日，公司团队在广西金陵农牧集团有限公司育种中心，从63日龄金陵花鸡商品代肉鸡群体（母鸡1 200只、公鸡650只）中随机抽取公、母鸡各30只，参照《家禽生产性能名词术语和度量统计方法》（NY/T 823）进行屠宰性能测定，结果见表6。

表6　金陵花鸡商品肉鸡（63日龄）屠宰性能

性别	宰前体重（g）	屠体重（g）	屠宰率（%）	半净膛率（%）	全净膛率（%）	腿肌率（%）	胸肌率（%）	腹脂率（%）
公	2 720.97 ± 133.90	2 483.90 ± 17.42	91.29 ± 1.33	83.79 ± 2.02	68.79 ± 2.38	22.66 ± 2.61	18.20 ± 1.63	4.02 ± 0.97
母	2 372.77 ± 134.44	2 160.50 ± 21.54	91.05 ± 1.34	83.57 ± 1.86	70.44 ± 3.19	20.35 ± 2.02	19.60 ± 1.52	5.54 ± 0.93

注：2022年10月30日，在广西金陵农牧集团有限公司育种中心，由广西农业职业技术大学、广西壮族自治区畜牧站和广西金陵家禽育种有限公司、广西金陵农牧集团有限公司技术人员测定63日龄公、母鸡各30只屠宰性能。

3. 肉品质及营养成分

2022年10月30日在开展屠宰测定的同时，进行了金陵花鸡的肉品质测定。随机抽取公、母鸡各20份胸肌样品送广西壮族自治区分析测试中心进行营养成分测定，肉品质及营养成分测定结果见表7、表8。

表7　金陵花鸡商品代鸡（63日龄）肉品质

性别	剪切力（N）	pH	肉色		
			红度值（a）	黄度值（b）	亮度值（L）
公	38.5 ± 3.7	6.1 ± 0.6	4.0 ± 0.3	12.7 ± 1.2	39.8 ± 3.8
母	40.2 ± 3.4	6.2 ± 0.5	3.2 ± 0.3	11.6 ± 0.9	40.7 ± 3.5

表8　金陵花鸡商品代鸡（63日龄）营养成分（%）

性别	水分	蛋白质	脂肪
公	71.8±6.8	24.7±2.3	0.8±0.1
母	71.4±6.1	26.5±2.3	0.7±0.1

注：广西壮族自治区分析测试中心于2022年10月测定63日龄金陵花鸡公、母鸡胸肌样各20份。

五、品种推广利用情况

近8年来累计向全国各地推广商品代鸡苗2.3亿多只、父母代种苗2 200多万套，2023年生产商品代鸡苗3 500万只、父母代种苗120万套左右。

六、品种评价和展望

金陵花鸡具有生长速度快、抗逆性强、均匀度好的优点，冠大而鲜红色，直立不倒，卖相好，深受市场的欢迎。父母代种鸡和肉鸡既可笼养，也可平养；商品肉鸡既可全封闭养殖，也可采用开放式鸡舍养殖，适应不同的生产环境和市场需求。在对禽产品越来越注重口味、质量和安全性的今天，金陵花鸡配套系的推广应用前景广阔。

七、附录

1. 参与性能测定的单位和人员

广西金陵农牧集团有限公司：陈智武。

广西金陵家禽育种有限公司：蔡日春。

广西大学：杨祝良。

2. 主要撰稿人员及单位

广西金陵农牧集团有限公司：陈智武。

广西大学：杨秀荣。

广西金陵家禽育种有限公司：余洋。

凤翔青脚麻鸡

一、一般情况

（一）品种名称

凤翔青脚麻鸡（Fengxiang black feet partridge chicken cross strain），属肉用型培育品种（配套系）。

（二）品种分布

主要推广区域为广西、云南、贵州、四川、重庆等省（自治区、直辖市）。

（三）培育单位

培育单位：广西凤翔集团畜禽食品有限公司（现广西凤翔集团股份有限公司）。

参加培育单位：广西大学。

2011年通过国家畜禽遗传资源委员会审定，获得审定证书，证书编号：农09新品种证字第42号。

二、品种来源及发展

（一）育种素材和培育方法

1. 育种素材

凤翔青脚麻鸡（配套系）是广西凤翔集团畜禽食品有限公司以福建省永安市融燕禽业饲料有限公司的永安麻鸡、上海华青祖代鸡场的青脚鸡（由崇仁麻鸡和安卡红鸡培育而成）、南京佳禾氏育种公司超速黄鸡、广东佛山畜牧发展总公司引进的隐性白羽鸡为主要素材培育成的快大鸡配套系。按育种目标进行专门化品系培育，经过五个世代的系统选育，育成了A（SQ2）、B（SQ1）、C（YB1）3个品系，通过配合力测定、重复试验和中间试验，确定A系为终端父本，B系为第一父本，C系为第一母本的配套模式。该配套系各方面的生产性能优良，遗传性能相对稳定。

A系是利用崇仁麻鸡、安卡红鸡和超速黄鸡杂交选育而成。1998年从南京佳禾氏家禽育种公司引进超速黄鸡，2001年从上海华青祖代鸡场引入青脚鸡。2001年，华青青脚鸡与超速黄鸡杂交，再横交后选留胸宽背阔、脚粗有力、羽色麻、青脚的个体组成闭锁群，通过个体选育和测交，逐渐淘汰羽色等外观不合格的个体，并加强均匀度的选择，通过加大选择压使体重等主要生产性能逐步稳定。于2004年在闭锁群中选择优良个体建立基础核心群，进行家系选育，通过测交剔除隐性白羽基因。

B系是利用永安麻鸡和超速黄鸡杂交选育而成的。2001年从福建省永安市融燕禽业饲料有限公司引入永安麻鸡，与超速黄鸡杂交，再横交后选留产蛋性能好、青脚、体型好、羽色麻黄的个体，并加强均匀度的选择，通过加大选择压使体重等主要生产性能逐步稳定。于2004年在闭锁群中选择优良个体建立基础核心群，进行家系选育，通过测交剔除隐性白羽基因。

C系是1999年从广东佛山畜牧发展总公司引进的K2 700隐性白羽鸡，经过继代繁育，2004年建立核心群，进行家系选育。

2. 培育方法

（1）选育技术路线　为获得生产性能好，体型外貌符合市场要求的配套品系，采用专门化品系育种方法，培育配套的各个品系。育种素材来源于我国优质鸡生产企业，引进后经过性能测定，进行杂交→横交固定→基础群→家系选育的专门品系培育方法育成新品系。其中，父系注重选择生长速度，母系注重选择产蛋性能。

（2）配套模式　凤翔青脚麻鸡配套系属三系配套系。其配套模式如图1所示：

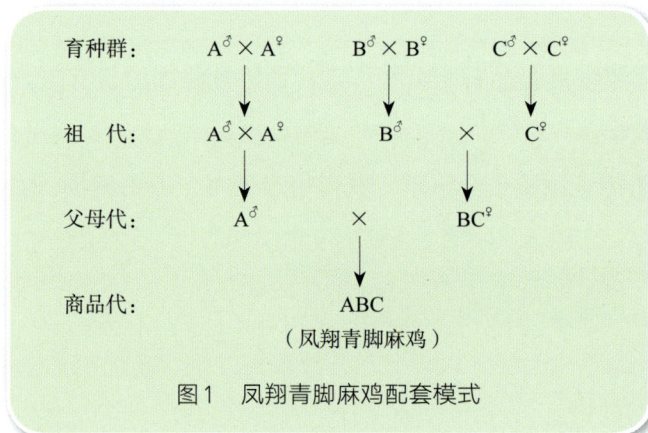

图1　凤翔青脚麻鸡配套模式

（3）选育基本程序

出雏：按系谱收集种蛋及孵化。通过家系选择后的核心群组建家系40个以上，采用家系人工授精，在每只种蛋上标注母鸡号，系谱孵化和出雏，戴翅号、称重，淘汰体弱和体型外貌不符合选育要求的个体。

8周龄：根据体重及羽色等外形特征选择。公鸡选择高于群体平均体重以上的20%左右个体留种，在此基础上，根据羽色、胫色及发育性能的鉴定，将其中的优秀个体留种，选留率约10%；母鸡选择高于平均体重以上的个体留种，在此基础上，同样根据羽色、胫色及发育性能的鉴定，将其中的优秀个体留种，选留率约30%，即独立淘汰。

22周龄：进行第三次选种，根据鸡冠的发育及体形外貌进行选择，淘汰率约5%。22周龄上笼后制定笼号与翅号的对照表，以便进行系谱选种。从开产到66周龄进行产蛋鸡的个体产蛋记录，分别按照个体和家系进行产蛋记录和统计。进行同胞测定，计算公鸡的产蛋遗传性能。

公鸡按照系谱与同胞成绩进行留种，通常是在产蛋性能约前15名的家系中选留公鸡，对综合性能特别优秀的5～8个家系，选留3只以上公鸡组建下一世代，其他品系选留1～2只公鸡。对选留的公鸡进行采精和精液质量的检查，最终确定选留个体。

产蛋期按照家系选择与个体选择相结合的方法选种。具体的方法是按照家系平均产蛋成绩进行排序，选择约15个家系产蛋量高、蛋形符合种用要求、产蛋数接近平均值的家系的母鸡个体进入核心群。排序在16名以下的家系中，选产蛋量达到平均值以上的母鸡个体进入核心群留种。

（二）品种总体数量情况

根据第三次全国畜禽遗传资源普查结果，全国统计在册的凤翔青脚麻鸡3个纯系群体数量19 000只。2021年，广西凤翔集团股份有限公司祖代群体数量4.56万只。

（三）品种培育成功后的消长形势

凤翔青脚麻鸡2011年获得国家畜禽新品种（配套系）证书后，至今已选育到17世代，各项性能指标有了较大的提高，取得了较好遗传进展。

2010—2021年，凤翔青脚麻鸡配套系父母代存栏及商品苗产量变化见表1。

表1　2010—2021年凤翔青脚麻鸡存栏变动汇总

项目	2010	2015	2016	2017	2018	2019	2020	2021
父母代种鸡存栏（万套）	15	28	33	32	26.5	30.1	29.5	20
商品代鸡苗产量（万只）	1 600	3 500	4 100	4 000	3 340	3 800	3 600	2 440

（四）品种标准制定情况

制定了企业标准《凤翔青脚麻鸡配套系品种》（Q/FXJQ 001—2017）。

三、体型外貌

（一）体型外貌特征

1. 父母代

公鸡：体型健壮，体躯长、硕大，头大高昂，单冠直立，冠齿6～9个，冠、耳叶及肉髯鲜红色；胸宽、背平，胸、腿肌发达，脚粗；羽色鲜亮，胸腹羽为红黄麻羽，鞍羽、背羽、翼羽等棕红色，主翼羽和尾羽为黑色；喙栗色，胫部青色，皮肤白色（图2）。

母鸡：体躯紧凑，腹部宽大、柔软，头部清秀，脚高身长，羽色为黄麻羽，单冠，冠齿6～9个，冠、耳叶及肉髯鲜红色，喙为栗色，胫为青色，皮肤为白色（图3）。

2. 商品代

公鸡羽色棕红，母鸡黄麻羽。单冠，冠齿6～9个，冠鲜红，片羽，青胫，白皮肤，体型高大，脚胫粗壮，胸、腿肌丰满。雏鸡腹部绒毛为黄色，头部、背部绒毛为褐黑色，虎斑纹（图4至图6）。

图2　凤翔青脚麻鸡父母代成年公鸡

图3　凤翔青脚麻鸡父母代成年母鸡

图4　凤翔青脚麻鸡商品代成年公鸡

图5　凤翔青脚麻鸡商品代成年母鸡

图6　凤翔青脚麻鸡商品代鸡苗

（二）成年体尺和体重

1. 父母代

2022年9月28日，从广西凤翔集团股份有限公司石湾种鸡场封闭式笼养的301日龄凤翔青脚麻鸡父母代种鸡群体（母鸡9 589只、公鸡251只）中随机抽取成年公、母鸡各31只，参照《家禽生产性能名词术语和度量统计方法》（NY/T 823）进行体重、体尺测定，结果如表2所示。

表2　凤翔青脚麻鸡父母代鸡体重、体尺

性别	体重（g）	体斜长（cm）	胸宽（cm）	胸深（cm）	胸角（°）	龙骨长（cm）	骨盆宽（cm）	胫长（cm）	胫围（cm）
公	5 422.58±331.48	28.62±0.85	12.72±1.16	12.35±0.72	119.77±8.64	17.62±1.41	14.87±0.71	11.94±0.38	7.05±0.3
母	3 556.13±177.42	24.21±0.98	10.82±0.93	10.80±0.57	117.03±5.73	13.89±0.36	11.45±1.04	9.33±0.27	5.19±0.24

注：2022年9月28日，在广西凤翔集团股份有限公司石湾种鸡场，由广西凤翔集团股份有限公司技术人员测定301日龄凤翔青脚麻鸡父母代成年公、母鸡各31只的体重、体尺。

2. 商品代

2022年9月28日，在广西凤翔集团股份有限公司石湾种鸡场从开放式平养的75日龄凤翔青脚麻鸡商品代肉鸡群体（母鸡370只、公鸡396只）中随机抽取公、母鸡各31只，参照《家禽生产性能名词术语和度量统计方法》（NY/T 823）进行测定，结果如表3所示。

表3　凤翔青脚麻鸡商品代鸡体重、体尺

性别	体重（g）	体斜长（cm）	胸宽（cm）	胸深（cm）	胸角（°）	龙骨长（cm）	骨盆宽（cm）	胫长（cm）	胫围（cm）
公	3 871.9±238.47	24.5±0.71	11.4±0.55	11.5±0.76	78.8±5.0	14.0±0.75	13.4±0.52	11.0±0.37	5.8±0.24
母	2 909.4±180.59	21.6±0.62	9.3±0.65	9.6±0.48	82.5±7.42	12.9±0.48	10.9±0.42	8.7±0.24	4.9±0.16

注：2022年9月28日，在广西凤翔集团股份有限公司石湾种鸡场，由广西凤翔集团股份有限公司技术人员测定75日龄凤翔青脚麻鸡商品代成年公、母鸡各31只的体重、体尺。

四、生产性能

（一）父母代

公司团队统计了2019—2021年广西凤翔集团股份有限公司石湾种鸡场笼养的凤翔青脚麻鸡3个批次共44 480只父母代种鸡的繁殖和产蛋性能，结果如表4所示。

表4　凤翔青脚麻鸡父母代种鸡繁殖性能和产蛋性能数据

项目	生产性能
测定鸡群数量（只）	44 480
开产日龄（d）	173
开产体重（kg）	2.8
300日龄蛋重（g）	62.1
66周入舍鸡产蛋数（个）	175.7
66周饲养日产蛋数（个）	181.3
育雏期成活率（%）	99.4
育成期成活率（%）	98.1
产蛋期成活率（%）	94.1
种蛋受精率（%）	95.0
受精蛋孵化率（%）	93.6
淘汰母鸡体重（kg）	3.3

注：2019—2021年，在广西凤翔集团股份有限公司石湾种鸡场，分3个批次，共收集了44 480只父母代种鸡的繁殖性能和产蛋性能数据。

（二）商品代

1. 生长性能

2022年7月6日至10月10日，在广西凤翔集团股份有限公司石湾种鸡场，对开放式网上平养的雏公鸡413只、母鸡388只，采用每2周随机抽称公、母鸡各30只的方式测定其生长性能，并统计料重比，各阶段体重和料重比见表5。

表5　凤翔青脚麻鸡商品代肉鸡各阶段体重和料重比

周龄	公		母	
	体重（g）	料重比	体重（g）	料重比
0	44.5	—	44.5	—
2	243.3	—	191.4	—
4	729.6	—	649.0	—
6	1 612.0	1.86	1 354.7	1.95
8	2 498.0	2.07	2 014.0	2.14
10	3 477.7	2.28	2 684.0	2.36
13	4 501.0	2.66	3 275.1	2.96

注：2022年7月6日至10月10日，在广西凤翔集团股份有限公司石湾种鸡场，由广西凤翔集团股份有限公司技术人员统计了413只公鸡和388只母鸡不同生长阶段的体重和料重比。

2. 屠宰性能

2022年9月20日，参照《家禽生产性能名词术语和度量统计方法》（NY/T 823），从开放式网上平养的75日龄凤翔青脚麻鸡商品代肉鸡群体（母鸡370只、公鸡396只）中随机抽取公、母鸡各30只送到广西农业职业技术大学开展屠宰性能测定，结果见表6。

表6　凤翔青脚麻商品肉鸡（75日龄）屠宰性能

性别	宰前活重（g）	屠宰率（%）	半净膛率（%）	全净膛率（%）	胸肌率（%）	腿肌率（%）	腹脂率（%）
公	3 855.3±105.7	92.20±0.86	85.90±0.93	72.15±1.12	18.19±1.32	21.99±1.54	3.08±0.92
母	2 921.7±98.2	91.65±0.86	84.87±0.85	71.50±0.98	20.01±1.15	20.39±1.69	4.22±0.95

注：2022年9月20日，在广西农业职业技术大学，由广西农业职业技术大学、广西大学、广西凤翔集团股份有限公司的专家和技术人员共同测定了公、母各30只鸡的屠宰性能指标。

3. 肉品质及营养成分

2022年9月20日在开展屠宰性能测定的同时，随机抽取公、母鸡各20只进行肉品质及营养成分测定，结果分别见表7和表8。

表7　凤翔青脚麻鸡商品代鸡（75日龄）肉品质

性别	剪切力（N）	pH	肉色		
			红度值（a）	黄度值（b）	亮度值（L）
公	36.54±3.62	5.68±0.26	−1.61±0.76	8.22±1.41	50.88±3.26
母	30.08±2.80	5.81±0.35	−1.71±0.74	8.00±1.18	50.16±3.27

注：2022年9月20日，在广西农业职业技术大学，由广西农业职业技术大学、广西大学、广西凤翔集团股份有限公司的专家和技术人员共同测定了公、母各20只鸡的肉品质性能指标。

表8　凤翔青脚麻鸡商品代鸡（75日龄）营养成分（%）

性别	水分	蛋白质	脂肪
公	75.21±0.57	20.34±0.45	1.34±0.51
母	75.42±0.62	20.23±0.42	1.20±0.25

注：2022年9月20日，在广西农业职业技术大学，由广西农业职业技术大学、广西大学、广西凤翔集团股份有限公司的专家和技术人员共同测定了公、母各20只鸡的营养成分指标。

五、品种推广利用情况

凤翔青脚麻鸡配套系在各地适应性较强，生产性能稳定，能适应当地市场对快速大型肉鸡的需求。2016—2021年期间，凤翔青脚麻鸡配套系父母代推广数量达到280万套（表9），推广商品代鸡苗约2亿多只。

在合浦县星岛湖镇建立了育种场及祖代场，在合浦县石湾镇、乌家镇，云南省开远市等地建立了父母代场，在广西、云南、贵州、四川、重庆等地建立了多个销售网点。

表9　2016—2021年凤翔青脚麻鸡推广数量汇总

项目	2016	2017	2018	2019	2020	2021	合计
父母代种鸡（万套）	52	51	45	53	46	33	280

六、品种评价和展望

凤翔青脚麻鸡利用了快速黄羽肉鸡的生长速度和隐性白羽鸡的繁殖性能，以及本地青脚鸡的伴性遗传青色胫基因（id）、肉品质和适应性能，培育出肉质风味较好、生长速度快、繁殖性能高，适应当地消费习惯及外貌特征（红冠、青胫、白肤、麻羽）的配套系。

该配套系早期生长速度、青脚、成活率、肉质风味等指标的综合水平达到国内理想标准。凤翔青脚麻鸡在市场上与国内同类品种在生产性能、繁殖性能和体型外貌等方面相比有独特的优势，且市场适应性广。

该配套系由3个品系构成，根据育种目标和专门化品系需求，对重点性状进行不同方向的选育：终端父系重点对外貌特征和增重、体重均匀度、繁殖性能进行选择，母系重点选择繁殖性能和体型外貌、体重等。根据不同选择性状的遗传特点，采用家系选择和个体选择相结合的方法，不断提高品系的生产性能。

品系选育过程中，同时开展白痢、白血病等主要疫病的监测和净化工作，确保品种健康水平，不断提高品种质量。

七、附录

1. 参与性能测定的单位和人员

广西凤翔集团股份有限公司：李道劲、苏相新。

广西大学：杨秀荣。

2. 主要撰稿人员及单位

广西凤翔集团股份有限公司：李道劲、苏相新。

广西大学：杨秀荣。

凤 翔 乌 鸡

一、一般情况

（一）品种名称

凤翔乌鸡配套系（Fengxiang black-bone chicken cross strain），属肉用型培育品种（配套系）。

（二）品种分布

主要推广区域为广西、云南、贵州、四川、重庆等省（自治区、直辖市）。

（三）培育单位和参加培育单位

培育单位：广西凤翔集团畜禽食品有限公司（现广西凤翔集团股份有限公司）。

参加培育单位：广西大学。

2011年通过国家畜禽遗传资源委员会审定，获得审定证书，证书编号：农09新品种证字第43号。

二、品种来源及发展

（一）育种素材和培育方法

1. 育种素材

凤翔乌鸡（配套系）是广西凤翔集团畜禽食品有限公司以广西乌鸡和湖南靖州乌鸡（由云南武定鸡选育而成）、南京佳禾氏育种公司超速黄鸡、广东佛山畜牧发展总公司引进的隐性白羽鸡为主要素材培育成的配套系。按育种目标进行专门化品系培育，经过5个世代的系统选育，育成了A（SW2）、B（SW1）、C（YB1）等3个品系。通过配合力测定、重复试验和中间试验，最终形成了以A系作为终端父本，B系作为第一父本，C系作为第一母本的配套系。配套系各品系的遗传性能稳定，配套系的生产性能优良。

A系是利用靖州乌鸡和超速黄鸡杂交选育而成。1998年从南京佳禾氏家禽育种公司引进超速黄鸡，1997年从湖南靖州引入靖州乌鸡。2001年，靖州乌鸡与超速黄鸡杂交，再横交后选留胸宽背阔、脚粗有力、羽色麻、乌脚乌肤的个体组成闭锁群，通过个体选育和测交，逐渐淘汰羽色等外观不合格的个体，并加强均匀度的选择，通过加大选择压使体重等主要生产性能逐步稳定。于2004年在闭锁群中选择优良个体建立基础核心群，进行家系选育，通过测交剔除隐性白羽基因。

B系是利用广西乌鸡和超速黄鸡杂交选育而成。1997年从广西壮族自治区灵川县引入广西乌鸡，与超速黄鸡杂交，再横交后选留产蛋性能好、乌脚乌肤、体型好、羽色麻黄的个体，并加强均匀度的选择，通过加大选择压使体重等主要生产性能逐步稳定。于2004年在闭锁群中选择优良个体建立基础核心群，进行家系选育，通过测交剔除隐性白羽基因。

C系是1999年从广东佛山畜牧发展总公司引进的K2700隐性白羽鸡，经过继代繁育，2004年建立核心群，进行家系选育。

2. 培育方法

（1）选育技术路线　参见《凤翔青脚麻鸡》。

（2）配套模式　凤翔乌鸡配套系属三系配套系，其配套模式如图1所示：

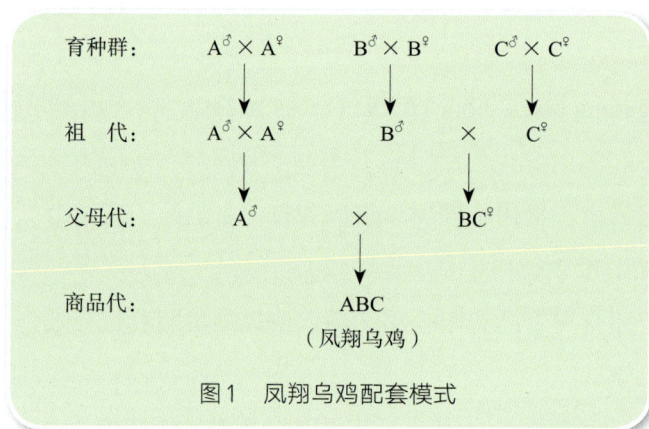

图1　凤翔乌鸡配套模式

（3）选育基本程序　参见《凤翔青脚麻鸡》。

（二）品种总体数量情况

根据第三次全国畜禽遗传资源普查结果，全国统计在册的凤翔乌鸡3个纯系群体数量19 000只。2021年祖代群体数量4.16万只。

（三）品种培育成功后的消长形势

凤翔乌鸡2011年获得国家畜禽新品种证书后，继续对配套系进行选育，各项性能指标有了较大的提高，取得了较好的遗传进展。2010—2021年，凤翔乌鸡配套系父母代存栏及商品苗产量变化见表1。

表1　2010—2021年凤翔乌鸡存栏变动汇总

项目	2010	2015	2016	2017	2018	2019	2020	2021
父母代种鸡存栏（万套）	9	16	18	17	14	16	15	10
商品代鸡苗产量（万只）	800	1 500	1 750	1 700	1 430	1 630	1 540	1 050

（四）品种标准制定情况

制定企业标准《凤翔乌鸡配套系品种》（Q/FXJQ 002—2017）。

三、体型外貌

（一）体型外貌特征

1. 父母代

公鸡：体型健壮，体躯长、硕大，头颈粗大高昂，冠厚挺立，胸宽、背平，胸、腿肌发达，脚粗大。鞍羽、背羽、翼羽、胸腹腿等部为深红羽色，主翼羽和尾羽为黑色。单冠直立，冠齿6～9个，冠、耳叶及肉髯紫红色，喙、皮肤及胫色为黑色（图2）。

母鸡：体躯紧凑，腹部宽大，柔软，头部较清秀，脚高，身长。羽色为黄麻羽，尾羽黑色。单冠，冠齿6～9个，冠、耳叶及肉髯紫红色。喙、皮肤、胫色为黑色（图3）。

2. 商品代

公鸡羽色棕红，母鸡黄麻羽，喙、皮肤、脚胫均为黑色。体形稍长、高大，胫粗壮，胸、腿肌丰满。雏鸡腹部绒毛为黄色，头部、背部绒毛为褐黄色，有条斑（图4至图6）。

（二）成年体尺和体重

1. 父母代

2022年9月28日，公司团队从广西凤翔集团股份有限公司石湾种鸡场封闭式笼养的320日龄凤翔乌鸡父母代种鸡群体（种鸡存栏母鸡3 512只、公鸡132只）中随机抽取成年公、母

图2 凤翔乌鸡父母代成年公鸡

图3 凤翔乌鸡父母代成年母鸡

图4 凤翔乌鸡商品代成年公鸡

图5　凤翔乌鸡商品代成年母鸡

图6　凤翔乌鸡商品代雏鸡

鸡各31只，参照《家禽生产性能名词术语和度量统计方法》（NY/T 823）进行体重、体尺测定。测定结果如表2所示。

表2　凤翔乌鸡父母代（320日龄）体尺、体重测定结果

性别	体重（g）	体斜长（cm）	胸宽（cm）	胸深（cm）	胸角（°）	龙骨长（cm）	骨盆宽（cm）	胫长（cm）	胫围（cm）
公	5 511.4±511.03	28.52±0.99	12.64±1.04	12.2±0.85	114.0±9.74	18.52±1.38	14.46±0.77	12.60±0.57	7.57±0.32
母	3 620.3±355.87	23.71±0.83	10.45±0.51	10.1±0.91	118.6±7.27	14.40±0.74	10.26±0.65	9.24±0.39	6.04±0.49

注：2022年9月28日，在广西凤翔集团股份有限公司石湾种鸡场，由广西凤翔集团股份有限公司技术人员测定320日龄凤翔青脚麻鸡父母代成年公、母鸡各31只的体重、体尺。

2. 商品代

2022年9月28日，公司团队从广西凤翔集团股份有限公司石湾种鸡场开放式网上平养的75日龄凤翔乌鸡商品代肉鸡群体（存栏母鸡430只、公鸡335只）中随机抽取公、母鸡各31只，参照《家禽生产性能名词术语和度量统计方法》（NY/T 823）进行测定。测定结果如表3所示。

表3　凤翔乌鸡商品代鸡体重、体尺

性别	体重（g）	体斜长（cm）	胸宽（cm）	胸深（cm）	胸角（°）	龙骨长（cm）	骨盆宽（cm）	胫长（cm）	胫围（cm）
公	3 890.7±234.24	24.4±0.66	13.9±0.55	11.2±0.46	11.3±0.52	84.9±5.7	13.2±0.45	10.9±0.51	5.7±0.32
母	3 030.7±179.5	21.6±0.65	12.9±0.45	9.7±0.49	9.6±0.46	86.4±6.04	9.9±0.66	8.6±0.4	5.2±0.24

注：2022年9月28日，在广西凤翔集团股份有限公司石湾种鸡场，由广西凤翔集团股份有限公司技术人员测定75日龄凤翔乌鸡商品代成年公、母鸡各31只的体重、体尺。

四、生产性能

（一）父母代

公司团队统计了2019—2021年广西凤翔集团股份有限公司石湾种鸡场，采用笼养方式饲养的3个批次共27 208只凤翔乌鸡父母代种鸡的生产性能。结果如表4所示。

表4　凤翔乌鸡父母代种鸡繁殖和产蛋性能

项目	生产性能
测定鸡群数量（只）	27 208
开产日龄（d）	175.7
开产体重（kg）	2.8
300日龄蛋重（g）	61.8
66周入舍鸡产蛋数（个）	163.7
66周饲养日产蛋数（个）	170.7
育雏期成活率（%）	99.4
育成期成活率（%）	97.8
产蛋期成活率（%）	92.4
种蛋受精率（%）	95.2
受精蛋孵化率（%）	93.2
淘汰母鸡体重（kg）	3.4

注：公司团队统计了2019—2021年广西凤翔集团股份有限公司石湾种鸡场3个批次共27 208只父母代种鸡的繁殖性能和产蛋性能。

（二）商品代

1. 生长性能

2022年7月6日至10月10日公司团队在广西凤翔集团股份有限公司石湾种鸡场，对进雏公鸡349只、母鸡451只，采取每2周随机抽称公、母鸡各30只的方式进行了生长性能测定，并统计料重比，各阶段体重和料重比见表5。

2. 屠宰性能

2022年9月20日参照《家禽生产性能名词术语和度量统计方法》（NY/T 823），从开放式网上平养的75日龄凤翔乌鸡商品代肉鸡群体（母鸡430只、公鸡335只）中随机抽取公、母鸡各30只送广西农业职业技术大学开展屠宰性能测定，测定结果见表6。

3. 肉品质及营养成分

2022年9月20日开展凤翔乌鸡屠宰性能测定的同时，随机抽取公、母鸡各20只进行肉品质及营养成分测定，结果分别见表7和表8。

表5　凤翔乌鸡商品代肉鸡各阶段生长性能

周龄	公		母	
	体重（g）	料重比	体重（g）	料重比
0	体重	—	45.7	—
2	45.7	—	221.0	—
4	242.8	—	641.2	—
6	722.2	1.88	1 341.7	1.92
8	1 622.3	2.05	2 031.3	2.15
10	2 386.3	2.27	2 577.0	2.37
13	3 501.0	2.85	3 260.7	2.97

注：2022年7月6日至10月10日，在广西凤翔集团股份有限公司石湾种鸡场，由广西凤翔集团股份有限公司技术人员统计了349只公鸡和451只母鸡不同生长阶段的体重和料重比。

表6　凤翔乌鸡商品肉鸡（75日龄）屠宰性能

性别	宰前活重（g）	屠宰率（%）	半净膛率（%）	全净膛率（%）	胸肌率（%）	腿肌率（%）	腹脂率（%）
公	3 890.00±151.8	92.08±0.79	85.67±0.79	71.63±2.05	18.47±1.63	22.04±2.04	3.15±0.82
母	2 967.3±127.4	92.40±1.08	85.51±1.13	71.62±1.26	19.63±1.57	19.98±1.85	4.67±0.99

注：2022年9月20日，在广西农业职业技术大学，由广西农业职业技术大学、广西大学、广西凤翔集团股份有限公司的专家和技术人员测定了公、母各30只鸡的屠宰性能指标。

表7　凤翔乌鸡商品代鸡（75日龄）肉品质

性别	剪切力（N）	pH	肉色		
			红度值（a）	黄度值（b）	亮度值（L）
公	43.58±4.23	5.94±0.29	−1.33±0.70	6.67±0.87	39.42±4.58
母	39.29±3.79	5.76±0.29	−1.78±0.61	5.75±1.48	44.24±6.00

表8　凤翔乌鸡商品代鸡（75日龄）营养成分（%）

性别	水分	蛋白质	脂肪
公	73.67±0.64	19.07±0.32	2.87±0.62
母	73.44±0.50	19.27±0.39	2.87±0.42

五、品种推广利用情况

凤翔乌鸡配套系商品代在各地适应性较强，生产性能稳定，能适应当地市场对快速大型肉鸡的需求。2016—2021年期间，凤翔乌鸡配套系父母代推广数量达到120万套（表9），生产商品代鸡苗约0.9亿只。

在合浦县星岛湖镇建立了育种场及祖代场，在合浦县石湾镇、乌家镇，云南省开远市等地建立了父母代场，在广西、云南、贵州、四川、重庆等地建立了多个销售网点。

表9　2016—2021年凤翔乌鸡推广数量汇总

项目	2016	2017	2018	2019	2020	2021	合计
父母代种鸡（万套）	22	22	19	23	20	14	120

六、品种评价和展望

凤翔乌鸡利用了佳禾黄羽肉鸡的生长速度、隐性白羽鸡的繁殖性能，以及本地乌鸡的乌肤色基因、肉质和适应性，培育出肉质风味好，外观性状适合地方消费习惯，生长速度快和繁殖性能高的配套系。

该品种早期生长速度、乌度、成活率、肉质风味等指标的综合水平达到国内较理想标准。凤翔乌鸡在市场上与国内同类品种在生产性能、繁殖性能和体型外貌特色等方面相比有独特的优势，是很受欢迎的配套系。

该配套系由3个品系构成，根据育种目标和专门化品系需求，对重点性状进行不同方向的选育：终端父系重点对外貌特征和增重、体重均匀度、繁殖性能进行选择，母系重点选择繁殖性能和体型外貌、体重等。根据不同选择性状的遗传特点，采用家系选择和个体选择相结合的方法，不断提高品系的生产性能。

品系选育过程中，同时开展白痢、白血病等主要疫病的监测和净化工作，确保品种健康水平，不断提高品种质量。

七、附录

1. 参与性能测定的单位及人员。

广西凤翔集团股份有限公司：李道劲、苏相新。

广西大学：杨秀荣。

2. 主要撰稿人员及单位

广西凤翔集团股份有限公司：李道劲、苏相新。

广西大学：杨秀荣。

桂凤二号黄鸡

桂凤二号黄鸡

一、一般情况

（一）品种名称及类型

桂凤二号黄鸡（Guifeng Ⅱ yellow chicken cross strain），为肉用型配套系品种。

（二）品种分布

桂凤二号黄鸡纯系、祖代种鸡和父母代种鸡主要分布在广西玉林市兴业县广西春茂农牧集团有限公司种鸡场、广西来宾市兴宾区来宾市春茂农牧有限公司种鸡场。商品代肉鸡主要分布在广西玉林市、贵港市、梧州市和贺州市，广东省茂名市、湛江市、江门市等。

（三）培育单位和参加培育单位

培育单位：广西春茂农牧集团有限公司、广西壮族自治区畜牧研究所。

桂凤二号黄鸡于2014年8月通过国家畜禽遗传资源委员会审定，12月获得审定证书，证书编号：农09新品种证字第59号。

二、品种来源及发展

（一）育种素材和培育方法

1. 育种素材

（1）B系   1993年从玉林市大平山镇引进成年玉林本地三黄公鸡500只，母鸡5 000只。

（2）X系   1996年从玉林市石南镇引进三黄鸡成年公鸡600只，母鸡6 500只。

2. 培育方法

（1）选育技术路线   见图1。

（2）收集整理育种素材   首先全面了解育种素材的特征特性，选择合理的育种素材，父系重点选择

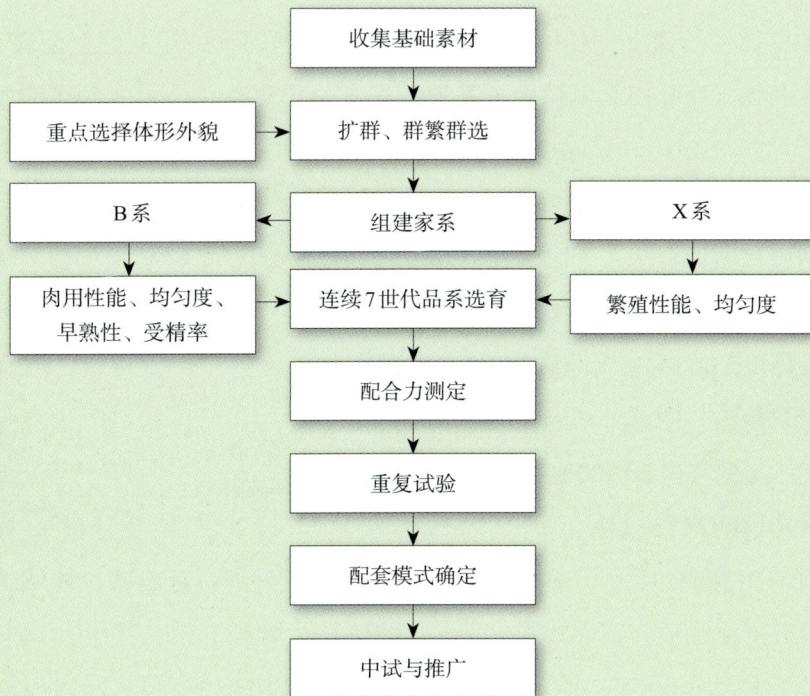

图1 技术路线

均匀度好，早熟，胸、腿肌肉发达以及繁殖性能优良的素材；母系重点选择外貌特征符合市场需求，体型小且产蛋性能优秀的素材。

育种素材引入后，主要进行外貌特征和生长均匀度的选择，公鸡选择金黄羽、红冠、体质健壮、肌肉丰满的个体；母鸡选择金黄羽、红冠、体型较好的个体；公、母鸡皮肤、胫、羽毛均选择黄色个体。以高选择压选择接近群体平均体重的个体留种，快速提高生长速度的均匀度。群体外貌特征基本稳定后，于2006年建立家系，进行家系选育。

（3）培育专门化品系，开展持续选育　按照父系和母系的要求分别进行选育，采用专门化品系的培育方法。确定选育基础群，对专门化品系采用闭锁群家系选育法，对体重、体型外貌等性状采用个体选择法；对孵化性能及繁殖性能（产蛋数、受精率等）采用家系选择法。通过7个世代对2个品系持续选育，主要经济性状均匀度明显改善，且稳定遗传，各项性能指标达到预期目标。配合力测定表明配套优势明显。

（4）配合力测定，筛选最佳配套系　公司从2009年开始坚持长期不断地开展配合力测定工作，发现最佳的配合组合，通过综合比较，最终确定用于生产的配套系。在桂凤二号黄鸡培育过程中，共进行了5次配合力测定和重复试验工作，将优秀组合在公司内部进行扩大饲养，比较生产性能及综合效益，送农业部家禽检测中心测定和中间试验，验证最佳组合的生产性能，最终确定了以B系为父本和X系为母本的配套系。

B系主要选择的性状包括体重及均匀度，第二性征发育，胸、腿肌，羽色和公鸡繁殖性能等。

X系主要选择性状包括体重及均匀度、第二性征发育、产蛋性能、羽色等。

275

（5）配套系中试推广体系的建立　在优化育种管理体系的基础上，建立健全配套系中试推广体系，包括祖代鸡场、父母代鸡场、商品肉鸡养殖示范基地，培育的配套系在公司内部得到大范围应用，并在其他养殖单位中试推广。

（二）品种总体数量情况

2021年第三次全国畜禽遗传资源普查时，桂凤二号黄鸡存栏情况如下：

（1）雏鸡　父系存栏3 000套，母系存栏14 000套。

（2）育成鸡　父系存栏2 000套，母系存栏10 000套。

（3）纯系群体　父系存栏1 000套，母系存栏4 038套。

（4）祖代种鸡群体　父系存栏20 900套，母系存栏21 048套。

（三）品种培育成功后的消长形势

2014年桂凤二号黄鸡培育成功后，产品投入市场得到了广泛好评。近年来，桂凤二号黄鸡跟随市场需求持续培育，不断提升产品品质，商品代在广西、广东地区大规模养殖，其中2014—2018年桂凤二号黄鸡父母代种鸡年平均存栏约60万套，年平均销售商品代鸡苗约6 000万只；2019—2021年桂凤二号黄鸡父母代种鸡年平均存栏约35万套，年平均销售商品代鸡苗约3 500万只。

（四）品种标准制定、地理标志产品、商标等情况

公司已注册商标，但未制定品种标准，尚未获地理标志产品认定。

三、体型外貌

（一）体型外貌

父本B系特征：体型中等，胸较宽；单冠直立，冠齿5～8个，颜色鲜红；肉垂鲜红；虹彩、耳叶红色；喙、胫、皮肤黄色。成年公鸡头部、颈部及腹部羽毛金黄色，背部羽毛酱黄色，尾羽黑色；成年母鸡颈羽、尾羽、主翼羽、背羽、鞍羽及腹羽均为金黄色，尾部末端的羽毛为黑色（图2）。

母本X系特征：体型较小、紧凑；单冠直立，冠齿5～8个，冠、肉垂、耳叶鲜红色；喙、皮肤、胫均为黄色；胫细短；成年公鸡头部、颈部及腹部羽毛黄色，背部羽毛金黄色，尾羽黑色；成年母鸡颈羽、尾羽、主翼羽、背羽、鞍羽及腹羽均为浅黄色，尾部末端的羽毛为黑色（图3）。

商品代特征：公鸡羽毛金黄色，喙、胫、皮肤黄色；母鸡羽毛淡黄色，喙、胫、皮肤均为黄色，胫细短（图4至图6）。

图2　桂凤二号黄鸡父母代成年公鸡

图3　桂凤二号黄鸡父母代成年母鸡

图4　桂凤二号黄鸡商品代雏鸡

图5　桂凤二号黄鸡商品代成年公鸡群

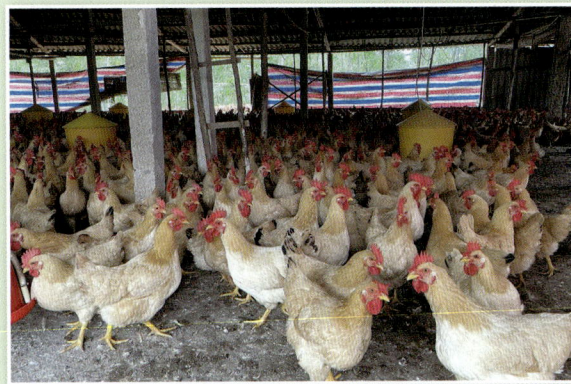

图6　桂凤二号黄鸡商品代成年母鸡群

（二）体尺和体重

2022年10月，在玉林市兴业县大平山镇，公司团队采取随机抽样方式，对笼养的301日龄的桂凤二号黄鸡父母代成年公、母鸡各30只进行了体尺和体重测定；同时测定了上市日龄110日龄的商品代公、母鸡各30只的体尺和体重，测定结果见表1、表2。

表1　桂凤二号黄鸡父母代成年体重、体尺

性别	体重（g）	体斜长（cm）	龙骨长（cm）	胸宽（cm）	胸深（cm）	胸角（°）	骨盆宽（cm）	胫长（cm）	胫围（cm）
公	3 274.15±92.93	23.94±0.59	12.84±0.30	9.27±0.14	11.09±0.29	100.79±1.8	10.32±0.22	11.56±0.15	5.21±0.08
母	2 535.12±70.15	20.20±0.39	10.79±0.30	7.71±0.32	9.89±0.30	96.32±1.06	9.48±0.14	9.97±0.19	4.61±0.12

注：测定时间：2022年10月；测定单位：广西春茂农牧集团有限公司；测定地点：玉林市兴业县大平山镇。

表2　桂凤二号黄鸡商品代上市日龄体重、体尺

性别	体重（g）	体斜长（cm）	龙骨长（cm）	胸宽（cm）	胸深（cm）	胸角（°）	骨盆宽（cm）	胫长（cm）	胫围（cm）
公	2 242.80±122.83	18.50±0.49	11.40±0.27	7.50±0.31	9.70±0.26	89.00±1.30	9.80±0.20	11.30±0.14	5.20±0.07
母	1 718.47±48.43	17.20±0.43	9.40±0.25	6.30±0.27	8.50±0.24	96.32±1.06	9.10±0.17	9.55±0.13	4.40±0.11

注：测定时间：2022年10月；测定单位：广西春茂农牧集团有限公司；测定地点：玉林市兴业县大平山镇。

四、生产性能

（一）生长性能（商品代）

2022年7—10月，公司团队在广西春茂农牧集团有限公司测定了商品代桂凤二号黄鸡生长期不同阶段的体重，结果见表3。

表3　不同生长期阶段体重（g）

性别	出生	2周龄	4周龄	6周龄	8周龄	10周龄	13周龄	14周龄
公	37.32±1.95	166.28±6.50	372.80±20.05	709.50±9.07	970.30±14.94	1 266.33±33.21	1 672.68±41.14	1 946.33±27.26
母	37.32±1.95	166.28±6.50	372.80±20.05	638.20±13.51	834.33±12.30	1 112.00±13.27	1 590.33±21.56	1 839.33±22.20

注：测定时间：2022年7—10月；测定地点：玉林市兴业县大平山镇；测定单位及说明：由广西春茂农牧集团有限公司测定1～4周龄统苗100只，6～14周龄测定公、母鸡各30只（笼养）。

商品代公鸡上市日龄为95～105d，母鸡上市日龄为105～115d。2022年测定110日龄的公鸡平均体重2 242.8g，料重比3.0∶1；测定110日龄的母鸡平均体重1 718.47g，料重比3.5∶1；成活率96.7%。

（二）屠宰性能及肉品质（商品代）

2022年10月，团队在玉林市兴业县广西春茂农牧集团有限公司采取随机抽样的方式，抽取桂凤二号黄鸡商品代肉鸡公、母鸡各30只进行屠宰性能测定，同时随机抽取公、母鸡肌肉样品各20份送广西农业职业技术大学进行肉质测定。结果见表4、表5。

（三）繁殖和产蛋性能（父母代）

2022年，桂凤二号黄鸡繁殖父母代种鸡数35万套，父母代种鸡平均开产日龄134.5d，开产体重为1 845g，入舍母鸡66周龄产蛋量为176个，300日龄平均蛋重为44.83g。种蛋受精率为96.27%，受精蛋孵化率为94.23%，入孵种蛋孵化率为90.00%，入舍母鸡提供健康雏鸡139只。0～24周龄成活率97.36%，产蛋期成活率94.63%，66周淘汰母鸡体重2 185g。

表4　桂凤二号黄鸡商品代肉鸡屠宰测定数据

性别	宰前活重（g）	屠体重（g）	屠宰率（%）	半净膛率（%）	全净膛率（%）	胸肌率（%）	腿肌率（%）	腹脂率（%）
公	2 242.80±122.83	2 025.40±120.48	90.31±1.03	84.08±2.22	68.51±2.7	15.30±0.80	27.76±1.63	1.76±0.33
母	1 718.47±48.43	1 569.43±48.87	91.33±0.99	82.05±1.72	66.56±1.76	18.48±1.74	27.66±1.37	5.60±1.49

注：测定时间：2022年10月；测定地点：广西玉林兴业县大平山镇广西春茂农牧集团有限公司；测定说明：抽样测定桂凤二号黄鸡公、母鸡各30只。

表5　桂凤二号黄鸡商品代鸡肉肉质与成分测定数据

性别	剪切力（N）	滴水损失（%）	pH	肉色			水分（%）	蛋白质（%）	脂肪（%）
				红度（a）	黄度（b）	亮度（L）			
公	45.79±60.2	8.78±0.46	5.82±0.41	9.24±2.70	8.24±2.16	43.67±3.29	74.94±0.31	20.49±0.19	1.80±0.18
母	49.54±8.61	8.11±0.81	5.45±0.36	8.19±1.88	6.96±1.26	45.66±2.37	75.66±0.31	20.81±1.10	0.96±0.18

注：测定时间：2022年10月；测定地点：玉林市兴业县大平山镇广西春茂农牧集团有限公司实验室、广西农业职业技术大学畜牧研究院；测定说明：测定桂凤二号黄鸡公、母鸡肌肉样品各20份。

五、品种推广利用情况

近15年来，桂凤二号黄鸡的培育工作紧跟市场发展需求，不断提升产品的品质和市场占有率。通过不断宣传推广，提升产品的知名度及美誉度，原来养殖区域以广西、广东为主，现已发展到江西、浙江、湖北、河南、湖南等地区。桂凤二号黄鸡在保留了原有素材肉质好、抗逆性强等特点的同时，提高了品种的繁殖力、饲料报酬和生长速度，成为当地的知名品牌产品。自培育成功以来，已累计向市场供应商品代鸡苗2亿多只，父母代种苗约900万套。

六、品种评价和展望

桂凤二号黄鸡肉质香鲜、风味极佳。为迎合当前消费市场的需求特点，培育单位持续对桂凤二号黄鸡开展培育，保留三黄鸡肉质香鲜、风味浓郁、抗逆性强等特点的同时，持续提高品种的繁殖性能、饲料报酬、生长速度以及品种外观美感及一致性，使该配套系产品更符合市场需求。同时，以桂凤二号黄鸡为原材料研究开发了系列产品。随着"南鸡北上"的消费趋势，预测未来桂凤二号黄鸡的饲养区域、饲养量和市场占有率将进一步扩大，产品前景广阔。

七、附录

（一）参考文献

陈家贵，2017. 广西畜禽遗传资源志［M］. 北京：中国农业出版社.

（二）调查和编写人员情况

1. 参与性能测定的单位和人员

广西春茂农牧集团有限公司：罗世嫦、王育锋。

广西农业职业技术大学：吴强。

2. 主要撰稿人员及单位

广西春茂农牧集团有限公司：罗世嫦、王育锋。

广西农业职业技术大学：韦凤英。

黎村黄鸡

黎村黄鸡

一、一般情况

（一）品种名称

黎村黄鸡配套系（Licun yellow chicken cross strain），属肉用型培育配套系。

（二）品种分布

黎村黄鸡来源于广西三黄鸡和霞烟鸡，种鸡分布于广西壮族自治区玉林市容县，商品代鸡分布于广西、广东、浙江、江苏、安徽等省、自治区。

（三）培育单位和参加培育单位

培育单位：广西祝氏农牧有限责任公司。

参加培育单位：广西大学、广西壮族自治区畜牧研究所。

于2016年7月通过国家畜禽遗传资源委员会审定，获得审定证书，畜禽新品种（配套系）证书编号：农09新品种证字第71号。

二、品种来源及发展

（一）育种素材和培育方法

1. 育种素材

黎村黄鸡是以广西三黄鸡和霞烟鸡为育种素材，运用现代育种技术，经过专门化品系选育培育而成的优质黄羽肉鸡配套系。配套系采用二系配套模式，父本是B系，母本是C系。

B系来源于玉林的广西三黄鸡和容县霞烟鸡，2003年从玉林市兴业县引进广西三黄鸡3 000只（公鸡500只、母鸡2 500只），从容县农业科学研究所实验鸡场引进霞烟鸡500只（公鸡100只、母鸡400只）。用霞烟鸡公鸡与广西三黄鸡母鸡杂交，子一代进行闭锁繁育，开展体型外貌、第二性征发育和羽色等选择，作为B系的选育素材。

C系来源于容县黎村镇的广西三黄鸡，1993年从黎村镇农户收集成年公鸡500只、母鸡2 500只，随后进行闭锁繁育，主要开展性成熟、繁殖性能、外貌和羽色的选择，作为C系的选育素材。

2. 培育方法

（1）专门化品系培育

B系：作为父本，对体型、羽色、胫色等主要外貌特征进行选择。群体外貌特征基本稳定后，于2007年建立家系，开展家系选育至今。

C系：作为母本，对体型、羽色、胫色等主要外貌特征进行选择。群体外貌特征基本稳定后，于2007年建立家系，开展家系选育至今。

（2）系谱孵化　记录家系号、母号收集的合格种蛋按号码顺序入孵，出雏打开网袋检查蛋壳上的标记号，对应入孵蛋的记录，记录出壳雏鸡情况。健雏称重并戴翅号。

（3）不同性状的选种方法　对遗传率较高的性状采用个体选择法，遗传率较低的性状采用家系结合个体选择法。黎村黄鸡配套模式见图1：

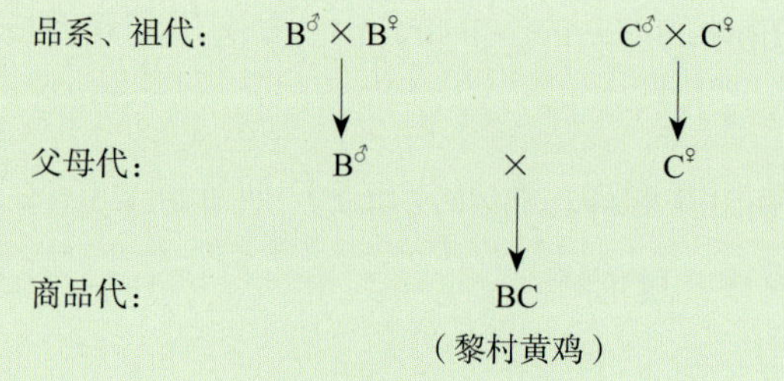

图1　黎村黄鸡配套模式

（二）品种总体数量情况

2022年黎村黄鸡存栏数量如下：

（1）种鸡　存栏父系2 450套，母系18 865套。

（2）育成鸡　存栏父系5 564套，母系72 121套。

（3）雏鸡　存栏父系4 762套，母系23 668套。

（三）品种培育成功后的消长形势

2008年存栏6.8万只，2010年存栏13万～14万只，2016年存栏18万～19万只，2021年存栏25万～26万只。近15年来的结果显示，黎村黄鸡的存栏量逐年增长。品种培育成功后，市场需求扩大，同时黎村黄鸡的培育与改良与时俱进，紧跟市场走势，培育方法不断创新，推广到广西、广东、江西、福建、安徽等10多个省、自治区，深受养殖户的欢迎，因此产量逐年增加。

（四）品种标准制定、地理标志产品、商标等情况

公司已制定有黎村黄鸡的企业标准，已注册"黎村黄"商标，尚未获地理标志产品认定。

三、体型外貌

（一）体型外貌特征

父母代公鸡：均具有脚胫黄、皮黄、羽黄的"三黄"特征。羽色稍深于C系，体圆，胸、腿肌发达。成年公鸡头部及颈部羽毛金黄色，背羽深红色，腹羽深黄色，主尾羽黑色有金属光泽，喙、胫、皮肤黄色；单冠直立，冠齿5～9个，颜色鲜红，较大，肉垂鲜红，虹彩、耳叶红色；胸宽背平，体躯结实，体形紧凑（图2）。

父母代母鸡：具有脚胫黄、皮黄、羽黄的"三黄"特征。羽色稍浅。成年母鸡颈羽、主翼羽、背羽、鞍羽、腹羽均为黄色或浅黄色，尾羽黑色；体形呈柚子形；冠、肉垂、耳叶鲜红色，冠高，冠齿5～9个，喙、胫黄色，胫细；皮肤黄色（图3）。

商品代公鸡：头部及颈部羽毛金黄色或淡黄色，背羽浅红色，腹羽淡黄色，主尾羽黑色有金属光泽，喙、胫、皮肤黄色；单冠直立，冠齿5～9个，颜色鲜红，较大，肉垂鲜红，虹彩、耳叶红色；胸宽背平，体躯结实，体形紧凑（图4）。

商品代母鸡：颈羽、主翼羽、背羽、鞍羽、腹羽均为黄色或浅黄色，尾羽黑色；体形呈柚子形；冠、肉垂、耳叶鲜红色，冠高，冠齿5～8个，喙、胫黄色，胫细；皮肤黄色（图5至图6）。

（二）体尺和体重

2022年8月29日，广西祝氏农牧有限责任公司在该公司大荣种鸡场采取随机抽测的方式抽取300日龄成年公、母鸡各30只，进行体重和体尺测量，测定结果见表1。

图2 黎村黄鸡父母代公鸡

图3 黎村黄鸡父母代母鸡

图4 黎村黄鸡商品代公鸡（阉鸡）

283

图5　黎村黄鸡商品代母鸡1

图6　黎村黄鸡商品代母鸡2

表1　黎村黄鸡成年体尺和体重

性别	体重（g）	体斜长（cm）	龙骨长（cm）	胸宽（cm）	胸深（cm）	胸角（°）	骨盆宽（cm）	胫长（cm）	胫围（cm）
公	3 104.8±204.6	23.0±0.7	12.9±0.7	9.2±0.4	9.5±0.5	102.3±4.2	10.9±0.4	8.9±0.5	5.5±0.2
母	1 996.0±138.3	19.6±0.7	10.2±0.4	7.9±0.3	8.2±0.4	90.4±0.5	9.6±0.4	7.8±0.4	4.4±0.1

四、生产性能

（一）生长性能

2022年6—9月，广西祝氏农牧有限责任公司在玉林市陆川县温泉镇温泉村该公司肉鸡养殖基地，以随机抽测的方式，每双周抽称公、母鸡各30只，进行生长性能测定。同时测定了上市日龄公、母鸡各30只的体重。生长性能测定数据见表2。

表2　黎村黄鸡配套系生长性能测定数据（g）

性别	出生	2周龄	4周龄	6周龄	8周龄	10周龄	12周龄	14周龄	16周龄	17周龄
公	34.4±2.7	197.5±17.2	422.3±36.4	633.5±29.6	893.3±66.8	1 328.0±106.8	1 651.7±149.5	1 932.7±143.7	2 006.0±171.1	2 024.7±88.0
母	32.6±2.4	152.6±14.4	334.7±15.1	551.3±41.4	769.5±50.2	855.0±55.5	1 199.2±78.7	1 412.5±118.3	1 601.8±52.3	1 656.6±39.6

注：测定时间：2022年6月1日至9月24日；测定数量：公鸡500只、母鸡6 000只，双周抽称公、母各30只体重。

黎村黄鸡平均上市日龄115d，平均上市体重公鸡（2 024.7±88.0）g，母鸡（1 656.6±36.6）g；全程只均耗料约6.3kg，全程料重比为3.8∶1。

（二）商品代屠宰性能

2022年9月24—25日在广西祝氏农牧有限责任公司以随机抽测的方式测定115日龄公、母鸡各30只的屠宰性能，具体测定数据见表3。

表3　黎村黄鸡屠宰性能

项目	公	母
宰前活重（g）	1 984.4±103.4	1 656.6±39.6
屠体重（g）	1 797.7±109.9	1 493.6±5.21
屠宰率（%）	90.6±1.4	90.2±2.8
半净膛重（g）	1 642.8±110.9	1 330.2±43.3
半净膛率（%）	82.8±2.4	80.3±2.6
全净膛重（g）	1 364.6±100.4	1 062.5±39.7
全净膛率（%）	68.8±2.0	64.1±1.9
胸肌重（g）	247.6±37.8	191.6±14.8
胸肌率（%）	18.1±1.7	18.0±1.1
腿肌重（g）	333.6±38.8	226.5±16.9
腿肌率（%）	24.5±1.2	21.3±1.3
腹脂重（g）	23.0±1.8	77.4±16.2
腹脂率（%）	1.7±1.2	6.8±1.2

注：测定时间：2022年9月24—25日；测定数量：公鸡30只、母鸡30只；测定单位：广西祝氏农牧有限责任公司。

（三）商品代肉品质性能

2022年9月24—25日在开展屠宰测定的同时，测定了黎村黄鸡的肉品质。具体测定数据见表4。

表4　黎村黄鸡肉品质

性别	剪切力（N）	滴水损失（%）	pH	肉色			水分（%）	蛋白质（%）	脂肪（%）
				红度值（a）	黄度值（b）	亮度值（L）			
公	34.7±7.6	10.0±1.9	5.9±0.1	9.8±2.1	6.3±2.2	32.7±4.7	75.3±0.7	20.4±0.4	0.6±0.3
母	31.9±3.8	12.0±3.3	5.7±0.1	7.5±1.1	8.3±1.2	37.2±1.2	75.5±0.6	20.1±0.2	0.6±0.3

（四）繁殖和产蛋性能

2022年4—11月在广西祝氏农牧有限责任公司大荣种鸡场，对3个群体的黎村黄鸡繁殖性能进行统计；同时采取随机抽测的方式测定每个群体30只母鸡的开产体重。在300日龄时采取随机抽测的方式选择3个群体黎村黄鸡父母代母鸡当日所产鸡蛋各50个，共150个，于2022年9月送往广西农业职业技术大学测定。测定结果见表5。

表5　黎村黄鸡繁殖和产蛋性能

指标	性能
饲养期（周）	66
开产日龄（d）	145
开产体重（g）	1 580.0±113.0
300日龄蛋重（g）	44.7±3.9
产蛋高峰周龄（周龄）	28
产蛋高峰产蛋率（%）	81.6
育雏期成活率（%）	98.5
育成期成活率（%）	99.3
产蛋期成活率（%）	93.0
66周龄入舍母鸡产蛋数（个）	182.9
66周龄饲养日产蛋数（个）	190.0
就巢率（%）	0.6
配种方式	人工授精
公、母比例	1∶30
种蛋受精率（%）	95.3
受精蛋孵化率（%）	95.1
入孵蛋孵化率（%）	90.6
入舍母鸡提供健康雏鸡数（只）	144.0
66周龄淘汰体重（g）	2 066.8±171.4

注：测定时间：2020年12月31日至2022年9月30日；测定数量：母鸡202 060只；测定单位：广西祝氏农牧有限责任公司。

五、品种推广利用情况

黎村黄鸡主要在广西、广东、浙江、江苏、安徽等省份推广，至今累计向全国各地推广商品代鸡苗6亿多只，上市肉鸡5亿多只。2022年黎村黄鸡种鸡存栏28万套，年产黎村黄鸡苗4 000多万只。

六、品种评价和展望

黎村黄鸡遗传稳定，父母代外貌特征明显，产蛋量多，明显优于原广西三黄鸡和霞烟鸡。商品肉鸡整齐度高，抗病力强，产肉性能好，可以给养殖户带来较高的利润，与国内相同品种相比具有很好的竞争力，得到市场和消费者的认可。随着国内优质品种鸡市场份额的增加，黎村黄鸡父母代和商品鸡有更加宽广的发展空间。

七、附录

1. 参与性能测定的单位和人员

广西祝氏农牧有限责任公司：黄永欢、李和鸣、李广添。

2. 主要撰稿人员及单位

广西祝氏农牧有限责任公司：黄永欢、李和鸣。

广西农业职业技术大学：韦凤英。

鸿光黑鸡

一、一般情况

（一）品种名称及类型

鸿光黑鸡配套系（Hongguang black chicken cross strain），为肉用型培育配套系。

（二）品种分布

鸿光黑鸡种鸡主要分布在广西壮族自治区玉林市容县广西鸿光农牧有限公司种鸡场。商品代肉鸡主要分布在广西、湖南、湖北、福建等省份。

（三）培育单位和参加培育单位

培育单位：广西鸿光农牧有限公司。

参加培育单位：江苏省家禽研究所、广西壮族自治区畜牧研究所、广西大学。

于2016年8月获得国家畜禽新品种（配套系）证书，公告号：《中华人民共和国农业部公告第2 437号》；畜禽新品种（配套系）证书编号：农09新品种证字第74号。

二、配套系来源及发展

（一）育种素材和培育方法

1. 育种素材

2001年公司开始进行黑羽黑脚鸡的素材收集整理，通过专门化品系选育方法进行育种，形成了D、C、B专门化品系并进行了配合力测定，确定了鸿光黑鸡配套模式。

2. 培育方法

（1）基础群选育的主要技术路线　狼山鸡与地方品种广西麻鸡杂交——选择黑色羽个体——闭

锁繁育——专门化品系培育——配合力测定、筛选最佳配套组合——中间试验——配套生产、推广应用。

（2）专门化品系培育

①D系的选育　2001年从灵山县引进黑羽广西麻鸡（灵山鸡）混合苗6 500羽，饲养到105日龄选择体型外貌符合选育要求的个体进行纯繁。2004年与狼山鸡进行杂交，经4个世代横交固定，于2008年组建家系。重点选育体重及均匀度、第二性征发育、繁殖性能、羽色、胫色等性状。

②C系的选育　2003年从合浦县收购广西麻鸡黑羽雏鸡，饲养至105日龄选留体型外貌符合选育要求的个体纯繁，于2006年组建家系。重点选育体重均匀度、第二性征发育、繁殖性能、蛋重均匀度、羽色、胫色等性状。

③B系的选育　2003年从马山县收购广西麻鸡黑羽雏鸡，饲养至105日龄选留体型外貌符合选育要求的个体于2006年组建家系。重点选育体重及均匀度，第二性征发育，胸、腿肌，羽色，胫色和公鸡繁殖性能等性状。

（3）配套系模式图　鸿光黑鸡采用三系配套。模式图见图1：

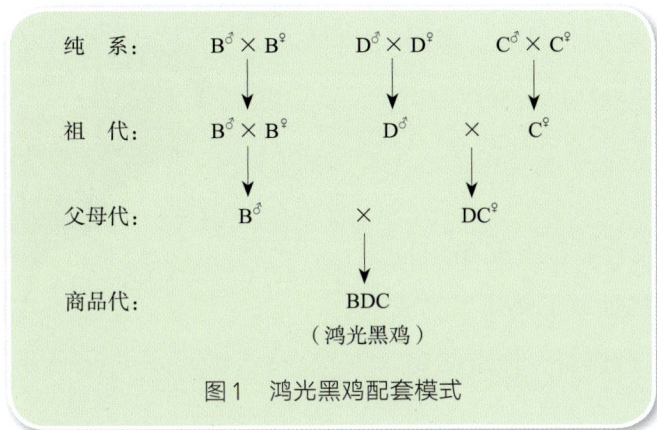

纯　系：　B♂×B♀　　D♂×D♀　　C♂×C♀

祖　代：　B♂×B♀　　D♂　×　C♀

父母代：　B♂　×　DC♀

商品代：　BDC
（鸿光黑鸡）

图1　鸿光黑鸡配套模式

（二）品种总体数量情况

2021年鸿光黑鸡配套系总体数量17.8万套。其中，核心群12 036只，父母代种公鸡3 068只，父母代母鸡102 609只。育成存栏量父母代55 327只，雏鸡父母代5 636只。

（三）品种培育成功后的消长形势

鸿光黑鸡培育成功近7年来，培育方法不断创新，产品寿命大大延长，推广到全国20多个省份，深受养殖户的欢迎，产量逐年增加，至2022年已推广商品代鸡苗1.4亿多只。

（四）标准制定、地理标志产品、商标等情况

已制定鸿光黑鸡的企业标准，注册"鸿光"商标，尚未获地理标志产品认定。

三、体型外貌

（一）体型外貌特征

1. 父母代体型外貌

公鸡：头部、颈部及背部羽毛为金黄色，主翼羽、副翼羽为墨黑色，羽片单侧有金属光泽，覆主翼羽、覆副翼羽、尾羽为墨绿色，羽片两侧有金属光泽，腹羽、胸羽黑色；单冠直立，冠齿5～8个，颜色鲜红，肉垂鲜红，虹彩红色；耳叶红色；喙、胫、趾黑色；皮肤白色（图2、图3）。

母鸡：颈羽、主翼羽、背羽、鞍羽、腹羽、尾羽均为黑色或墨绿色；体形呈楔形，较小；冠、肉垂、耳叶鲜红色，冠高，冠齿5～9个，喙、胫、趾黑色，胫细；皮肤白色（图4、图5）。

2. 上市日龄商品代体型外貌

公鸡黑羽，快羽，头部、颈部及背部金黄色羽分布，胸宽背直，单冠直立，冠齿5～8个，肉垂鲜红，虹彩红色，喙、胫、趾黑色，皮肤白色。母鸡黑羽，部分个体颈羽呈金黄色，快羽，羽毛被覆完整，光泽度好，胫细、黑喙、黑胫、皮肤白色，冠、肉垂、耳叶鲜红色，冠齿5～9个（图6至图8）。

（二）成年体尺和体重

2022年7月广西鸿光农牧有限公司组织技术力量在公司育种中心随机抽取了鸿光黑鸡成年公鸡30只、母鸡30只进行体尺、体重测定，结果见表1。

图2　鸿光黑鸡配套系成年公鸡（父系公鸡）

图3　鸿光黑鸡配套系成年公鸡（母系公鸡）

图4　鸿光黑鸡配套系成年母鸡（父系母鸡）

图5　鸿光黑鸡配套系成年母鸡（母系母鸡）

图6　鸿光黑鸡配套系商品代雏鸡

图7　鸿光黑鸡配套系商品代公鸡群体

图8　鸿光黑鸡配套系商品代母鸡群体

表1　鸿光黑鸡配套系体尺、体重情况

性别	体重（g）	体斜长（cm）	龙骨长（cm）	胸宽（cm）	胸深（cm）	胸角（°）	髋骨宽（cm）	胫长（cm）	胫围（cm）
公	2 372±108	22.6±0.6	12.5±0.5	8.7±0.3	10.9±0.3	86.7±2.4	2.9±0.4	9.1±0.3	5.0±0.2
母	1 774±60	19.8±0.7	10.5±0.4	7.0±0.4	9.4±0.3	85.7±2.8	4.4±0.4	7.5±0.2	3.9±0.2

四、生产性能

（一）生长性能（商品代）

2022年8—11月，广西鸿光农牧有限公司组织技术力量在公司育种中心测定了公鸡180只、母鸡180只的生长性能，测定结果见表2。

表2　鸿光黑鸡配套系生长性能测定数据（g）

性别	出生	2周龄	4周龄	6周龄	8周龄	10周龄	13周龄	15周龄
公	32.1±1.5	165±7	400±14	716±28	1 055±54	1 355±54	1 761±58	2 049±63
母	32.1±1.5	150±6	344±20	639±26	903±50	1 175±54	1 548±82	1 813±97

（二）屠宰性能

2022年11月16日在广西鸿光农牧有限公司分别测定105日龄公、母鸡各30只的屠宰性能，具体测定数据见表3。

表3　鸿光黑鸡屠宰性能情况

项目	公	母
宰前活重（g）	2 247.7±78.1	1 844.0±107.2
屠体重（g）	2 008.3±71.2	1 666.5±105.6
屠宰率（%）	89.4±1.1	90.4±1.0
半净膛重（g）	1 831.5±84.0	1 501.5±92.9
半净膛率（%）	81.5±1.8	81.4±2.5
全净膛重（g）	1 734.0±78.8	1 362.3±85.7
全净膛率（%）	77.2±2.0	73.9±3.1
胸肌重（g）	221.2±19.9	204.2±30.3
胸肌率（%）	12.8±1.2	15.0±1.8
腿肌重（g）	387.1±34.8	300.5±31.2
腿肌率（%）	22.3±1.7	22.1±1.9
腹脂重（g）	14.1±12.1	70.7±24
腹脂率（%）	0.8±0.7	4.9±1.6

（三）肉品质

2022年11月16日在广西鸿光农牧有限公司分别测定105日龄公、母鸡各30只的屠宰性能，同时测定公、母鸡各20只的肉品质。其中，鸡肉灰分指标由广西壮族自治区分析测试中心测定。具体测定数据见表4。

表4　鸿光黑鸡肉品质情况

性别	剪切力（N）	滴水损失（%）	pH	肉色			水分（%）	蛋白质（%）	脂肪（%）	灰分（%）
				红度值（a）	黄度值（b）	亮度值（L）				
公	38.0±3.0	4.3±1.2	5.7±0.2	13.8±1.6	10.5±1.6	40.5±2.4	71.3±0.5	26.3±0.4	0.8±0.2	1.4±0.04
母	42.6±3.7	4.4±1.0	5.8±0.3	11.5±2.1	12.0±1.7	44.8±2.6	72.3±0.5	25.1±0.3	0.6±0.2	1.3±0.0

（四）繁殖性能

2022年2月5日至10月16日对鸿光黑鸡3个群体共15 142只进行繁殖性能测定，其中测定开产体重时，每个群体测定30只母鸡。具体测定数据见表5。

表5　鸿光黑鸡繁殖性能情况

开产日龄（d）	开产体重（g）	300日龄蛋重（g）	66周入舍鸡产蛋数（枚）	66周饲养日产蛋数（枚）	就巢率（%）	育雏期成活率（%）	育成期成活率（%）	产蛋期成活率（%）	种蛋受精率（%）	受精蛋孵化率（%）
148±1	1 540±36	43.7±0.9	174±4	183±5	1.9±0.2	98.3±0.3	98.5±0.4	97.1±0.2	94.3±0.8	94.6±0.4

五、品种推广应用情况

鸿光黑鸡培育成功近7年来，已累计向全国各地推广商品代鸡苗1.4亿多只，父母代种苗156万多套。目前年生产商品代鸡苗2 500万只，父母代种苗20万套左右。

六、品种评价和展望

鸿光黑鸡是利用广西麻鸡为基础素材培育的优质配套系。针对我国地方鸡品种长期形成的体型外貌、生长性能及繁殖性能等个体差异大，不适合商品开发的缺点，利用引进的三个素材常年不间断繁殖，在饲养的群体中选择特别优秀、符合育种预期目标者留种。经过数年选育后，商品鸡的性能快速提高，为地方鸡种规模化利用提供了新的选择。其生产性能优秀，肉质鲜美、外观符合消费市场需求，整体市场前景良好。

七、附录

1. 参与性能测定的单位及人员

广西鸿光农牧有限公司：李帆、黄华敢。

广西农业职业技术大学：孙如玉。

2. 主要撰稿人员及单位

广西鸿光农牧有限公司：李帆、张增亮。

广西农业职业技术大学：韦凤英。

参皇鸡 1 号

参皇鸡 1 号

（一）品种名称

参皇鸡 1 号配套系（Shenhuang chicken 1 cross strain），肉用培育配套系。

（二）品种分布

参皇鸡 1 号中心产区为玉林市（福绵区、玉州区），主要分布区域为南宁市兴宁区、西乡塘区、青秀区、隆安县、武鸣区、邕宁区、宾阳县，百色市平果市、田东县、田阳区，广东省江门市开平市、台山市。

（三）培育单位和参加培育单位

培育单位：广西参皇养殖集团有限公司、广西壮族自治区畜牧研究所。

于 2016 年 8 月通过国家畜禽遗传资源委员会审定，获得审定证书，证书编号：农 09 新品种证字第 75 号。

二、品种来源及发展

（一）育种素材和培育方法

1. 育种素材

2000 年，从玉林市福绵区收集传统型的广西三黄鸡品种素材，经过多年的大群选育，体型外貌等性状基本稳定，于 2009 年组成 202 系基础群，2010 年开始进行闭锁的家系选育。

2002 年，从广东引进节粮型黄鸡素材，经与广西三黄鸡杂交后，进行横交固定，再经过几年的体型外貌选育，待体型外貌等性状稳定遗传后，组成 317 系基础群。于 2010 年开始进行闭锁的家系选育。

2003 年，从广西容县收集胸肌较宽、早熟性好的黎村三黄鸡，经过几年大群选育，待体型外貌等性状稳定遗传后，组成201系基础群。于2010年开始进行家系选育。

通过配合力测定筛选出了三系配套模式的最优组合，命名为参皇鸡1号配套系。2014—2015年在玉林市、南宁市、桂林市、柳州市和百色市等地进行了中试推广，2016年8月参皇鸡1号配套系通过国家畜禽新品种（配套系）审定。

2. 培育方法

通过导入杂交、家系选育、个体选择和分子标记辅助选择等育种技术进行培育。

（1）选育技术路线　　通过筛选地方品种资源，组建专门化品系，按照生产要求和消费趋势，有针对性地改善专门化品系的特定性状，使其更加适应市场需求。采用专门化品系的培育方法，按照父系和母系的要求分别进行选育。专门化品系选育采用闭锁群家系选育法，选育基础群一旦确定，就不再引进外血。对体重、体型外貌等性状采用个体选择独立淘汰法，而对孵化性能及繁殖性能（产蛋数、受精率等）采用家系选择方法。通过6个世代对3个品系持续不断地选育，各品系重点选育性状性能均有较大幅度的提高，主要经济性状均匀度明显改善，且能稳定遗传，各项性能指标达到预期目标。

（2）品系培育　　结合素材特点，根据育种目标，通过导入杂交、家系选择、个体选择和分子标记辅助选择等育种技术来纯合、改善目标性状。

201系主选性状：体重及均匀度、第二性征发育、羽色、受精率等。

202系主选性状：均匀度、产蛋性能、羽色等。

317系主选性状：均匀度、第二性征发育、产蛋性能、羽色等。

采用闭锁群继代选育，系谱孵化，做到所有个体的亲缘关系明确。经系统选育，各品系生产性能均有较大幅度的提高，性状整齐度明显改善，且能稳定遗传。

（3）品系配套　　通过对不同品系组合的配套系进行生产性能测定，从中筛选出了最优的配套组合，实现了父母代种鸡节粮、高产，商品代肉鸡与传统广西三黄鸡外观一致，但生长速度稍快，上市日龄能提前10d左右的育种目标。将该配套系命名为"参皇鸡1号"。

（二）品种总体数量情况

2023年参皇鸡1号总体数量1 060.83万只，其中核心群存栏量8 300套，父母代存栏60万套，商品代存栏约1 000万只。

（三）品种培育成功后的消长形势

参皇鸡1号2016年获得国家畜禽新品种（配套系）证书后，至今选育至13世代。参皇鸡1号紧跟市场需求，持续创新培育方法，不断提升产品品质以适应市场需求，存栏量逐年增长，推广到广西、广东、江西、福建、浙江、云南、海南等10多个省、自治区，深受养殖户和消费者的欢迎。

2016—2022年，参皇鸡1号配套系父母代存栏及商品鸡出栏变化见表1。

（四）品种标准制定、地理标志产品、商标等情况

（1）标准制定　　已制定企业标准《参皇鸡1号配套系品种标准》（QB/GXSHYZJT），已发布地方标准《参皇鸡种鸡生态养殖技术规范》（DB45/T 2604—2022）。

（2）地理标志产品　2022年获得"玉林三黄鸡"地理标志商标使用许可。

（3）商标等情况　公司已注册"参皇"商标。

表1　2016—2022年参皇鸡1号群体数量变动汇总

年份	父母代种鸡存栏（万套）	商品鸡出栏（万只）
2016	20	1 259
2017	33	2 050
2018	45	2 149
2019	60	2 456
2020	66	2 824
2021	62	3 106
2022	60	3 076

三、体型外貌

（一）体型外貌特征

父母代公鸡胸较宽，黄胫，单冠大而红，冠齿5～8个，冠、肉垂、耳叶鲜红色，喙、皮肤、胫均为黄色，头部、颈部、腹部羽毛浅黄色，背部羽毛金黄色，尾羽黑色（图1）。

父母代母鸡体型矮小，紧凑，为矮小型，颈羽、尾羽、主翼羽、背羽、鞍羽、腹羽均为黄色，部分尾部末端的羽毛为黑色，黄皮肤，蛋壳颜色为粉褐色（图2）。

商品代成年公鸡羽毛金黄色，喙、胫、皮肤黄色（图3、图5）。

商品代成年母鸡羽毛淡黄色，喙、胫、皮肤为黄色，胫细短（图4、图6）。

雏鸡公、母鸡均为黄羽、黄胫、单冠。

图1　参皇鸡1号父母代公鸡

图2　参皇鸡1号父母代母鸡

图3　参皇鸡1号商品代公鸡

图4　参皇鸡1号商品代母鸡

图5　参皇鸡1号商品代阉鸡群体

图6　参皇鸡1号商品代母鸡群体

（二）成年体尺和体重

2022年9月15日在玉林市福绵区石和镇石和村广西参皇养殖集团有限公司石和养殖场测定了43周龄参皇鸡1号配套系父母代公、母鸡各30只的体尺和体重，测定结果见表2。

表2　参皇鸡1号43周龄体尺和体重测定数据

性别	体重（g）	体斜长（cm）	龙骨长（cm）	胸宽（cm）	胸深（cm）	胸角（°）	骨盆宽（cm）	胫长（cm）	胫围（cm）
公	2 403.2±150.3	24.1±1.2	13.8±0.8	8.2±0.6	13.4±0.7	101.3±3.1	10.3±0.7	8.6±0.4	4.6±0.2
母	1 752.7±118.9	20.4±0.9	10.7±0.7	7.3±0.4	10.8±0.5	93.9±3.1	8.6±0.6	5.8±0.2	4.1±0.2

四、生产性能

（一）生长性能

2022年7—10月在玉林市福绵区石和镇石和村广西参皇养殖集团有限公司石和养殖场，采用随机抽样的方式，测定了参皇鸡1号商品代公、母鸡各50只1日龄、2周龄、4周龄、6周龄、8周龄、10周龄、13周龄、16周龄的体重，结果见表3。

参皇鸡1号商品代生长性能测定结果显示，112日龄公鸡体重（1 965.9±120.5）g，料重比3.23∶1；112日龄母鸡体重（1 802.9±114.3）g，料重比为3.50∶1。

表3　参皇鸡1号生长性能测定结果（g）

性别	1日龄	2周龄	4周龄	6周龄	8周龄	10周龄	13周龄	16周龄
公	31.4± 1.4	175.7± 9.2	453.3± 27.6	804.2± 50.4	1 124.3± 83.2	1 417.6± 106.9	1 636.3± 89.4	1 965.9± 120.5
母		143.7± 8.6	322.1± 16.4	724.6± 49.7	842.0± 7.8	1 094.8± 73.5	1 503.0± 92.9	1 802.9± 114.3

注：测定时间：2022年7—9月；测定地点：广西参皇养殖集团有限公司石和养殖场；测定单位及说明：广西参皇养殖集团有限公司测定公鸡50只、母鸡50只（放养）。

（二）屠宰性能

2022年11月15日在玉林市广西参皇养殖集团有限公司，采用随机抽样的方式，对115日龄参皇鸡1号商品代公、母鸡各30只进行屠宰测定，结果见表4。

表4　参皇鸡1号屠宰测定结果

性别	宰前活重（g）	屠体重（g）	屠宰率（%）	半净膛率（%）	全净膛率（%）	胸肌率（%）	腿肌率（%）	腹脂率（%）
公	1 929.6± 62.6	1 753.5± 70.2	90.9± 1.5	83.7± 1.7	78.8± 1.9	17.7± 1.9	28.6± 2.2	1.0± 1.0
母	1 922.0± 73.8	1 755.9± 77.6	91.4± 2.3	79.6± 2.7	69.4± 3.1	18.2± 1.8	22.9± 1.5	6.8± 1.5

注：测定时间：2022年11月15日；测定地点：广西参皇养殖集团有限公司石和养殖场；测定单位：广西参皇养殖集团有限公司、广西农业职业技术大学。

（三）肉品质测定

2022年11月15日在玉林市广西参皇养殖集团有限公司，采用随机抽样的方式，对115日龄参皇鸡1号商品代公、母鸡各20只进行肉品质测定，结果见表5。

表5　参皇鸡1号肉品质测定结果

性别	剪切力（N）	滴水损失（%）	pH	肉色			蛋白质（%）	脂肪（%）	水分（%）	灰分（%）
				红度值（a）	黄度值（b）	亮度值（L）				
公	39.9±8.6	2.6±1.0	5.8±0.3	7.0±4.5	7.0±2.7	42.9±4.5	23.6±0.9	1.1±0.3	73.4±0.4	1.2±0.1
母	45.4±11.2	2.1±0.8	5.9±0.3	5.9±3.2	8.6±2.3	42.4±4.1	25.0±0.5	1.0±0.5	72.2±0.4	1.3±0.1

注：测定时间：2022年11月15日；测定地点：广西参皇养殖集团有限公司石和养殖场；测定单位：广西参皇养殖集团有限公司、广西农业职业技术大学。

（四）产蛋和繁殖性能

2021年8—12月，在玉林市福绵区广西参皇养殖集团有限公司石和养殖场，选择3个参皇鸡1号父母代群体，存栏分别为7 683只、7 068只、6 937只，测定产蛋和繁殖性能，结果见表6。

表6　参皇鸡1号父母代繁殖性能测定数据

性状	测定数据
开产日龄（d）	143.7
开产体重（g）	1 414.6±102.6
66周龄入舍鸡产蛋量（个）	180
66周龄饲养日产蛋量（个）	183
300日龄蛋重（g）	44.6±3.1
受精率（%）	94.1
受精蛋孵化率（%）	94.1
入舍母鸡提供健康雏鸡数（只）	146.2
0～24周龄成活率（%）	97.5
产蛋期成活率（%）	95.0
母鸡（66周）淘汰体重（g）	1 687.5±132.2

五、品种推广利用情况

参皇鸡1号通过新品种（配套系）审定以来，推广数量超过1.8亿只；除华南地区以外，还推广至江西、湖南、贵州、云南、海南以及北方部分地区。

六、品种评价和展望

参皇鸡1号是以广西三黄鸡为主要素材培育的节粮型新品种配套系，具有体型外貌一致、遗传性能稳定、繁殖能力好、料重比低、抗病力强等优点。商品代肉鸡不仅保持广西三黄鸡的外貌特征和肉质风味，同时还兼具早熟性好、生长速度适中、肉品质佳等优点。饲养成本低，大幅度提升养殖效益，在同类产品中具有独特优势，因而深受广大消费者和饲养者好评，具有良好的经济效益和社会效益，拥有广阔的推广前景。

参皇鸡1号通过不断优化育种方案，针对不同品系特点和目标对重点性状进行不同方向的选育，根据市场需求持续提升品种的繁殖性能、饲料报酬、生长速度及品种外观一致性，持续提升品种质量和竞争力。随着国内优质品种鸡市场份额的增加，参皇鸡1号父母代和商品代将有着更加宽广的市场前景。

七、附录

1. 参与性能测定的单位及人员

广西参皇养殖集团有限公司：唐雪梅、陈莹、张宗尧。

2. 主要撰稿人员及单位

广西参皇养殖集团有限公司：杨福剑、陈基明。

广西农业职业技术大学：韦凤英。

鸿光麻鸡

一、一般情况

（一）品种名称及类型

鸿光麻鸡配套系（Hongguang partridge chicken cross strain），肉用型培育配套系。

（二）品种分布

鸿光麻鸡种鸡分布于广西壮族自治区玉林市容县，商品代分布于广西、四川、贵州、云南、安徽等省份。

（三）培育单位和参加培育单位

培育单位：广西鸿光农牧有限公司。

参加培育单位：江苏省家禽研究所、广西壮族自治区畜牧研究所、广西大学。

2018年11月获得国家畜禽新品种（配套系）证书，公告号：《中华人民共和国农业农村部公告2018第63号》；畜禽新品种（配套系）证书编号：农09新品种证字第76号。

二、配套系来源及发展

（一）育种素材和培育方法

1. 育种素材

第一父本N系来源于南丹瑶鸡，第一母本L系来源于柳州宏华公司的"柳州麻鸡"，终端父本Q系是崇仁麻鸡公鸡与"邵伯鸡"父本母鸡杂交，F1代母鸡再与南丹瑶鸡公鸡杂交，后代选择青胫、麻羽、快羽的个体闭锁选育而成。

2. 培育方法

（1）基础群选育的主要技术路线　崇仁麻鸡公鸡与"邵伯鸡"父本母鸡杂交，F1代母鸡再与南丹瑶鸡公鸡杂交——选择青胫、麻羽、快羽的个体——封闭繁殖——专门化品系培育——配合力测定、筛选最佳配套组合——中间试验——配套生产、推广应用。

（2）专门化品系培育

①Q系的选育　2003年，利用崇仁麻鸡公鸡与"邵伯鸡"父本母鸡杂交，2004年用南丹瑶鸡公鸡与F1代母鸡再进行一次杂交，在后代中选择青胫、麻羽、快羽的公、母鸡横交固定，闭锁繁育。经过两年的群选群育，待体型外貌等性状稳定遗传后，2008年组建Q系的基础群进行选育。重点选育体重及均匀度，第二性征发育，胸、腿肌，羽色，羽速，胫色等性状。

②N系的选育　2002年从南丹县孵化作坊引进南丹瑶鸡，选择体型外貌符合选育要求的个体进行纯繁。后代选择青胫、麻羽、慢羽的公、母鸡进行选育，经过6年提纯选育，于2009年组建N系基础群，开始进行闭锁选育。重点选育体重及均匀度、第二性征发育、羽色、胫色、羽速、繁殖性能等性状。

③L系的选育　2003年从广西柳州宏华公司引进"柳州麻鸡"父母代6 000套，利用母本中鉴别错误的异性公鸡115只，选择黄胫、麻羽、快羽的89只自繁，通过闭锁繁育、扩群，2005年组建基础群进行世代选育。

（二）品种总体数量情况

2022年鸿光麻鸡配套系总体数量21.3万套。其中，存栏量核心群11 036只，父母代种公鸡2 068只，父母代母鸡152 609只。育成鸡存栏量父母代35 235只。雏鸡父母代12 357只。

（三）品种培育成功后的消长形势

鸿光麻鸡培育成功近5年来，培育方法不断创新，产品寿命大大延长，推广到全国20多个省份，深受养殖户的欢迎，产量逐年增加，至今已推广2.3亿只。

（四）品种标准制定、地理标志产品、商标等情况

已制定有鸿光麻鸡的企业标准，并注册了"鸿光麻鸡"商标，尚未获地理标志产品认定。

三、体型外貌

（一）体型外貌特征

1. 父母代体型外貌

公鸡：快羽，羽毛红褐色，颈羽带麻斑，尾羽、主翼羽和副翼羽麻黑色，单冠直立，冠齿5～8个，冠、肉垂、耳叶鲜红，虹彩红色，喙黑色，胫、趾青色，部分带胫羽，皮肤白色。雏鸡绒毛土黄或暗红色，有蛙背（图1、图2）。

母鸡：慢羽，黄麻羽，尾羽、主翼羽和副翼羽黑色，冠、肉垂、耳叶鲜红色，冠齿5～9个，胫、趾青色，部分带胫羽，皮肤白色。雏鸡绒毛土黄或暗红色，有蛙背（图3、图4）。

2. 上市日龄商品代体型外貌

公鸡：羽色以金红色为主，颈羽带麻斑，尾羽、主翼羽和副翼羽麻黑色，单冠直立，冠齿6～8个，

冠、肉垂、耳叶鲜红，虹彩呈金黄色，胫、趾青色或黑褐色，部分有胫羽，少数有趾羽，皮肤白色（图5）。

母鸡：麻羽，冠、肉垂、耳叶鲜红色，冠齿5～9个，胫、趾青色，部分带胫羽，少数有趾羽，皮肤白色（图6）。

雏鸡：绒毛土黄或暗红色，有蛙背（图7）。

图1　鸿光麻鸡配套系成年公鸡（父系单只公鸡）

图2　鸿光麻鸡配套系成年公鸡（母系单只公鸡）

图3　鸿光麻鸡配套系成年母鸡（父系单只母鸡）

图4　鸿光麻鸡配套系成年母鸡（母系单只母鸡）

图5　鸿光麻鸡配套系商品代公鸡群体

图6　鸿光麻鸡配套系商品代母鸡群体

图7　鸿光麻鸡配套系商品代雏鸡

（二）成年体尺和体重

2022年7月30日，性能测定承担单位广西鸿光农牧有限公司在公司育种中心，以随机抽样的方式抽取鸿光麻鸡配套系父母代公鸡30只、母鸡30只进行成年体尺、体重测定，测定结果见表1。

表1　鸿光麻鸡配套系成年体尺、体重

性别	体重（g）	体斜长（cm）	龙骨长（cm）	胸宽（cm）	胸深（cm）	胸角（°）	髋骨宽（cm）	胫长（cm）	胫围（cm）
公	2 696.2±102	23.3±1.0	13.08±0.71	10±0.5	12.6±1.8	88.1±0.7	4.5±0.3	9.6±0.6	4.5±0.3
母	2 280.8±153	20.1±0.5	11.7±0.6	8.7±0.2	9.9±0.4	87.3±0.8	9.2±0.6	8.3±0.3	4.0±0.3

四、生产性能

（一）生长性能（商品代）

2022年4—7月，在广西鸿光农牧有限公司育种中心，以全群个体全部称重的模式，抽取公鸡98只、母鸡97只进行测定。测定结果见表2。

鸿光麻鸡生长发育性能测定结果显示，平均上市日龄105d，平均上市体重公鸡（2 632±204）g，母鸡（2 192±185）g；全程只均耗料约5.9kg，全程料重比为3.3∶1。

表2　鸿光麻鸡商品代生长性能情况（g）

性别	出生	2周龄	4周龄	6周龄	8周龄	10周龄	12周龄	15周龄
公	41.2±2.7	335±21	750±41	1 205±86	1 615±88	1 930±111	2 321±187	2 632±204
母	41.0±2.8	300±20	664±37	1 051±81	1 535±85	1 760±98	1 950±158	2 192±185

（二）屠宰性能

2022年11月26日在广西鸿光农牧有限公司测定91日龄公、母鸡各30只的屠宰性能，具体测定数据见表3。

表3　鸿光麻鸡屠宰性能

项目	公	母
宰前活重（g）	2 723±93.5	2 219.7±78.8
屠体重（g）	2 459±84.8	2 006±72.1
屠宰率（%）	90.3±0.2	90.4±0.3

项目	公	母
半净膛重（g）	2 243.7±77.6	1 850±66.2
半净膛率（%）	82.4±0.2	83.3±0.2
全净膛重（g）	1 902.7±65.4	1 513±54.2
全净膛率（%）	69.9±0.2	68.2±0.2
胸肌重（g）	343.8±11.7	284.1±9.8
胸肌率（%）	18.1±0.1	18.8±0.2
腿肌重（g）	459.3±15.9	354.4±12.8
腿肌率（%）	24.1±0.2	23.4±0.1
腹脂重（g）	12.1±0.2	40.8±2
腹脂率（%）	0.6±0.1	2.6±0.1

（三）产蛋性能

广西鸿光农牧有限公司测定小组成员统计了该公司2020年1月4日至2022年12月16日，共2 751只鸿光麻鸡的产蛋情况，鸿光麻鸡平均开产日龄（5%产蛋率）161d，至66周龄平均产蛋个数186枚，43周龄平均蛋重（53.2+2.6）g。结果见表4。

表4　鸿光麻鸡产蛋性能

开产日龄（5%产蛋率）（d）	产蛋数（66周龄）（个）	平均蛋重（43周龄）（g）
161±7.4	186±14.3	53.2±2.6

（四）繁殖性能

2022年1月4日至12月16日对3个群体进行测定，其中测定开产体重时，每个群体测定30只母鸡。具体测定数据见表5。

表5　鸿光麻鸡繁殖性能

开产体重（g）	66周龄产蛋数（枚）	种蛋合格率（%）	种蛋受精率（%）	受精蛋孵化率（%）	健雏率（%）	育雏期成活率（%）	育成期成活率（%）	产蛋期成活率（%）
2 064±185	186±14.3	94.2±2.1	94.8±2.4	93.7±1.8	97.8±2.4	98.5±2.7	96.2±2.4	96.2±3.2

五、推广应用情况

鸿光麻鸡培育成功近5年来累计向全国各地推广商品代鸡苗2.3亿多只，父母代种苗700万多套，目前年生产商品代鸡苗3 500万只，父母代种苗50万套左右。

六、品种评价与展望

鸿光麻鸡利用瑶鸡为基础素材，通过杂交改良，体重适度提高，适合大部分青胫鸡市场，并且通过选育后，具有父母代种蛋生产成本较低，商品鸡抗病力有所增强，比较适合国内青胫鸡市场，推广前景广阔。今后仍需在群体均匀度、繁殖性能方面继续选育提高。

七、附录

1. 参与性能测定的单位及人员

广西鸿光农牧有限公司：李帆、张增亮、蒋维维。

2. 主要撰稿人员及单位

广西鸿光农牧有限公司：李毅、黄华敢。

广西农业职业技术大学：韦凤英。

金陵黑凤鸡

一、一般情况

（一）品种名称

金陵黑凤鸡（Jinling heifeng chicken cross strain），属肉用型培育品种（配套系）。

（二）品种分布

主要推广区域为广西、云南、贵州、四川、重庆等省份。

（三）培育单位和参加培育单位

培育单位：广西金陵农牧集团有限公司、中国农业科学院北京畜牧兽医研究所。

参加培育单位：广西壮族自治区畜牧研究所、广西大学。

于2019年4月通过国家畜禽遗传资源委员会审定，获得审定证书，证书编号：农09新品种证字第81号。

二、品种来源及发展

（一）育种素材和培育方法

1. 育种素材

WB系由东兰乌鸡与兴文乌骨鸡（四川山地乌骨鸡）杂交后提纯得到，于2010年组建基础群，2011年开始家系选育，基础群数量为65只公鸡和770只母鸡，按公、母比例1：（11～12）组建全同胞家系并扩繁选育。

GF33A系来源于法国克里莫公司的黑羽矮脚鸡。2005年公司从法国克里莫公司引进2 000只黑羽矮脚鸡进行外貌特征和生产性能的选择。公鸡选择黑羽白肉、红冠、体质健壮、肌肉丰满；母鸡选择黑羽白肉、红冠、体型较好；公、母鸡皮肤为白色，胫为黑色。2007—2010年将选留群体进行横交固定，逐渐淘汰变异个体至群体外貌特征稳定。2011年组建基础群开始闭锁选育，每个世代留种公鸡家系60个以上，观测母鸡数1 300只以上，重点提高产蛋数和种蛋合格率，兼顾群体均匀度。

R1系来源于法国克里莫公司的隐性白羽鸡。2010年将分离的慢羽个体性状遗传基因纯合，于2011年开始选择优良个体建立基础群，组建家系。

2. 培育方法

（1）选育技术路线　根据育种目标，公司育种团队采用三系配套的方式进行配套制种。WB系（东兰乌鸡选育系）作为终端父本使用，选育目标以提高羽毛颜色整齐度、体重均匀度、肌肉乌度和早期增重为主。第一父本为GF33A系，主要选育提高56日龄体重、产蛋数和种蛋合格率，保证羽色均一度。祖代母本采用隐性白羽品系，具有增重快、产蛋性能较好、产肉率高的优点，在胴体外观性能方面能弥补地方鸡种载肉量低的缺点，选育目标以提高产蛋数为主。

在品系选育的同时，开展杂交组合的筛选，对比繁殖性能和商品代的综合性能，尤其关注商品代胸肉乌度，选出适合市场需求的组合进行制种和扩繁。

（2）配套模式　金陵黑凤鸡配套系属三系配套系。该配套系以GF33A系（公）和R1系（母）生产的F1代母鸡作为母本，以WB系为终端父本，向市场提供金陵黑凤鸡父母代种鸡和商品代肉鸡。其配套模式如图1所示：

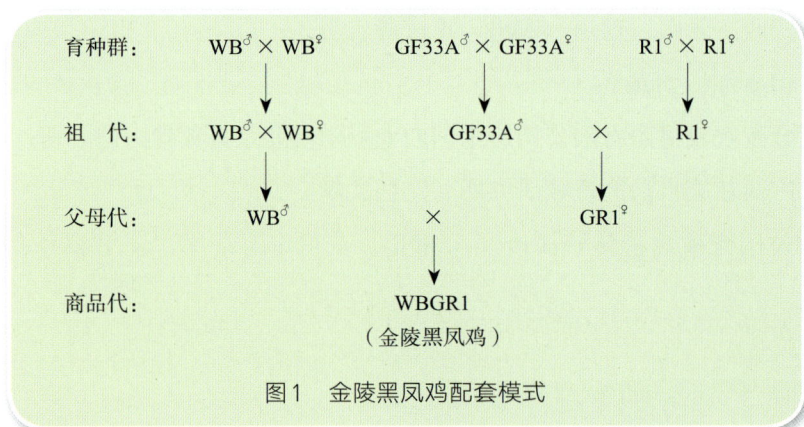

图1　金陵黑凤鸡配套模式

（3）选育基本程序　参见《金陵麻鸡》。

（二）品种总体数量情况

根据第三次全国畜禽遗传资源普查结果，全国统计在册的金陵黑凤鸡三个纯系群体数量11 550只。2021年广西金陵农牧集团有限公司凤鸣种鸡场的祖代群体数量为4.79万只。

（三）品种培育成功后的消长形势

金陵黑凤鸡培育成功以来，紧跟市场发展需求，培育方法不断创新改进，产品推广到全国20多个省份。2019—2021年金陵黑凤鸡群体的消长形势如表1所示。

表1　2019—2021年金陵黑凤鸡存栏变动汇总

数量	2019	2020	2021
父母代种鸡存栏（万套）	7.80	7.50	6.20
商品代鸡苗（万只）	1 150	1 382	1 115

（四）品种标准制定、地理标志产品、商标等情况

制定有金陵黑凤鸡的企业标准（标准编号：Q/JLNM 02—2022），注册了"金陵黑凤鸡"商标，尚未获地理标志产品认定。

三、体型外貌

（一）体型外貌特征

1. 父母代

公鸡：快羽、黑羽、黑脚、黑冠、黑皮肤，单冠、冠叶较大，冠齿5～10个。初生雏鸡的绒羽为黑色（图2）。

母鸡：为矮小型；成年母鸡羽色为黑色；单冠，红冠，冠齿5～9个；喙、胫为黑色。初生雏鸡为黑色，部分腹部有少量白色绒羽。皮肤为浅黄色或白色（图3）。

2. 商品代

公鸡：快羽、黑羽、黑喙、黑冠、黑肤、黑胫、黑肉；颈羽、背羽、尾羽泛墨绿色金属光泽，冠和肉髯黑中透红，单冠，冠齿5～10个。

母鸡：快羽、黑羽、黑喙、黑冠、黑肤、黑胫、黑肉；成鸡母鸡颈羽、背羽、尾羽为黑色，冠和肉髯黑中透红，单冠，冠齿5～10个（图4至图5）。

图2　金陵黑凤鸡父母代公鸡

图3　金陵黑凤鸡父母代母鸡

图4　金陵黑凤鸡商品代群体

图5　金陵黑凤鸡商品代鸡苗

（二）成年体尺和体重

1. 父母代

从301日龄金陵黑凤鸡父母代种鸡群体（母鸡6 089只、公鸡238只）中随机抽取成年公、母鸡各30只，参照《家禽生产性能名词术语和度量统计方法》（NY/T 823）进行体重、体尺测定。父母代种鸡采用封闭式笼养方式，种鸡饲料营养水平为能量11.50MJ/kg，粗蛋白16.2%（公鸡料15.5%），钙3.2%，有效磷0.45%，可消化赖氨酸0.84%。测定结果如表2所示。

表2　金陵黑凤鸡父母代成年体重和体尺

性别	体重（g）	体斜长（cm）	胸宽（cm）	胸深（cm）	胸角（°）	龙骨长（cm）	骨盆宽（cm）	胫长（cm）	胫围（cm）
公	2 740.0±232.8	24.0±1.2	9.5±0.3	10.2±0.6	82.9±6.9	13.2±0.6	8.6±0.7	7.8±0.4	5.0±0.4
母	1 997.0±172.3	20.4±0.7	8.5±0.5	9.2±0.5	84.8±6.9	10.5±0.6	8.1±0.5	6.5±0.2	4.2±0.3

注：2022年6月20日，在广西金陵农牧集团有限公司凤鸣种鸡场，由广西金陵农牧集团有限公司、广西金陵家禽育种有限公司技术人员测定301日龄的金陵黑凤鸡父母代成年公、母鸡各30只的体重、体尺。

2. 商品代

从63日龄金陵黑凤鸡商品代肉鸡群体（母鸡650只、公鸡450只）中随机抽取公、母鸡各30只，参照《家禽生产性能名词术语和度量统计方法》（NY/T 823）进行测定。饲养方式为笼养，肉鸡出栏时饲料营养水平为能量12.75MJ/kg，粗蛋白16%，钙1%，总磷0.52%，赖氨酸0.92%。测定结果如表3所示。

表3 金陵黑凤鸡（63日龄）商品代体重和体尺

性别	体重（g）	体斜长（cm）	胸宽（cm）	胸深（cm）	胸角（°）	龙骨长（cm）	骨盆宽（cm）	胫长（cm）	胫围（cm）
公	2 369.9 ± 143.4	20.6 ± 1.1	7.6 ± 0.7	10.4 ± 0.7	93.6 ± 7.6	10.4 ± 1.1	8.3 ± 0.3	9.1 ± 0.2	4.7 ± 0.3
母	1 871.6 ± 185.6	18.8 ± 1.2	7.1 ± 0.6	10.0 ± 0.7	83.9 ± 8.6	9.7 ± 0.9	7.3 ± 0.3	8.1 ± 0.4	4.1 ± 0.4

注：2022年6月20日，在广西金陵农牧集团有限公司凤鸣种鸡场，由广西金陵农牧集团有限公司、广西金陵家禽育种有限公司技术人员测定63日龄金陵黑凤鸡商品代公、母鸡各30只的体重、体尺。

四、生产性能

（一）父母代

公司团队统计了广西金陵农牧集团有限公司凤鸣种鸡场2020—2021年，3个批次共6 089只父母代种鸡的生产性能，结果如表4所示。

表4 金陵黑凤鸡父母代种鸡生产性能

项目	生产性能
测定鸡群数量（只）	6 089
开产日龄（d）	175
开产体重（kg）	1.63
300日龄蛋重（g）	59.5
66周入舍鸡产蛋数（个）	175.2
66周饲养日产蛋数（个）	182.5
育雏期成活率（%）	99.6
育成期成活率（%）	96.1
产蛋期成活率（%）	89.8
种蛋受精率（%）	95.9
受精蛋孵化率（%）	92.9
母鸡淘汰体重（kg）	2.3

（二）商品代

1. 生长性能

2022年7月6日至10月10日，在广西金陵农牧集团有限公司凤鸣种鸡场，对立体笼养的公鸡550只、母鸡600只，采取每两周随机抽称公、母鸡各30只的方式测定生长性能，各阶段体重见表5。

表5　金陵黑凤鸡商品代肉鸡各阶段体重（g）

性别	出生	2周龄	4周龄	6周龄	8周龄	10周龄
公	41.33± 3.04	244.45± 20.0	749.36± 63.94	1 292.38± 93.96	1 778.68± 159.65	2 326.14± 194.65
母	39.48± 3.09	213.28± 17.98	614.82± 54.31	1 040.67± 83.47	1 440.19± 128.28	1 846.79± 145.21

2. 屠宰性能

2022年10月18日，在广西金陵农牧集团有限公司育种中心，从63日龄金陵黑凤鸡商品代肉鸡群体（母鸡550只、公鸡600只）中随机抽取公、母鸡各30只，参照《家禽生产性能名词术语和度量统计方法》（NY/T 823）进行屠宰性能测定。屠宰性能见表6。

表6　金陵黑凤鸡商品肉鸡（63日龄）屠宰性能

性别	宰前体重（g）	屠体重（g）	屠宰率（%）	半净膛率（%）	全净膛率（%）	腿肌率（%）	胸肌率（%）	腹脂率（%）
公	2 337.69± 161.84	2 076.98± 144.90	88.85± 0.82	82.05± 0.91	69.52± 1.17	19.98± 1.52	19.68± 1.51	3.05± 0.96
母	1 831.27± 160.76	1 629.53± 144.02	88.98± 0.92	82.48± 1.19	69.43± 1.07	19.48± 1.58	19.66± 1.64	2.87± 1.24

3. 肉品质及营养成分

2022年10月18日，在开展金陵黑凤鸡屠宰性能测定的同时进行了肉品质测定。同时，随机抽取公、母鸡各20份胸肌样品送广西壮族自治区分析测试中心进行营养成分测定。金陵黑凤鸡肉品质及营养成分测定结果见表7、表8。

表7　金陵黑凤鸡商品代鸡（63日龄）肉品质

性别	剪切力（N）	滴水损失（%）	pH_{45min}	肉色红度值（a）	肉色黄度值（b）	肉色亮度值（L）	水分（%）	蛋白质（%）	脂肪（%）	灰分（%）
公	37.4	10.6	6.0	5.7	9.4	45.5	71.8	25.8	1.0	1.2
母	41.3	10.5	6.0	5.7	9.5	45.6	72.6	24.9	1.2	1.2

表8　金陵黑凤鸡商品代鸡（63日龄）营养成分

性别	水分（%）	蛋白质（%）	脂肪（%）
公	71.8±6.8	25.8±2.4	1.0±0.1
母	72.6±6.1	24.9±2.1	1.2±0.1

五、品种推广利用情况

金陵黑凤鸡培育成功以来，紧跟市场发展需求，培育方法不断创新改进，已累计向全国各地推广商品代鸡苗1.0亿多只，父母代种苗800多万套，目前年生产商品代鸡苗1 200万只，父母代种苗50万套左右。

六、品种评价和展望

金陵黑凤鸡在保留了东兰乌鸡和兴文乌骨鸡乌骨、黑肉的高营养价值和品质风味特性的基础上，对鸡皮肤和胸肉乌度、均匀度进行持续改进，并采用 dw 基因矮小型和隐性白羽品种参与配套，父母代种鸡具有产蛋率、种蛋合格率高的优点，同时弥补了地方乌骨鸡种鸡繁殖性能差，商品肉鸡产肉量低、生长速度慢等缺点。通过对肉质性状、产肉率、胸肉乌度、均匀度的综合选择，商品代肉鸡达到了肉质风味优良、胴体皮肤紧凑、胸肉丰满等上市需求。该品种父母代雏鸡能羽速自别，产蛋期采食量低，具有节粮的特点（含 dw 基因）；商品鸡羽色全黑带有金属光泽，外貌特征接近广西、四川等地的黑羽乌骨鸡，市场认可度高，具有很好的发展前景。

七、附录

1. 参与性能测定的单位和人员

广西金陵农牧集团有限公司：陈智武。

广西金陵家禽育种有限公司：蔡日春。

广西壮族自治区畜禽品种改良站：邹乐勤。

2. 主要撰稿人员及单位

广西金陵农牧集团有限公司：陈智武。

广西大学：杨秀荣。

广西金陵家禽育种有限公司：余洋。

金陵麻乌鸡

一、一般情况

（一）品种名称

金陵麻乌鸡（Jinling flaxen-feather black-bone chicken cross strain），属肉用型培育品种（配套系）。

（二）品种分布

主要推广区域为广西、云南、贵州、四川、重庆、湖南等省份。

（三）培育单位和参加培育单位

培育单位：中国农业科学院北京畜牧兽医研究所、广西金陵农牧集团有限公司。

参加培育单位：广西壮族自治区畜牧研究所、广西大学。

于2021年2月通过国家畜禽遗传资源委员会审定，获得审定证书，证书编号：农09新品种证字第87号。

二、品种来源及发展

（一）育种素材和培育方法

1. 育种素材

W系来自无量山乌骨鸡保种群与广西麻鸡的正交群体。2002年公司从云南无量山原产区收集并进行保种。2004年与广西麻鸡正交，并横交固定，选留表型特征符合要求的个体。2012年建立基础群，组建家系。

B系来源于上海华清安卡麻鸡与广西南丹瑶鸡的杂交群体。1999年从上海华清引进安卡麻鸡，进行保种和杂交观测。2002年从上海华清安卡麻鸡与广西南丹瑶鸡的杂交群体中选择麻黄羽、红冠、黑胫的鸡只组建基础群，并进行横交继代固定表型。

R1系是用2003年从法国克里莫公司引进的隐性白羽鸡，主要质量性状有隐性白羽、快羽、金银色基因、显性芦花伴性斑纹基因，2004年选择优良个体组建家系基础群。

2. 培育方法

（1）选育技术路线　根据育种目标，公司团队采用三系配套的方式进行配套制种。W系作为终端父本使用，选育目标以提高早期增重和均匀度、鸡肉乌度和产肉率为主。第一父本为B系，平衡选育42日龄体重、43周龄和66周龄产蛋数和种蛋合格率。祖代母本采用隐性白羽品系，具有增重快、产蛋性能较好、产肉率高的优点，在胴体外观性能方面能弥补地方乌骨鸡载肉量低的缺点，选育目标以提高产蛋数为主。在品系选育的同时，开展杂交组合的筛选，对比繁殖性能和商品代的综合性能，尤其关注商品代胸肉乌度，选出优秀组合进行制种和扩繁。

（2）配套模式　金陵麻乌鸡配套系属三系配套系。该配套系以B系（公）和R1系（母）生产的F1代母鸡作为母本，以W系为终端父本，向市场提供金陵麻乌鸡父母代种鸡和商品代肉鸡。其配套模式如图1所示：

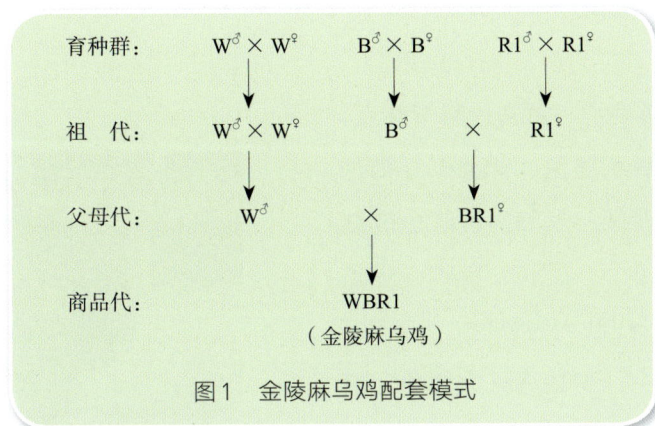

图1　金陵麻乌鸡配套模式

（3）选育基本程序　参见《金陵麻鸡》。

（二）品种总体数量情况

2021年种鸡存栏量父系5 024套，母系143 203套；育成鸡存栏量父系8 184套，母系81 544套；雏鸡存栏量父系13 990套，母系22 105套。

（三）品种培育成功后的消长形势

金陵麻乌鸡培育成功以来，紧跟市场的发展需求，培育方法不断创新改进，已推广到全国20多个省份。2019—2021年金陵麻乌鸡群体的消长形势如表1所示。

表1　2019—2021年金陵麻乌鸡存栏变动汇总

数量	2019	2020	2021
父母代种鸡存栏（万套）	11.50	10.45	12.30
商品代鸡苗（万只）	1 208	1 108	1 266

（四）品种标准制定、地理标志产品、商标等情况

已制定有金陵麻乌鸡的企业标准（标准编号：Q/JLNM 03—2022），注册了"金陵麻乌鸡"商标，不是地理标志产品。

三、体型外貌

（一）体型外貌特征

1. 父母代

公鸡：快羽、高脚、黄麻或黑麻羽、黑胫、黑红冠、黑肤、黑肉、单冠，冠叶较大，冠齿6～10个。成年公鸡羽毛色泽鲜艳光亮，羽毛大多为赤褐色，尾羽墨绿色（图2）。

母鸡：成年母鸡羽毛大多为黄麻色，少数鸡只为麻色、麻褐色、麻黑色，尾羽黑色；单冠、红冠，冠齿5～8个，肉垂、耳叶鲜红色；喙、胫均为黑色，皮肤为浅黄色或白色（图3）。

初生雏鸡：绒羽为浅黄色或略带麻羽。

2. 商品代

公鸡：颈羽红黄色、黄麻羽、黄褐色略带麻点，尾羽黑色有金属光泽，主翼羽黑色，背羽以红褐色为主；体形呈方形，胸宽背阔；冠和肉髯红色或红中透黑，单冠，冠齿7～10个，黑肤、黑脚，喙黑色或褐色带钩状；胫、趾、皮肤均为黑色。

母鸡：羽色以麻黄为主，少数鸡只为麻色、麻褐色、麻黑色；体型较大，方形，胸宽背阔；冠和肉髯红色或红中透黑，单冠，冠齿5～9个，黑肤、黑脚，喙黑色或褐色带钩状；胫、趾、皮肤均为黑色（图4至图6）。

图2 金陵麻乌鸡父母代公鸡

图3 金陵麻乌鸡父母代母鸡

图4 金陵麻乌鸡商品代鸡群体

图5 金陵麻乌鸡商品代鸡群体

图6 金陵麻乌鸡商品代鸡苗

（二）成年体尺和体重

1. 父母代

2022年10月20日，公司团队从301日龄金陵麻乌鸡父母代种鸡群体（母鸡5 850只、公鸡170只）中随机抽取成年公、母鸡各30只，参照《家禽生产性能名词术语和度量统计方法》（NY/T 823）进行体重、体尺测定。父母代种鸡采用封闭式笼养方式。测定结果如表2所示。

表2 金陵麻乌鸡父母代成年体重和体尺

性别	体重（g）	体斜长（cm）	胸宽（cm）	胸深（cm）	胸角（°）	龙骨长（cm）	骨盆宽（cm）	胫长（cm）	胫围（cm）
公	4 322.6±340.6	26.6±0.6	10.6±0.5	12.4±0.4	90.16±6.96	15.6±1.1	11.3±0.8	10.8±0.4	5.8±0.3
母	2 914.0±243.0	23.0±0.61	8.9±0.46	10.7±0.57	91.68±8.98	12.7±0.85	8.6±0.9	8.6±0.33	4.6±0.17

注：2022年10月20日，在广西金陵农牧集团有限公司育种中心，由广西金陵农牧集团有限公司、广西金陵家禽育种有限公司技术人员测定301日龄金陵麻乌鸡父母代公、母鸡各30只的体重、体尺。

2. 商品代

2022年10月20日，公司团队从立体笼养的63日龄金陵麻乌鸡商品代肉鸡群体（母鸡980只、公鸡560只）中随机抽取公、母鸡各30只，参照《家禽生产性能名词术语和度量统计方法》（NY/T 823）进行测定。测定结果如表3所示。

表3 金陵麻乌鸡商品代体重和体尺

性别	体重（g）	体斜长（cm）	胸宽（cm）	胸深（cm）	胸角（°）	龙骨长（cm）	骨盆宽（cm）	胫长（cm）	胫围（cm）
公	2 571.1±167.5	24.1±1.6	9.2±0.8	10.3±0.6	108.9±9.1	12.1±0.7	9.7±0.3	9.5±0.3	4.9±0.4

（续）

性别	体重（g）	体斜长（cm）	胸宽（cm）	胸深（cm）	胸角（°）	龙骨长（cm）	骨盆宽（cm）	胫长（cm）	胫围（cm）
母	2 139.4±143.8	21.8±1.1	8.1±0.8	9.1±0.9	102.5±7.7	10.4±0.9	8.6±0.3	8.6±0.4	4.4±0.3

注：2022年10月20日，在广西金陵农牧集团有限公司育种中心，由广西金陵农牧集团有限公司、广西金陵家禽育种有限公司技术人员测定63日龄金陵麻乌鸡商品代公鸡、母鸡各30只的体重、体尺。

四、生产性能

（一）父母代

公司团队统计了广西金陵农牧集团有限公司凤鸣种鸡场2020—2021年，采用笼养方式饲养的3个批次共7 284只父母代种鸡的繁殖性能和产蛋性能。结果见表4。

表4　金陵麻乌鸡父母代种鸡繁殖和产蛋性能

项目	生产性能
测定鸡群数量（只）	7 284
开产日龄（d）	175
开产体重（kg）	2.4
300日龄蛋重（g）	60.6
66周入舍鸡产蛋数（个）	160
66周饲养日产蛋数（个）	168.8
育雏期成活率（%）	99.5
育成期成活率（%）	96.8
产蛋期成活率（%）	87.3
种蛋受精率（%）	95.5
受精蛋孵化率（%）	93.6

（二）商品代

1. 生长性能

2022年8月17日至10月19日，公司团队对隆安凤鸣农牧有限公司渌水江肉鸡场立体笼养的金陵麻乌鸡商品代雏公鸡600只、雏母鸡1 050只，采取每两周随机抽称公、母鸡各30只的方式测定其生长性能，各阶段体重见表5。

表5 金陵麻乌鸡商品代肉鸡各阶段体重（g）

性别	出生	2周龄	4周龄	6周龄	8周龄	9周龄
公	42.06 ± 2.87	344.77 ± 25.59	945.82 ± 75.31	1 673.58 ± 126.74	2 338.52 ± 190.63	2 629.63 ± 216.18
母	39.67 ± 2.90	307.83 ± 26.95	833.80 ± 72.17	1 416.54 ± 106.34	1 845.41 ± 164.44	2 106.65 ± 181.47

2. 屠宰性能

2022年10月20日，公司团队在广西金陵农牧集团有限公司育种中心，参照《家禽生产性能名词术语和度量统计方法》（NY/T 823），从立体笼养的63日龄金陵麻乌鸡商品代肉鸡群体（母鸡550只、公鸡960只）中随机抽取公、母鸡各30只进行屠宰性能测定。屠宰性能结果见表6。

表6 金陵麻乌鸡屠宰性能

性别	宰前体重（g）	屠体重（g）	屠宰率（%）	半净膛率（%）	全净膛率（%）	腿肌率（%）	胸肌率（%）	腹脂率（%）
公	2 627.67 ± 123.84	2 363.02 ± 111.01	89.93 ± 0.59	82.43 ± 0.86	69.48 ± 0.78	20.11 ± 1.51	20.10 ± 1.30	2.47 ± 1.06
母	2 090.35 ± 145.63	1 882.58 ± 133.66	90.06 ± 0.52	82.49 ± 0.94	68.93 ± 0.56	20.69 ± 1.40	20.60 ± 1.58	3.08 ± 1.04

注：2022年10月20日，在广西金陵农牧集团有限公司育种中心，由广西金陵农牧集团有限公司、广西金陵家禽育种有限公司技术人员测定63日龄公、母鸡各30只的屠宰性能。

3. 肉品质及营养成分

2022年10月20日，在开展金陵麻乌鸡屠宰测定的同时测定其肉品质；同时随机抽取公、母鸡各20份胸肌样品送广西壮族自治区分析测试中心进行营养成分测定。金陵麻乌鸡肉品质及营养成分测定结果见表7、表8。

表7 金陵麻乌鸡商品肉鸡（63日龄）肉品质

性别	剪切力（N）	pH45min	肉色		
			红度值（a）	黄度值（b）	亮度值（L）
公	38.7 ± 3.7	6.0 ± 0.6	5.3 ± 0.5	8.9 ± 0.8	45.3 ± 4.3
母	43.1 ± 3.6	6.0 ± 0.5	6.5 ± 0.5	9.4 ± 0.8	45.2 ± 3.8

注：2022年10月20日，在广西金陵农牧集团有限公司育种中心，由广西金陵农牧集团有限公司技术人员测定63日龄公、母鸡各30只的肉品质性能。

表8　金陵麻乌鸡肉品质主要成分测定

性别	水分（%）	蛋白质（%）	脂肪（%）
公	72.8±6.9	24.8±2.3	0.9±0.1
母	73.4±6.2	24.5±2	0.7±0.1

注：2022年10月由广西壮族自治区分析测试研究中心测定63日龄金陵麻乌鸡公、母鸡胸肌样各20份（笼养）。

五、品种推广利用情况

金陵麻乌鸡自培育成功以来，紧跟市场的发展需求，培育方法不断创新改进，已累计向全国各地推广商品代鸡苗3.2亿多只，父母代种苗1 300万多套，目前年生产商品代鸡苗2 900万只，父母代种苗100万套左右。

六、品种评价和展望

金陵麻乌鸡配套系在保留了地方乌骨鸡的外貌特征和肉品风味的特性上，对早期增重、皮肤和胸肉乌度、均匀度进行持续改进，采用隐性白羽品种参与配套，弥补了地方乌骨鸡种鸡繁殖性能差，商品肉鸡产肉量低、生长速度慢等缺点。通过几个世代对肉质性状、产肉率、胸肉乌度、均匀度的综合选择，商品代肉鸡具有肉质风味优良、胴体皮肤紧凑、胸肉丰满等优点。金陵麻乌鸡配套系肤色、肉色乌度适中，颜色均匀度好，生长速度快，适宜在云南、贵州、四川等西南地区饲养，具有很好的发展前景。

七、附录

1. 参与性能测定的单位和人员

广西金陵农牧集团有限公司：陈智武。

广西金陵家禽育种有限公司：蔡日春。

广西大学：肖聪。

2. 主要撰稿人员及单位

广西金陵农牧集团有限公司：陈智武。

广西大学：杨秀荣。

广西金陵家禽育种有限公司：余洋。

园丰麻鸡2号

一、一般情况

（一）品种名称

园丰麻鸡2号（Yuanfeng partridge chicken Ⅱ cross strain），属肉用型培育品种（配套系）。

（二）品种分布

中心产区位于广西壮族自治区钦州市灵山县，推广区域为广西中西部、广东西部等地区。

（三）培育单位和参加培育单位

培育单位：广西园丰牧业集团股份有限公司。

参加培育单位：广西壮族自治区畜牧研究所、广西大学。

于2021年12月通过国家畜禽遗传资源委员会审定，获得审定证书，证书编号：农09新品种证字第89号。

二、品种来源及发展

（一）育种素材和培育方法

1. 育种素材

终端父系L1系来自公司广西麻鸡（灵山香鸡品系）保种群体，2011年组建基础群，选育目标以体型外貌、体重及其均匀度等性状为主。

第一父系YF系来自海南省文昌市潭牛镇的地方品种文昌鸡，选择外观类似于广西麻鸡的麻黄羽、快羽、黄胫的个体组成品系基础群；2011年开始组建家系，综合选择繁殖性能、体型外貌、体重等。

第一母系D系来源于公司保种的广西麻鸡（里当鸡品系）中分离的白羽鸡，与引进的温氏公司矮脚黄鸡杂交，横交后选留矮脚隐性白鸡；2012年组建基础群后，持续对繁殖性能、体重、体型外貌等性状进行选育。

2. 培育方法

（1）选育技术路线　根据育种目标，对品系资源进行梳理，决定根据品种资源的不同特点，建立专门化品系，根据需求对重点性状进行不同方向的选育，通过品系杂交建立配套系的方式扩繁生产。终端父系重点对外貌特征和增重、体重均匀度、繁殖性能（重点是公鸡的精液量和精液品质）进行选择。母系重点选择繁殖性能和体型外貌、体重等。根据不同选择性状的遗传特点，采用家系选择和个体选择相结合的方法，不断提高品系的生产性能。品系选育过程中同时开展白痢、白血病的监测和净化工作。

根据配套系的育种目标，通过配合力测定，在不同的杂交组合中，筛选最佳的配套组合，产生适合的配套系模式，并进行中试推广试验，根据市场反馈情况对配套系进一步优化。

（2）配套模式　园丰麻鸡2号配套系属三系配套系。该配套系以YF系（公）和D系（母）生产的F1代母鸡作为母本，以L1系为终端父本，向市场提供园丰麻鸡2号父母代种鸡和商品代肉鸡。其配套模式如图1所示：

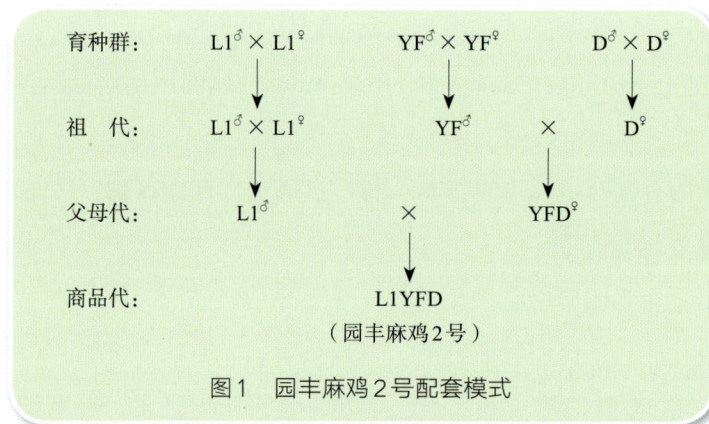

图1　园丰麻鸡2号配套模式

（3）选育基本程序

初生：选留毛色符合要求的健康个体留种饲养，抽查初生重。继代繁殖的第一批检测胎粪白血病阳性，淘汰阳性个体及其亲本母鸡，并将后几个批次阳性母鸡的后代终止孵化和淘汰。

8周龄：全群称个体重，淘汰体重过大或过小的个体，淘汰标准根据不同品系的体重要求而定。

10周龄：全群个体体尺测量和称重，淘汰胫过长和胫围低于或超过平均值5%左右的个体。

18～20周龄：淘汰体型外貌不合格、发育差、体质弱的鸡只和白痢白血病检测阳性个体，转上个体产蛋笼。

上产蛋笼后：收集开产后的前3个种蛋，检测禽白血病，淘汰阳性个体。开始个体产蛋记录。

组建新家系：根据43周个体产蛋数，统计家系全同胞和半同胞成绩，选留产蛋和精液质量优秀的家系。同期进行白痢白血病检测，淘汰阳性鸡。在避免3个世代内近交的情况下，随机组建家系，并继续记录测定母鸡的产蛋成绩到66周龄。

（二）品种总体数量情况

根据第三次全国畜禽遗传资源普查结果，全国统计在册的园丰麻鸡2号3个纯系群体数量为21 800只。2021年，广西园丰牧业集团股份有限公司存栏祖代群体数量为6.63万只。

（三）品种培育成功后的消长形势

园丰麻鸡2号配套系具有红冠、麻羽、黄肤、黄胫等类似广西麻鸡的典型外貌，父母代生产性能好，商品代生长速度适中，适应性强，满足国内特别是广东、广西市场对优质肉鸡的需求，适宜全国各地区饲养和推广，市场前景广阔，饲养量逐年上升。2019年、2020年、2021年，父母代种鸡饲养量分别为13万只、22万只和23万只，年产鸡苗分别为1 810万只、2 990万只和3 150万只。

（四）品种标准制定、地理标志产品、商标等情况

广西园丰牧业集团股份有限公司针对园丰麻鸡2号配套系的父母代和商品代的外貌特征、生产性能参数、饲养管理要求等制定了企业标准《园丰麻鸡2号配套系标准》《园丰麻鸡2号配套系父母代种鸡饲养管理手册》《园丰麻鸡2号配套系商品肉鸡饲养管理手册》和《鸡白痢和禽白血病净化方案》。注册了一系列与园丰相关的畜禽肉类品牌商标。

三、体型外貌

（一）体型外貌特征

1. 父母代

公鸡：黄麻羽、黄喙、黄胫、黄肤，红冠、单冠，冠叶较大，冠齿5～9个，冠、耳叶及肉髯鲜红色，羽毛色泽鲜艳光亮，羽毛大多为红褐色，尾羽墨绿色（图2）。

母鸡：羽毛大多为黄麻色，尾羽黑色，单冠，红冠，冠齿5～8个，冠、耳叶及肉髯鲜红色，喙、胫、皮肤均为黄色（图3）。

雏鸡：绒羽均为虎背斑纹。

2. 商品代

公鸡：头清秀，单冠、红冠，冠高直立，冠叶较大，冠齿5～9个；喙为黄色，有少量棕色；颈羽为金黄色，羽毛长而覆盖整个颈部延长至背部，背部羽毛深黄色或黄红色，尾羽为黑色，泛碧绿色光芒，有3～4根，尾羽长40～50cm；黄胫、黄肤（图4）。

母鸡：黄喙，单冠、红冠、冠直立，冠齿5～9个；颈羽为黄色或有部分哥伦比亚斑纹，背羽为黄色带麻点，尾羽为黑色；黄胫、黄肤（图5）。

雏鸡：头部顶部1/3覆盖棕黑色条状斑纹，喙为黄色，全身绒羽带虎背斑纹。

（二）成年体尺和体重

1. 父母代

2022年8月26日，公司团队从封闭式笼养的300日龄园丰麻鸡2号父母代种鸡群体（母鸡8 230只、

图2　园丰麻鸡2号父母代公鸡

图3　园丰麻鸡2号父母代母鸡

图4　园丰麻鸡2号商品代公鸡

图5　园丰麻鸡2号商品代母鸡

公鸡205只）中随机抽取成年公、母鸡各30只，参照《家禽生产性能名词术语和度量统计方法》（NY/T 823）进行体重、体尺测定。测定结果如表1所示。

表1　园丰麻鸡2号父母代鸡体重和体尺

性别	体重（g）	体斜长（cm）	胸宽（cm）	胸深（cm）	胸角（°）	龙骨长（cm）	骨盆宽（cm）	胫长（cm）	胫围（cm）
公	2 762.00 ± 194.07	25.18 ± 0.82	8.25 ± 0.65	12.11 ± 1.00	90.03 ± 4.42	18.12 ± 0.63	9.92 ± 0.42	9.53 ± 0.22	4.92 ± 0.16
母	2 183.67 ± 174.40	21.55 ± 0.90	6.29 ± 0.65	7.48 ± 0.26	90.77 ± 3.08	12.62 ± 0.77	8.28 ± 0.54	7.52 ± 0.26	4.18 ± 0.20

注：2022年8月26日，在广西园丰牧业集团股份有限公司白水种鸡场，由技术人员测定300日龄园丰麻鸡2号父母代成年公、母鸡各30只的体重、体尺。

2. 商品代

2022年8月26日，公司团队从开放式平养的112日龄园丰麻鸡2号商品代肉鸡群体（母鸡2 880只、公鸡2 890只）中随机抽取公、母鸡各30只，参照《家禽生产性能名词术语和度量统计方法》（NY/T 823）进行测定。测定结果如表2所示。

表2　园丰麻鸡2号商品代鸡体重和体尺

性别	体重（g）	体斜长（cm）	胸宽（cm）	胸深（cm）	胸角（°）	龙骨长（cm）	骨盆宽（cm）	胫长（cm）	胫围（cm）
公	2 493.53± 206.09	22.66± 0.64	8.99± 0.34	11.87± 0.53	91.67± 2.87	12.06± 0.60	9.40± 0.48	9.31± 0.37	4.75± 0.24
母	1 788.63± 160.87	19.39± 0.47	7.92± 0.47	10.34± 0.47	91.30± 2.37	10.88± 0.95	8.09± 0.52	7.62± 0.18	4.18± 0.14

注：2022年8月26日，在广西壮族自治区钦州市灵山县灵城镇白水村园丰集团白水种鸡场，由广西园丰牧业集团股份有限公司技术人员测定112日龄园丰麻鸡2号商品代公、母鸡各30只的体重、体尺。

四、生产性能

（一）父母代

公司团队统计了广西园丰牧业集团股份有限公司白水种鸡场2020—2022年采用笼养方式饲养的5个批次，共33 840只父母代种鸡的繁殖和产蛋性能。结果如表3所示。

表3　园丰麻鸡2号父母代种鸡繁殖和产蛋性能

项目	生产性能
测定鸡群数量（只）	33 840
开产日龄（d）	168
开产体重（kg）	1.58
300日龄蛋重（g）	52.7
66周入舍鸡产蛋数（个）	158.5
66周饲养日产蛋数（个）	165.4
育雏期成活率（%）	98.11
育成期成活率（%）	97.93
产蛋期成活率（%）	92.82
种蛋受精率（%）	95.04
受精蛋孵化率（%）	92.14
淘汰母鸡重（kg）	2.3

注：2020—2022年，在广西壮族自治区钦州市灵山县灵城镇白水村园丰集团白水种鸡场统计5个批次，共33 840只父母代种鸡的繁殖性能和产蛋性能。

（二）商品代

1. 生长性能

2022年，公司团队在广西园丰牧业集团股份有限公司白水种鸡场，对开放式平养的商品代园丰麻鸡2号（雏公鸡、雏母鸡各3 000只）采用每两周随机抽称公、母鸡各30只的方式进行了生长性能测定，并统计料重比，各阶段体重和料重比见表4。

表4　园丰麻鸡2号商品代肉鸡各阶段体重和料重比

周龄	公		母	
	体重（g）	料重比	体重（g）	料重比
0	34.04	—	33.60	—
2	170.10	0.75	159.90	0.78
4	400.90	0.96	334.60	1.19
6	750.30	1.58	575.60	1.70
8	1 135.80	1.72	866.40	1.88
10	1 595.40	2.17	1 166.10	2.26
13	1 997.50	2.88	1 577.27	3.24
16	2 532.30	3.43	1 976.80	3.63

注：2022年8月26日，在广西园丰牧业集团股份有限公司白水种鸡场，由公司技术人员测定园丰麻鸡2号不同生长阶段的商品代公、母鸡各30只的平均体重和料重比。

2. 屠宰性能

2022年8月26日，公司团队从广西园丰牧业集团股份有限公司白水种鸡场开放式平养的112日龄园丰麻鸡2号商品代肉鸡群体（存栏母鸡2 880只、公鸡2 890只）中随机抽取公、母鸡各30只，参照《家禽生产性能名词术语和度量统计方法》（NY/T 823）进行屠宰性能测定。结果见表5。

表5　园丰麻鸡2号商品代鸡（112日龄）屠宰性能

性别	宰前活重（g）	屠宰率（%）	半净膛率（%）	全净膛率（%）	胸肌率（%）	腿肌率（%）	腹脂率（%）
公	2 103.90 ± 210.43	90.21 ± 0.65	79.46 ± 2.57	69.43 ± 2.10	16.69 ± 1.27	28.64 ± 2.49	3.83 ± 0.43
母	1 913.30 ± 144.60	92.95 ± 0.57	80.54 ± 1.85	65.49 ± 3.17	17.30 ± 0.87	21.22 ± 1.13	6.41 ± 0.54

注：2022年8月26日，在广西园丰牧业集团股份有限公司白水种鸡场，公司技术人员测定112日龄商品代公、母各30只鸡的屠宰性能指标。

3. 肉品质及营养成分

2018年，在广西园丰牧业集团股份有限公司白水种鸡场，从园丰麻鸡2号商品代肉鸡群体（存栏母鸡2 880只、公鸡2 890只）中随机抽取公、母鸡各30只（公鸡测定日龄98日，母鸡测定日龄112日），由农业农村部家禽品质监督检验测试中心（扬州）测定肉品质和营养成分，结果分别见表6和表7。

表6　园丰麻鸡2号商品代鸡肉品质

性别	剪切力（N）	pH	肉色		
			红度值（a）	黄度值（b）	亮度值（L）
公	42.14	5.92	2.45	6.46	53.79
母	50.13	5.93	1.45	8.59	57.18

注：2018年7月18日，在农业农村部家禽品质监督检验测试中心（扬州）实验室，由农业农村部家禽品质监督检验测试中心技术人员测定商品代公鸡（98日龄）、母鸡（112日龄）各30只的肉品质性能指标。

表7　园丰麻鸡2号商品代鸡营养成分

性别	水分（%）	蛋白质（%）	脂肪（%）
公	77.50	23.64	2.13
母	76.79	22.93	1.96

注：2018年7月18日，在农业农村部家禽品质监督检验测试中心（扬州）实验室，由农业农村部家禽品质监督检验测试中心技术人员测定商品代公鸡（98日龄）、母鸡（112日龄）各30只的肉营养成分指标。

五、品种推广利用情况

2019年、2020年、2021年，园丰麻鸡2号父母代种鸡饲养量分别为13万只、22万只和23万只，年产鸡苗分别为1 810万只、2 990万只和3 150万只。母鸡苗主要发往园丰集团"公司+农户"饲养，公鸡苗主要销往广西南部、中部和广东西部等地区做阉鸡，年产值达10亿元以上。

六、品种评价和展望

园丰麻鸡2号具有抗逆性强、耐粗饲、肉质鲜美的优点，满足国内特别是广西、广东市场对优质肉鸡的需求，适宜全国各地区饲养和推广。

园丰麻鸡2号利用了dw基因，使父母化种鸡具备节粮优势，同时利用了隐性白羽基因，提高商品鸡生长速度，对企业育种成果起到了保护作用。

园丰麻鸡2号以灵山香鸡为主要血缘，结合了文昌鸡和矮脚黄鸡优质品系，优质地方鸡血缘占

87.5%，具备了优质、抗病和外观符合消费要求等众多优点。与灵山香鸡相比，外貌相似，生长速度提高36%，饲料报酬提高 5.4%，商品鸡均匀度提高 20% 以上，市场前景广阔。

七、附录

1. 参与性能测定的单位和人员

广西园丰牧业集团股份有限公司：袁天梅。

广西大学：杨秀荣。

广西农业职业技术大学：韦凤英。

2. 主要撰稿人员及单位

广西园丰牧业集团股份有限公司：袁天梅、莫元金。

广西大学：杨秀荣。

富 凤 麻 鸡

一、一般情况

（一）品种名称

富凤麻鸡配套系（Fufeng artridge chicken cross strain），黄羽肉用型品种（配套系）。

（二）品种分布

种鸡主要分布南宁市兴宁区三塘镇广西富凤农牧集团有限公司、南宁市隆安县广西富凤鸡育种有限公司，鸡苗分布于广西、广东、湖南、浙江、江苏、湖北等省份。

（三）培育单位和参加培育单位

培育单位：广西富凤农牧集团有限公司。

参加培育单位：广西壮族自治区畜牧研究所、广西大学。

于2022年12月通过国家畜禽遗传资源委员会审定，获得审定证书，证书编号：农09新品种证字第99号。

二、配套系来源及发展

（一）育种素材和培育方法

1. 育种素材

M3系（终端父系）来源于广西麻鸡（灵山香鸡）。2002年从原产地广西壮族自治区灵山县收集种蛋20 000个，经过孵化，选择符合品种标准的公鸡252只，母鸡2 060只闭锁繁育，2012年建成了自治区级广西麻鸡保种场。2012年开始组建家系选育，每个世代组建70～80个家系，上笼母鸡测定数1 300只以上。

M1系（第一父系）来源于广西麻鸡（里当鸡）。2003年从原产地广西壮族自治区马山县里当乡收集种蛋9 600个，出雏7 072只鸡苗，经过十年闭锁繁育，2012年开始组建家系选育，每个世代组建70～80个家系，上笼母鸡测定数1 300只以上。

B系（母系）来源于隐性白羽鸡。2012年从广东台山科朗有限公司引入法国哈伯德隐性白羽鸡2 000套，2013年开始组建家系选育，每个世代组建75～80个家系，上笼母鸡测定数1 300只以上。

2. 培育方法

（1）技术路线　收集灵山香鸡和里当鸡为育种素材—闭锁繁育—引进隐性白羽鸡—专门化品系培育—配合力测定、筛选最佳配套组合—中间试验—配套生产、推广应用。

（2）各品系重点选育性状

M3系：重点选择早熟性，体重均匀度，肌纤维密度和胸、腿肌发育。

M1系：重点选择产蛋数、体重均匀度和早熟性。

B系：重点选择产蛋数。

（二）品种总体数量情况

2022年品种总体数量为28.55万套。其中，存栏量核心群7 500只，祖代种鸡父系3 000只，母系25 000只，父母代种鸡25万只。

（三）品种培育成功后消长形势

富凤麻鸡配套系于2022年11月通过了国家畜禽新品种配套系审定，2021年、2022年、2023年父母代种鸡饲养量分别为18万只、20万只和24万只，年产鸡苗分别为1 900万只、2 100万只、2 600万只。

（四）品种标准制定、地理标志产品、商标等情况

（1）制定品种企业标准4项　《富凤麻鸡父母代种鸡饲养规程》《富凤麻鸡商品代鸡饲养规程》《禽白血病净化方案》《鸡白痢净化方案》。

（2）商标　富凤、富凤农牧。

三、体型外貌

（一）体型外貌特征

1. 父母代

公鸡：头细、颈短、体短，体形浑圆、结构匀称，背毛紧凑。体羽以棕红色为主，其次为棕黄色；颈羽呈棕红色或金黄色；胸、腹羽为棕黄色，部分红褐色；主翼羽黑色，尾羽弯长呈墨绿色，有光泽；单冠直立，颜色鲜红，大而厚，冠齿5～7个；肉垂、耳叶红色；喙、胫及皮肤呈黄色，鸡距发育较快（图1）。

母鸡：体羽以黄麻或棕黄麻为主，尾羽黑色；单冠，色泽红润，较大，冠齿5～7个；肉垂、耳叶红色；喙、胫及皮肤呈黄色（图2）。

2. 商品代

公鸡：胸宽体深背平，体躯结实，体形紧凑适中，早熟。全身羽毛以棕红色或金黄色为主；颈部金黄色或带有少量黑斑；背、腹部羽金黄色；主翼羽黑色，尾羽弯长呈墨绿色有光泽；单冠直立，颜色鲜红，较大，较厚，冠齿5～7个；肉垂、耳叶红色；喙、胫及皮肤呈黄色；距发育较快。阉鸡羽毛光鲜亮丽且尾羽黑色弯长、有金属光泽，距较长（图3）。

母鸡：颈短，体躯短，体形浑圆，结构匀称，被毛紧凑。体羽以黄麻或棕麻为主；尾羽黑色；单冠，颜色鲜红，较大，冠齿5～7个；肉垂、耳叶红色；喙、胫及皮肤呈黄色（图4至图5）。

图1 富凤麻鸡父母代成年公鸡

图2 富凤麻鸡父母代成年母鸡

图3 富凤麻鸡商品代公鸡

图4 富凤麻鸡商品代母鸡

图5 富凤麻鸡商品代雏鸡

（二）成年体尺和体重

2022年12月20—24日公司技术团队以随机抽样的方式，对300日龄的富凤麻鸡父母代公、母鸡各30只，112日龄的商品代公、母鸡各30只进行体尺、体重测定。父母代场在南宁市兴宁区三塘镇路东村广西富凤农牧集团有限公司留肖种鸡场，存栏父母代种鸡20万套，饲养方式为全程笼上饲养。商品代场在隆安县肉鸡场，饲养量15 000只，饲养方式为地面平养。测定结果见表1、表2。

表1　富凤麻鸡父母代（300d）体重、体尺测定结果

性别	体重（g）	体斜长（cm）	龙骨长（cm）	胫长（cm）	胫围（cm）	胸宽（cm）
公	2 877.40±162.57	23.71±1.37	12.80±0.66	8.84±0.49	5.13±0.30	8.49±0.59
母	2 145.63±132.22	21.44±1.12	10.65±0.59	6.93±0.40	4.10±0.23	7.30±0.44

注：测定时间：2022年12月20日，群体数量：9 500只，测定数量：公鸡30只、母鸡30只，测定地点：广西富凤农牧集团有限公司，南宁市兴宁区三塘镇路东村。

表2　富凤麻鸡商品代（112d）体重、体尺测定结果

性别	体重（g）	体斜长（cm）	龙骨长（cm）	胫长（cm）	胫围（cm）	胸宽（cm）
公	2 130±85.20	19.4±0.53	11.7±0.30	8.3±0.17	4.1±0.12	7.85±0.31
母	1 831±54.93	18.2±0.66	10.6±0.44	7.4±0.22	3.6±0.09	7.24±0.21

注：测定时间：2022年12月24日，群体数量：1.5万只，测定数量：公鸡30只、母鸡30只，测定地点：广西富凤农牧集团有限公司，南宁市隆安县城厢镇东信村。

四、生产性能

（一）繁殖和产蛋性能

2021年7月1日至2022年12月31日，公司技术团队在南宁市兴宁区三塘镇路东村广西富凤农牧集团有限公司留肖种鸡场测定了富凤麻鸡父母代的繁殖和产蛋性能，群体数量35万只，测定数量15万只。父母代开产日龄131～136d，开产体重1 520～1 750d，66周龄饲养日母鸡产蛋量182～189个，66周龄入舍母鸡产蛋量175～182个，300日龄蛋重42～48g，受精率93%～97%，受精蛋孵化率91%～93%，入舍母鸡提供健康雏禽数130～135只，0～24周成活率94%～96%，产蛋期成活率92%～93%，母鸡淘汰体重2.10～2.25kg。具体数据见表3。

（二）生长性能

2022年8月10日至12月24日，公司技术团队在广西富凤农牧集团有限公司隆安基地测定了商品代富凤麻鸡的生长性能，群体数量公鸡8 500只、母鸡600万只，测定数量公鸡8 500只、母鸡4.5万只。商品代母鸡112日龄平均体重1.85～1.95kg，料重比（3.60～3.80）：1，上市率93%～95%；商品代公鸡112日龄平均体重2.10～2.20kg，料重比（3.5～3.6）：1，上市率94%～95%；阉公鸡140日龄体重2.75～2.90kg，料重比（4.40～4.50）：1，上市率88%～90%。具体测定数据见表4。

一

二

三

四

五

六

七

培育品种

表3 富凤麻鸡父母代种鸡生产性能测定结果

检验项目		生产性能测定
孵化性能	受精率（%）	93.5～97.1
	受精蛋孵化率（%）	90.5～93.4
	入孵蛋孵化率（%）	87.3～89.5
	健雏率（%）	98～98.5
产蛋性能 （21～66周龄）	开产日龄（产蛋率5%）（d）	131～136
	开产体重（g）	1 520～1 750
	入舍母鸡产蛋数（个）	175～182
	饲养日母鸡产蛋数（个）	182～189
	入舍母鸡产合格种蛋数（个）	161～167
	饲养日母鸡产合格种蛋数（个）	167～174
母系母鸡 成活率和耗料量	0～20周龄成活率（%）	95～98
	21～66周龄成活率（%）	92～93
	0～20周龄只耗料量（kg）	7.5～7.8
	21～66周龄只耗料量（kg）	32～33

注：测定时间：2021年7月1日至2022年12月31日，群体数量：35万只，测定数量：15万只，测定地点：广西富凤农牧集团有限公司，南宁市兴宁区三塘镇路东村。

表4 富凤麻鸡配套系生长性能测定数据（g）

日龄	公	母	日龄	公	母
出生	37	32	63d	1 170	998
1d	88	83	70d	1 365	1 122
14d	176	162	77d	1 520	1 258
21d	304	263	84d	1 710	1 393
28d	425	364	91d	1 815	1 519
35d	555	495	98d	1 920	1 646
42d	715	613	105d	2 025	1 760
49d	860	744	112d	2 130	1 837
56d	995	875			

注：测定时间：2022年8月10日至12月24日，群体数量：公鸡8 500只，母鸡600万只，测定数量：公鸡8 500只，母鸡4.5万只，测定地点：广西富凤农牧集团有限公司，隆安县城厢镇东信村。

（三）屠宰性能

2022年5月25日，在广西富凤农牧集团有限公司对富凤麻鸡作了屠宰性能测定，结果如下：屠宰率公鸡89%～90%、母鸡91%～92%，腹脂率公鸡2%～3%、母鸡5%～6%，胸肌率公鸡14%～15%、母鸡16%～17%，详见表5。

表5　富凤麻鸡商品肉鸡屠宰性能结果（112日龄）

项目	公	母
活体重（g）	2 103±180.0	1 733±145.0
屠体重（g）	1 885±157.0	1 578±132.0
屠宰率（%）	89.6±1.4	91.1±1.5
半净膛重（g）	1 740±146.0	1 432±120.0
半净膛率（%）	82.7±0.9	82.6±0.9
全净膛重（g）	1 413±115	1 155±97.0
全净膛率（%）	67.2±2.0	66.7±2.0
胸肌重（g）	208±18.0	188±16.0
胸肌率（%）	14.7±0.9	16.3±1.0
腿肌重（g）	350±30	224±18.0
腿肌率（%）	24.8±1.3	19.4±1.0
腹脂重（g）	34±3.0	64±5.0
腹脂率（%）	2.4±0.2	5.3±0.3

注：测定时间：2022年5月25日，群体数量：公鸡8 500只，母鸡1.5万只，测定数量：公鸡30只、母鸡30只，测定地点：广西富凤农牧集团有限公司，隆安县城厢镇东信村。

（四）肉品质

在开展富凤麻鸡屠宰测定的同时开展了肉品质测定。结果表明，富凤麻母鸡肉pH为5～6，剪切力23.81N，系水力55.50%，肌内脂肪含量1.75%，肌苷酸1.8mg/g。详见表6。

表6　富凤麻鸡母鸡肉品质测定结果

肌内脂肪含量（%）	pH	系水力（%）	剪切力（N）	肌纤维直径（μm）	肌纤维密度（根/mm²）
1.75±0.21	5.99±0.01	55.50±2.10	23.81±2.25	49.12±2.32	485.89±38.77

注：测定时间：2022年5月25日，群体数量：1.5万只，测定数量：30只，测定地点：江苏省家禽科学研究所。

2022年9月2日，在广西农业职业技术大学开展了30只富凤麻鸡阉公鸡的肉质测定，测定结果见表7。

表7　富凤麻鸡阉公鸡肉品质测定结果

项目	测定结果
肌内脂肪含量（％）	1.93 ± 0.23
肌苷酸（mg/g）	1.81 ± 0.05^{a}
蛋白质（每百样品中的含量，g）	23.44 ± 0.32
pH	5.60 ± 0.11
肉色亮度值（L）	34.61 ± 2.31
肉色红度值（a）	3.90 ± 0.30
肉色黄度值（b）	5.92 ± 0.83
剪切力（N）	44.99 ± 3.4^{a}
总氨基酸（每百样品中的含量，g）	15.06 ± 0.29
鲜味氨基酸（每百样品中的含量，g）	2.90 ± 0.07
甜味氨基酸（每百样品中的含量，g）	5.24 ± 0.13

注：测定时间：2022年9月2日；测定地点：广西农业职业技术大学。

五、品种推广利用情况

富凤麻鸡父母代种鸡存栏25万套，年产商品代鸡苗2 600万只，年饲养出栏商品肉鸡2 200万只。产品在华南市场大面积推广，同时在湖南、浙江、江苏、湖北等省份均有销售。

六、品种评价和展望

富凤麻鸡配套系构成中充分利用了广西麻鸡独特的资源优势，同时引入带有慢羽基因、繁殖性能好、产肉性能高的隐性白羽鸡，经与广西麻鸡杂交配套，生产的父母代种鸡具有繁殖性能好、可快慢羽自别雌雄，商品代肉鸡不仅保持广西麻鸡的外貌特征，还具有早熟性好、生长速度适中、腿肌率高、肉品质优等特点。公鸡和阉鸡鸡距的长度达到上市要求的时间提前了7～10d，饲养成本大幅度降低，养殖效益大幅度提高，在同类产品中具有明显的优势。已经制定了富凤麻鸡三个企业标准，该配套系在华南市场大面积推广，年累计推广2 600万只，具有良好的经济效益和社会效益，具有广阔的推广前景。

七、附录

1. 参与性能测定的单位及人员

广西富凤农牧集团有限公司：唐燕飞、蒋华连、韦宗海。

2. 主要撰稿人员及单位

广西富凤农牧集团有限公司：唐燕飞、蒋华连。

广西农业职业技术大学：韦凤英。

四、引入品种

广西畜禽遗传资源志（2024年版）

摩拉水牛

一、品种名称及类型

（一）品种名称及类型

摩拉水牛（Murrah buffalo），乳用型品种。

（二）原产国及在我国的分布情况

摩拉水牛原产于印度旁遮普（Punjab）和德里（Delhi）南部，在印度和巴基斯坦的广大地区都有大量饲养，国营和民营农场也大量饲养，公牛广泛用来改良当地水牛。中国、东南亚及欧洲许多国家也曾引进过摩拉水牛。我国的摩拉水牛主要饲养于广西、广东、云南、福建、湖北等地。

（三）原产区自然生态条件

印度位于南亚次大陆，印度半岛位于赤道以北、北回归线以南，北纬8°24′—37°36′，东经68°7′—97°25′，国土面积约298万km²。从喜马拉雅山向南，一直伸入印度洋，北部是山岳地区，中部是印度河–恒河平原，南部是德干高原及其东西两侧的海岸平原，海拔不超过1 000m。多条河流发源于或流经印度，全境炎热，大部分属于热带季风气候，年降水量500～10 000mm，冬天时受喜马拉雅山脉屏障影响，几乎无寒流或冷高压南下影响印度。在热带季风气候及适宜农业生产的冲积土和热带黑土等肥沃土壤条件的配合下，大部分土地可供农业利用，农作物一年四季均可生长，有着得天独厚的自然条件。

摩拉水牛引入我国后的主要分布地区广西南宁为广西四大盆地之一，平均海拔74～79m，最高处496m。地处南亚热带季风区，主要气候特点是炎热潮湿。年平均气温21.7℃，冬季最冷的1月平均气温12.8℃，夏季最热的7—8月平均气温28.2℃；降水丰富，年降水量为1 300mm左右，平均相对湿度为79%。境内主要河流为邕江，支流众多，主要河流均属珠江流域西江水系，较大的河流有邕江、右江、左江、红水河、武鸣河、八尺江等，水资源总量为556亿m³左右；南宁市土壤类型主要有砖红壤、赤红壤、红壤、黄壤和隐域性土壤等。

南宁市主要农作物以水稻（28万hm²）为主，旱地作物有玉米（11.2万hm²）、黄豆（3.33万hm²）、花生、甘薯、甘蔗等；草地面积为4.8万hm²；可生产大量的稻草、玉米秸秆和甘蔗叶/尾用于养牛；为水牛提供了丰富的饲料资源。

二、品种来源及发展

（一）品种来源

我国于1957年从印度进口摩拉水牛55头（公牛5头、母牛27头、犊牛23头），分配给广西35头，广东20头；此后的1993年和1995年，印度国家奶业发展局和印度国家奶业研究院赠送了8个血统共2 300支冻精用于摩拉水牛的繁育，国内现存的摩拉水牛均是这批牛和冻精繁殖的后代。主要分布在广西、广东、云南、贵州、福建、湖南、湖北等省（自治区）。原种摩拉水牛由广西壮族自治区畜牧研究所水牛研究室（现广西壮族自治区水牛研究所）进行繁殖和培育，经过与我国沼泽型水牛杂交后形成杂交摩拉水牛，经过60多年的级进杂交改良，目前市场上可见的高代杂交摩拉水牛已近于纯种。

（二）群体数量及变化情况

纯种摩拉水牛自引入我国以来分别在广西、广东进行纯繁，但广东的原种摩拉水牛由于各种原因未能延续。自1957年至今，广西纯种繁育的摩拉水牛达3 500头，第三次全国畜禽遗传资源普查数据显示，摩拉水牛群体数量为1 966头，与2006年底存栏量170头相比增长了10.5倍。其中，广西存栏1 112头，主要由广西壮族自治区水牛研究所水牛种畜场和广西壮族自治区畜禽品种改良站进行饲养繁殖与推广；社会上的杂交摩拉水牛经过不断的级进杂交，血统几乎接近原种，但未经鉴定与品种登记。

三、体型外貌

摩拉水牛属大型水牛，全身皮肤和被毛呈黝黑色。少部分尾帚为白色；角为黑色，蹄多为黑褐色。躯干雄壮，胸部发达深厚，胸垂大，肋骨开张，鬐甲突起，无肩峰。

公牛前躯较发达，体躯长、宽、深，肋骨长而开张，胸深、宽，腹部紧凑、大小适中，腰直阔，前躯稍高，尻较窄且稍斜。腰腹短，腹大，大部分有小脐垂，头粗重、宽而雄伟，头颈结合良好；角短、卷曲，角基粗大。四肢端正且结实，蹄圆大直立、坚实，系部有力；尾部着生低，尾根粗并渐变尖细，尾端抵飞节以下；雄性特征明显。

母牛前躯轻狭，后躯厚重呈楔形，腰角显露，背腰平直，尻宽而光滑且微斜，尻骨突出，尻间宽，尾长；鬐甲突起，无肩峰，胸深、宽，胸垂突出，肋骨开张，腹大而不下垂；四肢端正结实，肢势良好，飞节明显，蹄圆坚实。成年母牛头清秀狭长，眼大有神，前额宽阔略突，鼻镜宽广、鼻梁平直，角卷曲；乳房呈圆盆状，附着良好，乳静脉显露；乳头较长、大小适中，分布匀称（图1至图3）。

图1　摩拉水牛公牛

图2　摩拉水牛母牛

图3　摩拉水牛群

四、体尺和体重

根据广西壮族自治区水牛研究所水牛种畜场2021—2022年度测定摩拉水牛成年公、母牛体重、体尺数据，公牛平均体高为（145.1±7.8）cm，平均体重为（698.0±178.3）kg；母牛平均体高为（141.0±4.6）cm，平均体重为（660.8±51.7）kg。与第二次全国畜禽遗传资源调查数据对比，公牛体重略有下降，其他指标基本持平；母牛各指标均有所增长。详见表1。

表1　摩拉水牛成年牛体重和体尺（2022）

性别	数量（头）	鬐甲高（cm）	十字部高（cm）	体斜长（cm）	胸围（cm）	腹围（cm）	管围（cm）	体重（kg）
公	11	145.1±7.8	144.8±4.6	155.9±6.5	220.8±10.4	241.3±5.0	27.6±1.7	698.0±178.3
母	12	141.0±4.6	141.8±5.6	154.3±7.2	227.9±11.5	257.0±8.5	27.2±1.4	660.8±51.7

注：数值表示为均值 ± 标准差；2021—2022年在广西壮族自治区水牛研究所水牛种畜场测定。

五、生产性能

（一）生长性能

根据广西壮族自治区水牛研究所水牛种畜场2018—2022年资料统计，摩拉水牛初生重29.5～42.6kg，18月龄体重313.0～401.0kg。详见表2。

表2　摩拉水牛生长性能（kg）

月龄	性别	数量（头）	体重
出生	公	14	38.8±4.4
	母	20	36.5±2.4
6月龄	公	13	177.9±14.9
	母	20	158.9±18.1
12月龄	公	14	279.0±19.0
	母	20	276.9±22.2
18月龄	公	14	382.5±71.2
	母	20	366.7±25.9
24月龄	公	—	—
	母	—	—

注：数值表示为均值 ± 标准差；2018—2022年在广西壮族自治区水牛研究所水牛种畜场测定。

（二）育肥性能

2022年7月6日，广西壮族自治区水牛研究所水牛种畜场选取了21头（公牛20头、母牛1头）摩拉水牛进行强度育肥试验，经过3个月的育肥，公牛平均日增重为（0.9±0.2）kg，母牛日增重为1.0kg。详见表3。

表3　摩拉水牛育肥性能（2022）

性别	数量（头）	育肥开始年龄（月）	育肥时间（月）	初测体重（kg）	终测体重（kg）	日增重（kg）
公	20	22.1±3.8	3	399.8±50.8	477.0±53.7	0.9±0.2
母	1	26	3	478	571	1.0

注：初测体重、终测体重、日增重采用均值 ± 标准差；育肥地点：广西壮族自治区水牛研究所水牛种畜场；育肥起始日期：2022年7月，育肥结束日期：2022年10月。

（三）屠宰性能

2022年10月至2023年1月，广西壮族自治区水牛研究所选取了10头（公牛9头、母牛1头）平均

（47.5±33.8）月龄的育成摩拉水牛进行屠宰测定（热胴体），其中有2头经过强度育肥，其他未育肥。数据显示：公牛宰前活重（556.7±65.7）kg，胴体重（294.8±31.6）kg，净肉重（234.2±24.3）kg；屠宰率为（53.0±3.5）%，净肉率为（42.1±3.3）%。与第二次全国畜禽遗传资源调查数据对比，宰前活重、胴体重、屠宰率、净肉重均大幅度提高。详见表4。

表4　摩拉水牛屠宰性能（2022）

性别	数量（头）	屠宰月龄（月）	宰前活重（kg）	胴体重（kg）	净肉重（kg）	骨重（kg）	肋骨数（对）	眼肌面积（cm²）	屠宰率（%）	净肉率（%）	肉骨比
公	9	49.6±35.2	556.7±65.7	294.8±31.6	234.2±24.3	58.1±9.4	13	79.2±6.6	53.0±3.5	42.1±3.3	4.0±0.4
母	1	29	512	249.3	197	52.3	13	76	48.7	38.5	3.8

注：数值表示为均值 ± 标准差；其中有2头公牛于2022年7—10月在广西壮族自治区水牛研究所水牛种畜场经过强度育肥，育肥期间单栏饲养，每天总干物质采食量为16～18kg，干物质中粗蛋白含量16%～17%。

（四）肉质性能

在开展屠宰测定的同时，进行了肉质测定，测定结果详见表5。

表5　摩拉水牛肉品质（2022）

性别	数量（头）	大理石花纹	肉色	脂肪颜色	嫩度（kg/cm²）	pH	肌肉系水力（%）
公	9	1	7.6±1.1	1	8.4±1.3	6.2±0.1	1.1±0.1
母	1	1	7	1	7.3	6.2	1

注：数值表示为均值 ± 标准差；有2头公牛于2022年7—10月在广西壮族自治区水牛研究所水牛种畜场经过强度育肥，育肥期间单栏饲养，每天总干物质采食量为16～18kg，干物质中粗蛋白含量16%～17%。大理石花纹、肉色、脂肪颜色用目测法与标准图谱对比进行评分，嫩度用剪切仪测定，pH用pH测定仪进行测定，肌肉系水力用滴水损失法测定。

（五）繁殖性能

根据广西壮族自治区水牛研究所水牛种畜场2018—2022年资料统计，母牛初情期15～18月龄，初配年龄23～26月龄，初产年龄33～36月龄，发情周期20～21d，妊娠期305～310d；季节性繁殖不明显，全年均可发情，但多集中在9月至翌年3月，产犊间隔410～420d，情期受胎率66.7%～68.9%，年总繁殖率72%～78%。根据广西壮族自治区水牛研究所和广西壮族自治区畜禽品种改良站数据统计，公牛性成熟年龄20～24月龄，试采精年龄24～26月龄；采精公牛的采精量6～9mL，精子密度9亿～10亿个/mL，精子活力0.6～0.8。

（六）泌乳性能及乳品质

根据广西壮族自治区水牛研究所水牛种畜场2018—2022年资料统计，摩拉水牛在舍饲和机器挤奶的情况下，经DHI采样测定数据反馈，其泌乳天数163～386d，各胎次泌乳期总产奶量1.1～3.3t；乳脂率（7.8±0.7）%，乳蛋白率（4.7±0.2）%。具体详见表6。

表6　摩拉水牛产奶性能和乳品质（2022）

胎次	数量（头）	泌乳天数（d）	泌乳期总产奶量（kg）	高峰日产奶量（kg）	乳脂率（%）	乳蛋白率（%）	乳糖率（%）
1	22	294.8±52.3	1 584.7±601.7	9.4±2.7	7.8±0.7	4.7±0.2	5.2±0.5
2	21	273.1±43.9	2 043±546.4	11.9±2.3	7.8±0.6	4.7±0.3	5.1±0.2
3及以上	20	259.4±41.8	1 974.9±524.0	11.7±2.4	7.8±0.6	4.7±0.2	5.1±0.1

注：数值表示为均值 ± 标准差；挤奶母牛舍饲，采用鱼骨式机器挤奶，按DHI采样要求送DHI实验室测定数据。

六、饲养管理

规模摩拉水牛场目前以舍饲为主；挤奶为主的散养户以舍饲为主，不挤奶的散养户则主要以半放牧、半舍饲方式进行饲养管理。

犊牛采取人工哺乳，哺乳期3个月，前1个月可单栏饲养，以便保持环境干燥，减少球虫、腹泻等疫病发生；1月龄以后可合群饲养，饲喂全脂水牛乳，每头每天5kg，分上、下午两次喂给。15日龄起调教采食精饲料及优质青草等粗饲料，同时加强运动。也可于1月龄以后用全脂水牛乳混合犊牛奶粉代替全乳喂养的方法，降低犊牛的培育成本。

青年牛根据性别、年龄及生产水平分群管理，每天喂精饲料2kg，青粗饲料自由采食。喂料完毕将牛赶到运动场运动及过夜，夏天及气温较高季节应采取喷淋或风机等措施降温，有条件的最好泡水，以减少热应激对生产性能的影响。

挤奶牛饲喂及挤奶完后在运动场运动及过夜，天气炎热时进行喷淋或赶至水塘泡水降温。舍饲的摩拉水牛每天两次挤奶，在喂料的同时挤奶，采取先粗后精再粗的方式进行投喂，精饲料喂量视产奶量多少略有增减，每天总干物质采食量为12～18kg，干物质中粗蛋白含量14%～17%。

摩拉水牛常见疫病一般为消化道以及繁殖类疫病，犊牛腹泻发生率为8%～12%，青年牛不明原因消瘦发生率为2%～5%，经产母牛产前、产后子宫脱出发生率为2%～5%。按正常程序免疫和驱虫，未见发生传染病和寄生虫感染。

七、品种保护与资源开发利用

（一）品种保护现状

未设立摩拉水牛保种场或保护区。广西壮族自治区水牛研究所水牛种畜场为自治区级种畜场，是国家肉牛核心育种场，有专业的繁殖与育种科研团队进行种质资源保护和利用研究。

（二）资源开发利用现状

引进的原种摩拉水牛一直由广西壮族自治区水牛研究所进行饲养和繁育并进行种质资源保护利用和

研究。1958年开始，由广西壮族自治区水牛研究所繁育的种公牛和各地种公牛站生产的冻精已大量应用于我国南方水牛的品种改良，目前繁育的后代主要有一、二代及三代以上的摩拉杂交牛和三品杂交牛（尼里－拉菲水牛×摩拉水牛×本地水牛），三代以上及三品杂交居多。杂交后代母牛主要用于挤奶，公牛育肥后作肉用；母牛乳用性能接近原产地水平，杂交公牛肉用性能表现突出。

八、对品种评价和展望

摩拉水牛是世界著名的乳用水牛品种，具有体格高大、四肢强健、乳房发达、适应性强、育成率高、疾病少、耐热、抗蜱等优点，生长发育快、泌乳性能高。摩拉水牛前期生长发育快，产奶性能优良，用于改良中国沼泽型水牛，可大幅度提高杂种后代的生长速度及泌乳性能。实际应用中可根据不同地区的不同需求，充分利用摩拉水牛的品种优势，侧重于乳用或肉用性能的开发，可培育中国的乳用或肉用型水牛品种。

九、附录

（一）参考文献

陈家贵，2017. 广西畜禽遗传资源志［M］. 北京：中国农业出版社.

广西家畜家禽品种志编辑委员会，1987. 广西家畜家禽品种志［M］. 南宁：广西人民出版社.

国家畜禽遗传资源委员会，2011. 中国畜禽遗传资源志·牛志［M］. 北京：中国农业出版社.

徐文文，孙甜甜，覃广胜，等，2019. 河流型水牛尼里－拉菲和摩拉水牛群体遗传结构分析［J］. 黑龙江畜牧兽医（17）：157–160.

鄢胜飞，尚江华，黄丽华，等，2018. 摩拉水牛二酰甘油酰基转移酶2基因的多态性检测［J］. 中国畜牧兽医，45（10）：2787–2796.

（二）调查和编写人员情况

1. 参与性能测定的单位和人员

广西壮族自治区水牛研究所：韦科龙、曾令湖、于农淇。

2. 主要撰稿人及单位

广西壮族自治区水牛研究所：韦科龙、陈笑寒、冯玲。

尼里-拉菲水牛

一、一般情况

（一）品种名称及类型

尼里-拉菲水牛（Nili–Ravi buffalo），乳用型品种。

（二）原产国及在我国的分布情况

尼里-拉菲水牛是世界最优秀的河流型乳用水牛品种之一，原产于巴基斯坦旁遮普省（Punjab）中部，巴基斯坦全国及邻近的印度等均有分布，而且已向中国、保加利亚、特立尼达和多巴哥等输出。1974年我国从巴基斯坦引进该品种，并由广西壮族自治区水牛研究所种畜场饲养繁育至今，其种公牛及冻精目前遍布广西、广东、云南、贵州、福建、湖南、湖北等省（自治区）。

（三）原产地自然生态条件

1. 原产地自然生态条件

尼里-拉菲水牛中心产区是位于巴基斯坦东北部的旁遮普省，地处北纬29.5°—32.5°，东经71°—75°。全省面积205 344km²，由于印度河的五条支流皆流经此地，历史上也称为"五河流域"，水资源丰富，省内有世界上最大的完整连片的灌溉系统。该省大部分为肥沃的河谷地区，但东、西有沙漠，北面为喜马拉雅山脉的余脉。气候因此多变，属热带气候，雨量充沛，雨热同季，平均降水量为760mm，降水多集中在7—8月，多暴雨，但大致上冬季（10月下旬至翌年2月中旬）清凉有雨，春季（2月中旬至4月中旬）气温回升，季风在5月抵达（但自1970年代以来甚不稳定），6—7月极为炎热，8月再有降水，直到10月才转凉，年平均气温27℃，极端最高气温为43℃，极端最低气温为−1℃。全省耕地面积1 223万hm²，森林面积49万hm²，主要农作物有小麦、大米、玉米等。

2. 引入地自然生态条件

参见摩拉水牛的引入地自然生态条件内容。

二、品种来源及发展

（一）品种形成历史

尼里-拉菲水牛是由两个不同的品种杂交而成：尼里水牛主要分布在旁遮普地区的萨特莱杰河（Stulej）流域，拉菲水牛分布于巴基斯坦拉维河（Ravi）流域的桑德尔巴尔（Sandal Bar）地区，故又名桑德尔巴尔水牛。近两个世纪以来，由于交通的发展，人畜交往频繁，致使两个品种血液混杂，后代的外貌特征和生产性能已无明显差异。因此，于1950年联合国粮农组织召开的一次会议上，巴基斯坦代表A.Wahid正式提出将这两个品种合称为一个品种，定名为尼里-拉菲水牛。

（二）品种引进时间及引进单位

我国现存的尼里-拉菲水牛是由巴基斯坦政府于1974年赠送的，共50头（公牛15头、母牛35头），平均分给广西壮族自治区水牛研究所和湖北省种畜场饲养。这群水牛是由海得拉巴畜牧试验站提供的，质量较好。进口时公牛年龄19～33月龄，母牛30～54月龄。1974年和1999年，从巴基斯坦引进8个血统共7 000支冻精用于尼里-拉菲水牛的繁育，国内现存的尼里-拉菲水牛均是这批牛和冻精繁殖的后代。目前主要分布于广西、广东、云南、贵州、福建、湖南、湖北等省（自治区）。原种尼里-拉菲水牛由广西壮族自治区水牛研究所进行更替繁殖和重点培育，经过与我国沼泽型水牛杂交后形成杂交尼里-拉菲一代、二代、三品杂，经过50多年的持续杂交改良，目前在市场上可见的商品代杂交尼里-拉菲水牛近于纯种。

（三）群体数量及变化情况

纯种尼里-拉菲水牛自引入我国以来分别在广西、湖北进行纯繁，随着社会和经济的发展，原引进时分配给湖北省的尼里-拉菲种牛已全部出售或淘汰，现在广西壮族自治区水牛研究所水牛种畜场拥有我国唯一的原种尼里-拉菲水牛，其他如广西壮族自治区畜禽品种改良站、大理白族自治州家畜繁育指导站等则从广西壮族自治区水牛研究所引进种公牛用于生产冻精供应。自1974年至今，广西繁育的尼里-拉菲水牛达1 800头；第三次全国畜禽遗传资源普查数据显示，尼里-拉菲水牛群体总数为586头，与2006年底存栏量143头相比增长了3倍。其中，广西存栏533头，占90.95%，主要由广西壮族自治区水牛研究所水牛种畜场和广西壮族自治区畜禽品种改良站进行饲养与繁殖，社会上的杂交尼里-拉菲水牛经过不断的级进杂交，血统几乎接近原种，但未经鉴定与品种登记，具体数据不详。

三、体型外貌

尼里-拉菲水牛属河流型水牛，体格粗壮，体躯深厚，躯架较矮，胸垂发达。以乳用为主，亦可作为肉用。被毛较短，密度适中，皮肤基础色为黑色，毛色以黑色为主，前额（部分包括脸部）有白斑，后肢蹄冠或系部或后管下段白色，尾帚为白色。头较长而粗重，前额突起，鼻孔开张。角短，角基宽大，大部分的角向基部后下方再朝上、朝角的前方卷曲，少部分朝角的后方卷曲，另有极少部分为吊角（即角向头下方向脖子内弯曲)，部分母牛的角甚至卷曲成圆环或螺旋状。眼突有神，母牛尤甚，大部分牛的眼睛为玉石眼，只有少部分为黑色。鼻镜黑褐色，部分牛的嘴唇有白斑。耳中等大小，半下垂，耳郭厚，耳端尖。

尼里-拉菲水牛头颈结合良好；公牛颈较粗，母牛颈较细长。公牛前躯发达，体躯长、宽、深，肋骨长而开张，胸深、宽，腹部紧凑、大小适中，尻部宽广、稍斜；鬐甲突起，无肩峰，胸垂突出，腹大而不下垂，睾丸大，阴囊呈悬垂状；成年公牛头短、宽而雄伟，角短、卷曲，角基粗大。母牛前躯轻狭、后躯宽重，腰角显露，尻部宽广、微斜，臀宽长、稍显倾斜；成年母牛头清秀、狭长，眼大有神，前额宽阔、略突，鼻镜宽广，鼻梁平直，角卷曲；母牛外阴较松弛、下垂。

尼里-拉菲水牛尾部着生低，尾末端皮肤肉色，尾根粗并渐变尖细，尾端达飞节以下。四肢较短，骨骼粗壮，蹄质坚实，肢势良好。前蹄黑褐色；后蹄大部分蜡白色、蹄冠或系部或后管下段白色，少部分为黑褐色（图1至图3）。

图1 尼里-拉菲水牛公牛

图2 尼里-拉菲水牛母牛

图3 尼里-拉菲水牛群体

四、体尺和体重

根据广西壮族自治区水牛研究所水牛种畜场2021—2022年度测定13头成年公牛、24头母牛的体重、体尺数据，公牛平均体高为131.46cm、体重740.96kg，最高为864.00kg；母牛平均体高为134.30cm、体重632.89kg，最高为811.00kg（妊娠后期）。与第二次全国畜禽遗传资源调查数据对比，各项指标基本持平。详见表1。

表1　尼里－拉菲水牛成年牛体重和体尺

性别	数量（头）	鬐甲高（cm）	十字部高（cm）	体斜长（cm）	胸围（cm）	腹围（cm）	管围（cm）	体重（kg）
公	13	131.46±35.77	143.53±5.04	153.38±7.54	222.07±13.73	246.15±12.60	28.23±1.53	740.96±84.42
母	24	134.30±3.91	136.30±3.03	146.39±5.11	216.86±10.48	243.39±25.61	27.91±1.72	632.89±89.96

注：数值表示为均值 ± 标准差；2021—2022年在广西壮族自治区水牛研究所水牛种畜场测定。

五、生产性能

（一）生长性能

根据广西壮族自治区水牛研究所水牛种畜场2018—2022年资料统计，尼里－拉菲水牛初生重29.5～42.6kg，18月龄体重313.0～401.0kg。详见表2。

表2　尼里－拉菲水牛生长发育性能（kg）

月龄	性别	数量（头）	体重
出生	公	15	38.0±3.0
	母	20	35.3±3.4
6月龄	公	14	168.0±14.5
	母	20	148.1±12.8
12月龄	公	14	287.3±37.7
	母	20	246.4±31.2
18月龄	公	13	369.2±24.9
	母	20	362.8±25.1

注：数值表示为均值 ± 标准差；2018—2022年在广西壮族自治区水牛研究所水牛种畜场测定。

（二）育肥性能

2022年7月6日，广西壮族自治区水牛研究所水牛种畜场选取了21头尼里－拉菲公水牛进行强度育肥试验，经过3个月的育肥，平均日增重为（0.8±0.1）kg。详见表3。

表3　尼里－拉菲水牛育肥性能（2022）

性别	数量（头）	育肥开始年龄（月）	育肥时间（月）	初测体重（kg）	终测体重（kg）	日增重（kg）
公	21	24.4±5.5	3	419.8±56.4	496.1±60.3	0.8±0.1

注：初测体重、终测体重、日增重采用均值±标准差；育肥地点：广西壮族自治区水牛研究所水牛种畜场；育肥起始日期：2022年7月，育肥结束日期：2022年10月。

（三）屠宰性能

2022年10月至2023年1月，广西壮族自治区水牛研究所选取了10头（公牛9头、母牛1头）平均（57.47±37.9）月龄未经育肥的育成尼里－拉菲水牛进行屠宰测定（热胴体）。数据显示，公牛宰前活重（648.44±101.40）kg，胴体重（333.81±55.25）kg，净肉重（256.34±44.53）kg；屠宰率为（51.48±5.06）%，净肉率为（39.53±4.35）%。详见表4。

表4　尼里－拉菲水泥屠宰性能（2022）

性别	数量（头）	屠宰月龄（月）	宰前活重（kg）	胴体重（kg）	净肉重（kg）	骨重（kg）	肋骨数（对）	眼肌面积（cm²）	屠宰率（%）	净肉率（%）	肉骨比
公	9	50.3±32.2	648.44±101.40	333.81±55.25	256.34±44.53	76.44±10.86	13	97.44±7.35	51.48±5.06	39.53±4.35	3.35±0.32
母	1	122	689.0	370.6	299.4	71.2	13	86.0	53.8	43.5	4.2

注：数值表示为均值±标准差；屠宰牛未经育肥。

（四）肉质性能

在开展尼里－拉菲水牛屠宰测定的同时测定了肉质性能。数据显示，尼里－拉菲水牛公牛肉嫩度（8.4±1.5）kg/cm²，肌肉系水力（1.03±0.05）%，详见表5。

表5　尼里－拉菲水牛肉品质（2022）

性别	数量（头）	大理石花纹	肉色－目测法	脂肪颜色	嫩度（kg/cm²）	pH₀	pH₂₄	肌肉系水力－滴水损失法（%）
公	9	1	6.4±0.5	1.6±0.5	8.4±1.5	6.2±0.1	6.0±0.2	1.03±0.05
母	1	1	7	1	11.9	6.1	5.7	1.1

注：数值表示为均值±标准差；屠宰牛未经育肥。大理石花纹、肉色、脂肪颜色用目测法与标准图对比进行评分，嫩度用剪切仪测定，pH用pH测定仪进行测定，肌肉系水力用滴水损失法测定。

（五）繁殖性能

根据广西壮族自治区水牛研究所水牛种畜场2018—2022年资料统计，母牛初情期16～20月龄，初配年龄24～28月龄，初产年龄35～38月龄，发情周期19～21d，妊娠期305～310d；季节性繁殖不明显，全年均可发情，但多集中在9月至翌年3月，产犊间隔410～430d，情期受胎率62.5%～65.3%，年总繁殖率66%～73%。根据广西壮族自治区水牛研究所和广西壮族自治区畜禽品种改良站数据统计，公牛性成熟年龄20～24月龄，试采精年龄24～26月龄；采精公牛的采精量6～8mL，精子密度9亿～10亿个/mL，精子活力0.6～0.8。

（六）泌乳性能及乳品质

根据广西壮族自治区水牛研究所水牛种畜场2018—2022年资料统计，尼里-拉菲水牛在舍饲和机器挤奶的情况下，经DHI采样测定数据反馈，其泌乳天数为184～370d，各胎次泌乳期总产奶量1.2～3.3t；乳脂率（7.6±1.0）%，乳蛋白率为（4.7±0.4）%。详见表6。

表6　尼里-拉菲水牛产奶性能和乳品质（2022）

胎次	数量（头）	泌乳天数（d）	泌乳期总产奶量（kg）	高峰日产奶量（kg）	乳脂率（%）	乳蛋白率（%）	乳糖率（%）
1	22	285.2±62.3	1 896.1±846.5	11.9±2.3	7.3±1.0	4.6±0.3	5.2±0.2
2	20	293.1±61.4	2 298.2±841.0	11.4±2.6	7.5±1.1	4.8±0.4	4.9±0.3
3及以上	20	261.5±58.0	1 847.5±778.4	12.6±3.0	8.9±1.0	4.7±0.5	5.1±0.2

注：数值表示为均值 ± 标准差；挤奶母牛舍饲，采用鱼骨式机器挤奶，按DHI采样要求送DHI实验室测定数据。

六、饲养管理

（一）饲养方式

尼里-拉菲水牛引种初期主要以半放牧、半舍饲的方式进行饲养管理，每天挤奶两次，挤奶同时进行舍饲补料。早上挤奶后放牧7～8h。随着社会的发展和土地资源的日益紧张，大群放牧已很难实现，现在以舍饲为主，饲喂及挤奶完后在运动场运动及过夜，天气炎热时进行喷淋或赶至水塘泡水以降低体温。

（二）舍饲与补饲情况

舍饲情况下，一般每头奶水牛的占地面积以40～45m²为宜。

舍饲的尼里-拉菲水牛每天两次挤奶、两次喂料，精饲料按每日每头2kg，每产奶2kg加喂精饲料1kg的方法投喂，象草、玉米秸秆等青粗料则按体重的10%～12%（约50kg）投喂，每天的总干物质采食量应占到体重的2%～2.5%。

犊牛采取人工哺乳，哺乳期3个月，每天喂全脂水牛乳3.5kg，分上、下午两次，15日龄起调教采食精饲料及优质青草等粗饲料，同时加强运动。也可于10日龄以后用犊牛奶粉代替全奶喂养的方法，以降低犊牛的培育成本。

青年牛每天喂料两次，每天喂精饲料2kg，青粗饲料自由采食。

（三）管理

尼里-拉菲水牛根据性别、年龄大小及生产水平分群管理，喂料完毕将牛赶到运动场运动及过夜，每天运动时间应不低于5h。夏天及气温较高季节应通过淋水或吹风等措施以降低体温，有条件的最好泡水，以减少热应激对生产的影响。

犊牛应单栏喂养，以减少球虫、腹泻等疫病的发生，提高成活率。青年种公牛2.5岁可开始调教采精，青年母牛2岁、体重达到350kg以上开始配种。

成年挤奶母牛集中饲养、统一挤奶，每天挤奶两次。

（四）疫病情况

尼里-拉菲水牛具有抗病力强、疫病发生率低和免疫力强等特点，适应性好、耐粗饲、难产率低、护犊性能好、抗寒耐热。

七、品种保护与资源开发利用现状

（一）保护情况

未设立尼里-拉菲水牛保种场或保护区。广西壮族自治区水牛研究所水牛种畜场是自治区级种畜场，是国家肉牛核心育种场，有专业的繁殖与育种科研团队进行种质资源利用和保护研究。广西壮族自治区水牛研究所水牛种畜场为我国唯一饲养有两个外来水牛品种的原种场，现饲养规模已达1 000头。为了解决近亲繁殖及品质退化的问题，于1999年从原产地巴基斯坦引进了冻精5 000支，使尼里-拉菲水牛种牛质量得到大幅度提高。目前广西壮族自治区水牛研究所水牛种畜场尼里-拉菲水牛存栏200头，核心群存栏30头，平均泌乳量达到2 500kg以上。

（二）资源开发利用现状

从1975年开始，我国即用引进的尼里-拉菲水牛改良中国本地水牛，杂交组合方式主要有尼里-拉菲水牛×本地水牛（富钟水牛或西林水牛以及国内沼泽型水牛品种）和尼里-拉菲水牛×摩拉杂一代（或二代），目前产生的杂交后代主要有尼杂一代、尼杂二代和三品杂（尼里-拉菲水牛×摩拉水牛×本地水牛），无论生长发育及乳肉生产均表现出良好的杂交优势。

八、品种评价和展望

尼里-拉菲水牛是世界上最优秀的乳用水牛品种之一，引进我国后表现出适应性强、育成率高、疫病少、性情温驯、耐热等优点，生长发育和泌乳性能均远胜本地水牛，略胜过摩拉水牛，是当前最佳的引进水牛品种之一。其前期生长发育快，产奶性能优良，用于改良中国本地水牛，可大大加快其杂交后代的生长速度及泌乳性能，从而提高其经济利用价值。实际应用中根据不同地区的不同需求，充分利用尼里–拉菲水牛前期生长发育快、产肉性能高、产奶性能优良的特点，在育种上分别侧重于乳用及肉用性能的开发，从而培育出中国的乳用及肉用水牛品种。

九、附录

（一）参考文献

广西家畜家禽品种志编辑委员会，1987. 广西家畜家禽品种志［M］. 南宁：广西人民出版社：103–106.

（二）调查和编写人员情况

1. 参与性能测定的单位和人员

广西壮族自治区水牛研究所：钟华配、黄荣春、黄才斌。

2. 主要撰稿人员及单位

广西壮族自治区水牛研究所：钟华配、黄雅鑫、李舒露。

地中海水牛

一、一般情况

（一）品种名称及经济类型

地中海水牛（Italian Mediterranean milk buffalo），是一种河流型乳用水牛品种，是世界上优秀的乳用水牛品种之一。

（二）原产国及在我国的分布情况

地中海水牛分布在欧洲地中海周边国家，其中经系统选育、生产性能最好的是意大利。意大利存栏水牛40万头，能繁母牛20万头，年产水牛奶25万t，约占其全国奶类总产量的2%。意大利的水牛主要分布在其南部地区，如坎帕尼亚大区。

地中海水牛引进中国始于2007年，广西壮族自治区水牛研究所首次引入冻精，开展品种杂交改良及杂交后代适应性试验工作。目前地中海水牛在中国已经形成了一定规模的纯种核心群和杂交群，但总体数量较少，还面临着遗传多样性低、疫病防控难、饲养管理落后等问题。地中海水牛在中国的分布主要集中在广西、湖北、广东、云南等省、自治区，在湖北武汉和广西南宁建立有地中海水牛纯繁场，但仍处于发展阶段，需要进一步加强选育、扩繁和推广工作。

二、品种来源及发展

（一）品种形成历史或国外培育单位

7世纪末，意大利从匈牙利引进了地中海水牛（河流型），主要用于耕地、产肉和产奶。地中海水牛是一种大型哺乳动物，体型比普通乳牛稍大，它们在地中海地区广泛分布，尤其是在意大利南部和西西里岛，因此得名地中海水牛，也称为意大利水牛。

（二）品种引进时间及引进单位

地中海水牛引进中国始于2007年，广西壮族自治区水牛研究所首次引入冻精，开展品种杂交改良及杂交后代适应性试验工作。2011年，华中农业大学从澳大利亚引进地中海水牛进行杂交育种和配种繁殖；2014年12月，广西华胥水牛生物科技有限公司引进意大利乳用地中海水牛种牛进行纯种繁育。

（三）引进数量及国内生产情况

广西壮族自治区水牛研究所在农业部948项目和科技部国际科技交流与合作专项的资助下，于2007年7月首次引进意大利地中海水牛冻精2 000支，并采用人工授精技术，分别与我国现有的摩拉水牛、尼里–拉菲水牛和中国本地水牛进行杂交组合研究，取得了较好的杂交效果。

2011年，华中农业大学从澳大利亚引进地中海水牛种公牛5头、种母牛20头，进行杂交育种和配种繁殖；2012年，从意大利引进地中海水牛优秀种公牛冷冻精液5 000支。2012年，湖北省畜禽育种中心从澳大利亚引进45头地中海水牛育成牛；2013年初，再次从意大利引进地中海水牛冷冻精液为其配种；2014年底，扩群存栏到70头，其中公牛11头，母牛59头。

广西华胥水牛生物科技有限公司于2011年7月引进意大利乳用地中海水牛冻精22 000支；2014年12月，引进意大利乳用地中海水牛种牛59头（10头公牛、49头母牛），2019年扩繁到135头（公牛67头、母牛68头）。

通过引进技术和消化吸收，目前已经初显成效：我国拥有了地中海水牛品种资源，并在湖北和广西分别建立了地中海水牛纯繁场共2个。

三、体型外貌

（1）体型　地中海水牛体型中等，略小于摩拉水牛和尼里–拉菲水牛。成年公牛头短，宽而雄伟，角弯不卷曲，角基粗大，头颈结合良好；前躯发达，背线平直，后躯略窄；四肢结实，蹄圆大坚实；雄性特征明显。成年母牛体形清秀，背腰平直，斜尻，尾细长过飞节，角弯不卷曲。

（2）躯干　胸部发达深厚，胸垂大，肋骨开张，鬐甲突起，无肩峰。体躯长，母牛前躯轻狭，后躯厚重呈楔形，公牛则前躯较发达。公牛腰直阔，前躯稍高，母牛背腰平直，尻宽而光滑，腰角显露，尻骨突出。母牛尻间宽，公牛尻较窄。腰腹短，腹大，大部分有小脐垂。

（3）毛色、蹄色、角色　地中海水牛全身皮肤和被毛呈黝黑色，角为黑色，蹄多为黑褐色。

（4）四肢、尾部　四肢端正结实，肢势良好，系部有力，蹄圆坚实。公牛蹄直立，母牛则略倾斜；尾部着生低，尾根粗并渐变尖细，尾尖大部分为黑色。

（5）乳房　成年母牛乳房附着良好，乳静脉显露，乳头大小适中，分布匀称，少数乳房发育不均匀，乳区呈后吊状（图1、图2）。

图1　地中海水牛成年公牛

图2　地中海水牛成年母牛

四、体尺和体重

地中海水牛2.5～3岁为成年水牛，体重、体尺相对稳定。本次测定对象为广西华胥水牛繁育有限公司从意大利引进的地中海水牛种牛，12月龄、成年公、母牛各10头。牛群基本适应了广西亚热带地区气候环境，生长发育及生产性能优良。经测定，12月龄种公牛平均体重为396.73kg，成年种公牛平均体重为814.1kg；12月龄种母牛平均体重为379.76kg，成年母牛平均体重为601.8kg。详见表1。

表1　地中海水牛体尺、体重与体形指数

项目	12月龄公牛（$n=10$）	成年公牛（$n=10$）	12月龄母牛（$n=10$）	成年母牛（$n=10$）
体重（kg）	396.73±18.56	814.1±60.7	379.76±24.43	601.82±18.13
体高（cm）	126.67±3.98	144.5±4.5	122.35±5.07	140.21±3.49
荐高（cm）	131.02±3.01	143.9±2.5	126.94±4.65	141.24±4.34
体斜长（cm）	134.46±3.48	152.4±4.2	131.88±7.48	140.12±6.50
胸深（cm）	62.20±5.4	81.2±3.8	60.82±2.91	78.94±4.90
胸宽（cm）	42.50±4.00	54.4±1.5	40.37±3.43	53.82±3.60
胸围（cm）	181.93±3.97	229.4±7.1	181.64±8.71	225.64±10.60
腹围（cm）	205.00±5.64	253.5±11.1	201.88±11.21	247.63±11.42
尻长（cm）	38.30±3.40	52.00±3.00	38.52±2.93	49.13±3.84
尻宽（cm）	42.00±4.40	41.40±3.80	61.00±3.10	60.70±3.60

五、生产性能

（一）生长性能

地中海水牛为乳用型水牛，一般不作役用；其乳用性能佳，肉用性能也好。

根据广西华胥水牛繁育有限公司2016—2018年资料统计，地中海水牛初生重38.48～42.48kg，12月龄体重388.40～397.8kg。详见表2。

表2 地中海水牛生长发育性能

项目	出生		6月龄		12月龄	
	公（n=18）	母（n=21）	公（n=12）	母（n=11）	公（n=6）	母（n=5）
体重（kg）	42.48±3.92	38.48±4.21	245.3±14.30	239.2±13.20	397.8±18.26	388.40±18.13
体高（cm）	73.40±3.40	72.80±4.00	114.6±2.13	114.2±2.26	125.5±3.08	126.80±3.31
荐高（cm）	77.20±3.60	77.30±7.20	117.0±2.12	116.4±1.72	130.8±2.56	131.80±1.72
体斜长（cm）	30.70±4.80	29.30±1.90	110.9±3.90	110.1±3.80	136.3±2.48	139.60±5.71
胸深（cm）	61.80±5.80	61.40±4.60	56.70±3.08	55.6±3.00	62.8±2.48	63.00±1.10
胸宽（cm）	17.81±1.42	17.40±1.40	34.50±2.42	34.7±2.20	41.0±2.10	40.00±1.26
胸围（cm）	77.21±3.61	76.30±4.70	150.60±4.75	153.40±4.80	180.80±2.56	183.20±5.15
腹围（cm）	82.70±4.57	80.90±5.60	168.20±5.99	167.60±5.80	201.80±3.43	199.60±5.54
尻长（cm）	18.35±1.28	18.20±1.80	36.50±2.95	35.90±2.27	41.00±3.03	39.20±3.43
尻宽（cm）	19.86±1.42	19.80±1.70	37.00±2.04	37.10±2.23	45.80±2.56	46.20±3.06

（二）育肥性能

2022年9月16日，广西华胥水牛繁育有限公司选取了20头（公牛15头、母牛5头）地中海水牛进行强度育肥试验，经过约3个月的育肥，公牛平均日增重为（0.64±0.21）kg，母牛日增重为（0.54±0.33）kg。详见表3。

表3 地中海水牛育肥性能（2022）

性别	数量（头）	育肥开始年龄（月）	育肥时间（月）	初测体重（kg）	终测体重（kg）	日增重（kg）
公	15	20.12±3.85	3	454.72±41.24	512.32±36.31	0.64±0.21
母	5	22.15±4.15	3	427.24±38.23	475.83±45.60	0.54±0.33

（三）屠宰性能

2022年11月至2023年2月，广西壮族自治区水牛研究所选取了10头（公牛8头、母牛2头），平均（48.16±31.60）月龄的未经育肥的育成地中海水牛进行屠宰测定（热胴体）。数据显示，公牛宰前活重（722.30±127.90）kg，屠宰率为（52.30±2.94）%；母牛宰前活重（633.40±96.80）kg；屠宰率为（49.12±0.85）%。详见表4。

表4　地中海水牛屠宰性能（2022）

项目	公牛	母牛	平均
数量	8	2	—
屠宰月龄（月龄）	47.65±35.25	50.21±27.95	48.16±31.60
宰前体重（kg）	722.30±127.90	633.40±96.80	704.52±112.35
胴体重（kg）	377.77±61.24	311.10±42.78	364.44±59.19
屠宰率（%）	52.30±2.94	49.12±0.85	51.66±2.77
净肉重（kg）	276.28±54.18	230.87±33.73	267.20±51.55
胴体净肉率（%）	73.13±4.48	74.21±0.86	73.35±3.96
净肉率（%）	38.25±3.03	36.45±0.21	37.89±2.78
肉骨比	2.72±0.95	2.88±0.07	2.75±0.84
眼肌面积（cm^2）	53.5±10.97	30.00±11.31	48.80±14.35

（四）肉质性能

在屠宰试验的同时对地中海水牛进行了肉质评定，结果见表5。

表5　地中海水牛肉品质（2022）

项目	公	母
数量（头）	8	2
育肥形式	放牧/未育肥	放牧/未育肥
屠宰月龄（月龄）	47.65±35.25	50.21±27.95
肉色	7.6±1.1	7.2±0.5
脂肪颜色	1	1
嫩度（N）	87.69±12.3	84.9±9.3
pH	6.2±0.1	6.1±0.1
肌肉系水力（%）	1.1±0.1	1.1±0.1

（五）繁殖性能

根据广西华胥水牛繁育有限公司2016—2022年资料统计，地中海水牛公牛性成熟年龄20～24月龄，达36月龄以上即可配种；母牛性成熟年龄18～20月龄，22～26月龄即可配种繁殖；全年均可发情，但多集中在9月至翌年3月。发情周期21d，妊娠期（310±8.2）d；公牛采精量为6.4mL，平均精子密度为13.4亿个/mL，平均精子活力为0.6。

（六）泌乳性能

地中海水牛一个泌乳期（270d）产奶量2 200～2 600kg，乳脂率8.0%～10.0%，乳蛋白含量4.5%～5.0%。根据广西壮族自治区水牛研究所水牛种畜场2018—2022年资料统计，地中海水牛在舍饲和机器挤奶的情况下，经DHI采样测定数据反馈，泌乳期校正产奶量（305d，kg），第一泌乳期45个样本，平均泌乳量（2 093.53±402.90）kg；第二泌乳期35个样本，平均泌乳量（2 329.62±591.83）kg；第三个泌乳期20个样本，平均泌乳量（2 150.24±330.54）kg；三个泌乳期100个样本，泌乳期平均产乳量为（2 191.13±431.62）kg。详见表6。

表6　地中海水牛产奶性能和乳品质（2022）

泌乳期别	样本数（个）	泌乳期平均乳量（kg）
第一泌乳期	45	2 093.53±402.90
第二泌乳期	35	2 329.62±591.83
第三泌乳期	20	2 150.24±330.54
合计	100	2 191.13±431.62

六、饲养管理

地中海水牛为优秀的乳用水牛品种，一般以集中舍饲为主。

犊牛出生后先清除口、鼻黏液，剥软蹄，碘酒消毒脐带，然后转入犊牛舍人工哺乳，并垫上褥草。犊牛在初乳期结束后即可并栏集中管理，有条件的最好单栏饲养。哺乳期一般3个月。若早期补料正常，可提前断奶。犊牛生后1h内应吃到初乳，第一次初乳喂量不可低于1kg。初乳期7d，第8天即转入常乳期哺乳。哺乳量一般3.5kg/（d·头），分上、下午两次喂给，奶温37～39℃。

育成牛应以青粗饲料为主，适当补充精料，精料喂量为1.5～2kg/（d·头），青、粗饲料尽量多样化、自由采食。公、母牛合群饲养时间以18月龄为限，此后应分开饲养，防止早配乱配，母牛的适配年龄为2～2.5岁，体重350kg以上。

母牛产后应及早补料，进入泌乳中期后，每10d视母牛产奶量调整一次精料。初产牛产后对触摸乳房十分敏感，应在妊娠中、后期进行按摩，产后由技术熟练的饲养员进行挤奶调教。注意牛体卫生，每次挤奶前均应用水冲刷牛体，清除体表污垢，保证牛奶卫生（图3）。

图3　地中海水牛群体

七、品种推广利用情况

2007年起，广西以地中海水牛作为父本，通过人工授精的方式，开展品种杂交改良及杂交后代适应性试验工作，目前已经初显成效，我国拥有了地中海水牛品种资源。陈明棠等研究表明，地中海水牛人工授精第一情期受胎率72.93%（291/399），总情期受胎率68.56%（399/582），表明地中海水牛繁殖率良好。

据华中农业大学杨利国教授统计，2014年湖北省有地中海水牛纯种牛252头，其中种公牛85头、种母牛167头，生产地中海杂交一代牛2 456头，级进杂交二代牛48头，生产地中海水牛冷冻精液21 450支。据广西壮族自治区畜禽品种改良站统计，2018年3月至2021年6月，广西有柳州、来宾、北海、贵港、钦州、河池、防城港等地使用地中海水牛冻精开展水牛杂交改良，累计输配16 066头母牛，其中妊娠10 003头，已产下杂交牛仔6 929头。2021年3月，广西向11个市供应地中海水牛冻精35 320支。

八、品种评价和展望

地中海水牛与摩拉水牛、尼里-拉菲水牛一样，是目前世界上河流型水牛中生产性能最好的品种之一，也是世界上针对乳用性能选育程度较高的一个品种，已被引进到英国、荷兰、巴西、美国、澳大利亚等国家。地中海水牛具有四肢强健、耐热、适应性强、育成率高、疫病少、生长发育快、乳房发达、泌乳性能高等优点。

从近几年地中海水牛冻精的人工授精效果、杂交后代的生长性能、繁殖性能以及产奶性能结果来看，地中海水牛具有良好的适应性和生产性能，适宜在南方进行推广。充分利用地中海水牛的品种优势，可提升水牛杂交改良水平，促进奶水牛产业持续快速发展，具有良好的经济效益和社会效益。

九、附录

（一）参考文献

陈明棠，梁贤威，覃广胜，等，2018. 地中海水牛冻精引进及其推广应用效果［J］. 黑龙江畜牧兽医（21）：5.

黄剑黎，韦英明，李铭，等，2020. 广西地中海水牛全产业链模式探索［J］. 中国乳业（3）：4.

李美珍，彭燕，魏莎，等，2021. 地中海水牛杂交改良情况调查分析［J］. 中国畜牧业（22）：2.

刘超，2018. 地中海奶水牛引种观察及产奶性状相关基因表达模式初步研究［D］. 南宁：广西大学.

Beaton WG，1975. The husbandry and health of the domestic buffalo［J］. Trop Anim Health Prod，7：40.

（二）调查和编写人员情况

1. 参与性能测定的单位和人员

广西壮族自治区水牛研究所：李治培、朱远致、罗华。

2. 主要撰稿人员及单位

广西壮族自治区水牛研究所：李治培、黄锋、郑海英。

隐性白羽鸡

一、一般情况

（一）品种名称及经济类型

隐性白羽鸡（Recessive white feather chicken），属肉用型引入品种。

（二）原产国及在我国的分布情况

原产于以色列。在我国主要分布在广东、广西。

二、品种来源及发展

（一）品种形成历史及国外培育单位

隐性白羽鸡主要分为快大型白羽鸡和中速型白羽鸡。快大型白羽鸡是从白科尼什鸡及白洛克鸡中杂交选育而成，原产于法国和以色列，其特点是生长速度快，体型较大，呈元宝形，胸宽而深，体态丰满，原产于以色列的隐性白羽鸡有K99、K2700等系列，以体型体重大，易养，抗病力强著称。中速型白羽鸡性情温驯，早期生长速度适中，繁殖性能较好，产蛋数多，原产于法国。隐性白羽鸡的白羽为隐性性状，皮肤与胫部均为黄色。

国外培育隐性白羽鸡的公司主要为法国萨索（Sasso）公司和以色列卡比尔（Kabir）公司。

（二）品种引进时间及引进单位

20世纪90年代初期，我国大量引进以色列隐性白羽鸡。引进单位主要包括：深圳康达尔养鸡公司、广东白云家禽公司、广东佛山畜牧发展总公司、广东新广农牧有限公司、中山科朗现代农业有限公司等。

（三）引进数量及国内生产情况

我国引进的以色列隐性白羽鸡品种主要有K2700、K99、K90等，这几个品种具有体型体重大、容易饲养、抗病力强等特点，引进祖代鸡数量为3 000～10 000只。

引进的隐性白羽鸡在我国的适应性良好，已与国内的地方鸡种进行配套杂交生产优质黄羽肉鸡。这种杂交鸡以广东省的"882黄鸡"为代表，先后出现了"康达尔128""江村黄""岭南黄""凤翔青脚麻鸡""凤翔乌鸡"等配套品种。隐性白羽鸡的引入克服了地方鸡品种生长慢、产蛋量少的缺点，同时还保留了黄羽的特征，极大地推动了优质鸡产业高质量发展。

三、体型外貌

隐性白羽鸡体质健壮，生长速度快，体型大、呈元宝形，胸宽而深，体态丰满；全身白色羽毛且呈隐性遗传；单冠鲜红，冠齿6～9个，耳叶及肉髯鲜红色；喙、皮肤、胫色为黄色（图1、图2）。

图1　隐性白羽鸡成年公鸡

图2　隐性白羽鸡成年母鸡

四、体尺和体重

2022年9月28日，在广西凤翔集团股份有限公司星岛湖种鸡场分公司，从封闭式笼养的330日龄隐性白羽鸡种鸡群体（母鸡5 101只、公鸡170只）中随机抽取成年公鸡30只、母鸡30只，参照《家禽生产性能名词术语和度量统计方法》（NY/T 823）进行体重、体尺测定。测定结果如表1所示。

表1　隐性白羽鸡（330日龄）体尺、体重测定结果

性别	体重（g）	体斜长（cm）	胸宽（cm）	胸深（cm）	胸角（°）	龙骨长（cm）	骨盆宽（cm）	胫长（cm）	胫围（cm）
公	5 511.45±511.03	28.52±0.99	18.52±1.38	12.64±1.04	12.21±0.85	114.06±9.74	14.46±0.77	12.60±0.57	7.57±0.32
母	3 620.32±355.87	23.71±0.83	14.40±0.74	10.45±0.51	10.19±0.91	118.61±7.27	10.26±0.65	9.24±0.39	6.04±0.49

注：2022年9月28日，在广西凤翔集团股份有限公司星岛湖种鸡场分公司，由广西凤翔集团股份有限公司技术人员测定330日龄隐性白羽鸡公、母鸡各30只的体重、体尺。

（一）生长性能

2022 年 7 月 6 日至 10 月 10 日，公司团队在广西凤翔集团股份有限公司星岛湖种鸡场分公司，从开放式网上平养的进雏公鸡 345 只、母鸡 369 只群体中采取每两周随机抽称公、母鸡各 30 只的方式，测定生长性能并统计料重比，各阶段体重和料重比见表 2。

表 2　隐性白羽鸡肉鸡各阶段体重和料重比

周龄	公		母	
	体重（g）	料重比	体重（g）	料重比
0	44.7	—	44.7	—
2	210.8	—	191.4	—
4	557.9	—	497.1	—
6	1 252.7	1.91	1 043.3	2.01
8	1 891.7	2.04	1 478.0	2.33
10	2 614.3	2.41	1 996.0	2.55
13	3 649.7	2.84	2 577.7	3.09

注：2022 年 7 月 6 日至 10 月 10 日，在广西凤翔集团股份有限公司星岛湖种鸡场分公司，由广西凤翔集团股份有限公司技术人员统计了 345 只公鸡和 369 只母鸡不同生长阶段的体重和料重比。

（二）屠宰性能

2022 年 9 月 20 日，从开放式网上平养的 75 日龄隐性白羽鸡群体（存栏母鸡 321 只、公鸡 345 只）中随机抽取公鸡 30 只、母鸡 30 只，参照《家禽生产性能名词术语和度量统计方法》（NY/T 823），送往广西农业职业技术大学进行屠宰测定。结果见表 3。

表 3　隐性白羽鸡肉鸡（75 日龄）屠宰性能测定结果

性别	宰前活重（g）	屠宰率（%）	半净膛率（%）	全净膛率（%）	胸肌率（%）	腿肌率（%）	腹脂率（%）
公	3 005.00 ± 110.82	90.87 ± 0.90	84.14 ± 0.88	69.52 ± 1.09	16.72 ± 1.24	22.41 ± 1.43	2.65 ± 0.88
母	2 254.67 ± 62.35	90.26 ± 0.91	83.24 ± 0.86	69.58 ± 1.06	18.55 ± 1.35	20.38 ± 1.23	3.29 ± 1.30

注：2022 年 9 月 20 日，在广西农业职业技术大学，由广西农业职业技术大学、广西大学、广西凤翔集团股份有限公司的专家和技术人员测定了公、母各 30 只鸡的屠宰性能指标。

（三）肉质性能

2022年9月20日，在开展屠宰测定的同时，随机抽取公、母鸡各20只进行肉品质及营养成分测定，结果见表4、表5。

表4　隐性白羽鸡（75日龄）肉品质

性别	剪切力（N）	pH	肉色		
			红度值（a）	黄度值（b）	亮度值（L）
公	42.93±3.64	5.87±0.33	−0.34±0.85	8.42±1.53	46.88±2.96
母	40.24±3.42	5.69±0.36	−1.05±0.66	8.80±0.99	50.33±3.77

注：2022年9月20日，在广西农业职业技术大学，由广西农业职业技术大学、广西大学、广西凤翔集团股份有限公司的专家和技术人员测定了公、母各20只鸡的肉品质性能指标。

表5　隐性白羽鸡（75日龄）营养成分

性别	水分（%）	蛋白质（%）	脂肪（%）
公	71.65±6.89	21.30±0.31	1.55±0.20
母	73.92±0.52	21.24±0.38	1.41±0.26

注：2022年9月20日，在广西农业职业技术大学，由广西农业职业技术大学、广西大学、广西凤翔集团股份有限公司的专家和技术人员测定了公、母各20只鸡的肉品质性能指标。

（四）繁殖性能

公司团队统计了广西凤翔集团股份有限公司星岛湖种鸡场分公司2019—2021年3个批次，笼养的14 195只种鸡的繁殖和产蛋性能。种鸡各阶段的营养标准如表6所示，繁殖和产蛋性能如表7所示。

表6　隐性白羽鸡种鸡各阶段营养标准

编号	小鸡料	中鸡料	后备料	预产料	高峰料	高峰后料	后期料
使用时间	0～5周	6～11周	12～19周	20～25周	26～37周	38～50周	51周至淘汰
蛋白质（%）	19.6	16.2	11.6	16.2	17.1	16.1	15.8
能量（MJ/kg）	12.04	11.62	8.90	11.54	11.29	11.04	10.83
赖氨酸（%）	1.0	0.85	0.61	0.83	0.88	0.85	0.83
蛋氨酸（%）	0.47	0.35	0.30	0.39	0.42	0.42	0.4
有效磷（%）	0.45	0.42	0.40	0.37	0.37	0.37	0.37
钙（%）	1.0	1.2	0.9	1.8	2.7	3	3.1

表7　隐性白羽鸡种鸡繁殖和产蛋性能

项目	生产性能
测定鸡群数量（只）	14 195
开产日龄（d）	172
开产体重（kg）	2.9
300日龄蛋重（g）	63.9
66周入舍鸡产蛋数（个）	180.3
66周饲养日产蛋数（个）	186.3
育雏期成活率（%）	99.4
育成期成活率（%）	98.4
产蛋期成活率（%）	94.2
种蛋受精率（%）	95.0
受精蛋孵化率（%）	93.5

六、饲养管理

　　隐性白羽鸡体质健壮，性情温驯，易饲养，适合笼养和平养。不同季节均可进种，按快大型鸡的营养标准进行饲喂。分育雏、育成、产蛋三阶段，环境控制采用纵向通风和湿帘降温，卫生防疫按照《中华人民共和国动物防疫法》规定执行，每个世代持续开展鸡白痢和禽白血病净化实现种鸡疫病的有效控制（图3、图4）。

图3　平养隐性白羽鸡

图4　笼养隐性白羽鸡

七、品种推广利用情况

该品种重点选择繁殖性能和体型、体重等，同时开展鸡白痢、禽白血病的监测和净化工作。根据第三次全国畜禽遗传资源普查结果，广西凤翔集团股份有限公司星岛湖种鸡场现有K2700纯系群体数量15 000只，2021年祖代群体数量3.05万只。

隐性白羽鸡以三元杂交为主的方式生产优质黄羽肉鸡，主要杂交利用区域在广东和广西，育成品种有"882黄鸡""康达尔128"、凤翔青脚麻鸡、凤翔乌鸡、科朗麻黄鸡、金陵黑凤鸡、金陵麻乌鸡等配套系十多个。这种组配方式克服了国内地方鸡种产蛋少、生长慢的缺点，保留了羽色的特征，其父母代的产蛋量得到明显提高，而其商品代的生长期也显著缩短。

为规范本品种生产，广西凤翔集团股份有限公司制定了《隐性白羽鸡品种标准》（Q/FXJQ 001—2023）。

八、对品种的评价和展望

隐性白羽鸡经多年选育，体型外观均匀度好。目前主要用于配套生产快大型青脚麻鸡及乌鸡，今后还可利用配套生产屠宰型黄鸡。

九、附录

1. 参与性能测定的单位和人员

广西凤翔集团股份有限公司：李道劲、苏相新。

广西大学：杨秀荣。

2. 主要撰稿人员及单位

广西大学：杨秀荣。

广西凤翔集团股份有限公司：李道劲、苏相新。

五、蜜蜂品种

华南中蜂

一、基本情况

（一）品种名称

华南中蜂，别名中蜂、土蜂，是中华蜜蜂（*Apis cerana cerana* Fabricius）在华南地区自然生态环境条件下，经长期自然生活（包括野生与人工饲养），对当地自然生态环境形成较好适应性的蜜蜂品种。是广西群众饲养的主要蜂种。

（二）中心产区及分布

广西各地均有分布，其中梧州、钦州、玉林、贺州、崇左、贵港、百色等市分布较多。2021年，饲养华南中蜂25 000群以上的有蒙山县（156 903群）、浦北县（107 508群）、北流市（65 718群）、藤县（52 882群）、灵山县（51 305群）、岑溪市（42 349群）、昭平县（38 492群）、苍梧县（35 420群）、博白县（35 416群）、容县（30 138群）、宁明县（27 696群）、隆林各族自治县（26 782群）和平南县（25 034群），13个县（市）合计695 643群，占广西华南中蜂总数118.11万群的58.90%。

（三）产区自然生态条件及对品种影响

1. 地形地貌

广西位于北纬20°54′—26°23′，东经104°28′—112°04′。属山地丘陵性盆地地貌，中山面积约5.6万km²，占总面积的23.7%；低山面积约3.9万km²，占16.5%；丘陵面积约2.5万km²，占10.6%；台地面积约1.5万km²，占6.4%；平原面积约4.9万km²，占20.8%；石山地区面积约4.7万km²，占19.9%。中山、低山、丘陵和石山面积约占广西陆地面积的70.7%，广大的山区蕴藏着丰富的植物资源，为华南中蜂的生存和发展提供了良好的自然条件。

2. 气候条件

广西属亚热带季风气候区，夏长冬短，气候温暖，雨水丰沛，光照充足，无霜期长；年平均气温21.6℃，各地年平均气温17.1～24.4℃；年平均降水量1 335.3mm；平均年日照时数1 675.1h，无霜期

284～365d。良好的气候条件有利于蜜粉源植物的生长和华南中蜂繁衍生息。

3. 蜜粉源条件

广西复杂的地形地貌、类型多样的土壤，以及优越的水热条件，为植物的生存与发展提供了有利因素，因而植物种类丰富，仅被子植物就有243科1 826属8 247种。丰富的植物资源为蜜蜂提供了数量众多的蜜粉源植物。截至2021年3月31日，广西已发现蜜粉源植物125科467属736种，这些蜜粉源植物一年四季花开不断。其中，主要蜜粉源植物有油菜、紫云英、苕子、蜡烛果、柑橘、十月橘、金柑、荔枝、龙眼、板栗、乌桕、山乌桕、细叶桉、老虎刺、盐肤木、尾叶桉、龙须藤、长毛柃、细齿叶柃、米碎花、鹅掌柴和玉米等22种，优良蜜粉源植物有桑、蓝花子、飞龙掌血等90种，辅助蜜粉源植物有苏铁、含笑花、天竺桂等614种，有毒蜜粉源植物有羊踯躅、喜树、八角枫等10种。

二、品种来源及发展

（一）品种来源

广西的华南中蜂属于中华蜜蜂在广西自然分布的品种，广西是华南中蜂的主要原产地之一。1932年之前，华南中蜂采用原巢饲养（亦称土法饲养或传统饲养），1932年后随着意大利蜂的引进，活框技术随之传入广西，华南中蜂开始借鉴意大利蜂的活框蜂箱和活框技术进行饲养，经过90多年的应用与推广，活框技术在华南中蜂饲养区得到普及。据调查，2021年广西采用活框技术饲养的华南中蜂为99.86万群，占广西饲养华南中蜂蜂群总数118.11万群的84.55%，主要分布在南宁、柳州、桂林、梧州、北海、钦州、贵港、玉林、贺州等市。原巢饲养的华南中蜂18.25万群，占广西饲养华南中蜂蜂群总数的15.45%，主要分布在防城港、百色、河池、来宾、崇左等市。广西各地还有相当数量的华南中蜂处于野生状态。

（二）群体数量和变化情况

2021年，广西饲养华南中蜂为118.11万群（其中转地放蜂29.98万群，定地放蜂88.13万群），与2006年度的28.88万群相比，增加89.23万群，增长308.97%。2006—2021年度广西饲养华南中蜂数量情况参见表1。

表1　2006—2021年度广西饲养华南中蜂数量（万群）

年度	蜂群数量	年度	蜂群数量
2006	28.88	2014	60.35
2007	30.04	2015	57.47
2008	28.75	2016	56.25
2009	28.19	2017	60.77
2010	30.53	2018	61.47
2011	37.74	2019	67.13

（续）

年度	蜂群数量	年度	蜂群数量
2012	52.52	2020	69.09
2013	51.54	2021	118.11

注：除2021年度为普查数据外，其余年度按畜牧部门年度报表广西饲养蜂群总数的75%计算。

三、品种的特征特性

（一）体型外貌

1. 蜂王的形态特征

处女王初生体长16～17mm，平均（16.71±0.39）mm，初生体重139.4～173.4mg，平均（157.32±8.67）mg，前翅长9～10mm，平均（9.57±0.37）mm。体色为黑棕色，全身覆盖黑色和深黄色混合短绒毛。头部稍呈圆形，单眼排列于前额部。第7腹节是最后一个可见环节，末端稍尖。第8腹节呈两块深褐色的膜质几丁质片藏于第9腹节内面。长管状的产卵管藏于第7腹节内，两侧有一产卵瓣伸达产卵管末端，包住产卵管。蜂王的中唇舌短，但上颚比较发达粗壮，边缘密生锐利的小齿，前部宽、中间小，背面着生长短不一的毛，腹面自中间至端部形成一个盆状，蜂王上颚腺附着在上颚基部（图1、图2）。

图1　华南中蜂蜂王（俯视）　　　　图2　华南中蜂蜂王（侧视）

2. 工蜂的形态特征

（1）基本特征　体长10～13mm；体色变化较大：触角的柄节均为黄色，但小盾片有黄、棕、黑3种颜色。处于高山区华南中蜂腹部的背、腹板偏黑，低纬度和低山、平原区偏黄，全身披灰黄色短绒毛。头部具一对鞭状触角，一对复眼、三个单眼，咀嚼式口器。触角由柄节、梗节和鞭节组成。躯干共10节，胸部由前、中、后胸组成。每一胸节着生一对足，中胸节和后胸节的背侧分别着生一对膜质翅。第1腹节与胸部构成了并胸腹节，腹部呈卵形，前端宽大，后端呈圆锥状。第2腹节前端形成一柄状，前缘与并胸腹节背板的一对关节突起相连接。第2腹节后端突然宽大，形成壁状的背板，腹背板的两侧有一对圆形的气门，第4背板前端两边各有一突起。从第4～7腹节前部，即前一节后缘覆盖的部分，各具有一对蜡镜，蜡镜下方附着蜡腺。第7腹节是最后一个可见腹节，呈圆锥形。背板及腹板的前端各节没有明显差别，但其后端转化为向下尖的卵形板。第8节腹节转化为环状，藏于第7节腹节之内。位于两侧的瓣状骨片外，最后一对气门在其上。第9腹节不完整，只剩两侧的背板。

（2）主要形态指标　2022年6月，根据《第三次全国畜禽遗传资源普查操作手册（第二册）》的要求，在180群华南中蜂中随机采集10群的工蜂样本，按群别用75%乙醇溶液浸泡密封保存；2022年7—10月，中国农业科学院蜜蜂研究所对工蜂样本进行形态指标测定，每群测定工蜂15只，共测定工蜂150只，结果见表2（图3、图4）。

表2　工蜂形态指标测定结果

序号	项目	单位	结果
1	第四背板绒毛带宽度	mm	0.74±0.18
2	第四背板绒毛带至背板后缘的宽度	mm	0.79±0.13
3	第五背板覆毛长度	mm	0.14±0.03
4	后翅钩数	个	18.74±1.38
5	第二背板色度	—	7.91±0.31
6	第三背板色度	—	7.27±0.58
7	第四背板色度	—	7.27±0.58
8	小盾片Sc区色度	—	7.88±1.07
9	小盾片K区色度	—	1.05±1.46
10	小盾片B区色度	—	4.45±2.32
11	上唇色度	—	6.00±0.00
12	吻长	mm	4.25±0.44
13	前翅长F_L	mm	8.34±0.23
14	前翅宽F_B	mm	2.87±0.07
15	前翅翅脉角A4	°	31.28±2.11
16	前翅翅脉角B4	°	109.09±4.74
17	前翅翅脉角D7	°	94.57±3.44
18	前翅翅脉角E9	°	19.52±1.55
19	前翅翅脉角J10	°	48.78±4.19
20	前翅翅脉角L13	°	14.31±1.69
21	前翅翅脉角J16	°	102.50±4.54

（续）

序号	项目	单位	结果
22	前翅翅脉角G18	°	88.02±3.77
23	前翅翅脉角K19	°	78.92±3.53
24	前翅翅脉角N23	°	82.44±4.99
25	前翅翅脉角O26	°	33.48±3.96
26	肘脉a	mm	0.52±0.03
27	肘脉b	mm	0.14±0.02
28	肘脉指数（肘脉a/肘脉b）	—	3.83±0.53
29	第三腹板长	mm	2.40±0.09
30	第三腹板蜡镜长	mm	1.14±0.07
31	第三腹板蜡镜斜长	mm	2.13±0.09
32	第三腹板蜡镜间距离	mm	0.29±0.05
33	第六腹板长	mm	2.24±0.07
34	第六腹板宽	mm	2.75±0.09
35	第三背板长	mm	1.79±0.07
36	第四背板长	mm	1.75±0.07
37	后足股节长	mm	2.36±0.09
38	后足胫节长	mm	2.88±0.15
39	后足基跗节长	mm	1.82±0.10
40	后足基跗节宽	mm	1.04±0.04

注：采样地点：阳朔县；采样单位：广西壮族自治区养蜂指导站、阳朔县水产畜牧技术推广站、阳朔县朱桥记蜂业专业合作社；采样时间：2022年6月；测定时间2022年7—10月；测定单位：中国农业科学院蜜蜂研究所。

图3 华南中蜂工蜂（俯视）

图4 华南中蜂工蜂（侧视）

3. 雄蜂的形态特征

体长12～13mm，平均（12.69±0.39）mm；前翅长9.6～11mm，平均（10.20±0.36）mm。体色黑色或黑棕色，全身披灰色短绒毛。头部圆形，颜面稍隆起，一对复眼着生于头部两侧，几乎在头顶上会合，颜面呈三角形，三个单眼挤在前部额上。雄蜂复眼的小眼数量比工蜂多一倍以上。雄蜂上颚较小，足上无净角器、距、花粉刷。前足跗节具闪光短毛。腹部宽大，可见节为7节，腹板形状与工蜂、蜂王不同，第2腹板两角尖突；第3腹板两尖突细长，中间稍窄。背板宽大，腹部末端为圆形。第8背板已特化为膜质，藏于第7背板内，两侧各具一深褐色的骨片，是第9背板表皮的内突，两块大的具毛的骨片，呈鳞状，深藏于腹部末端内，其前端宽阔，后端稍窄为阳茎瓣。阳茎孔开口于两片阳茎瓣的中间，其后侧角连着一块褐色骨片，为阳茎侧片（图5、图6）。

图5　华南中蜂雄蜂（俯视）　　　　图6　华南中蜂雄蜂（侧视）

（二）生物学特性

1. 群体特征

蜜蜂是营社会性生活的昆虫，任何一只蜜蜂都不可能长时间离开群体而单独生存。蜂群是蜜蜂自然生存和饲养管理的基本单位，一般有1只蜂王、数千至数万只工蜂，在繁殖季节，蜂群中会有数百至数千只雄蜂；在洞穴营巢，其蜂巢由若干张巢脾组成。

蜂群信息的传递靠蜂王信息素、工蜂信息素、触角传递、声频传递、蜂舞传递、食物传递等来完成。一个健康的蜂群，蜂群子脾区的温度，一般维持在35℃左右，相对湿度保持在75%～90%。气温低于7℃时，巢外蜜蜂会（易）出现冻僵状态；气温高于40℃，蜜蜂几乎停止花粉、花蜜的采集活动。蜂群受到各种不利因素刺激，如烟熏、震动、敌害或周围蜜粉源十分缺乏时，易发生迁飞。华南中蜂抗蜂螨、抗美洲幼虫腐臭病，易感染中蜂囊状幼虫病、欧洲幼虫腐臭病，抵抗巢虫、蜂巢小甲虫（*Aethina tumida* Murray）能力弱。

定地放蜂的蜂群年消长规律明显，在越冬后春繁前、度夏后秋繁前蜂群群势小，平均群势1～2框蜂，进入繁殖期后（春繁、秋繁），随着新蜂的不断出房，蜂群群势不断扩大，直至达到群势高峰（即蜂群可维持群势）；群势达到高峰时，部分蜂群发生自然分蜂。蜂群可维持群势的大小受周边蜜粉植物资源、生存环境、气候条件等因素影响，在蜜粉源丰富地区蜂群可维持群势通常大于蜜粉源缺乏地区；蜜粉源丰富度相近地区，蜂群可维持群势在高纬度（或高海拔）地区通常大于低纬度（或低海拔）地区。在广西南部和东南地区的蜂群可维持群势平均4～6框蜂，在广西中部和北部等地区蜂群可维持群势平均6～8框蜂，部分地区可达10框蜂以上。

2. 三型蜂发育历程

见表3（图7）。

表3　三型蜂发育日历

蜂型	卵期（d）	未封盖幼虫期（d）	封盖期（d）	出房日期（d）
蜂王	3	5	8	16
工蜂	3	6	11	20
雄蜂	3	7	13	23

华南中蜂巢内蜂王活动

图7　华南中蜂巢内的三型蜂

3. 蜂王的活动和行为

蜂王是由受精卵发育而成的生殖器官发育完全的雌蜂，是二倍体，在蜂群中专职产卵。蜂王从卵孵化为幼虫开始到成虫一生均由工蜂饲以王浆。蜂王羽化后称为处女王，第4天开始试飞，第5天后飞向空中交配，婚飞区在蜂场附近10～30m的空中，每只处女王可以和数只雄蜂交配。交配可以在一天内完成，也可以在几天内进行。每次交配飞行时间7～50min。完成交配的蜂王，通常在交配后2d左右开始产卵。已交配的蜂王，可随意在王台或工蜂巢房产下受精卵，在雄蜂巢房产下未受精卵。蜂王产卵后，除分蜂和迁飞外，一般不再飞出蜂巢。通常，除自然分蜂和新老蜂王更替外，一个蜂群只有一只蜂王，蜂王的自然寿命可达5～6年。

4. 工蜂的活动和行为

工蜂是生殖器官发育不完全的雌蜂，是由蜂王产在工蜂房内的受精卵发育而成，是二倍体，在蜂群中从事除产卵和交配外的所有工作。工蜂房中的幼虫3日龄内由哺育蜂饲喂王浆，4日龄起饲喂蜂粮（蜂蜜、花粉等混合物）。工蜂羽化后根据不同的日龄从事清洁保温、饲喂蜂王、哺育幼虫、泌蜡筑巢、酿蜜、守卫、采集等工作。采集范围一般在半径3km范围内，蜜粉源稀少时，采集范围可更宽。在生产期，工蜂寿命40～60d。

5. 雄蜂的活动和行为

雄蜂由未受精卵发育而成，是单倍体，是蜂群内的"雄性"公民，其主要职责是与婚飞的处女王交配。雄蜂出房后大多数8日龄出巢试飞，10日龄性器官成熟，10～25日龄为最佳交配日龄。雄蜂与处女王交配后，其生殖器官脱离并留在处女王的尾部，不久死亡。雄蜂具有一对突出的复眼和发达的翅膀，无螫针，不参加采集，寿命可达3～6个月。

（三）生产性能

（1）原巢饲养蜂群　年均取蜜1～2次，群年均产蜜5～8kg。

（2）活框饲养蜂群　年均取蜜2次以上，群年均产封盖蜜15～30kg。

（四）繁殖性能

华南中蜂产卵育虫能力能较好地适应广西的生态环境、蜜粉源和气候等因素变化。自然状态下，在春繁阶段和秋繁阶段各有1个自然分蜂期，在蜜粉植物资源丰富地区，1群蜂（群势1框蜂以上）通常每年可以培育出新蜂群2群以上，蜂群繁殖能力较强。

四、饲养管理

（一）原巢饲养

原巢饲养是指采用木箱、竹笼、空心木段（俗称"蜂桶"）等供蜜蜂在箱内自然营巢，巢脾上方与箱壁粘连，巢脾不能逐脾移动，采取"割脾取蜜"生产方式的饲养方法；也称土法饲养、旧法饲养或传统饲养。宜根据蜜粉源载蜂量，适度调整规模，分散摆放蜂箱。可通过箱外观察，结合气候和蜜粉源情况，进行饲喂、取蜜等简单的生产管理。取蜜一般在主要蜜粉源植物花期结束后进行。取蜜时将巢脾从巢内整张切取，利用压榨等方法将蜂蜜从巢脾中分离出来。取蜜时应留足饲料，预防蜂群飞逃。适于定地放蜂，不宜进行转地放蜂。

原巢饲养的蜂群可以通过"过箱"（指将原巢饲养蜂群的巢脾切割，分别绑入巢框后与蜜蜂一起移入活框蜂箱的过程）实施活框饲养。

（二）活框饲养

活框饲养是指采用活框蜂箱，巢脾固定在可移动的巢框内，能逐脾移动，可采用人工巢础供蜜蜂造脾，随时检查和管理蜂群的饲养方法（图8、图9）。包括养蜂场地选择，蜂箱排列，蜂群的开箱、检查、调整，蜂群饲喂，蜂群合并，自然分蜂与控制，人工育王，人工分群，蜂王和王台诱入，保温与保湿，盗蜂防止，巢脾修造，养蜂机具及消毒，蜂群迁移，蜜蜂病敌害防治，蜂蜜采收等技术。取蜜利用离心原理通过摇蜜机将蜂蜜从巢脾中分离，巢脾可重复利用。可定地放蜂，也可转地放蜂。结合当地蜜粉源、气候情况，利用这些基础技术对蜂群进行四季管理（图10、图11）。饲养华南中蜂还应做到：一是适度规模饲养；二是在主要蜜粉源植物大流蜜前40～50d开始培育适龄采集蜂，以强群和新蜂王投入蜂蜜生产；三是及时造新脾，撤出旧脾，保持蜂脾相称；四是留足饲料，度夏及非分蜂季节少开箱检查，预防盗蜂；五是注意防范胡蜂、巢虫和蜂箱小甲虫等敌害。

（三）蜂蜜生产与贮存

华南中蜂
访龙须藤

原巢饲养蜂群在割脾取蜜时，以割边脾为主，为蜂群保留子脾和部分饲料，在洁净、卫生环境下分离蜂蜜。采用活框饲养的蜂群应坚持生产高浓度封盖蜜（含水量20%以下），利用摇蜜机分离蜂蜜。分离出的蜂蜜用食品级滤网过滤后，存放在经消毒的洁净、干燥的大口贮蜜器具中，密封静置2～3d后，去除上浮的泡沫，分装密封贮存。

图8 华南中蜂性能测定点

图9 华南中蜂蜂场

图10 华南中蜂访龙须藤（*Bauhinia championii*）

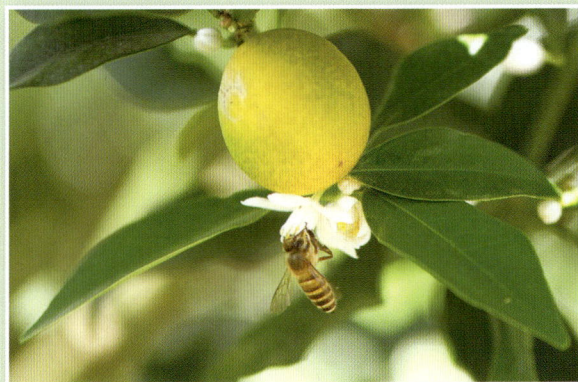

图11 华南中蜂与金柑

五、品种保护与研究利用现状

（一）保种场建设、保种群体情况

华南中蜂在广西分布广泛，野生华南中蜂仍十分丰富，种群数量仍呈上升之势。目前广西尚未建立保护区、保种场，也未建立品种登记制度。

（二）遗传多样性、种质特性研究情况

周姝婧等（2021）采用蜜蜂种群遗传研究常用的33个形态标记、38个微卫星标记和线粒体tRNA^{leu}–COⅡ片段，对广西全境11个样点的东方蜜蜂（即华南中蜂）进行全面的遗传分化分析，结果表明广西的东方蜜蜂各样点间没有发生种群遗传分化。样点间最远距离约650km，意味着东方蜜蜂仅由距离导致遗传分化的距离要大于650km。

（三）开发利用现状

随着广西科学技术出版社《蜜蜂活框饲养技术——特种养殖点金术》（2001年版）和《蜂群饲养管理技术》（2015年版）的出版，以及广西地方标准《中华蜜蜂饲养技术规范》（DB45/T 526—2008）的发布实施，广西在全区开展了标准宣贯和养蜂技术推广，华南中蜂饲养取得了快速发展，全区蜂群数量连年持续增长，2012年突破了50万群，2021年达118.11万群。自2013年起，广西开展华南中蜂为设施虫媒作物授粉试验研究、示范和推广工作，结果表明，华南中蜂可替代人工为设施甜瓜、西瓜、苦瓜等虫媒作物授粉，实现增产提质；2013—2023年，华南中蜂为广西设施虫媒作物授粉面积累计约10万亩。此外，广西还开展了华南中蜂成熟蜂蜜生产试验，并于2023年8月10日发布了《成熟蜂蜜生产技术规范》（DB45/T 2734—2023）和《中华蜜蜂饲养技术规范》（DB45/T 526—2023）。

六、品种评价和展望

（一）华南中蜂是广西的当家蜂种

华南中蜂经过长期的进化，已适应广西各地气候、环境和蜜粉植物资源，非常适宜广西各地进行定地放蜂和小转地放蜂，是中华蜜蜂的优良地方品种之一，是虫媒作物尤其是设施虫媒作物蜜蜂授粉的优选蜂种，而且种群数量仍保持着良好的增长态势。与西方蜜蜂相比，华南中蜂在生产性能上还具有以下特点：

（1）华南中蜂适宜山区定地放蜂　华南中蜂嗅觉灵敏，善于发现和利用零星蜜粉源，冬季个体安全飞行的临界温度比西方蜜蜂低，早出晚归，消耗饲料少，行动敏捷，更易躲避胡蜂。

（2）华南中蜂可就地取材　广西的广大山区和林区蕴藏着大量的野生华南中蜂，当地群众很容易诱捕、收捕到野生蜂群，只需稍加驯养，即可带来经济收益。

（二）华南中蜂具有较高的保种价值

广西的华南中蜂没有发生种群遗传分化，在河池、百色、防城港市上思县、来宾市金秀瑶族自治县、

崇左市宁明县等地山区，还有大量原巢饲养的华南中蜂，这些地区适宜建立华南中蜂遗传资源保护区，在保护区内可采用原巢饲养方法扩大华南中蜂的种群数量，可为我国保留华南中蜂这一宝贵地方品种贡献广西力量。

七、附录

（一）参考文献

《广西大百科全书》编纂委员会，2008. 广西大百科全书·经济（下）［M］. 北京：中国大百科全书出版社：813.

闭正辉，秦汉荣，黄秋莲，2021. 广西蜜粉源植物［M］. 南宁：广西人民出版社.

陈家贵，2017. 广西畜禽遗传资源志［M］. 北京：中国农业出版社：370–384.

陈耀春，1993. 中国蜂业［M］. 北京：农业出版社：216–219.

龚一飞，张其康，2000. 蜜蜂分类与进化［M］. 福州：福建科学技术出版社：18–25.

广西壮族自治区地方志编纂委员会，2020. 广西通志·环境保护志（1996—2005）［M］. 南宁：广西人民出版社：15.

广西壮族自治区环境保护厅，2014. 广西环境年鉴2013［M］. 南宁：广西人民出版社：65.

广西壮族自治区气象局，广西壮族自治区气候中心，2022. 广西气候公报2021年［R/OL］. http://gx.cma.gov.cn/qxfw/qxgb/202206/t20220608_4889307.html.

国家畜禽遗传资源委员会，2011. 中国畜禽遗传资源志·蜜蜂志［M］. 北京：中国农业出版社：28.

覃海宁，2010. 广西植物名录［M］. 北京：科学出版社.

温远光，李治基，李信贤，等，2014. 广西植被类型及其分类系统［J］. 广西科学，21（5）：484–513.

杨冠煌，2001. 中华蜜蜂［M］. 北京：中国农业科技出版社：39–47.

曾志将，2007. 蜜蜂生物学［M］. 北京：中国农业出版社：1–88.

周姝婧，朱翔杰，徐新建，等，2021. 广西东方蜜蜂遗传多样性分析［J］. 应用昆虫学报，58（3）：672–684.

（二）调查和编写人员情况

1. 参与性能测定的单位和人员

（1）华南中蜂工蜂形态指标测定

中国农业科学院蜜蜂研究所：陈晓、周子彧、王雪、节春霆。

（2）华南中蜂处女王、初生雄蜂和生产性能测定

广西壮族自治区养蜂指导站：秦汉荣、孙甜、胡军军。

阳朔县水产畜牧技术推广站：廖权茂、陈娴静、李凤姣。

阳朔县朱桥记蜂业专业合作社：朱志强、朱桥记。

2. 主要撰稿人员及单位

广西壮族自治区养蜂指导站：秦汉荣、胡军军。

阳朔县水产畜牧技术推广站：廖权茂。

大 蜜 蜂

一、基本情况

（一）品种名称

大蜜蜂（*Apis dorsata* Fabricius），别名排蜂，大排蜂。

（二）中心产区及分布

大蜜蜂在广西行政区域内处于野生状态，为原生分布。已发现大蜜蜂分布的地区处于北纬21°35′—24°59′，东经104°29′—110°47′。具体地点包括：南宁市兴宁区、青秀区、西乡塘区、邕宁区、武鸣区、上林县、马山县、隆安县，防城港市防城区、上思县，贵港市港南区，玉林市北流市，百色市右江区、田阳区、田东县、平果市、那坡县、西林县、隆林各族自治县，来宾市兴宾区、忻城县、武宣县、合山市，河池市巴马瑶族自治县、都安瑶族自治县、大化瑶族自治县、宜州区，崇左市江州区、宁明县、龙州县、天等县、大新县等地。其中，上思、宁明、龙州等地分布数量较多。

（三）产区自然生态条件及对品种影响

（1）地形地貌　参见《华南中蜂》。

（2）气候条件　参见《华南中蜂》。

（3）蜜粉源条件　参见《华南中蜂》。

二、品种来源及发展

（一）品种来源

广西行政区域内的大蜜蜂为自然原生分布。

（二）群体数量和变化情况

1. 群体数量与消长形势

（1）群体数量　大蜜蜂处于野生状态，具有依蜜粉源、气候等自然因素变化进行迁居的习性，各地大蜜蜂分布数量不稳定。据调查，发现每个有大蜜蜂的县有数群至数十群不等，尚无具体统计数据。

（2）分布趋势　随着冬季平均气温的不断上升，大蜜蜂的分布有逐步向广西北部、东北和东南扩展的趋势，分布区域在不断扩大。

（3）群体数量消长　大蜜蜂群体总数呈缓慢下降趋势。原因：一是部分大蜜蜂适宜栖息地随着土地连片规模开发，植物多样性下降、趋向单一，蜂群生存与发展受到严重影响，导致蜂群被迫不断迁居，自然繁殖数量减少。二是大蜜蜂工蜂逐步被商用，部分群众从单纯猎取蜂巢转变到蜂巢和蜂群一起猎取，大量蜂群因群众猎取而消亡。

2. 濒危情况

在广西行政区域内，大蜜蜂尚无濒危风险，但在过度猎捕蜂巢和蜂群的地区，蜂群数量不断下降，这些地区大蜜蜂濒危的风险在上升。

三、品种的特征特性

（一）体型外貌

1. 蜂群与蜂巢结构特征

蜂群由一只蜂王，数百只雄蜂，数千至数万只工蜂组成，雄蜂通常只在分蜂季节出现。通常在高大树木的横干树枝上或悬岩下筑巢，单脾，与地面垂直，露巢；巢脾一般离地面高数米至数十米，长1.0～2.0m，高0.6～1.2m，巢脾中、下部为繁殖区，封盖子脾厚度约35mm；上部和两侧为贮蜜区、贮粉区，王台建造在巢脾一侧下方，处于巢脾下沿。雄蜂房封盖后高于工蜂房1～1.5mm，两者大小差异不大。

蜂群在春季、秋季繁殖期繁育新蜂王，新蜂王交尾后在原群附近营造新巢。雄蜂与处女王交尾发生在黄昏时刻，这时雄蜂集体发出的"嗡嗡"声吸引处女王，交尾在原群附近进行。受蜜粉源植物花期和气候变化影响，大蜜蜂有迁飞的习性。

工蜂具强烈的攻击性，当人畜离蜂巢2m左右时，外层工蜂振翅、发出"唰唰"的警告声，再靠近蜂巢，工蜂便主动攻击入侵者；夜晚较安定，攻击性弱。

2. 蜂王的形态特征

体长23mm，前翅长14.5mm；个体黑色（图1、图2）。

图1　大蜜蜂蜂王（俯视）　　　　图2　大蜜蜂蜂王（左）与工蜂（右）（侧视）

3. 工蜂的形态特征

（1）基本特征　体长16～19mm；体细长；头、胸、足及腹部端部3节黑色，基部3节蜜黄色。上唇及下唇栗褐色；唇基点刻稀；触角第1节及口器黄褐色。体密被短毛；头、颜面毛稀而短，灰白色；颅顶、中胸背板及胸侧板被密而长的黑褐色至黑色毛；小盾片及并胸腹节被蜜黄色长毛；腹部第1～3背板密被蜜黄色短毛；其余各节被褐至黑褐色短毛；足被黑色毛；前足各节外侧毛黄色，较长；中足及后足基跗节内侧被金黄褐色毛。翅黑褐色，具紫色光泽，以前缘室及亚前缘室色最深，后翅色稍浅。

（2）主要形态指标　2022年6—11月，在南宁市、来宾市、崇左市等地采集野生大蜜蜂共10群，按群别用75%乙醇溶液浸泡密封保存；2022年11月至2023年6月，中国农业科学院蜜蜂研究所对工蜂样本进行形态指标测定，每群测定工蜂10只，共测定工蜂100只，结果见表1（图3、图4）。

表1　大蜜蜂工蜂形态指标测定结果

序号	项目	单位	结果
1	第四背板绒毛带宽度	mm	1.78±0.44
2	第四背板绒毛带至背板后缘的宽度	mm	0.11±0.26
3	第五背板覆毛长度	mm	0.20±0.05
4	后翅钩数	个	24.47±2.28
5	第二背板色度	—	7.09±1.63
6	第三背板色度	—	6.04±1.52
7	第四背板色度	—	4.98±1.65
8	小盾片Sc区色度	—	0.90±1.28
9	小盾片K区色度	—	0.65±1.24
10	小盾片B区色度	—	0.34±0.89
11	上唇色度	—	0.00±0.00
12	吻长	mm	5.85±1.23
13	前翅长F_L	mm	13.69±0.56
14	前翅宽F_B	mm	4.45±0.20
15	前翅翅脉角A4	°	38.14±1.90
16	前翅翅脉角B4	°	77.77±4.64
17	前翅翅脉角D7	°	91.82±2.94
18	前翅翅脉角E9	°	18.24±1.08
19	前翅翅脉角J10	°	35.43±3.27
20	前翅翅脉角L13	°	11.73±1.45
21	前翅翅脉角J16	°	90.03±6.77

（续）

序号	项目	单位	结果
22	前翅翅脉角 G18	°	101.42±3.38
23	前翅翅脉角 K19	°	72.17±3.33
24	前翅翅脉角 N23	°	73.59±6.82
25	前翅翅脉角 O26	°	35.81±4.05
26	肘脉a	mm	1.20±0.16
27	肘脉b	mm	0.16±0.03
28	肘脉指数（肘脉a/肘脉b）	—	7.70±1.91
29	第三腹板长	mm	4.13±0.17
30	第三腹板蜡镜长	mm	1.84±0.10
31	第三腹板蜡镜斜长	mm	2.61±0.15
32	第三腹板蜡镜间距离	mm	0.18±0.05
33	第六腹板长	mm	3.30±0.11
34	第六腹板宽	mm	3.28±0.15
35	第三背板长	mm	2.91±0.11
36	第四背板长	mm	2.93±0.12
37	后足股节长	mm	3.27±0.18
38	后足胫节长	mm	4.14±0.21
39	后足基跗节长	mm	2.93±0.15
40	后足基跗节宽	mm	1.35±0.09

注：采样地点：南宁市、来宾市、崇左市；采样单位：广西壮族自治区养蜂指导站、南宁市全键蜜蜂养殖场、宁明县养蜂指导站、来宾市蜂业协会、兴宾区蜂业协会等；采样时间：2022年6—11月；测定时间2022年6月至2023年6月；测定单位：中国农业科学院蜜蜂研究所。

图3 大蜜蜂工蜂（俯视）

图4 大蜜蜂工蜂（侧视）

4. 雄蜂的形态特征

体长 16～17mm。复眼大，两复眼后部内缘紧接连；腹部圆柱形，黑色；并胸腹节，腹部第 1～6 节背板大部分，中足及后足均为红褐色；前足黑褐色；后足胫节长度与基跗节长度比为 5：3。体毛浅黄至黄色；复眼密被短的黄毛；唇基被黑毛；单眼周围、颊、前足腿节外侧、胸部及腹部第 1～2 节背板腹部被黄色长绒毛。

（二）生产性能

（1）蜂蜜生产性能　通常，大蜜蜂每年可猎取蜂蜜两次，每次每群可取蜂蜜 10～20kg。

（2）蜂蜜质量　大蜜蜂蜂蜜与野生华南中蜂蜂蜜相近，蜂蜜的芳香味与采集蜜粉源有关，采集的蜜粉源不同，蜂蜜的芳香味不同。

（三）繁殖性能

大蜜蜂有春繁和秋繁两个重要繁殖阶段，尚无自然分蜂数据。

大蜜蜂护脾

四、饲养管理

大蜜蜂在广西具有良好的适应性，在自然状态下，当拥有足够的蜜粉植物资源时，大蜜蜂就能生存和发展。目前尚未进行人工饲养（图 5 至图 8）。

图 5　大蜜蜂采瓜叶菊

图 6　大蜜蜂采吴茱萸

图 7　大蜜蜂工蜂护脾

图 8　大蜜蜂蜂群

五、品种保护与研究利用现状

（一）保种场建设、保种群体情况

大蜜蜂处于野生状态，种群数量在部分地区受植物多样性下降及群众狩猎等影响，群体数量呈下降趋势；此外，大蜜蜂受原栖息地生态环境恶化和气候变暖等诸多客观因素影响，呈向广西北部、东北和东南扩展分布的趋势。目前，对大蜜蜂没有提出过保护和利用计划，没有建立过品种登记制度。

（二）开发利用现状

（1）猎取蜂蜜　广西各族人民自古就有猎取大蜜蜂蜂蜜的习惯。蜜粉源丰富的地区，一年可以猎取大蜜蜂蜂蜜两次。丘陵或平原地区，通常在荔枝、龙眼花期结束后猎取一次，冬末春初猎取一次；山区在乌桕（山乌桕）花期结束后猎取蜂蜜一次，鹅掌柴、野桂花花期结束后猎取一次。平均每次每巢可取蜜10～20千克。猎取大蜜蜂蜂巢时，部分地区的群众也将大蜜蜂工蜂一起收集出售或自用，导致当地大蜜蜂种群数量下降。

（2）传花授粉　大蜜蜂目前尚未成功驯养，仍处于野生状态，主要作用是为植物传花授粉。

六、品种评价和展望

大蜜蜂尚处于野生状态，主要作用是为植物传花授粉，同时，群众通过猎取大蜜蜂蜂巢可以获得蜂蜜，具有一定的经济价值。

七、附录

（一）参考文献

陈家贵，2017. 广西畜禽遗传资源志［M］. 北京：中国农业出版社.

龚一飞，张其康，2000. 蜜蜂分类与进化［M］. 福州：福建科学技术出版社：18-25.

国家畜禽遗传资源委员会，2011. 中国畜禽遗传资源志·蜜蜂志［M］. 北京：中国农业出版社.

匡邦郁，匡海鸥，2003. 蜜蜂生物学［M］. 昆明：云南科学技术出版社：18-19.

吴燕如，何琬，王淑芳，1988. 云南蜜蜂志［M］. 昆明：云南科学技术出版社：102-103.

（二）调查和编写人员情况

1. 参与工蜂形态指标测定的单位和人员

中国农业科学院蜜蜂研究所：陈晓、周子㦤、王雪、节春霆。

2. 主要撰稿人员及单位

广西壮族自治区养蜂指导站：秦汉荣、孙甜。

宁明县养蜂指导站：邱泽群。

小 蜜 蜂

一、基本情况

（一）品种名称

小蜜蜂（*Apis florea* Fabricius），别名小排蜂、小挂蜂、小草蜂。

（二）中心产区及分布

小蜜蜂在广西行政区域内处于野生状态，为原生分布。已发现有小蜜蜂分布地区处于北纬21°35′—25°33′，东经104°29′—110°53′。具体地点包括南宁市兴宁区、青秀区、西乡塘区、邕宁区、武鸣区、隆安县、马山县、上林县、横州市，柳州市柳江区，防城港市防城区、上思县，贵港市港南区、平南县，玉林市玉州区、容县、博白县、兴业县、北流市，百色市右江区、田阳区、田东县、平果市、那坡县、西林县、隆林各族自治县，河池市金城江区、环江毛南族自治县、巴马瑶族自治县、都安瑶族自治县、大化瑶族自治县、宜州区，来宾市兴宾区、忻城县、象州县、武宣县、金秀瑶族自治县、合山市，崇左市江州区、扶绥县、宁明县、龙州县、大新县、天等县、凭祥市等45个县（市、区）。其中，防城、上思、江州、宁明、龙州等地分布数量较多。

（三）产区自然生态条件及对品种影响

（1）地形地貌　参见《华南中蜂》。

（2）气候条件　参见《华南中蜂》。

（3）蜜粉源条件　参见《华南中蜂》。

二、品种来源及发展

（一）品种来源

广西行政区域内的小蜜蜂为自然原生分布。

（二）群体数量和变化情况

1. 群体数量与消长形势

（1）群体数量　小蜜蜂处于野生状态，且蜂群具有依蜜粉源、气候等自然因素变化进行迁居的习性。据调查，发现有小蜜蜂的县有数群至数十群不等，尚无具体统计数据。

（2）分布趋势　在广西，随着冬季平均气温的不断上升，小蜜蜂的分布有从分布中心区向广西北部、东北和东南扩展的趋势，分布区域在不断扩大。

（3）群体数量消长　根据调查，广西的小蜜蜂群体数量呈缓慢上升态势。

2. 濒危情况

在广西行政区域内，小蜜蜂尚无濒危风险，但在过度猎捕小蜜蜂的地区，蜂群数量增长缓慢，甚至呈下降趋势。

三、品种的特征特性

（一）体型外貌

1. 蜂群与蜂巢结构特征

蜂群由一只蜂王，数百只雄蜂，数千至数万只工蜂组成，雄蜂通常只在分蜂季节出现。通常在灌丛林、草丛筑巢；营单一露天巢脾的蜂巢；巢脾宽15～35cm，高15～27cm，厚16～19mm，上部形成一半球状的巢顶，将树枝包于其中为贮蜜区。中下部为育虫区。巢房分化明显，工蜂房位于中上部，径2.7～3.1mm，深6.9～8.2mm；雄蜂房位于工蜂房区下部，径4.2～4.8mm，深8.9～12.0mm；王台在雄蜂房区下沿，长13.5～14.0mm，台基宽8.5～10.0mm。

平均发育期蜂王16.5d，工蜂20.5d，雄蜂22.5d。分蜂期多在3—5月和9—10月，王台数一般在3～13个，在气温18～42℃时，育虫区中心温度为33～38℃。

小蜜蜂护脾力强，常有3层以上工蜂爬覆在巢脾上，当暴风雨袭击时，结成紧密的蜂团保护巢脾。蜜粉源丰富时性温驯，蜜粉源枯竭时性凶猛。

随着蜜粉源植物花期和气候的变化，小蜜蜂由平原到山区往返迁徙，受蜡螟或蚂蚁等敌害侵袭，常导致全群弃巢飞逃。

2. 蜂王的形态特征

体长16.5mm，前翅长9.75mm。腹部第1～2节背板、第3节背板基半部及第3～5节背板端缘均红褐色，其余黑色。颚眼距宽与长几乎相等；两后单眼的距离与后单眼到复眼的距离之比为9：5；触角第3节稍长于第4节，第4～9节各节长与宽相等（图1、图2）。

3. 工蜂的形态特征

（1）基本特征　体长7～8mm；腹部第1～2节背板红褐色。头略宽于胸；唇基点刻细密；上颚顶端红褐色；两后单眼间之距离大于后单眼到复眼的距离；颚眼距长明显小于宽；小盾片及腹部第3～6节背板均

图1 小蜜蜂蜂王（俯视）

图2 小蜜蜂蜂王（侧视）

黑色。体毛短而少；颜面及头部下表面毛灰白色；颅顶毛黑褐色；胸部被灰黄色短毛；腹部背板被黑褐色短毛，第3～5节背板基部具白绒毛带；腹部腹面为细而长的灰白色毛；后足胫节及基跗节背面两侧被白毛。

（2）主要形态指标　2022年6—11月，在南宁市、来宾市、崇左市等地采集野生小蜜蜂共10群，按群别用75%乙醇溶液浸泡密封保存；2022年11月至2023年6月，中国农业科学院蜜蜂研究所对工蜂样本进行形态指标测定，每群测定工蜂10只，共测定工蜂100只，结果见表1（图3）。

表1　小蜜蜂工蜂形态指标测定结果

序号	项目	单位	结果
1	第四背板绒毛带宽度	mm	0.39±0.10
2	第四背板绒毛带至背板后缘的宽度	mm	0.61±0.06
3	第五背板覆毛长度	mm	0.19±0.04
4	后翅钩数	个	11.53±1.31
5	第二背板色度	—	7.72±0.83
6	第三背板色度	—	6.98±1.14
7	第四背板色度	—	3.39±1.51
8	小盾片Sc区色度	—	0.04±0.40
9	小盾片K区色度	—	0.37±1.28
10	小盾片B区色度	—	0.22±0.94
11	上唇色度	—	0.03±0.30
12	吻长	mm	2.98±0.36
13	前翅长F_L	mm	6.92±0.14
14	前翅宽F_B	mm	2.31±0.06
15	前翅翅脉角A4	°	33.55±1.98
16	前翅翅脉角B4	°	88.58±4.67
17	前翅翅脉角D7	°	86.03±3.37

蜜蜂品种

（续）

序号	项目	单位	结果
18	前翅翅脉角E9	°	17.91±1.56
19	前翅翅脉角J10	°	38.94±2.24
20	前翅翅脉角L13	°	16.05±1.35
21	前翅翅脉角J16	°	113.71±4.18
22	前翅翅脉角G18	°	102.06±4.05
23	前翅翅脉角K19	°	70.38±3.63
24	前翅翅脉角N23	°	73.70±4.01
25	前翅翅脉角O26	°	29.35±2.98
26	肘脉a	mm	0.54±0.04
27	肘脉b	mm	0.19±0.02
28	肘脉指数（肘脉a/肘脉b）	—	2.92±0.46
29	第三腹板长	mm	1.86±0.06
30	第三腹板蜡镜长	mm	0.86±0.04
31	第三腹板蜡镜斜长	mm	1.50±0.05
32	第三腹板蜡镜间距离	mm	0.07±0.02
33	第六腹板长	mm	1.48±0.05
34	第六腹板宽	mm	1.94±0.07
35	第三背板长	mm	1.52±0.06
36	第四背板长	mm	1.36±0.05
37	后足股节长	mm	1.77±0.06
38	后足胫节长	mm	2.19±0.08
39	后足基跗节长	mm	1.36±0.04
40	后足基跗节宽	mm	0.67±0.03

注：采样地点：南宁市、来宾市、崇左市；采样单位：广西壮族自治区养蜂指导站、南宁市全键蜜蜂养殖场、宁明县养蜂指导站、来宾市蜂业协会、兴宾区蜂业协会等；采样时间：2022年6—11月；测定时间2022年6月至2023年6月；测定单位：中国农业科学院蜜蜂研究所。

图3 小蜜蜂工蜂（左）与
蜂王（右）（俯视）

4. 雄蜂的形态特征

雄蜂体长11～13mm，黑色。与工蜂区别为：后足胫节内侧叶状突起长，略超过胫节全长的2/3。

（二）生产性能

（1）蜂蜜生产性能　通常，小蜜蜂一年可猎取蜂蜜两次，每次每群可取蜂蜜0.8～1.5kg。

（2）蜂蜜质量　小蜜蜂蜂蜜与野生华南中蜂蜂蜜相近，蜂蜜的芳香味与采集蜜粉源有关，采集的蜜粉源不同，蜂蜜的芳香味不同。

（三）繁殖性能

小蜜蜂有春繁和秋繁两个重要繁殖阶段，尚无自然分蜂数据。

四、饲养管理

小蜜蜂在广西行政区域内具有良好的适应性，在自然状态下，当拥有足够的蜜粉植物资源时，小蜜蜂就能生存和发展。目前尚未进行人工饲养（图4、图5）。

图4　小蜜蜂采吴茱萸　　　　　　　　　　图5　小蜜蜂蜂群

五、品种保护与研究利用现状

（一）保种场建设、保种群体情况

小蜜蜂主要在密集灌木丛中营巢，山区、丘陵地带分布数量较多；种群数量在部分地区受植物多样性下降及群众狩猎等影响，呈下降趋势。此外，小蜜蜂受气候变暖，以及原栖息地生态环境恶化等诸多因素影响，有向广西北部、东北和东南扩展分布的趋势。目前，对小蜜蜂没有提出过保护和利用计划，没有建立过品种登记制度。

（二）开发利用现状

（1）猎取蜂蜜　广西各族人民自古就有猎取小蜜蜂蜂蜜的习惯。在蜜粉源丰富地区，小蜜蜂一年可以猎取蜂蜜两次。丘陵或平原地区，通常在荔枝、龙眼花期结束后猎取一次，冬末春初猎取一次；山区在乌桕（山乌桕）花期结束后猎取蜂蜜一次，鹅掌柴、野桂花花期结束后猎取一次。每次每巢可取蜜0.8～1.5kg。

（2）传花授粉　小蜜蜂尚未成功驯养，处于野生状态，其主要作用是为植物传花授粉。

六、品种评价和展望

小蜜蜂尚处于野生状态，主要作用是为植物传花授粉，同时，群众通过猎取小蜜蜂蜂巢可以获得蜂蜜，具有一定的经济价值。

七、附录

（一）参考文献

陈家贵，2017. 广西畜禽遗传资源志［M］. 北京：中国农业出版社.

龚一飞，张其康，2000. 蜜蜂分类与进化［M］. 福州：福建科学技术出版社：18-25.

国家畜禽遗传资源委员会，2011. 中国畜禽遗传资源志·蜜蜂志［M］. 北京：中国农业出版社.

匡邦郁，匡海鸥，2003. 蜜蜂生物学［M］. 昆明：云南科学技术出版社：18-19.

吴燕如，何琬，王淑芳，1988. 云南蜜蜂志［M］. 昆明：云南科学技术出版社：102-103.

（二）调查和编写人员情况

1. 参与工蜂形态指标测定的单位和人员

中国农业科学院蜜蜂研究所：陈晓、周子彧、王雪、节春霆。

2. 主要撰稿人员及单位

广西壮族自治区养蜂指导站：秦汉荣、胡军军、陆启皇。

六、新发现遗传资源

广西畜禽遗传资源志（2024年版）

南丹梅花山猪

一、一般情况

（一）品种名称及类型

南丹梅花山猪（Nandan meihuashan pig）因其头部旋毛呈白色梅花状而得名，具有"六白"特征，属脂肉兼用型猪种。

（二）原产地、中心产区及分布

南丹梅花山猪原产地南丹县位于广西西北，属于云贵高原向广西西北丘陵过渡的斜坡地带，境内高山连绵起伏，峰峦重叠。其主要分布于南丹县境内的中堡苗族乡、月里镇、六寨镇等乡镇，全县其他乡镇也有零星分布。

（三）产区自然生态条件

参见瑶鸡之南丹县自然生态条件部分。

二、品种来源、形成与发展

（一）品种形成及历史

据《南丹县志（1973—1994）》记载，黑猪是南丹特有的原始猪种，是南丹1970年以前农户饲养的当家猪种。《南丹农业资源调查、农业区划报告集》（1985年版）中则记载了南丹梅花山猪的生产性能、养殖情况及区域分布。

地方民族习俗推动南丹梅花山猪发展。苗族人历来重情重义，厚亲厚友，除逢年过节杀猪以外，其他的红白喜事也必须有猪，特别是猪头（必须是南丹梅花山猪，并且保留额头上的白色旋毛）最为重要。

南丹梅花山猪主产地中堡苗族乡位于南丹县西北部。由于交通比较闭塞，南丹梅花山猪都实行闭锁繁育，并通过原始生态放牧饲养和经过长期自然选择，形成了肉质鲜嫩、口感醇香、耐粗饲、适应性强、抗病力强、易于饲养的地方猪种。

（二）群体数量及变化情况

2021年全国畜禽遗传资源普查数据显示，南丹梅花山猪群体数量为2720头，其中能繁母猪615头，种公猪48头。

三、体型外貌

（一）体型外貌特征

南丹梅花山猪为一种形似野猪的独特原始猪种，具有"六白"特征，额中旋毛，尾尖毛及四蹄部毛皆为白色，其余为黑色，主要特征为额中旋毛呈白色梅花状且比周边的黑毛长。嘴尖直长，口裂深，鼻镜大而厚，耳大薄并下垂，颈稍长，体躯狭，腹大不拖地，尾长过飞节，肢高细，强健有力。有长嘴和短嘴两种类型，长嘴占90%左右，短嘴占10%左右，嘴唇部有三道皱褶（图1至图3）。

图1 南丹梅花山猪成年公猪

图2 南丹梅花山猪成年母猪

图3 南丹梅花山猪品种特征

（二）体尺和体重

2023年6月，广西农业职业技术大学对成年南丹梅花山猪的体尺和体重进行测定，具体测定结果见表1。

表1 南丹梅花山猪体尺、体重测量结果

测定年度	性别	数量（头）	体重（kg）	体高（cm）	体长（cm）	胸围（cm）	腹围（cm）	管围（cm）	背高（cm）	胸深（cm）
2023	公	15	97.8±9.69	68.67±1.19	120.67±3.72	109.33±7.47	111±4.41	18.17±1.12	72±2.24	40±1.63
	母	30	97.68±12.52	63.42±6.38	123.33±6.79	117.25±13.3	123.29±12.99	16.73±1.67	67.20±5.92	43.87±9.44

四、生产性能

（一）生长速度

2023年6月广西农业职业技术大学在南丹县测量了95头南丹梅花山猪的生长发育性能，测量结果见表2。

表2 南丹梅花山猪生长性能测量结果

性别	数量（头）	初生重（kg）	断奶日龄（d）	断奶重（kg）	保育期末日龄（d）	保育期末重（kg）
平均	95	0.4±0.08	31±3.68	2.38±0.96	60±5.86	6.5±1.37

（二）育肥性能

因南丹梅花山猪在保育结束后，就集中到放养林地或在房屋附近自由放牧，白天放养，晚上回栏补料，没有进行育肥性能的测定。

（三）屠宰性能

2023年9月广西农业职业技术大学对8头8月龄的南丹梅花山猪进行屠宰测定，屠宰测定结果见表3。

表3 南丹梅花山猪屠宰测定结果

测定项目	平均
屠宰数量（头）	8
宰前活重（kg）	60.85±5.49
胴体重（kg）	42.98±5.18
胴体长（cm）	71.75±1.70
肋骨数（对）	13.38±0.92
屠宰率（%）	70.63±2.92
瘦肉率（%）	48.07±5.04
平均膘厚（mm）	27.41±4.10
脂率（%）	25.36±5.28
皮率（%）	13.31±0.95
骨率（%）	13.26±1.55
眼肌面积（cm²）	17.21±3.47
皮厚（mm）	5.07±0.61

（四）肉质性能

2023年9月广西农业职业技术大学对8头8月龄南丹梅花山猪进行肉质测定，测定结果见表4。

表4 南丹梅花山猪肉质测定结果

测定项目	平均值
肉色评分	2.25±0.46
滴水损失（%）	5.86±2.72
大理石纹评分	1.5±0.76
嫩度（kg/cm^2）	4.43±0.47

2023年9月广西农业职业技术大学对8头8月龄南丹梅花山猪背最长肌营养成分进行测定，测定结果见表5。

表5 南丹梅花山猪背最长肌营养成分测定结果

测定项目	平均值
蛋白质（每百样品中的含量，g）	22.11±1.03
脂肪（每百样品中的含量，g）	4.06±1.22
水分（每百样品中的含量，g）	71.98±0.73
灰分（每百样品中的含量，g）	1.11±0.07
干物质（每百样品中的含量，g）	28.08±0.72
软脂酸（%）	19.73±1.11
硬脂酸（%）	11.36±1.21
油酸（%）	40.84±2.37
亚油酸（%）	7.08±1.76
亚麻酸（%）	0.98±0.14
氨基酸总量（每百样品中的含量，g）	19.54±0.82

（五）繁殖性能

南丹梅花山猪公猪一般4月龄开始性成熟，适配年龄为7～8月龄，体重在30kg以上开始配种。早配、多配影响了公猪的生长发育和利用年限：一般1岁以上种公猪，体重为80～100kg，可利用年限3～4年；当体重过大、性欲下降、爬跨困难时，便要淘汰处理。母猪在6～8月龄开始发情，体重在35～45kg时开始配种。母猪发情周期20～23d，持续期3～4d，妊娠期（114±3）d，产仔数为8～14头，仔猪初生重0.4kg，60日龄断奶重6.5kg，在农村粗放饲养条件下成活率达85%。母猪产后一般在断奶后3～10d发情，成年母猪体重为（61.83±6.05）kg，可利用年限6～7年。

（六）其他性能

南丹梅花山猪适应性强，主要疫病为寄生虫病，很少发生黄白痢病，其他重大动物疫病也很少发生。

（七）遗传分析

采集分布于河池市南丹县中堡苗族乡、月里乡等原产地的南丹梅花山猪群体血样45个进行基因组重测序，利用已有的广西地方猪遗传变异数据库（16头巴马香猪、25头陆川猪、10头环江香猪、10头隆林猪、10头德保猪、13头桂中花猪和10头东山猪），以及亚洲野猪（3头）和西方商业猪品种（83头杜洛克猪、64头长白猪和82头大白猪）的重测序数据，与南丹梅花山猪进行群体遗传结构比较分析。南丹梅花山猪与西方商业猪品种杜洛克、长白猪和大白猪具有明显不同的遗传结构，遗传距离较远；与广西部分的地方猪品种遗传距离较近，南丹梅花山猪在系统发育树分析中独立成簇，没有与其他猪种交叉。根据现有母猪与公猪间的亲缘关系及现有公猪样本，南丹梅花山猪现有9个家系。

五、饲养管理

南丹梅花山猪的饲养管理粗放，放养模式虽然现在已改变为圈养，但仍然采用母猪、仔猪和育肥猪混养的方式。南丹梅花山猪耐粗饲，适应能力强，对饲料的营养水平要求并不严格。目前，南丹梅花山猪的生产以农村散养为主，千家万户喂料各异，水平也高低不一，难以统一标准。饲养场群养现行水平：种公猪日喂精料1kg，精粗料比例为0.75∶1；能繁母猪妊娠前期、妊娠后期、哺乳期日喂精料分别为0.4kg、0.75kg、1.52kg，精粗料比例分别为1∶2.2、1∶1.6、1∶0.8。与饲养场比较，农村饲养水平相应较低，主要靠自由采食野菜、野果、野草、树叶等天然饲料和甘薯藤、芋头叶、蔬菜类等农副产品作青料，粗料为米糠和其他农副产品，精料主要以玉米、碎米、大豆、芋头、芭蕉芋、甘薯、南瓜等辅助，饲喂方法基本上沿用传统煮熟稀喂（熟喂），将青、精、粗料一锅煮成粥状，青饲料一般占日粮的60%～70%，精、粗料各占15%～20%，每日喂2～3餐（图4、图5）。

图4　南丹梅花山猪生长的自然环境

图5　南丹梅花山猪群体

六、品种保护与资源开发利用现状

（一）保种现状

尚未建立南丹梅花山猪保护区和保种场。1979年，南丹县曾经开展过南丹梅花山猪的品种选育试验工作。1985年，南丹县农业区划委员会编制了南丹梅花山猪标准。

（二）生理生化或分子遗传学研究方面

2023年对8月龄南丹梅花山猪血液生化指标进行检测，结果如表6所示。

表6 南丹梅花山猪血液生化指标

项目	数值
甘油三酯（TG）（mol/L）	0.74±0.27
高密度脂蛋白胆固醇（HDL-C）（mol/L）	1.04±0.17
低密度脂蛋白胆固醇（LDL-C）（mol/L）	1.54±0.40
总蛋白（TP）（g/L）	41.63±8.79
免疫球蛋白G（IgG）g/L	3.62±0.91
免疫球蛋白M（IgM）g/L	0.59±0.09
白蛋白（ALB）g/L	32.89±2.82

七、对品种的评价和展望

南丹梅花山猪是地方特色品种，饲养历史悠久，适应性广，耐极寒和极热气候；耐粗饲，适合山区饲养。其肉质香醇鲜美、皮脆骨香、肥而不腻、满口溢香；抗病力强，很少发生黄白痢病，对于杂交育种提高抗病力具有先天优势，具有良好的发展前景。

八、附录

1. 参与性能测定的单位和人员

广西农业职业技术大学：陈宝剑、潘鹏丞。

南丹县水产畜牧技术推广站：韦文林。

2. 主要撰稿人员及单位

广西农业职业技术大学：谢炳坤、陈宝剑。

南丹县水产畜牧技术推广站：韦文林。

东兰黑山猪

一、一般情况

（一）品种名称及类型

东兰黑山猪（Donglan heishan pig）为肉用型猪种，原产于广西河池市东兰县，当地人称为"毛猪""黑猪""六白黑猪"，因长期放养在山上而得名"东兰黑山猪"。

（二）原产地、中心产区及分布

东兰黑山猪分布于东兰县的金谷乡、大同乡、花香乡、长乐镇、三弄乡、巴畴乡、长江镇、切学乡、隘洞镇、三石镇、武篆镇、兰木乡、泗孟乡、东兰镇等14个乡镇，其中以金谷乡、泗孟乡、兰木乡等3个乡为中心产区。

（三）产区自然生态条件

参见《广西乌鸡》之东兰县自然生态条件部分。

二、品种来源、形成与发展

（一）品种形成及历史

东兰黑山猪是在特定的自然地理环境和人文条件下经过长期自然选择和人工闭锁繁育而形成。东兰县是以壮族为主的少数民族聚集区，其中壮族人口占比达86.5%。黑色在当地历来被人们当作吉庆和健康的象征。在当地的"蚂拐节""三月三""祝著节"等传统节日中，东兰黑山猪都被用于祭祀"蚂拐神"和"山神"，以祈求风调雨顺，岁岁平安。

由于东兰县的边远石山地区交通闭塞及受"不借种"思想的影响，东兰黑山猪主要采取"子母配""同胞配"的近亲繁殖模式。一般母猪产后在本窝仔猪中选择一头小公猪留作配种用，其余全部去势，后备母猪也在同窝仔猪中选留，待母猪发情配种后再把小公猪去势，经过长期的高度近交、自然环境选择，便形成了具有耐粗饲、耐寒冷、抗病力强、适应性强、遗传性能稳定的东兰黑山猪。

（二）群体数量及变化情况

据东兰县水产畜牧兽医局统计，2017年全县东兰黑山猪存栏数为1.49万头，其中能繁母猪3 271头，公猪265头。

2021年第三次全国畜禽遗传资源普查数据显示，全县东兰黑山猪群体数量为7 624头，能繁母猪1 024头、公猪108头。多数养殖户将东兰黑山猪母猪作为母本进行杂交改良，纯种东兰黑山猪存栏量逐年下降。

三、体型外貌

（一）体型外貌特征

东兰黑山猪肤色以全身黑色为主，部分在四肢、额头及尾尖呈白色，为典型的"六白"特征，约占13%的比例。体型中等，头大小适中，额宽平，大部分呈倒"八"字形或菱形皱褶，面直长，嘴筒稍长，鼻唇略上翘。耳较小斜竖，体躯较丰满，背部微凹，腹大下垂，臀部肌肉丰满适中，四肢直立、坚实有力、长短适中，虹膜普遍呈宝蓝色（图1至图5）。

图1　东兰黑山猪成年公猪

图2　东兰黑山猪成年母猪（全黑特征）

图3　东兰黑山猪成年母猪（"六白"特征）

图4　东兰黑山猪"六白"成年公猪

图5　东兰黑山猪宝蓝色虹膜

（二）体尺和体重

2023年6月，广西农业职业技术大学对东兰黑山猪的体尺和体重进行测定，具体结果见表1。

表1　东兰黑山猪体尺、体重测量结果

测定年度	性别	数量（头）	体重（kg）	体高（cm）	体长（cm）	胸围（cm）	腹围（cm）	管围（cm）	背高（cm）	胸深（cm）
2023	公	15	72.45±5.52	55.17±2.73	112.33±9.58	95.53±5.54	107.53±2.99	16.53±0.96	60.53±4.7	33.13±2.8
	母	71	76.09±17.02	53.86±5.49	113.54±20.36	98.09±11.49	123.3±14.52	14.49±1.13	53.03±6.94	37.13±10.66

四、生产性能

（一）生长性能

东兰黑山猪具有耐粗饲性，在一般饲养条件下，饲养1年体重可达到90kg。2023年6月，广西农业职业技术大学在东兰县测量了91头东兰黑山猪的生长性能，测量结果见表2。

表2　东兰黑山猪生长发育和适宜上市体重日龄测量结果

性别	数量（头）	初生重（kg）	断奶日龄（d）	断奶重（kg）	保育期末日龄（d）	保育期末重（kg）
公	53	0.59±0.09	34.47±5.29	8.96±1.97	63.21±5.54	10.83±2.09
母	38	0.67±0.13	31.53±4.67	6.54±1.24	61.24±5.17	10.63±2.49
平均		0.62±0.11	33.24±5.24	7.95±2.08	62.38±5.47	10.75±2.27

（二）育肥性能

因东兰黑山猪在保育结束后，就集中到放养林地或在房屋附近自由放牧，白天放养，晚上回栏补料，并未进行育肥性能的测定。

（三）屠宰性能

2023年6月，广西农业职业技术大学对8头8月龄的东兰黑山猪进行屠宰测定，测定结果见表3。

（四）肉质性能

2023年6月，广西农业职业技术大学对8头8月龄东兰黑山猪进行肉质测定，测定结果见表4。结果表明，东兰黑山猪背最长肌的肌内脂肪含量达4.5%。

2023年6月，广西农业职业技术大学对8头8月龄东兰黑山猪背最长肌营养成分进行测定，测定结果见表5。

表3　东兰黑山猪屠宰测定结果

测定项目	数值
屠宰数量（头）	8
宰前活重（kg）	79.70±2.53
胴体重（kg）	54.70±4.0
胴体长（cm）	76.4±3.5
肋骨数（对）	14.2±0.5
屠宰率（%）	68.63±5.13
瘦肉率（%）	41.23±2.94
平均膘厚（mm）	35.1±9.8
脂率（%）	33.26±6.27
皮率（%）	10.47±0.91
骨率（%）	10.60±2.50
眼肌面积（cm²）	19.80±1.16
皮厚（mm）	49.0±4.81

表4　东兰黑山猪肉质测定结果

测定项目	数值
肉色评分	4.62±0.49
pH_1	6.24±0.17
pH_{24}	5.61±0.09
滴水损失（%）	4.54±0.51
大理石纹评分	2.61±0.55
肌内脂肪含量（%）	4.50±0.08
嫩度（kg/cm²）	5.54±0.13

表5　东兰黑山猪背最长肌营养成分测定结果

测定项目	数值
蛋白质（每百样品中的含量，g）	21.26±0.20
脂肪（每百样品中的含量，g）	4.50±1.65
水分（每百样品中的含量，g）	72.20±1.55
灰分（每百样品中的含量，g）	1.12±0.01
干物质（每百样品中的含量，g）	27.80±2.55

新发现遗传资源

（续）

测定项目	数值
软脂酸（%）	23.86±4.25
硬脂酸（%）	13.88±2.75
油酸（%）	48.88±1.60
亚油酸（%）	6.72±0.44
亚麻酸（%）	1.35±0.03
氨基酸总量（每百样品中的含量，g）	20.26±0.10

（五）繁殖性能

东兰黑山猪性成熟较早，母猪生长到120日龄时达到性成熟，生长到180日龄时达到体成熟，可初次配种。乳房平均有5～6对，呈两排平行排列，无假乳。能繁母猪成年体重可达60～80kg，年均约产2窝，窝产仔数达10～12头，个别母猪窝产仔数可达16头。新生仔猪重0.4～0.6kg。40～50日龄的断奶仔猪个体重5.4～7.2kg（公猪）和4.9～6.6kg（母猪）。在粗放饲养条件下，仔猪断奶成活率达到96%以上。

五、饲养管理

东兰黑山猪以传统的饲养方式为主，即楼上住人、楼下养殖，猪、牛、羊同栏，饲养很粗放。一般以青粗饲料为主，精料为辅。青料主要为甘薯藤、青菜叶、野菜等，精料以米糠、玉米粉为主，很少饲喂配合料和混合料。饲喂方法简单，将青料剁碎与米糠、玉米粉混合拌水生喂或煮熟饲喂，只有在母猪产前、产后才加少量的黄豆粉或混合料。母猪一日喂两次，早晚各一次；小猪一日喂三次，40日龄断奶，会单独加精料饲喂，一般60日龄出售。东兰黑山猪尚保存一定的野性，行动灵敏，放养很难抓到，但母猪母性好，特别护仔，较易管理。传统饲养都采用自然交配方式繁殖，留子配母，一般一头种公猪配种1～3胎后就去势育肥。近年来，东兰黑山猪形成一定的规模养殖场，主要以圈养和林下放牧方式为主，分为吊架和育肥两个阶段。吊架期间，每头每日喂给精料0.25～0.5kg，其余以青粗料为主；育肥期大约为3个月，每头每日喂1.5～2.5kg的精料，适当加青料，出售的育肥猪养至8月龄以上出栏，体重70～78kg，自宰食用养一年以上，体重为80～95kg。规模养殖场在仔猪断奶后适当进行林下放养，放养的主要管理：一是建立放养训练场，将准备放养的生猪集中到放养林地进行训练，白天放养，晚上（恶劣天气）回栏补料，让猪群适应固定的饲养方式。二是建立固定的投喂地点、时间、口令，在放养区挑选合适的地点放置料槽、水槽，选择固定的时间，使用统一的口令信息，使放养猪形成条件反射，适应放养管理（图6、图7）。

图6　带仔东兰黑山猪

图7　东兰黑山猪生长的自然环境

六、品种保护与资源开发利用现状

（一）保种现状

近年来，受外来品种的影响，东兰黑山猪数量明显下降。为此，东兰县人民政府出台了相关的文件和措施：结合实际出台了《东兰县2013年东兰乌鸡和黑山猪林下养殖奖励扶持方案》（兰政办发〔2013〕76号）和《东兰县2012年黑山猪林下养殖实施方案》（兰政办发〔2012〕95号）等文件，对东兰黑山猪的生产开发提供了优惠政策和资金扶持。2016年以来，把东兰黑山猪列为全县"十大扶贫"产业之一，为东兰黑山猪的生产开发提供了优惠政策和资金扶持。2022年，在切学乡板烈村建立了以今朝农牧有限公司为核心的品种保护基地；保种场建成后，通过对东兰黑山猪进行提纯复壮，保护东兰黑山猪地方品种。

（二）生理生化和分子遗传学研究方面

2023年对8月龄东兰黑山猪进行血液生化指标检测，检测结果见表6。

表6　东兰黑山猪血液生化指标测定结果

项目	数值
甘油三酯（TG）（mol/L）	0.7±0.27
高密度脂蛋白胆固醇（HDL-C）（mol/L）	1±0.16
低密度脂蛋白胆固醇（LDL-C）（mol/L）	1.5±0.39
总蛋白（TP）（g/L）	45.31±2.47
免疫球蛋白G（IgG）（g/L）	3.6±0.9
免疫球蛋白M（IgM）（g/L）	0.63±0.09
白蛋白（ALB）（g/L）	32.78±2.66

采集分布于河池市东兰县泗孟乡、金谷乡等原产地的东兰黑山猪群体血样72份（39头公猪、33头母猪），进行基因组重测序。利用现有的广西地方猪遗传变异数据库（16头巴马香猪、25头陆川猪、10头环江香猪、10头隆林猪、10头德保猪、13头桂中花猪和10头东山猪），以及亚洲野猪（3头）和西方商业猪品种（83头杜洛克猪、64头长白猪和82头大白猪）的重测序数据，与东兰黑山猪进行群体遗传结构比较分析。东兰黑山猪与西方商业猪品种杜洛克猪、长白猪和大白猪具有明显不同的遗传结构，遗传距离较远；而与广西部分地方猪品种遗传距离较近。东兰黑山猪在系统发育树分析中独立成簇，没有与其他猪种交叉；根据现有母猪与公猪间的亲缘关系及现有公猪样本，东兰黑山猪现有24个家系。

七、对品种的评价和展望

东兰黑山猪是地方特色品种，饲养历史悠久，肉质香醇。

东兰黑山猪是产区长期封闭繁殖所形成的地方特色品种，其最突出的特点是90日龄的小猪仔适合做烤乳猪，肉质肉味上乘。为了保持肉质品质，通常不投喂混合饲料，饲喂玉米粉加青料，以熟喂为主。东兰黑山猪到8月龄可以出售，饲养1年以上肉质更佳，可白切、红烧食用，做腊肉味道佳美，肥而不腻、肉味香醇。东兰黑山猪适应性强，耐粗饲，抗病力强，对黄白痢等疫病具有一定抵抗力，但生长速度慢，饲料利用率较低。

今后，要进一步开发东兰黑山猪品种资源，加强选育，建立种猪核心育种群，制定选种标准。同时，可通过与优良引进猪种杂交，克服其生长速度慢等缺点。

八、附录

1. 参与性能测定的单位及人员

广西农业职业技术大学：陈宝剑、潘鹏丞。

东兰县畜牧工作站：韦善。

2. 主要撰稿人员及单位

广西农业职业技术大学：谢炳坤、陈宝剑。

东兰县动物疫病预防控制中心：韦玉娴。

峒中矮鸡

一、一般情况

（一）品种名称及类型

峒中矮鸡（Dongzhong dwarf chicken），属肉蛋兼用型地方品种。

（二）原产地、中心产区及分布

根据2021年普查结果，峒中矮鸡原产于广西壮族自治区防城港市防城区峒中镇，中心产区为峒中镇的峒中村、坤闵村；此外，在防城区峒中镇的板兴村、板典村，江山镇新基村、江山村等也有分布。其中，峒中村、坤闵村、板兴村、板典村数量最多。

（三）产区自然生态条件

峒中镇位于北纬21°60′—21°67′，东经107°53′—107°61′，总面积236.3km²，地形以高山峡谷为主，西北部为高山，东南部为平坝，地势为西北高、东南低，主要山脉为十万山脉，境内主要山峰有宝鸡岭、看鸡岭、溪没岭等，最高峰久宝山海拔1 448m，最低点海拔140m，西北至东南高差1 308m。峒中镇属亚热带气候，年平均气温为21.8～22℃，年平均无霜期360d以上，年平均降水量2 535.3mm，年平均日照3 600h。气候特点为干雨分明、雨热同季、干凉同季、冬春干旱。水质良好，为一类水质，平均pH为5.5。产区土壤类型主要为红壤土，土质为酸性。产区农林资源丰富，主要产品有水稻、玉米、甘薯、木薯、松木、杉木、肉桂、八角、茶油等，此外还盛产菠萝、龙眼、芒果、荔枝、三华李、芭蕉等水果，以及砂仁、益志等药材。

二、品种来源及发展

（一）品种形成的历史

峒中矮鸡是防城港本地的一个存在久远的地方鸡品种。

1. 矮脚鸡在防城港的养殖历史超过400年

明朝嘉靖年间，防城县峒中隶属于钦州辖区。据当时的《钦州志》（天一阁藏明代方志选刊）记载，"鸡有乌肉、翻毛、矮脚、长脚数种"；清朝道光年间《钦州志》也记载，"鸡有鬼老鸡、大和鸡、矮鸡数种"，说明不晚于明朝嘉靖年间，防城已有矮脚鸡的存在。

2. 峒中地区先民普遍有用鸡送礼的习俗

峒中镇山多地少、物产匮乏，交通极其不便，而矮脚鸡适应性强，体型小巧易携带，民间逢婚庆喜事，亲友们都以鸡作为礼物，而且还比较哪家的鸡更漂亮、更显喜庆。

峒中镇有壮族、汉族、瑶族、京族等19个民族，其中少数民族占85.0%，汉族仅占15.0%，超过千人的少数民族有壮族和瑶族。少数民族浓厚的民族习俗和高涨的节日氛围也推动了峒中矮鸡在民间的繁衍和发展。花头瑶群众庆祝"盘王节"表演"跳盘王"时，舞者身穿五彩斑斓的服饰，送上美丽的鸡只作为供品，以示对盘王的敬重。在众多鸡品种对比中，矮鸡更具观赏性而且肉质鲜美，深得群众的喜爱。

在长期民族生活习俗和传统文化影响下，峒中人民对矮鸡产生了浓厚的感情，从古至今一直饲养矮鸡。矮鸡也因产于峒中镇而得名峒中矮鸡。

3. 当代关于峒中矮鸡的史料记录

据《防城县农业规划办工作总结》（1981年）记载，"对大骨瑶鸡、矮脚鸡的专题调查还未完成"。1981年峒中属广西壮族自治区钦州地区防城各族自治县管辖，当时防城县已经开展了矮脚鸡的资源调查工作。

据《防城各族自治县畜牧业生产资源调查及区划报告》（1982年版）记载："我县地处边境，畜禽品种资源丰富。鸡有十三种（红布罗、白洛克、芦花鸡、新汉、莱航、星布罗、火鸡、澳洲、瑶鸡、矮脚鸡、居仙、固始、竹丝鸡及各品种间的杂交种）。"该报告将矮脚鸡登记为防城县的畜禽品种资源。

据《防城县志》（1993年版）记载："鸡的品种有本地鸡、新汉鸡、红布罗鸡、海星鸡、海新鸡、AA鸡、来航鸡、矮脚鸡、竹丝鸡、石岐杂鸡等。"

（二）群体数量及变化情况

峒中矮鸡分布在峒中镇的农户家中，以散养为主。1985年调查显示，各家养殖的峒中矮鸡约500只；2007年峒中镇政府大力推动峒中矮鸡产业的发展，到2010年，存栏量约16 000只；2021年，第三次全国畜禽遗传资源普查结果显示，峒中矮鸡的存栏数为8 203只。目前，在防城港市防城区峒中镇板兴村建立了一家峒中矮鸡保种场，存栏量2 000只，核心群850只。

三、体型外貌

成年峒中矮鸡的体躯近椭圆形，体型矮小，胫短且粗，肌肉结实紧凑；喙、胫和皮肤以黄色为主，喙有少量黑色，胫偶有青色、豆绿色和白色。峒中矮鸡羽毛颜色丰富，成年公鸡主要有三种羽色：第一种颈羽、鞍羽为黄色至镶黑边白羽，腹羽、尾羽、翼羽呈黑色；第二种为芦花色；第三种颈羽、背羽为金黄色或红棕色，胸腹部羽毛、尾羽和翼羽多为黑色。成年母鸡以灰麻羽、黄麻羽和芦花羽为主（图1至图3）。

雏鸡绒毛以棕黄色、灰色带虎斑纹为主（图4）。

图1　成年峒中矮鸡（公鸡、母鸡）

图2　成年峒中矮鸡群体（公鸡、母鸡）

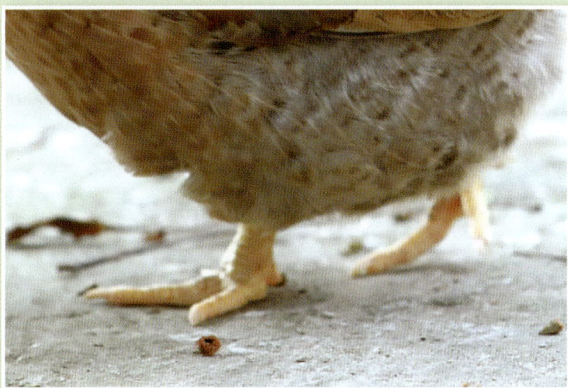

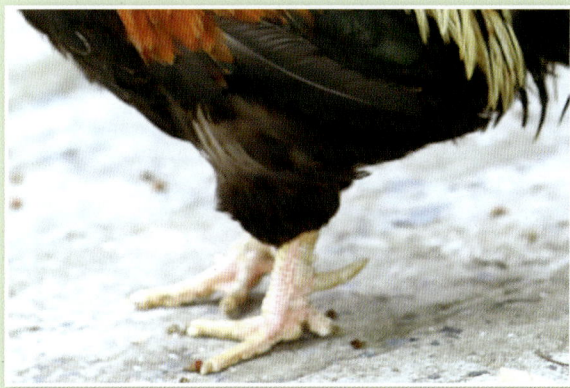

图3　峒中矮鸡矮脚特征

图4　峒中矮鸡雏鸡群体

四、生产性能

（一）生长发育

2022年每隔一周在峒中镇王华种养家庭农场测定峒中矮鸡公、母鸡各30只的生长性能。峒中矮鸡各阶段体重如表1所示。

表1　峒中矮鸡0～20周龄的体重（g）

周龄	公	母
0	29.4±2.6	
2	80.1±9.9	
4	152.6±14.1	
6	260.5±29.2	
8	418.1±48.5	360.6±54.5
10	530.2±67.6	470.8±63.1
12	673.2±81.6	530.5±67.5
14	800.5±103.1	640.2±77.9
16	1 019.2±125.8	790.4±97.1
18	1 206.7±133.2	906.9±119.6
20	1 437.7±204.3	1 087.4±167.6

注：2022年，每隔一周由防城港市畜牧站测定峒中矮鸡公、母鸡各30只；测定方法参照《家禽生产性能名词术语和度量统计方法》（NY/T 823）。

（二）体重和体尺

2023年4月，由广西大学测定43周龄峒中矮鸡公、母鸡各30只的体重、体尺，测定结果见表2。

表2　43周龄峒中矮鸡体重、体尺

性别	体重（g）	体斜长（cm）	龙骨长（cm）	胸宽（cm）	胸深（cm）	髋骨宽（cm）	胫长（cm）	胫围（cm）
公	2 234.3±193.5	23.9±1.2	14.7±0.5	8.1±0.6	12.1±0.8	9.1±0.4	6.7±0.2	4.7±0.4
母	1 537.7±124.8	119.4±0.6	11.9±0.7	6.8±0.3	10.4±0.5	7.8±0.5	6.0±0.3	3.9±0.3

注：2023年4月，由广西大学测定43周龄公、母鸡各30只；测定方法参照《家禽生产性能名词术语和度量统计方法》（NY/T 823）。

（三）屠宰性能

2023年4月，由广西大学对来源于峒中镇王华种养家庭农场的150日龄峒中矮鸡公、母鸡各30只进行屠宰测定，结果如表3所示。

表3　150日龄峒中矮鸡屠宰性能

指标	公	母
宰前活重（g）	1 518.4±158.6	1 145.2±92.0
胴体重（g）	1 343.2±97.4	921.6±137.5
屠宰率（%）	88.5±2.7	80.5±3.1
半净膛率（%）	80.5±3.3	79.7±2.4
全净膛率（%）	68.9±4.3	67.8±2.8
腿肌率（%）	23.4±2.5	20.4±2.2
胸肌率（%）	13.9±1.7	13.3±1.4
腹脂率（%）	0.1±0.03	3.7±1.7

注：2023年4月，由广西大学测定150日龄公、母鸡各30只；测定方法参照《家禽生产性能名词术语和度量统计方法》（NY/T 823）。

（四）肉质性能

2023年4月，在开展峒中矮鸡屠宰测定的同时进行了肉质测定，测定部位为胸肌，测定结果如表4所示。

表4　150日龄峒中矮鸡胸肌肉品质

指标	公	母
滴水损失（%）	1.26±0.82	1.88±0.90
剪切力（N）	36.67±8.94	34.91±7.85

（续）

指标		公	母
pH		5.71±0.20	5.67±0.23
肉色	L	43.52±4.27	49.94±2.40
	a	2.91±1.76	1.18±0.41
	b	11.45±3.26	13.28±2.33

注：2023年4月，由广西大学测定150日龄峒中矮鸡公、母鸡各30只；测定方法参照《家禽生产性能名词术语和度量统计方法》（NY/T 823）。屠宰1h内测定胸肌的肉色。屠宰45min后取鸡胸肌样品检测其pH。

（五）产蛋性能

根据峒中镇王华种养家庭农场2021—2023年统计结果，在笼养条件下，峒中矮鸡母鸡在160～180日龄开产，开产体重1.0～1.2kg，开产蛋重30～35g，43周龄入舍母鸡产蛋数60～70个，66周龄入舍母鸡产蛋数100～110个。峒中矮鸡蛋品质测定结果见表5。

表5 峒中矮鸡蛋品质

蛋重（g）	蛋形指数	蛋壳强度（kg/cm²）	蛋壳厚度（mm）	蛋白高度（mm）	蛋黄色泽（级）	蛋壳颜色	哈氏单位	蛋黄比率（%）
41.29±2.40	1.29±0.05	4.64±0.76	0.35±0.02	6.25±1.15	8.93±1.48	浅褐色	85.21±6.21	31.44±3.25

注：2023年4月，随机抽测峒中镇王华种养家庭农场43周龄30个鸡蛋，送至广西大学动物科学技术学院测定。

（六）繁殖性能

根据峒中镇王华种养家庭农场2021—2023年统计结果，在笼养条件下，种蛋受精率超过90%，受精蛋孵化率超过85%，笼养条件下就巢率为15%左右，农村散养户就巢率在40%左右，自然交配公、母比1：（10～15）。

五、饲养管理

参见《七百弄鸡》饲养管理。

六、品种保护与资源开发利用现状

（一）保种现状

截至2023年，峒中矮鸡尚无国家级、省级保种场。防城区自建有一家峒中矮鸡保种场——峒中镇王华种养家庭农场，于2015年起饲养峒中矮鸡，2020年开始承担保种任务。该保种场位于防城区峒中镇板兴村，核心群850只，年存栏鸡2 000只。该保种场采用随机交配的方式保种，采用笼养的方式进行饲养。

（二）资源开发利用现状

目前，还未系统开展峒中矮鸡的杂交利用或作为新品种（配套系）的亲本进行产业化利用。

七、品种评价和展望

（一）品种评价

峒中矮鸡主要特征为体型矮小、胫短；主要特性为抗病性强、耐粗饲、蛋肉品质优良。

（二）品种展望

峒中矮鸡脚短且毛色丰富，可选育出不同毛色的矮脚鸡品系，这些矮脚品系可为配套系提供第一父本素材，应用前景非常广阔。

八、附录

1.参与性能测定的单位和人员

广西大学：杨秀荣。

防城港市畜牧站：袁成进。

防城港市防城区畜牧站：裴幸彪。

2.主要撰稿人员及单位

广西大学：杨秀荣。

防城港市畜牧站：袁成进。

防城港市防城区畜牧站：裴幸彪。

龙爪鸡

一、一般情况

（一）品种名称及类型

龙爪鸡（Dragon-claw chicken），属肉蛋兼用型地方品种。

（二）原产地、中心产区及分布

根据2021年普查结果，龙爪鸡原产地为钦州市浦北县和防城港市东兴市，中心产区在浦北县龙门镇和东兴市，主要分布在浦北县和东兴市各乡镇等。

（三）产区自然生态条件

浦北县位于北纬21°52′—22°41′，东经109°14′—109°51′，地处广西壮族自治区南部，钦州市东北部，北回归线以南，面积2 520km²，平面地理形状呈微弯束腰狭长形，自北东向南西方向展开。南北最大纵距88.40km；南部最大横距33km，中部17.50km，北部45.80km。由于东北部的六万山脉、中部的勾头嶂山脉、西北的泗洲山脉及西部的五皇岭山脉延绵交错，形成北部西江和南部南流江两大水系的分水岭；地貌以丘陵为主，其次有台地、中低山、冲积平原及河成低阶地，县内海拔最低为50～100m，最高为1 118m。浦北县地处低纬度地区，太阳辐射强，日光充足，气候温暖，雨量充沛，属典型的南亚热带季风气候，年平均气温21.29℃，无霜期326d；年平均降水量1 763mm，年均日照时数1 631.5h。农作物主要有水稻、玉米、香蕉、荔枝、黄皮、甘蔗、八角、红椎菌等。

二、品种来源及发展

（一）品种形成的历史

龙爪鸡胫粗，形似传说中的龙爪，加上"鸡"与"吉"谐音，取意吉祥，代表了百姓最美好的祝愿，也是对美好生活的向往。早在民国时期，钦州、防城港一带的农村每逢传统节日，百姓就有用龙爪鸡作为祭拜贡品的习俗。因此，龙爪鸡在钦州、防城港及其周边地区有一定规模的养殖。

（二）群体数量及变化情况

根据2021年第三次畜禽遗传资源普查结果，浦北县存栏龙爪鸡4万只，核心群3 000只。2023年防城港市资料显示，东兴市龙爪鸡核心群有2 000只。

三、体型外貌特征

龙爪鸡胫粗，体躯较大，呈菱形，胸骨突出。喙呈黄色。复冠，不规则，呈红色。肉髯和耳叶呈红色。皮肤呈黄色，但胸部和其他裸露区域皮肤呈红色，且胸部裸露皮肤还易形成皱褶。胫呈红色，胫部鳞片基本消失，有鸡距，四趾。

公鸡深红带黑色羽，尾羽短。母鸡头、颈部深黄羽，背羽呈浅麻花，腹部羽毛呈白色，尾羽呈黑色。雏鸡绒毛呈浅黄色（图1至图10）。

图1　龙爪鸡公鸡

图2　龙爪鸡母鸡

图3　龙爪鸡公鸡群体

图4　龙爪鸡母鸡群体

图5　雏鸡

图6　公鸡不规则冠形

图7　母鸡不规则冠形

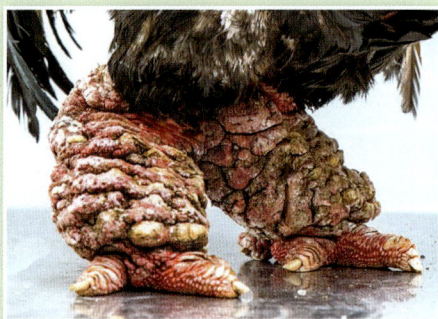

图8　公鸡巨型爪子

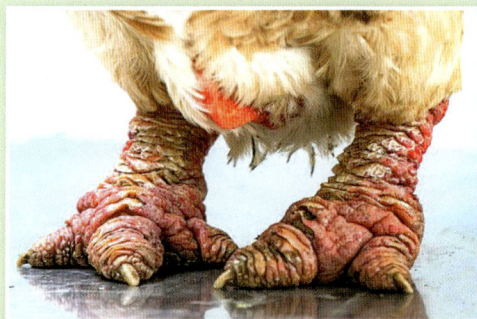

图9　母鸡巨型爪子

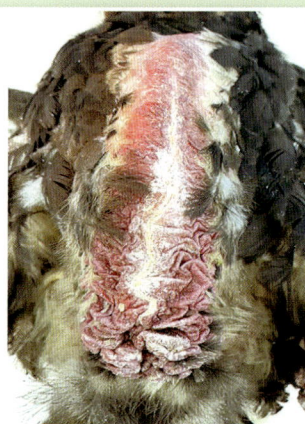

图10　腹部红色褶皱

四、生产性能

（一）生长性能

目前，龙爪鸡普遍采用山上放养的方式进行养殖，无保种场和保种区，因此未对其生长性能进行测定。

（二）体尺和体重

2022年，由广西大学测定400日龄龙爪鸡公鸡15只，鸡群来源于浦北县龙门镇广西金凤生态种养合作社，采用山上放养的饲养方式，以饲喂玉米为主，体重和体尺见表1。

表1　成年龙爪鸡体重和体尺

性别	体重（g）	体斜长（cm）	胸宽（cm）	胸深（cm）	龙骨长（cm）	骨盆宽（cm）	胫长（cm）	胫围（cm）
公	3 292.50±217	22.8±0.9	9.6±0.4	9.5±0.5	17.2±0.6	9.7±0.1	10.7±0.3	11.4±0.6

注：2022年，由广西大学测定400日龄龙爪鸡公鸡15只，鸡群来源于浦北县龙门镇广西金凤生态种养合作社。测定方法参照《家禽生产性能名词术语和度量统计方法》（NY/T 823）。

（三）屠宰性能

2022年，广西大学和钦州市畜牧站对来源于浦北县龙门镇广西金凤生态种养合作社400日龄的龙爪鸡公、母鸡各15只进行了屠宰测定，结果见表2。

表2　龙爪鸡屠宰性能

项目	公	母
宰前活重（g）	3 292.50±217	2 237.2±198
屠体重（g）	3 103.6±249	2 020.5±224
全净膛重（g）	2 293.0±266.2	1 635.4±165.6
半净膛重（g）	2 867.2±223.5	1 791.5±178.1
腿肌重（g）	570.9±97.6	199.8±15.5
胸肌重（g）	305.0±46.9	221.0±24.2
腹脂重（g）	0	75.2±32.6
屠宰率（%）	94.3±1.6	90.3±0.9
半净膛率（%）	87.1±1.7	80.1±1.1
全净膛率（%）	69.6±3.5	73.1±0.9
腿肌率（%）	24.9±1.8	12.2±0.8
胸肌率（%）	13.3±0.5	13.5±0.5
腹脂率（%）	0	4.4±0.9

注：2022年，广西大学和钦州市畜牧站测定400日龄龙爪鸡公、母鸡各15只，鸡群来源于浦北县龙门镇广西金凤生态种养合作社。

测定方法参照《家禽生产性能名词术语和度量统计方法》（NY/T 823）。

（四）肉质性能

未测定龙爪鸡的肉质性能。

（五）产蛋性能

据浦北县广西金凤生态种养专业合作社记录资料统计，在山上放养条件下，龙爪鸡平均155日龄开产，年均产蛋120枚。蛋品质测定指标如表3所示。

表3　龙爪鸡蛋品质

蛋重（g）	蛋形指数	蛋壳强度（kg/cm²）	蛋壳厚度（mm）	蛋壳色泽	哈氏单位	蛋黄比率（%）
49.64±5.24	1.30±0.06	4.44±1.20	0.34±0.03	浅褐色	83.55±5.04	31.80±2.32

注：2022年，采集浦北县广西金凤生态种养专业合作社400日龄鸡蛋60个送至广西大学测定。

（六）繁殖性能

据浦北县广西金凤生态种养专业合作社记录资料，在山上放养和饲喂玉米的情况下，种蛋受精率75%，受精蛋孵化率85%，母鸡就巢性较强。

五、饲养管理

龙爪鸡完全采用山上放养，主要以玉米为主食，尚未建立疫病相关的免疫程序（图11）。

图11　龙爪鸡放养

六、品种保护与资源开发利用现状

（一）保种现状

截至2023年，龙爪鸡尚无任何级别的保种场。中心产区核心群规模5 000只左右。

（二）资源开发利用现状

目前，还未开展龙爪鸡的杂交利用或作为新品种（配套系）的亲本进行产业化利用。

七、品种评价和展望

龙爪鸡爪子粗大、体型独特，丰富了我国地方鸡遗传资源库；同时，该鸡具有肉质细嫩、耐粗饲、抗逆性强等特点，为新品种（配套系）培育提供了良好素材。

八、附录

1. 参与性能测定的单位和人员

广西大学：杨秀荣。

钦州市畜牧站：黄世娟。

浦北县畜牧站：胡礼通。

2. 主要撰稿人员及单位

广西大学：杨秀荣。

钦州市畜牧站：黄世娟。

浦北县畜牧站：胡礼通。

玉林黑鸭

一、基本情况

（一）品种名称及类型

玉林黑鸭（Yulin black duck），又名北流黑田鸭或玉林乌骨鸭。属于肉、蛋兼用型。

（二）原产地、中心产区及分布

据2021年第三次全国畜禽遗传资源普查结果，玉林黑鸭群体数量1.6万只。目前，玉林黑鸭年饲养量5万多只。主要分布在北流市南部乡镇和福绵区成均镇，零星分布于玉林市各县（区、市）。

（三）产区自然生态条件

玉林市位于广西壮族自治区东南部，西距自治区首府南宁市190km，介于北纬22°19′—23°01′，东经109°39′—110°18′。东连广东省茂名市，西接钦州市，南邻北海市，北毗贵港市，东北与梧州市接壤。玉林市东北有大容山，主峰1 275.6m；西南有六万山，主峰1 118m。在大容山以南、六万山以东，形成了玉林盆地。玉林地处广西东南丘陵台地，境内山地、丘陵、谷地、台地、平原相互交错，尤以丘陵、台地分布较为广泛。玉林属于典型的亚热带季风气候，气候温和，年平均温度22℃；雨量充沛，年平均降水量1 650mm；光热充足，年平均日照时数1 795h；无霜期长，年平均无霜天数为346d。极端最低温−2℃，极端最高温38.4℃。全年降水天数在160d以上。各月平均风速适宜，在1.3～1.8m/s。

二、品种来源及发展

（一）品种形成的历史

据嘉庆二十年编制的《北流县志》记载，北流当时已有羽毛纯黑和乌骨的鸭；民国二十四年《北流县志》则记载，"鸭有斑色、白色、黑色各种"。经过实地调查询问玉林市北流市平政镇当地老人得知，该品种在民国时期就有养殖的历史。

民间通常有"逢黑必补"的饮食习俗，玉林黑鸭羽色乌黑、肉质优良、肉味鲜美，性凉、味甘，最大特点是清热去火、清热凉血，民间认为具有较高药用价值，常被用作中医偏方药引。因此，北流市平政镇一带一直有养殖户选留饲养黑鸭，久而久之就形成了如今的玉林黑鸭。

（二）群体数量及变化情况

据2021年第三次全国畜禽遗传资源普查，玉林黑鸭群体数量1.6万只。目前，由于大量引进外来品种进行杂交，纯种的玉林黑鸭数量急剧减少；同时，随着城镇化进程的不断推进，玉林黑鸭的生存空间日益受到挤压，年饲养量不断减少，甚至一度有濒临灭绝的危险。

三、体型外貌

（一）体型外貌特征

玉林黑鸭体型紧凑，体重偏小，主要特征为喙、胫、蹼、羽毛均为黑色。成年公鸭头部、颈部、背部羽毛主体为黑色带墨绿色金属光泽，主翼羽、副翼羽以黑色为主，部分呈墨绿色和孔雀蓝色的金属光泽，镜羽呈孔雀蓝色金属光泽，性羽黑色。成年母鸭羽色为黑色。雏鸭绒毛黑色。

玉林黑鸭部分胴体皮肤覆盖有一层黑膜，部分内脏如食管、嗉囊、腺胃有黑斑，有的甚至全黑，卵巢黑色（图1至图3）。

图1　玉林黑鸭成年公鸭

图2　玉林黑鸭成年母鸭

图3　玉林黑鸭蛋

（二）体尺和体重

2022年8月，玉林市畜牧站组织专业技术人员对原产地北流市李氏生态农业科技发展有限公司采用全价饲料规模养殖的80日龄左右的公、母各30只玉林黑鸭进行了体尺、体重测定，结果见表1。

表1　玉林黑鸭上市日龄鸭体重、体尺

性别	体重（g）	体斜长（cm）	龙骨长（cm）	胸深（cm）	胸宽（cm）	骨盆宽（cm）	胫长（cm）	胫围（cm）	颈长（cm）
公	1 363.23±150.73	21.82±1.25	11.75±0.91	8.27±0.44	8.29±0.53	5.42±0.90	7.05±0.50	3.96±0.22	20.20±1.26
母	1 251.60±166.30	21.25±0.23	11.69±1.21	8.01±0.58	8.30±0.74	5.33±0.53	6.55±0.53	3.88±0.20	18.15±0.83

四、生产性能

（一）生长性能

受条件限制，未开展玉林黑鸭生长性能测定。

（二）屠宰性能

在规模养殖，舍饲加水面和陆上运动场，饲喂符合GB 13078标准要求的配合饲料条件下，商品肉鸭饲养70～90d，可出栏上市。上市日龄公鸭平均体重（1 350±130）g，母鸭平均体重（1 260±120）g。

在散养，补喂稻谷、玉米等谷物及青饲料条件下，商品肉鸭饲养75～95d可出栏。上市日龄公鸭平均体重（1 340±130）g，母鸭平均体重（1 250±120）g。

2022年按照NY/T 823的要求，对85日龄玉林黑鸭进行屠宰测定，结果见表2。

表2　玉林黑鸭屠宰成绩

项目	公	母
日龄（d）	85	85
活重（g）	1 350.0±130.0	1 260.0±120.0
屠宰率（%）	88.5±2.0	89.5±3.0
半净膛率（%）	78.5±2.0	81.5±2.0
全净膛率（%）	70.5±2.5	72.5±2.0
胸肌率（%）	12.0±1.0	11.0±1.0
腿肌率（%）	12.5±1.2	12.0±1.2
皮脂率（%）	22.9±3.4	25.5±3.9

（三）繁殖性能

农村散养或者集中饲养，喂全价料时120日龄左右性成熟。母鸭120～160d开产，一窝能产15～25个种蛋，一般每年产蛋210～230个。

散养自然交配时公、母比例为1∶（6～8），种鸭利用年限一般为2～3年；自然交配受精率85%～92%；初产种蛋孵化率为65%，产蛋高峰期种蛋孵化率为85%～95%。

玉林黑鸭无就巢性。

（四）蛋品质量

据初步测定，平均蛋重（61.00±4.80）g，纵径（6.00±0.40）cm，横径（4.30±0.20）cm，蛋形指数为1.40±0.10；蛋壳颜色为黑色19.00%、青色59.50%和白色21.50%。

五、饲养管理

玉林黑鸭活泼好动、觅食性强、合群性好、适应性强，与当地其他地方鸭品种相比，在饲养管理上无特殊要求，适宜于水面、沟渠和稻田放牧饲养，也可规模化养殖，放牧饲养时应适当补饲谷类、玉米等。在育雏期，为了促进雏鸭生长，出壳2周内应喂全价配合饲料，并给予适宜的温度、湿度、通风、光照及饲养密度，20d可放牧饲养，早晚补喂玉米、米糠、麦糠等。出栏前2周，可多喂淀粉质的饲料如甘薯、玉米等进行育肥（图4、图5）。

图4　玉林黑鸭群体

图5　玉林黑鸭养殖的自然环境

六、品种保护与资源开发利用现状

（一）保种现状

目前，玉林黑鸭尚未建立保种场、保护区，玉林市有北流市李氏生态农业科技发展有限公司和玉林市银源农牧科技有限公司两家规模养殖企业养殖玉林黑鸭。饲养方式：散养户主要以传统的水面、沟渠和稻田放牧饲养为主，规模场以水塘圈养为主。

（二）资源开发利用现状

系统进化树分析表明，玉林黑鸭具有独立的分支，群体结构分析玉林黑鸭血统纯正。目前，尚未经过国家鉴定，民间也没有大规模的养殖和有针对性的系统的选育和保护，资源整齐度、生产性能仍有待提高。

七、品种评价和展望

玉林黑鸭具有以下优点：一是生产性能强。玉林黑鸭对环境适应性强，一年四季都可以正常发育和繁殖；玉林黑鸭养殖成本低，耐粗饲，饲料利用率高；繁育能力强，年产蛋量高，生长速度快，抗病力强，用药少，成活率高。二是品种独特。玉林黑鸭作为新发现遗传资源，尚未得到产业化发展，再加上玉林黑鸭独特的外貌特征，在市场上属于稀缺产品，生产价值十分可观。三是药用价值大。玉林黑鸭符合民间"逢黑必补"的饮食习俗。四市场发展潜力大。玉林黑鸭肉质紧实、皮下脂肪少，鸭肉脂肪含量低，是煲汤煮粥的上好食材，尤其符合广东、广西地区市场需求。同时，鸭肉在广东、广西的饮食文化中占有重要地位，许多传统节日都需要用鸭进行祭祀。许多地方的美食也以鸭肉为基础食材，玉林黑鸭的市场发展潜力巨大。

八、附录

1. 参与性能测定的单位和人员

玉林市畜牧站：钟江钊、蔡子君、李开坤。

2. 主要撰稿人员及单位

玉林市畜牧站：钟江钊、蔡子君、李开坤。

全州文桥鸭

一、一般情况

（一）品种名称及类型

全州文桥鸭（Quanzhou wenqiao duck）属肉蛋兼用型地方麻鸭品种，因中心产区在全州县文桥镇而得名全州文桥鸭。当地老百姓又称本地麻鸭、文桥土鸭、土麻鸭、小脚小脑壳鸭等。

（二）原产地、中心产区及分布

原产地为广西壮族自治区全州县，中心产区在文桥镇，分布于文桥镇、庙头镇、黄沙河镇、永岁乡等乡镇。

（三）产区自然生态条件

产区位于广西壮族自治区桂林市全州县东北部，北纬25°29′—26°23′，东经111°29′—111°37′，俗称"湘桂走廊"，海拔最高2 123m，最低30m。产区属岭南亚热带湿润性季风气候，气候温和，季节明显，极端最高温度40.4℃，极端最低温度−6.6℃，年平均气温18.5℃，光线充足，年平均日照1 400.8h。雨量充沛，年平均降水量1 641.3mm。年无霜期平均为294.6d。全州县山多耕地少，土壤类型以红壤为主，面积123 760hm²，偏酸性，pH在4.0～6.5，土壤有机质较丰富，有机质含量1.07%～18.34%，含氮0.06%～3%、磷0.05%～0.15%、钾1.29%～4.27%。河流水系属长江流域湘江水系，流域面积100km²以上的河流14条，河网较密，水量丰富；境内地下水位平原、丘陵地区在2～10m，石灰岩地区在5～30m。产区全州县是典型的农业大县，是国家粮食生产基地、全国生猪调出大县，优越的自然生态条件非常适合各种农作物生长，主要种植水稻、玉米、甘薯、水果、豆类等。丰富的物产资源为全州文桥鸭的生长和繁衍提供了可靠保障。

二、品种来源、形成与发展

（一）品种形成及历史

全州文桥鸭，传说是由文桥镇本地一种野鸭"水鸭"驯化演变而来。"水鸭"每年大约8月开始从北方迁徙到文桥镇过冬，到翌年4月飞回北方。文桥人擅长捕捉"水鸭"，正是用这种捕捉来的"水鸭"进行饲养，经长期驯化选育才形成了今天的全州文桥鸭。清朝乾隆三十年（1765年）《全州志·羽类篇》已有养鸭的记载。全州文桥《江夏郡黄氏家谱·生计篇》记载，文桥黄氏第十九世后人大惠公自清朝乾隆间从蛟潭村迁至黄家村，大惠公喜好耕作，掌握一门过硬的孵鸭技术，后人均以孵鸭为业，黄家村因此以孵化小脚鸭为业，被邻村冠以"蛋壳壳村"的别名。1942年《全州县志·经济篇·畜牧》记载鸭的饲养数量为190万只。1998年版《全州县志》有全州文桥鸭的记载，当时叫本地麻鸭。

（二）群体数量及变化情况

随着市场机制的转变，养殖户不断从外地引进樱桃谷鸭等快大型肉鸭品种，由于外来品种的混杂，全州文桥鸭品种数量不断减少，2015年全州文桥鸭存栏6.5万只，其中文桥镇存栏纯种种鸭约为3 000只。据2021年第三次全国畜禽遗传资源普查，全州文桥鸭存栏1.383万只，其中文桥镇存栏纯种种鸭约为1 600只。

三、体型外貌

（一）体型外貌特征

公鸭：头颈羽毛墨绿有金属光泽，背部羽毛为棕黑相间略带白点并带金属光泽，尾羽为黑白色，性羽呈墨绿色向背弯曲，翅羽墨绿与白相间。体形呈长方形，颈部细长，背、肩较窄，胸窄、体长、脚小。眼小有神，喙为橘黄色或草绿色，喙豆黑色。胫橘黄色（图1）。

母鸭：背部呈泥黄色或灰白色，其中又掺杂着黑麻点羽毛，颈羽为泥黄色。体形比公鸭略短，胸窄，臀部较圆、脚小。喙为橘黄色，喙豆黑色。胫橘黄色（图2）。

雏鸭全身绒毛黄色，胫、蹼、爪均为橘黄色。

图1 全州文桥鸭成年公鸭

图2 全州文桥鸭成年母鸭

（二）体尺和体重

2022年6月，全州县畜牧技术推广站组织专业技术人员对原产地全州县文桥镇全州文桥鸭祖代种鸭繁殖有限公司规模养殖的公、母各30只全州文桥鸭进行体尺、体重测定。上市日龄（70～80d）体重、体尺测定结果见表1，成年鸭（300d）体重、体尺见表2。

表1　70～80d全州文桥鸭体重及体尺

性别	体重 （g）	体斜长 （cm）	胸宽 （cm）	胸深 （cm）	龙骨长 （cm）	骨盆宽 （cm）	胫长 （cm）	胫围 （cm）	半潜水长 （cm）
公	1 585.00± 90.00	20.00± 1.50	8.50± 0.80	8.00± 0.80	11.50± 1.00	7.50± 0.70	5.50± 0.50	3.60± 0.20	55.00± 2.50
母	1 545.00± 135.00	18.50± 1.00	9.00± 0.80	8.00± 0.60	11.00± 1.00	7.00± 0.50	5.30± 0.50	3.50± 0.20	52.00± 1.50

表2　成年（300d）全州文桥鸭体重及体尺

性别	体重 （g）	体斜长 （cm）	龙骨长 （cm）	胸深 （cm）	胸宽 （cm）	骨盆宽 （cm）	趾长 （cm）	胫围 （cm）	半潜水长 （cm）
公	1 753.00± 150.00	21.50± 2.00	10.00± 0.80	9.50± 0.50	12.50± 0.50	8.00± 0.50	6.00± 0.50	3.80± 0.30	59.00± 3.00
母	1 925.00± 190.00	21.50± 1.50	9.50± 0.80	9.00± 0.50	12.50± 0.50	7.50± 0.50	5.80± 0.50	3.80± 0.30	57.00± 2.50

四、生产性能

（一）生长性能

2022年6—8月，全州县畜牧技术推广站组织专业技术人员对原产地全州文桥鸭祖代种鸭繁殖有限公司规模养殖的全州文桥鸭进行了生长性能测定，测定阶段为7～15周龄，饲养模式为舍饲加水面和陆上运动场，饲喂符合GB 13078标准要求的配合饲料。舍饲模式的生长性能测定结果见表3。

表3　7～15周龄舍饲全州文桥鸭体重（g）

性别	7周龄	8周龄	9周龄	10周龄	11周龄	12周龄	13周龄	14周龄	15周龄
公鸭	910± 91.00	1 130± 113.00	1 370± 137.00	1 580± 158.00	1 690± 169.00	1 750± 175.00	1 775± 177.50	1 790± 179.00	1 800± 180.00
母鸭	870± 87.00	1 080± 108.00	1 300± 130.00	1 540± 154.00	1 720± 172.00	1 800± 180.00	1 850± 185.00	1 870± 187.00	1 880± 188.00

饲养模式为放养，5周龄开始补喂稻谷、玉米等谷物及青饲料的肉鸭，各阶段体重见表4。

表4　7～15周龄放养全州文桥鸭体重（g）

性别	7周龄	8周龄	9周龄	10周龄	11周龄	12周龄	13周龄	14周龄	15周龄
公鸭	855± 85.50	1 030± 103.00	1 210± 121.00	1 370± 137.00	1 510± 151.00	1 610± 161.00	1 670± 167.00	1 700± 170.00	1 710± 171.00
母鸭	840± 84.00	1 000± 100.00	1 140± 114.00	1 300± 130.00	1 470± 147.00	1 600± 160.00	1 700± 170.00	1 750± 175.00	1 780± 178.00

（二）育肥屠宰性能

按照NY/T 823的要求，对70d的全州文桥鸭进行了屠宰测定，结果见表5。

表5　全州文桥鸭屠宰结果

项目	公	母
活重（g）	1 643.00±43.39	1 621.00±141.13
屠宰率（%）	88.94±1.82	88.37±0.81
半净膛率（%）	80.12±2.19	80.86±2.20
全净膛率（%）	69.05±2.17	70.41±2.32
胸肌率（%）	9.04±0.80	9.90±1.01
腿肌率（%）	13.03±0.30	10.22±0.82
腹脂率（%）	1.77±0.64	2.15±0.89

（三）肉质性能

2014年10月28日，取上市日龄全州文桥鸭送广西壮族自治区分析测试中心对肌肉品质进行测定，结果见表6。

表6　全州文桥鸭肉质性能

检验项目	数值
氨基酸总量（每百样品中的含量，g）	19.12
热量（每百样品中的含量，kJ）	501
蛋白质（每百样品中的含量，g）	22.0
脂肪（每百样品中的含量，g）	0.96
水分（每百样品中的含量，g）	70.4
灰分（每百样品中的含量，g）	1.27
胆固醇（每百样品中的含量，mg）	58.3
肌苷酸（每百样品中的含量，mg）	215.1

（四）产蛋性能

在舍饲加水面和陆上运动场，饲喂配合饲料的条件下，入舍母鸭年产蛋240～260个；在自然放养加适当补喂稻谷、玉米等谷物饲料的条件下，入舍母鸭年产蛋150～180个。开产蛋重（60±6.0）g，300d蛋重（73.81±6.45）g。蛋形指数为1.43±0.12。蛋黄比率32.99±2.41，蛋黄色泽（罗氏比色扇）（13.13±0.83）级，蛋壳厚度（0.42±0.03）mm，蛋壳颜色有白色和青绿色两种，两者比例约1.7：1。

（五）繁殖性能

（1）性成熟期、开产日龄　在舍饲加水面和陆上运动场，饲喂配合饲料的条件下，公鸭性成熟期90～100d，母鸭开产日龄140～155d；在自然放养加适当补喂稻谷、玉米等谷物饲料的条件下，公鸭95～105d性成熟，母鸭开产日龄145～160d。

（2）就巢性　无。

（3）公、母比例　采用自然配种时，公、母比例为1：（10～15）。

（4）利用年限　1～2年。

五、饲养管理

规模场以圈养为主，加水面和陆上运动场，散养户以放养方式为主。规模养殖鸭舍建筑坐北朝南，鸭舍面积根据规模而定：1周龄内育雏鸭20～25只/m²，2周龄15～20只/m²，3周龄10～15只/m²。鸭舍面积：陆地运动场面积：水上运动场面积比例为1：2：3。散养户雏鸭保温一周后开始放牧于稻田或池塘、小溪等。散养户雏鸭以蚯蚓和米饭饲喂，中大鸭饲料以玉米、稻谷、米糠、青料等为主；规模场生长期使用配合饲料，育肥期饲料以玉米、稻谷、米糠、青料等为主。

全州文桥鸭规模场饲养70d左右，散养户饲养85d左右可出栏；公鸭平均体重1.5kg左右，母鸭平均体重1.3kg左右（图3、图4）。

图3　舍饲的全州文桥鸭

图4　放养的全州文桥鸭

六、品种保护与资源开发利用现状

（一）保种现状

目前，全州文桥鸭尚未建立保种场、保护区，养殖量最大的为全州文桥鸭祖代种鸭繁殖有限公司。

（二）资源开发利用现状

目前，全州文桥鸭尚未经过国家鉴定，民间也没有大规模的养殖和有针对性的系统的选育和保护，资源整齐度、生产性能仍有待提高。

（三）标准制定、地理标志等情况

全州文桥鸭于2009年经广西家禽品种审定专业委员会评定为广西地方品种，并于2019年制定了广西地方标准《全州文桥鸭》，标准号DB45/T 2104—2019。"全州文桥鸭"于2015年7月获得农业部农产品地理标志登记保护。

七、对品种的评价和展望

全州文桥鸭具有个体小、性情温驯、觅食力强、耐粗饲、产蛋量多、鸭肉脂肪含量少、适口性好、肉质细嫩、无腥膻味、味美清香等特征，是广西北部地区制作传统名菜"醋血鸭"的主要原材料，具有广阔的开发利用前景。

八、附录

（一）参考文献

全州县地方志编纂委员会，2022. 全州年鉴2022 [M]. 北京：线装书局.

（二）调查和编写人员情况

1. 参与性能测定的单位和人员

全州县畜牧技术推广站：唐智军、邓晓玲、伍文彬。

2. 主要撰稿人员及单位

全州县畜牧技术推广站：唐智军、邓晓玲、伍文彬。

七、附录

广西畜禽遗传资源志（2024年版）

附录一　国家畜禽遗传资源品种名录

国家畜禽遗传资源品种名录

附录二　国家级畜禽遗传资源保护名录

国家级畜禽遗传资源保护名录

附录三 广西壮族自治区畜禽遗传资源保护名录（2023年版）

桂农厅发〔2023〕99号

一、猪

巴马香猪、德保猪、桂中花猪、华中两头乌猪（东山猪）、两广小花猪（陆川猪）、隆林猪、香猪（环江香猪）。

二、普通牛、水牛

隆林牛、南丹牛、涠洲牛、富钟水牛、西林水牛。

三、山羊

都安山羊、隆林山羊。

四、马

德保矮马。

五、鸡

广西麻鸡、广西三黄鸡、广西乌鸡、龙胜凤鸡、霞烟鸡、瑶鸡。

六、鸭

广西小麻鸭、靖西大麻鸭、龙胜翠鸭、融水香鸭。

七、鹅

右江鹅。

八、雉鸡

天峨六画山鸡。

附录四　关于书中废止地方标准的说明

　　根据2024年8月《广西壮族自治区市场监督管理局关于废止<红麻亩产250公斤栽培技术规程>等486项地方标准的通告》，本书涉及畜禽品种的部分地方标准已被废止。

　　但是，在志书编写过程中，上述地方标准还是有效的；同时，作为历史技术文献，这些标准既为品种改良和科研提供了基准数据，又反映了地方特色品种资源保护与开发的阶段性成果，对产业规划具参考意义。因此，本书仍予以收录，以存史资政。

附表　书中提及但已废止的地方标准名单

序号	编号	名称	序号	编号	名称
1	DB45/ 10—1998	《隆林黄牛》	10	DB45/T 341—2006	《右江鹅》
2	DB45/T 40—2002	《西林水牛》	11	DB45/T 344—2006	《涠洲黄牛》
3	DB45/T 43—2002	《南丹瑶鸡》	12	DB45/T 461—2007	《灵山香鸡》
4	DB45/T 47—2002	《环江香猪》	13	DB45/T 750—2011	《融水香鸭》
5	DB45/T 48—2002	《南丹黄牛》	14	DB45/T 915—2013	《龙胜凤鸡》
6	DB45/T 102—2003	《都安山羊》	15	DB45/T 1220—2015	《广西小麻鸭》
7	DB45/T 180—2010	《霞烟鸡》	16	DB45/T 2104—2019	《全州文桥鸭》
8	DB45/T 241—2005	《广西三黄鸡》	17	DB45/T 2604—2022	《参皇鸡种鸡生态养殖技术规范》
9	DB45/T 242—2005	《里当鸡》			

图书在版编目（CIP）数据

广西畜禽遗传资源志：2024年版／王国利，刘瑞鑫
主编. -- 北京：中国农业出版社，2025.5. -- ISBN
978-7-109-33035-1

Ⅰ. S813.9

中国国家版本馆CIP数据核字第2025TP0954号

广西畜禽遗传资源志（2024 年版）
GUANGXI CHUQIN YICHUAN ZIYUANZHI（2024 NIAN BAN）

中国农业出版社出版

地址：北京市朝阳区麦子店街18号楼

邮编：100125

责任编辑：肖　邦　王金环

版式设计：小荷博睿　　责任校对：吴丽婷

印刷：北京中科印刷有限公司

版次：2025年5月第1版

印次：2025年5月北京第1次印刷

发行：新华书店北京发行所

开本：889mm×1194mm 1/16

印张：28

字数：640千字

定价：220.00元